갈릴레오 총서 20

우리가 몰랐던 지식이 한눈에 '쏙'

인포그래픽으로 만나는 신비로운 인체

BODY

스티브 파커 지음 | 조은영 옮김

영림카디널

차례

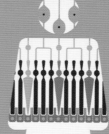

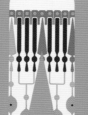

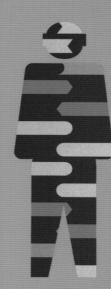

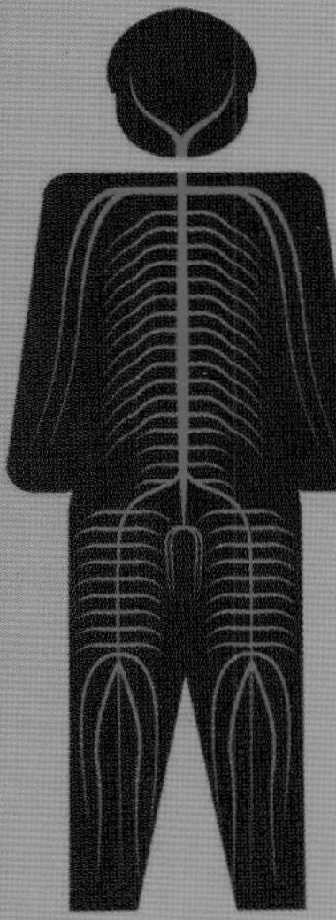

조화의 미학

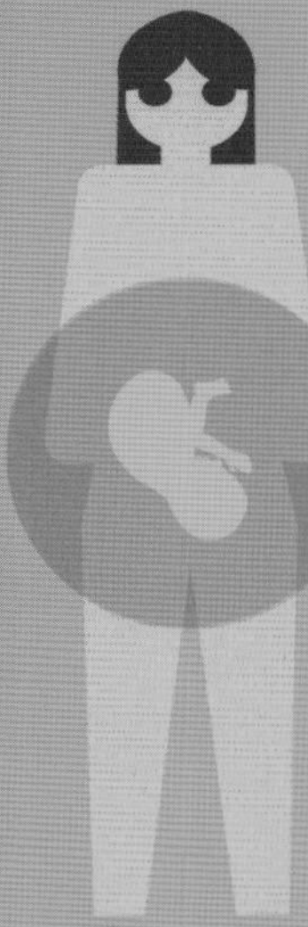

태어나고, 자라고, 소멸하고

생각한다. 고로 존재한다

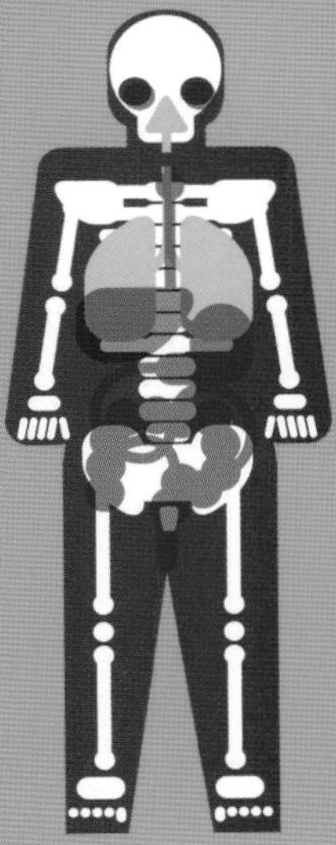

생명연장의 꿈

세상에 똑같은 사람은 없다.
모두가 특별한 존재이다.

인간이라면 누구나 갖고 있는 몸. 그 몸은 소유자인 자신 뿐 아니라 가까운 가족과 친구에게 사랑받고 소중히 여겨질 때 가장 잘 작동한다. 누군들 자신의 몸에 대해 낱낱이 알고 싶지 않겠는가?

인포그래픽은 정보와 지식을 그래픽 형태로 전달하는데, 그래픽의 도형과 색깔은 단어나 문장보다 그 효과가 월등하다. 인포그래픽을 접하면 지식을 직감적으로 이해하고 소화도 빨리할 수 있다. 언어를 뛰어넘어 지식을 쉽게 기억 속으로 침투시키기 때문이다. 누구든 인지능력만 있으면 이해할 수 있고, 심지어 통계나 데이터를 흥미롭게 하며 지식이 머리에 쏙쏙 들어오게 한다.

우리가 인체와 인포그래픽을 결합시킨 것은 그래서 꽤나 멋진 발상인 듯하다. 하지만 이 모든 정보들을 어떻게 정리할 것인가? 이전의 숱한 도서들은 인체를 대개 뼈, 근육, 심장, 혈액, 소화기, 뇌, 신경 등 기능 체계에 따라 10여 개로 분류해 다루고 있다. 우리는 이 책에서 다르게 접근하고 싶었다.

근대 지식의 맹아기인 르네상스 시대로 돌아가보자. 당시에는 인체를 두 가지 주요 접근법에 따라 연구했다. 하나는 해부학이다. 해부학이란 몸의 물리적 구조와 구성 물질을 들여다보는 학문이다. 안드레아스 베살리우스(Andreas Vesalius)가 1543년에 저술한 《인체의 구조에 관하여(De humani corporis fabrica)》라는 기념비적인 책에서 비롯되었다. 해부학을 보완하는 파트너는 생리학이다. 생리학은 장 페르넬(Jean Fernel)이 1567년에 쓴 《생리학(Physiologia)》에서 개념을 소개하며 시작된 학문으로, 몸에서 일어나는 화학적인 작용과 기능을 다루는 것이다. 쌍을 이룬 해부학과 생리학은 여전히 근대 인체 생물학과 의학의 근간이 되고 있다. 이 책의 제1장과 2장에서 논의한다. 유전학은 뒤늦게 발전한 학문인데, 제3장에서 다룬다. 유전학은 불과 20세기 중반에 등장했으며, 과학사를 통틀어 가장 위대한 발견이라 불리는 제임스 왓슨(James Watson)과 프랜시스 크릭(Francis Crick)의 DNA 이중나선 구조(1953년)로 상징된다.

인체는 감각을 통해 배우고 경험한다. 주요 감각 기관은 제4장에서 다룬다. 세포, 세포 조직, 신체기관을 비롯한 인체의 모든 부분은 긴밀하게 엮인 하나의 통일체로 움직인다. 그 과정은 제5장에서 설명할 것이다. 하나의 살아 있는 유기체를 통제하는 일은 통제-명령의 중추이자, 내부연결망의 중심, 그리고 지각과 인지, 의식이 일어나는 곳인 뇌에서 벌어진다. 이 부분은 제6장에서 다룰 것이다. 여기까지는 성인들의 몸에 관한 것이다. 모든 사람의 몸에는 나름의 역사가 있다. 바늘 끝보다 작은 수정란에서 시작해서 크기와 복잡도가 수십억 배나 증가한 그런 역사 말이다. 제7장에서는 인간 생명의 이러한 역사를 추적해 볼 것이다. 그리고 우리 몸에 이상이 생기면 의술로 대처할 수 있다. 제8장에서 다루는 내용이다.

인체에 관한 책이라고 해서 인체의 모든 것을 다루리라 기대해서는 안 된다. 그러나 유별나고 매혹적이며 흥미롭고 놀라운 인체의 특징들, 그리고 개인이나 지역, 전 세계 인종의 서로 다른 특질들을 이 인포그래픽으로 독특하게 처리하면 그 기대치를 충족시킬 수 있다. 우리는 순서도(flowchart), 도표, 지도, 단계별 접근, 연대표, 부호와 기호, 아이소타이프(isotype), 아이콘, 파이 및 막대그래프 등 모든 것을 사용했다. 기본 재료는 어마어마한 자료를 수집하거나 가공되지 않은 사실과 정보를 측정하고 종합해 분석한 사람들의 노력 덕분에 얻을 수 있었다. 우리가 한 일은 이런 것들을 찾아내 해석하고 변형해 독자들로 하여금 관심을 갖게 유도하고자 한 것이었다. 독자 여러분이 이 책을 통해 자신에게 가장 소중한 몸을 조금이나마 더 이해하고 그 가치를 인식하는 데 도움이 되기를 바란다.

위대한 몸의 얼개

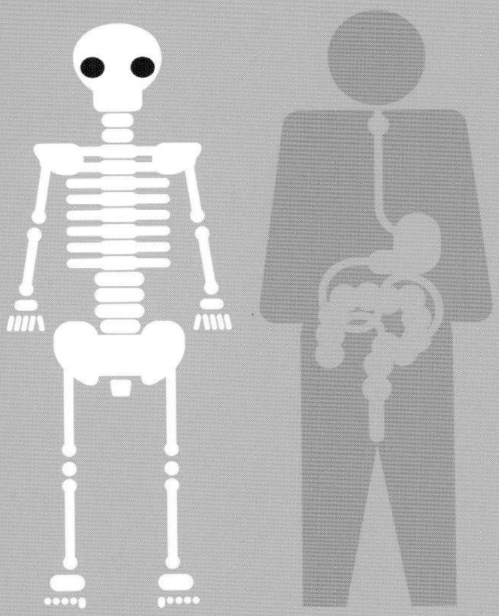

당신의 키가 1마일이라면

인간의 몸은 수십 개의 기관들이 끊임없이 상호작용하는 매우 복잡한 시스템이다. 각 기관은 수백 개의 하위 세포 조직으로, 그리고 각 세포 조직은 수십억 개의 미세한 세포로 이루어진다. 인체의 복잡한 구조와 신체 기관들의 크기를 알기 쉽게 드러내기 위해 편의상 인간의 키를 늘려 1마일, 즉 1.6킬로미터라고 가정하자. 이 정도면 세계에서 가장 높은 고층빌딩보다 2배나 큰 셈이다. 인간의 눈으로는 자신이 여기저기 떼 지어 다니는 한낱 작은 개미처럼 보이지 않을까?

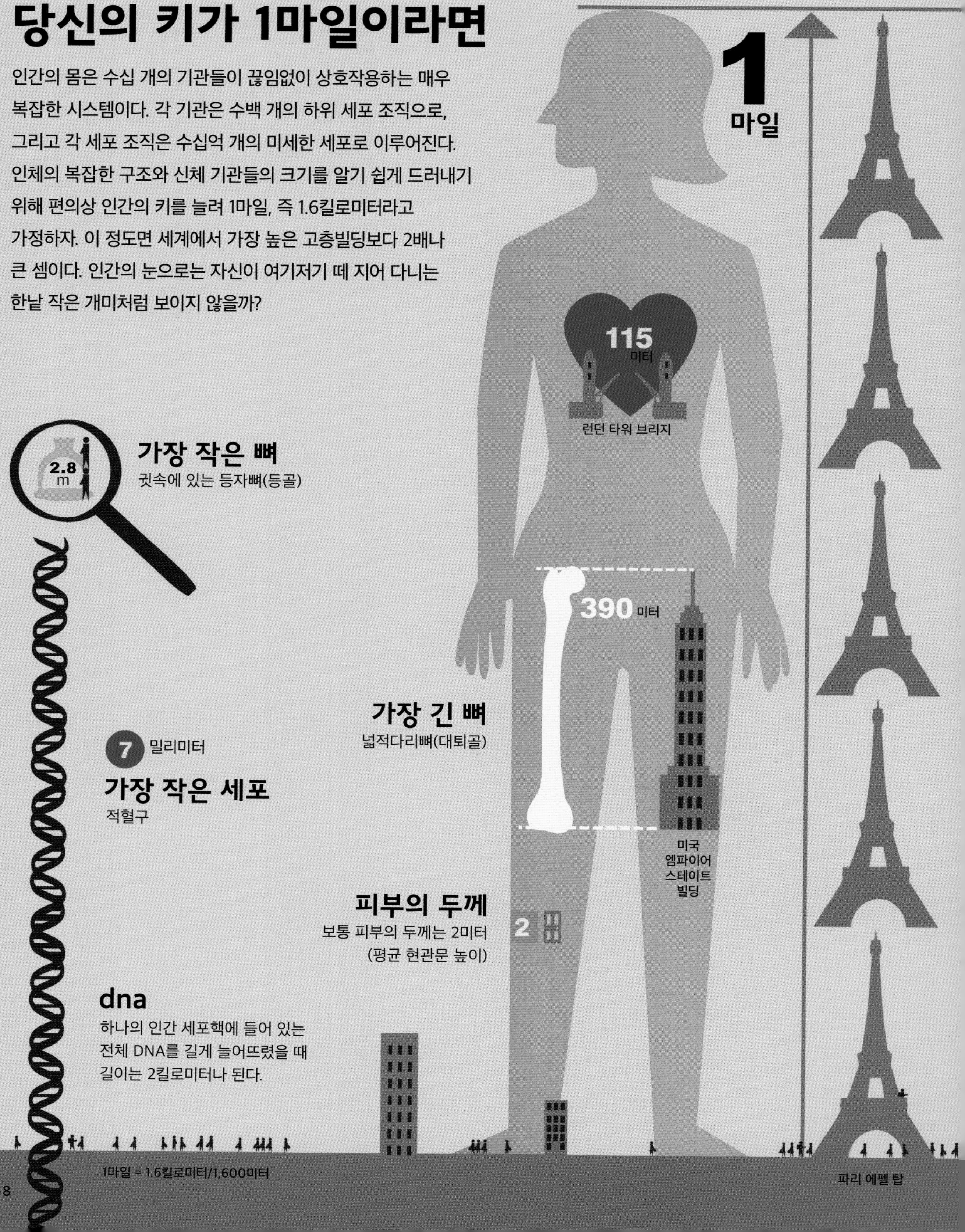
1 마일
115 미터
런던 타워 브리지
가장 작은 뼈
귓속에 있는 등자뼈(등골)
2.8 m
390 미터
가장 긴 뼈
넓적다리뼈(대퇴골)
미국 엠파이어 스테이트 빌딩
7 밀리미터
가장 작은 세포
적혈구
피부의 두께
보통 피부의 두께는 2미터 (평균 현관문 높이)
2
dna
하나의 인간 세포핵에 들어 있는 전체 DNA를 길게 늘어뜨렸을 때 길이는 2킬로미터나 된다.
1마일 = 1.6킬로미터/1,600미터
파리 에펠 탑

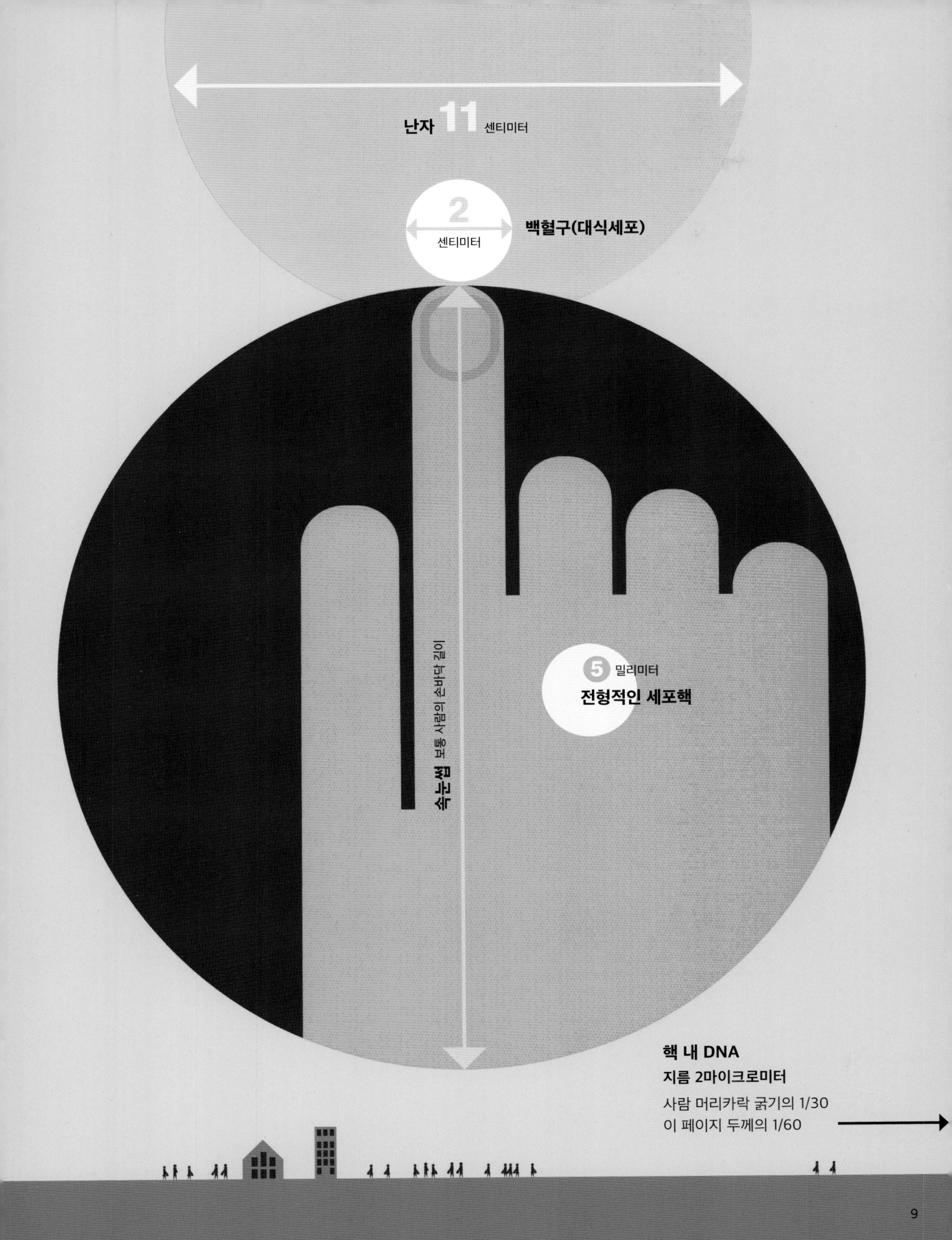

난자 11 센티미터
2 센티미터
백혈구(대식세포)
속눈썹 보통 사람의 손바닥 길이
5 밀리미터
전형적인 세포핵
핵 내 DNA
지름 2마이크로미터
사람 머리카락 굵기의 1/30
이 페이지 두께의 1/60

키다리와 난쟁이

키는 신체의 크기를 가장 쉽게 드러내는 치수이다. 인간의 평균 신장은 지난 2세기 동안 꾸준히 늘어났다. 전 세계적으로 영양 상태가 이전보다 훨씬 나아지고 (특히 유아기의) 크고 작은 질병에 덜 노출된 덕분이다. 이러한 경향은 선진국 또는 부유한 나라에서 더욱 두드러진다. 특히 네덜란드에서는 젊은 성인 남자의 평균 신장이 184센티미터, 여자는 170센티미터로 150년 전보다 19센티미터나 늘어났다. 그러나 북아메리카에서 평균 신장은 20세기 중반 이후 약간 늘어났을 뿐이다. 앞으로도 몇 십 년간 사람들의 키는 계속 커질 것으로 보인다. 영양과 보건 상태가 좋아진다면 빈곤한 국가에서 평균 신장이 상대적으로 빠르게 늘어날 것이다. 반면 부유한 지역에서는 평균 신장이 점차 정체 상태에 놓일 것으로 예상된다.

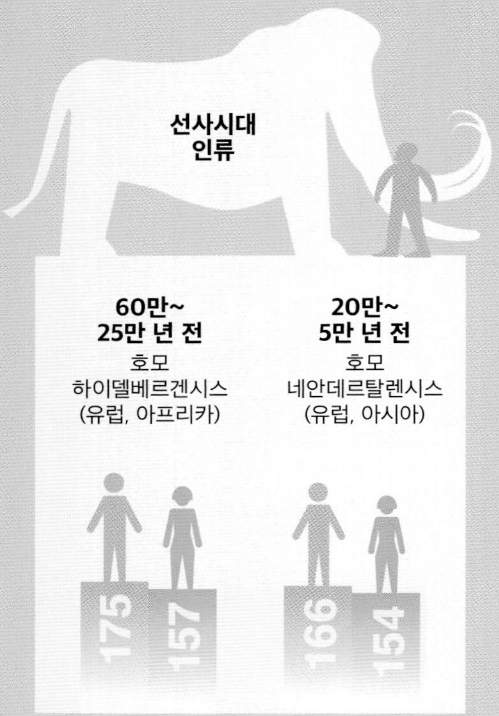
선사시대 인류
60만~ 25만 년 전
호모 하이델베르겐시스
(유럽, 아프리카)
175
157
20만~ 5만 년 전
호모 네안데르탈렌시스
(유럽, 아시아)
166
154

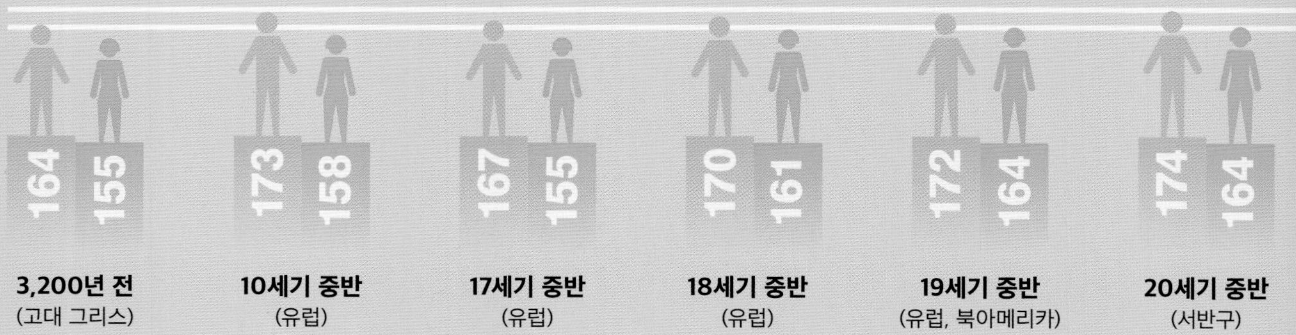
164
155
3,200년 전
(고대 그리스)
173
158
10세기 중반
(유럽)
167
155
17세기 중반
(유럽)
170
161
18세기 중반
(유럽)
172
164
19세기 중반
(유럽, 북아메리카)
174
164
20세기 중반
(서반구)

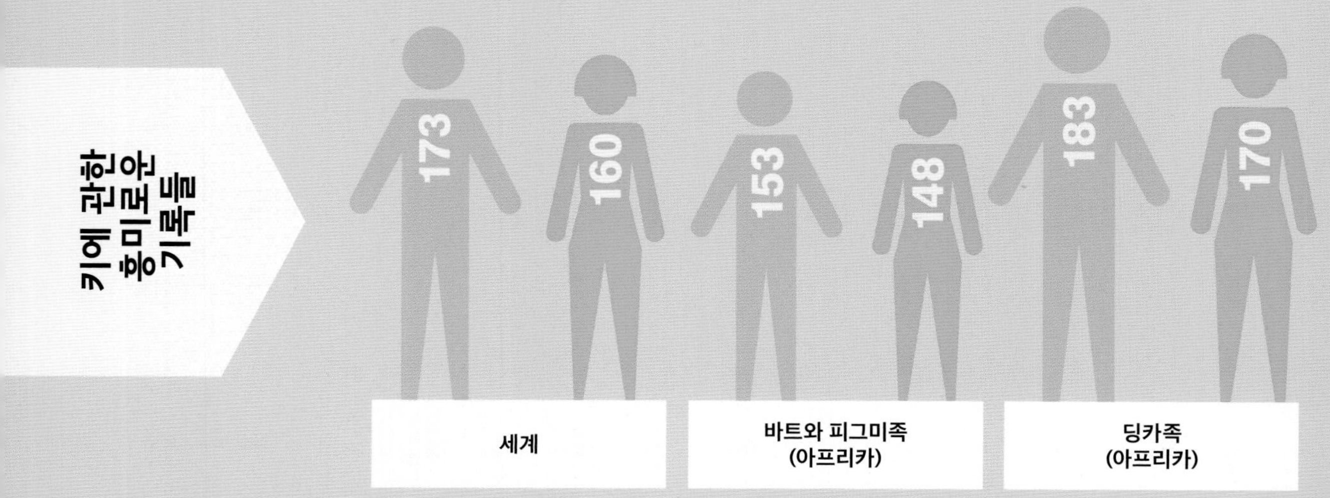

지역별 평균 키

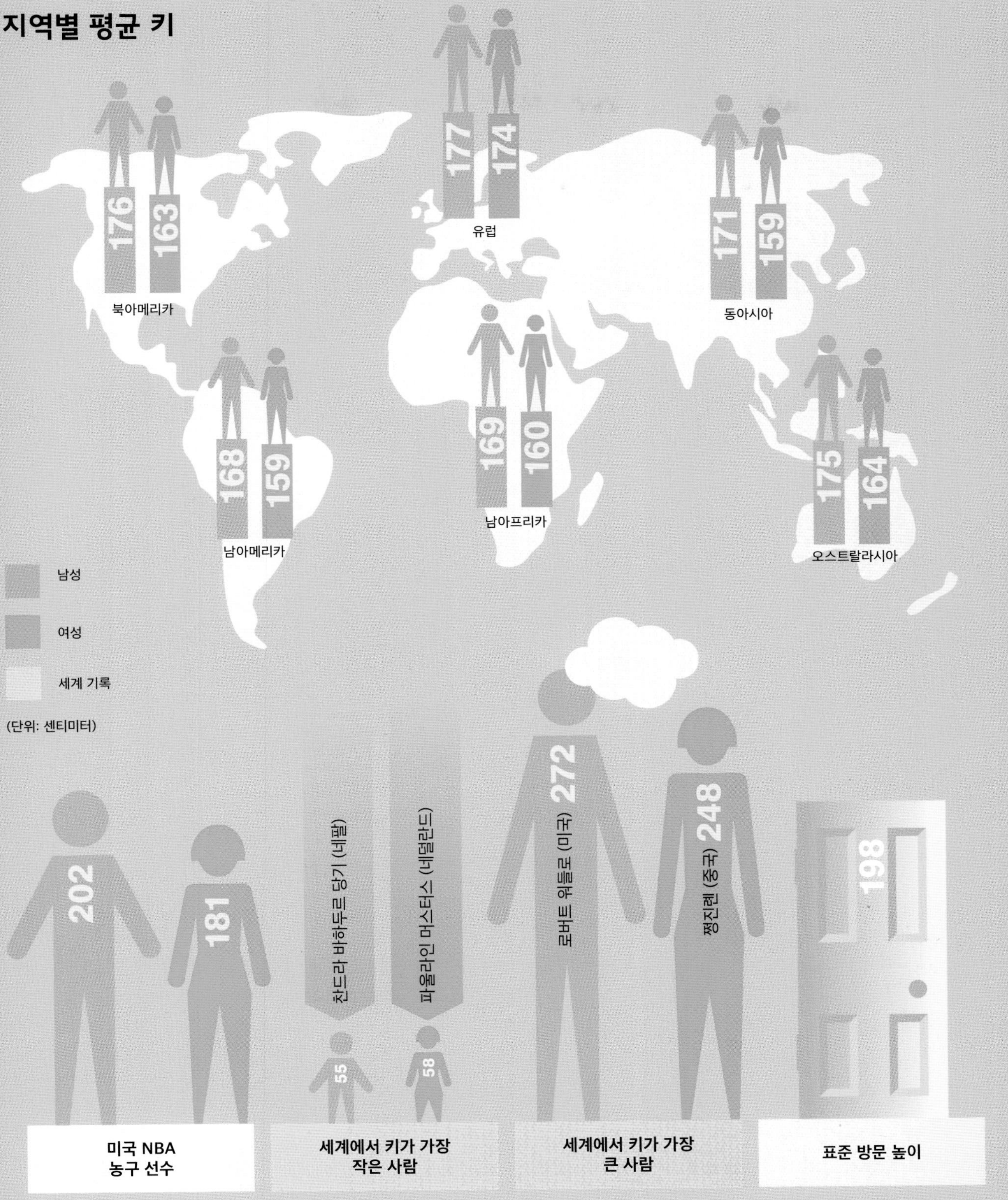

176
163
북아메리카
177
174
유럽
171
159
동아시아
168
159
남아메리카
169
160
남아프리카
175
164
오스트랄라시아
남성
여성
세계 기록
(단위: 센티미터)
202
181
미국 NBA 농구 선수
찬드라 바하두르 당기 (네팔)
파울라인 머스터스 (네덜란드)
55
58
세계에서 키가 가장 작은 사람
로버트 워들로 (미국) 272
펑진롄 (중국) 248
세계에서 키가 가장 큰 사람
198
표준 방문 높이

홀쭉이와 뚱뚱이

모든 사람의 골격은 발달 과정에 문제가 있었거나 수술로 제거한 경우를 제외하고 총 206개의 뼈로 구성된다. 그러나 뼈의 상대적인 크기나 모양이 사람마다 달라 사람들의 몸매는 제각각이다. 사람마다 뼈대가 굵거나 날씬하고, 팔다리가 길쭉하거나 땅딸막하다. 늘씬하거나 탄탄하고 여리 여리한 사람도 있어 사람의 몸매는 그야말로 다양하게 묘사할 수 있다.

몸이 다 자라 성인이 되면 골격의 형태에 따라 키와 팔다리 비율 등 전반적인 신체 치수가 결정된다. 그러나 골격을 바깥에서 감싸는 층층의 요소들이 몸의 윤곽을 크게 바꿔놓기도 한다. 몸속 깊숙한 곳부터 피부 밑까지 펼쳐져 있는 근육, 그리고 그 위에 놓여 끊임없는 문제를 일으키는 피하 조직, 즉 지방층이 그렇다.

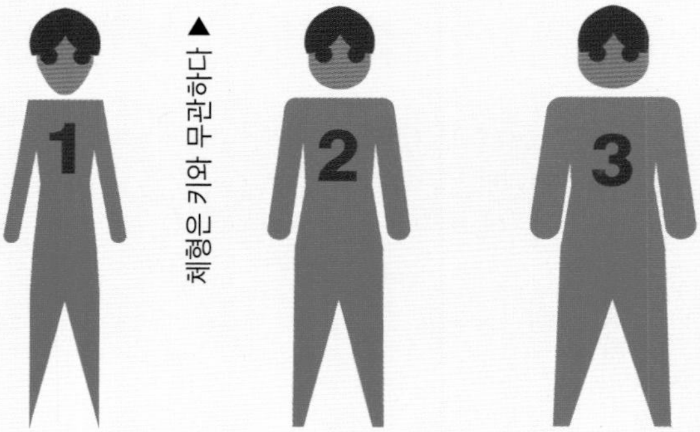

635
세계에서 가장 무거운 남성(kg)
존 미녹 (미국)

일반적인 체형

1 외배엽형: 뼈가 가늘고 가볍다. '가냘프다'. 날씬한 편임.

2 중배엽형: 중간

3 내배엽형: 뼈가 굵고 무겁다. '건장하다'. 통통한 편임.

사람들 대부분은 두 가지 체형을 조합하고 있다.

1940년대에 미국 심리학자 윌리엄 셸던은 한 사람의 체형과 체격이 그 사람의 성격, 기질, 지능, 감정 상태와 연관이 있다고 밝혔다. 예를 들어, 외배엽형 인간은 내향적이고 불안해 하며 수줍음을 잘 타고 절제력이 뛰어나고 차분하다. 반면 내배엽형 인간은 외향적이고 자신을 잘 표현하며 언변이 뛰어나고 매사에 느긋하다. 물론 이 가설은 이미 오래 전에 설득력을 잃었다.

남성

여성

근육

뼈

기타

지방

건강한 사람의 신체 비율 (% 질량)

15 25 45 15

12 25 35 28

544

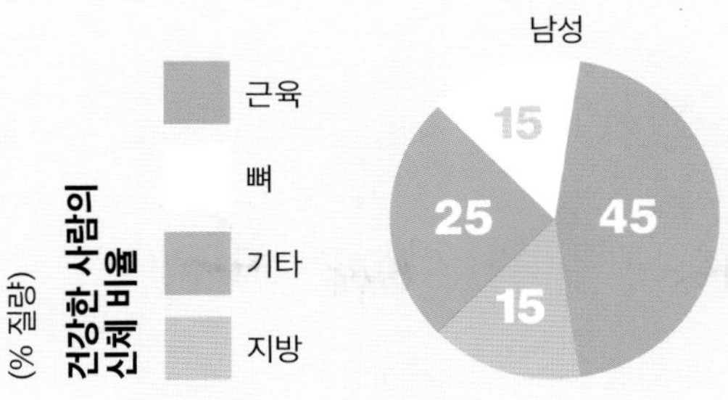

세계에서 가장 무거운 여성(kg)
캐롤 야거 (미국)

과일과 견과류를 닮은 몸

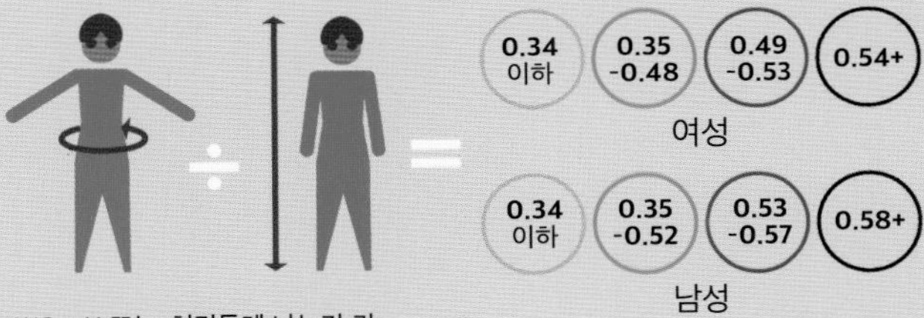

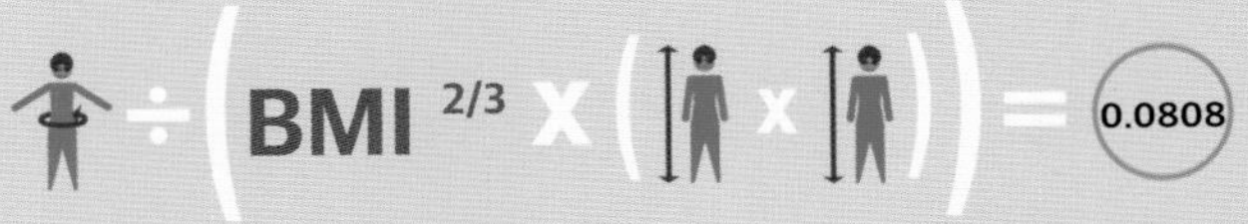

체형을 과일이나 견과류에 비교하면 복잡한 공식보다
훨씬 기억하기 쉽다. 군살이 붙은 부위를 강조해서
묘사하는 방식이다. 보통 복부 지방을 지닌 사람
(사과 모양)은 엉덩이나 허벅지에 지방이 많은 사람
(배 모양)에 비해 건강상 더 큰 위험을 안게 된다.

사과

배

콩

BMI: 체질량 지수

체질량 지수는 질량(체중)이나 키가 건강 상태와 어떤 연관이 있는지
알아보기 위해 고안한 것이다. 남녀 모두에게 적용되며 마른 체형에서
뚱뚱한 체형까지 대분의 체형을 설명할 수 있다.

18.5 미만 | 18.5-25 | 25-30 | 30+

M ÷ H^2 또는, 체중(킬로그램) 나누기 키(미터)의 제곱

WHtR: 허리 대 키 비율

허리 대 키의 비율은 수학적으로 가장 쉽게 계산할 수 있는 지표다. 몸의
지방이 어디에 분포해 있는지 알려준다.

0.34 이하 | 0.35-0.48 | 0.49-0.53 | 0.54+
여성

0.34 이하 | 0.35-0.52 | 0.53-0.57 | 0.58+
남성

WC ÷ H 또는, 허리둘레 나누기 키

ABSI: 체형 지수

체질량 지수를 보완하여 개발한 지수로 체질량 지수에 허리둘레(WC)
를 추가한다. 이 지수는 체지방의 분포를 고려하기 때문에 정확도가 더
높은 측정 지수로 알려져 있다. 그러나 계산법은 좀 더 복잡하다

BMI$^{2/3}$ = 0.0808

WC ÷ (BMI$^{2/3}$ X H^2). 허리둘레(미터)를 BMI의 2/3제곱 곱하기 키(미터)의
제곱으로 나눈다. 정식 계산법에는 나이와 성별을 추가한다.

저체중 | 정상 | 과체중 | 비만

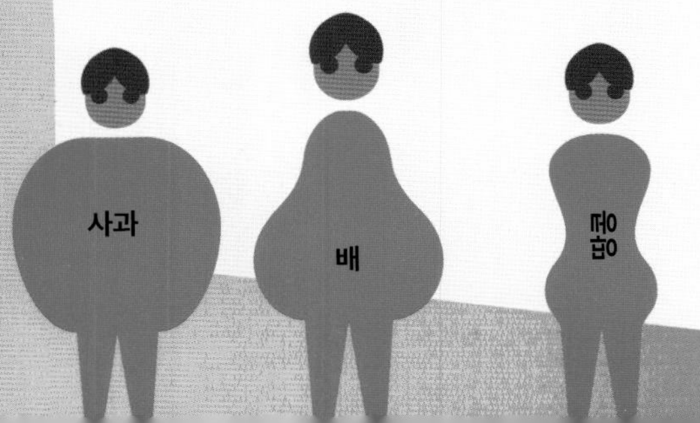

황금 비율

고대로부터 예술가와 조각가들은 인체에서 드러나는 비율과 조화를 찬양했다. 물론 인간의 몸은 사람마다 모양과 크기가 천차만별이다. 하지만 신체의 비율은 대체로 상당히 비슷하다. 흔히 알려져 있는 1:1.618의 황금 비율(황금비, 황금 분할, 파이, Φ)는 우리 주변의 자연에서 광범위하게 찾아볼 수 있다. 예술가들은 보기 좋게 균형 잡힌 길이와 모양을 표현하기 위해 이 황금 비율을 자주 사용한다. 황금 비율은 인체 전반에 걸쳐 나타난다.

8등신과 머리

턱 밑에서 정수리까지를 머리/얼굴로 보았을 때, 이를 키의 1/8 단위로 설정하면 다음과 같은 전형적인 비율이 나온다.

황금 몸매

황금 비율. 길이가 각각 a와 b인 두 선에 대해, a:b = (a+b):a = 1.618 (단, a>b)

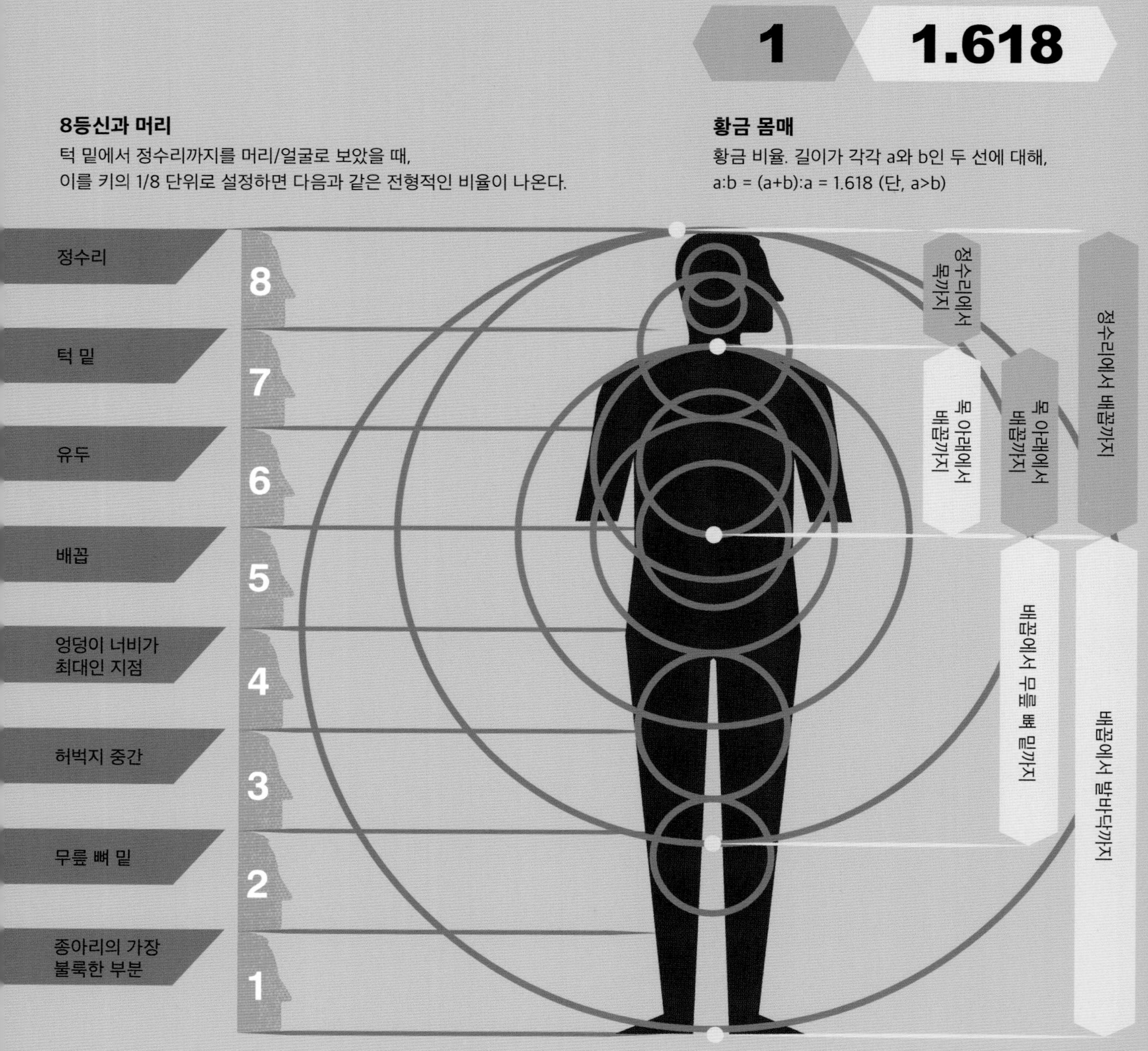

1
1.618
정수리
8
턱 밑
7
유두
6
배꼽
5
엉덩이 너비가 최대인 지점
4
허벅지 중간
3
무릎 뼈 밑
2
종아리의 가장 불룩한 부분
1
정수리에서 목까지
목 아래에서 배꼽까지
목 아래에서 배꼽까지
정수리에서 배꼽까지
배꼽에서 무릎 뼈 밑까지
배꼽에서 발바닥까지

몸으로 재는 길이의 단위

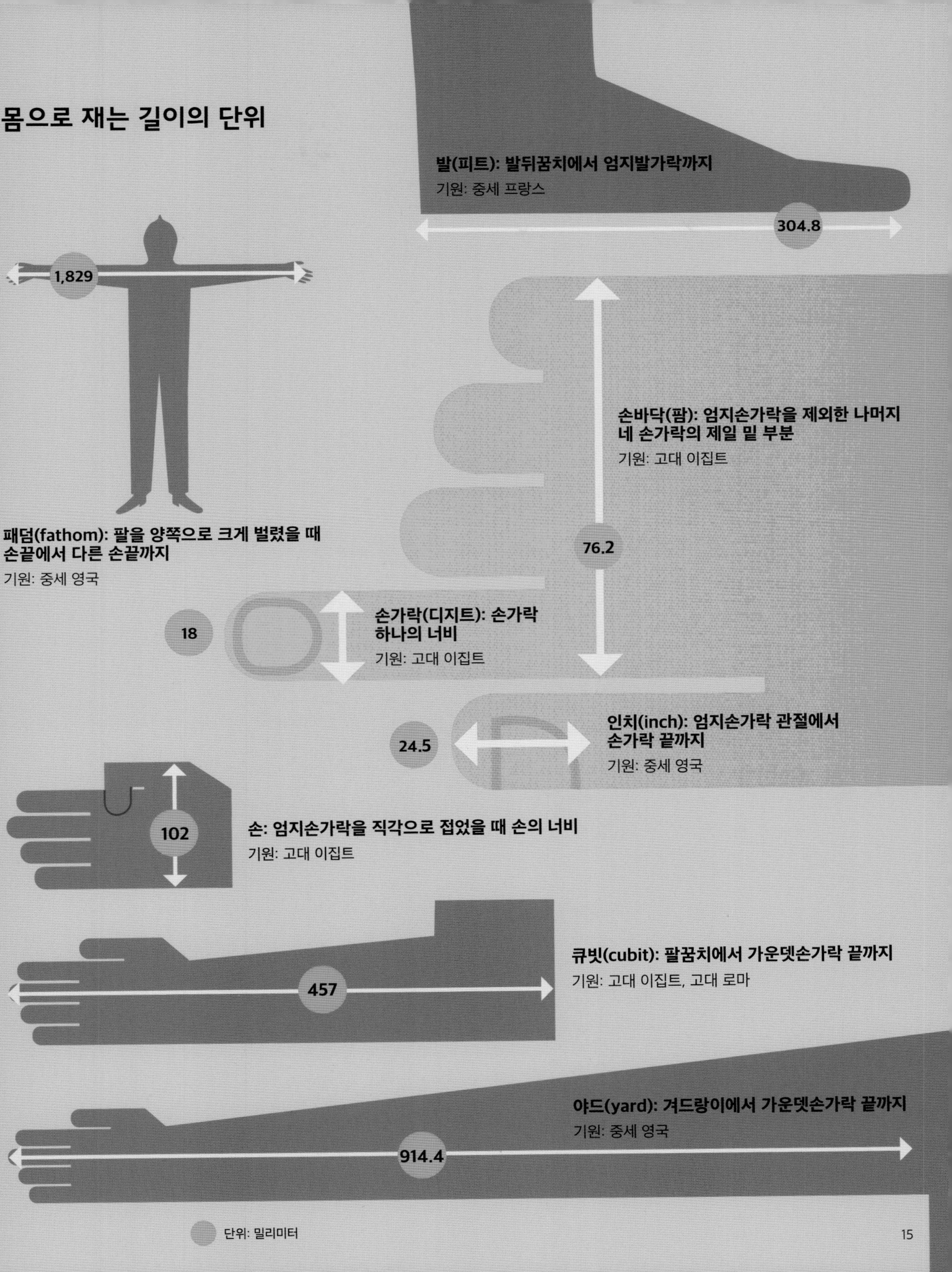
발(피트): 발뒤꿈치에서 엄지발가락까지
기원: 중세 프랑스
304.8
1,829
손바닥(팜): 엄지손가락을 제외한 나머지 네 손가락의 제일 밑 부분
기원: 고대 이집트
76.2
패덤(fathom): 팔을 양쪽으로 크게 벌렸을 때 손끝에서 다른 손끝까지
기원: 중세 영국
18
손가락(디지트): 손가락 하나의 너비
기원: 고대 이집트
24.5
인치(inch): 엄지손가락 관절에서 손가락 끝까지
기원: 중세 영국
102
손: 엄지손가락을 직각으로 접었을 때 손의 너비
기원: 고대 이집트
457
큐빗(cubit): 팔꿈치에서 가운뎃손가락 끝까지
기원: 고대 이집트, 고대 로마
야드(yard): 겨드랑이에서 가운뎃손가락 끝까지
기원: 중세 영국
914.4
단위: 밀리미터

요리조리 내 몸 훑어보기

야외에서 위도, 경도 및 고도를 이용해 특정 장소를 찾아내는 것처럼, 인체에서도 특정 부위의 정확한 위치를 표시하려면 위-아래, 옆-옆, 앞-뒤의 기본적인 3차원 좌표(또는 행렬)를 알아야 한다. 오늘날 스캔 기술의 발달 덕분에 전에는 볼 수 없었던 인체의 내부를 수술용 메스 한 번 대지 않고 볼 수 있다. 인체를 살펴볼 때 알아야 할 방향을 알아보자.

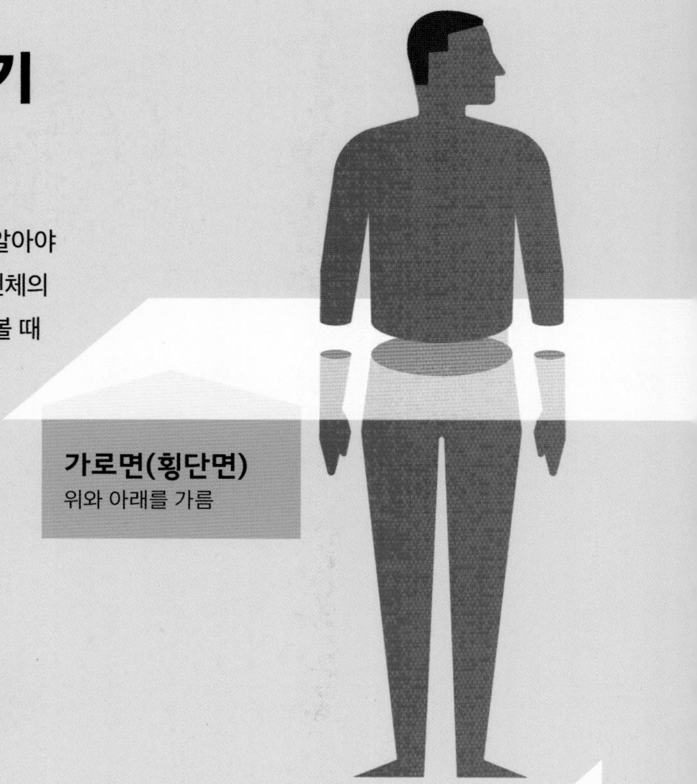

가로면(횡단면)
위와 아래를 가름

인체의 면

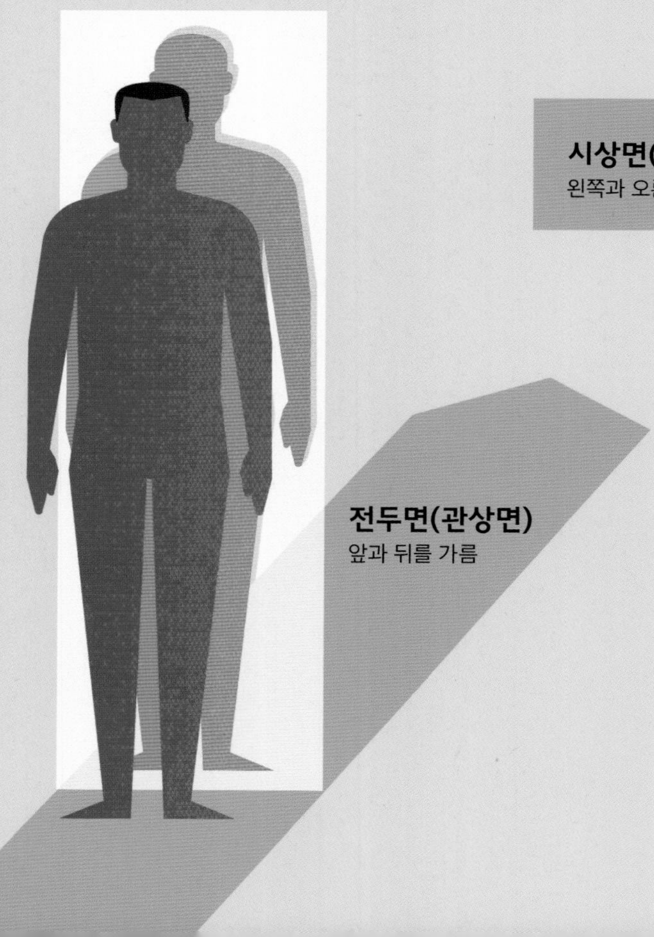

전두면(관상면)
앞과 뒤를 가름

시상면(정중면)
왼쪽과 오른쪽을 가름

인체의 축

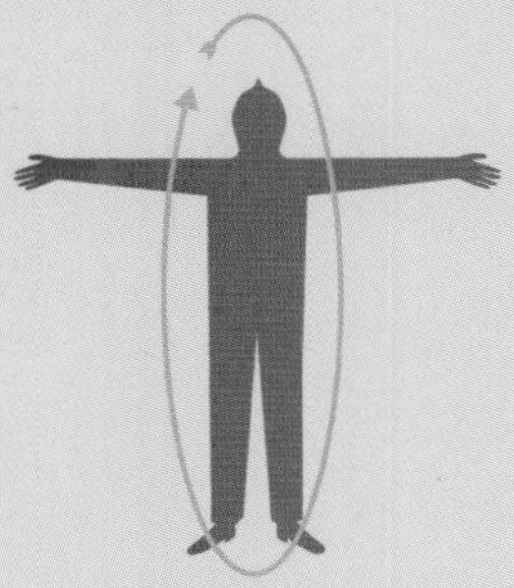

수직축
머리에서 발가락으로 꿰뚫는 축

전후축
앞뒤로 꿰뚫는 축

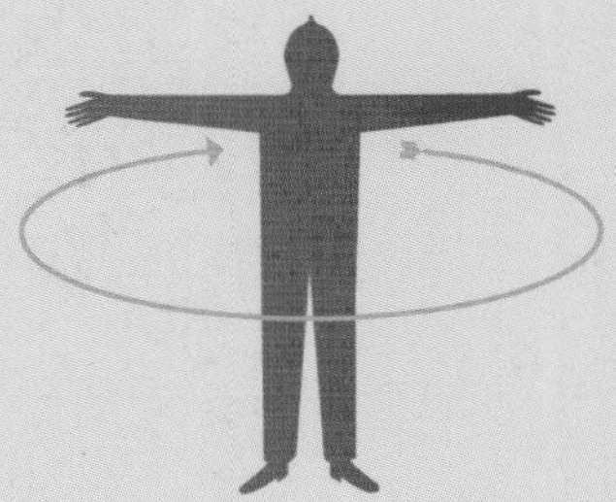

좌우축
좌우로 꿰뚫는 축

인체의 방향

아래
발에 가까운 쪽

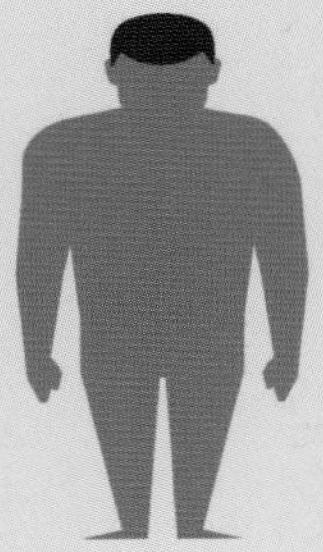

위쪽
머리에 가까운 쪽

바깥쪽
인체의 중심에서 먼 쪽

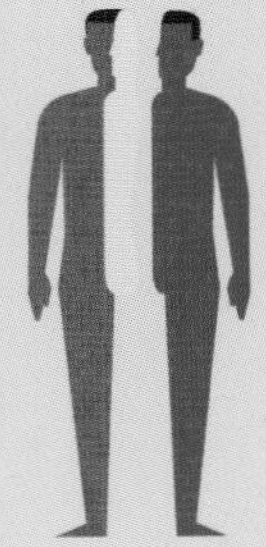

안쪽
인체의 중심에 가까운 쪽

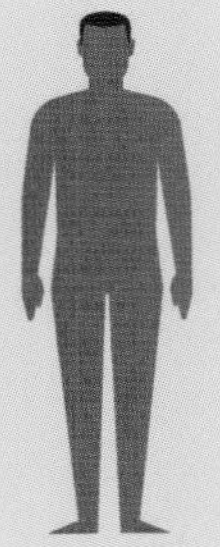

앞
인체의 배 쪽

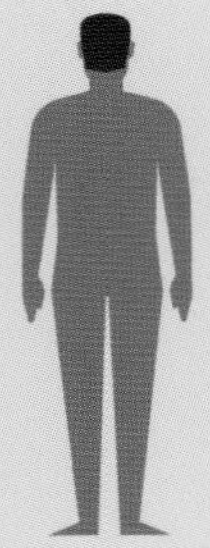

뒤
인체의 등 쪽

먼 쪽
사지에 가까운 쪽

몸 쪽
몸통에 가까운 쪽

주요 기관과 부위

이미지 기술이 발달하면서 인간은 자신의 몸을 꿰뚫어 볼 수 있게 되었다. 심지어 수술용 메스를 대지 않고도 몸의 구석구석을 살펴볼 수 있다. 이 그림은 인체의 내부에서 기준이 될 만한 주요 기관과 부위이다. 각각의 기관이나 부위는 앞으로 모두 설명할 것이다.

1 이마 뼈
2 눈둘레근
3 눈구멍(눈확)
4 광대근
5 코안(비강)
6 목동맥(경동맥)
7 목정맥(경정맥)
8 목 림프샘(경부 림프샘)
9 어깨뼈(견갑골)
10 갑상샘
11 겨드랑동맥 및 겨드랑정맥
12 가슴 림프샘
13 가슴샘(흉선)
14 위팔뼈
15 심장
16 갈비뼈
17 왼허파
18 왼콩팥
19 대동맥
20 쓸개(담낭)
21 간
22 노정맥(요골동맥)
23 자동맥(척골동맥)
24 위

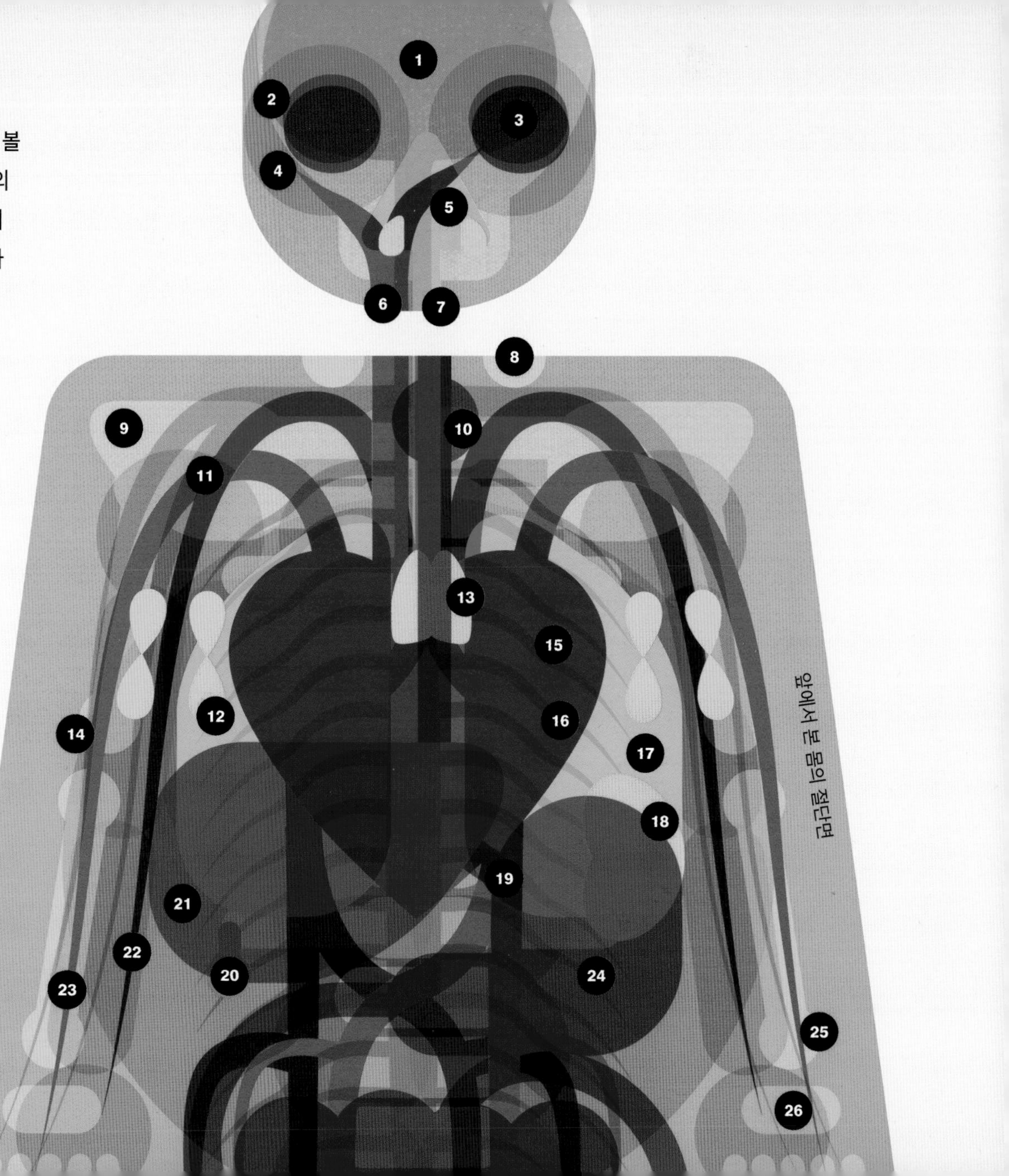

25 노뼈(요골)및 자뼈(척골)
26 손목뼈
27 손허리뼈
28 작은창자
29 잘록창자(결장)
30 엉덩동맥
31 엉덩정맥
32 막창자꼬리(충수)
33 고샅 림프샘
34 곧창자(직장)
35 넓적다리
36 무릎뼈(슬개골)
37 넙다리동맥 및 넙다리정맥
38 정강뼈(경골) 및 종아리뼈(비골)
39 앞정강동맥 및 앞정강정맥
40 뒤정강동맥 및 뒤정강정맥
41 발목뼈
42 발허리뼈

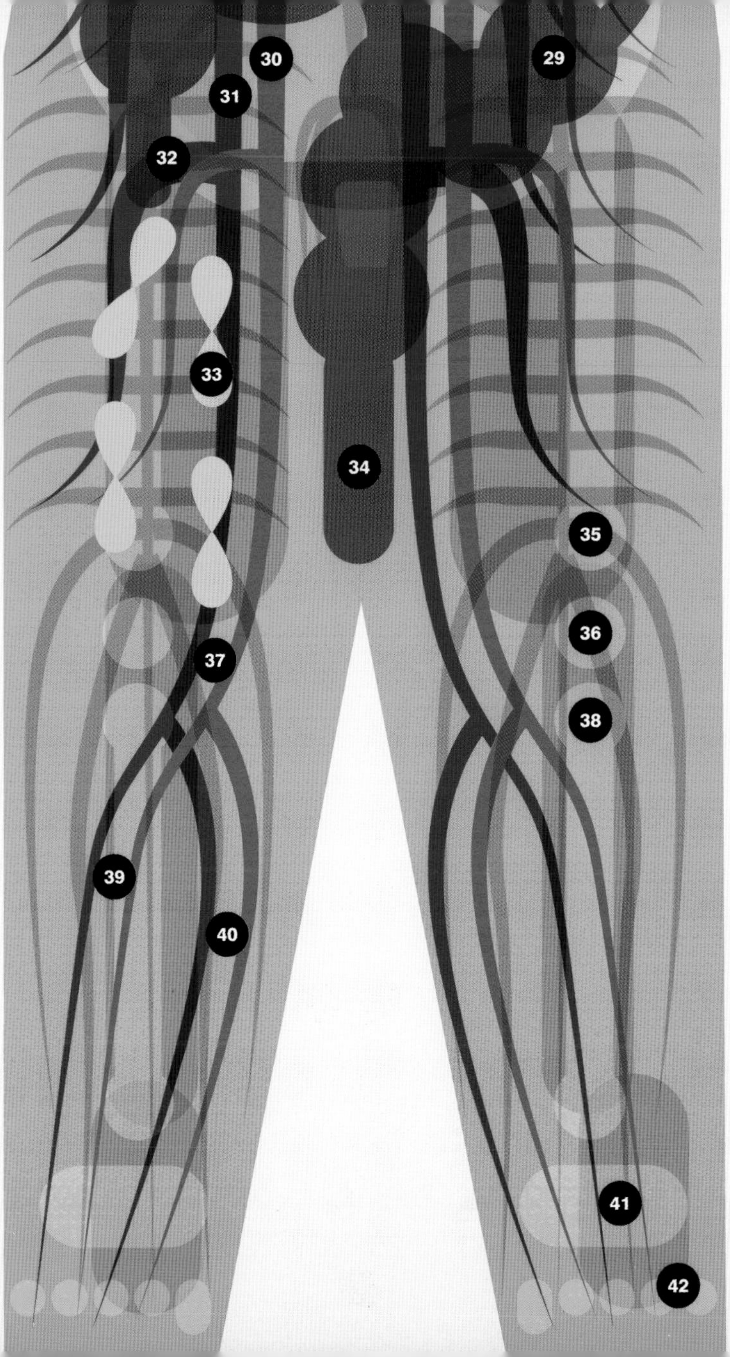

1 뒤통수엽(후두엽)
2 대뇌 겉질(대뇌 피질)
3 대뇌 뇌실
4 뇌들보(뇌량)
5 이마엽(전두엽)

1 세갈래근(삼두근)
2 위팔뼈
3 두갈래근(이두근)

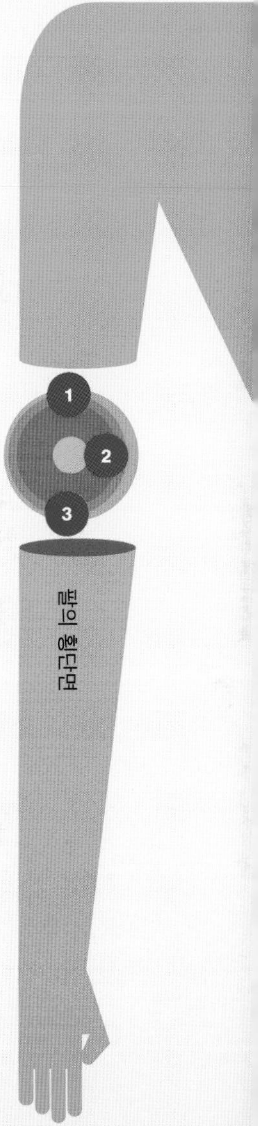

팔의 횡단면

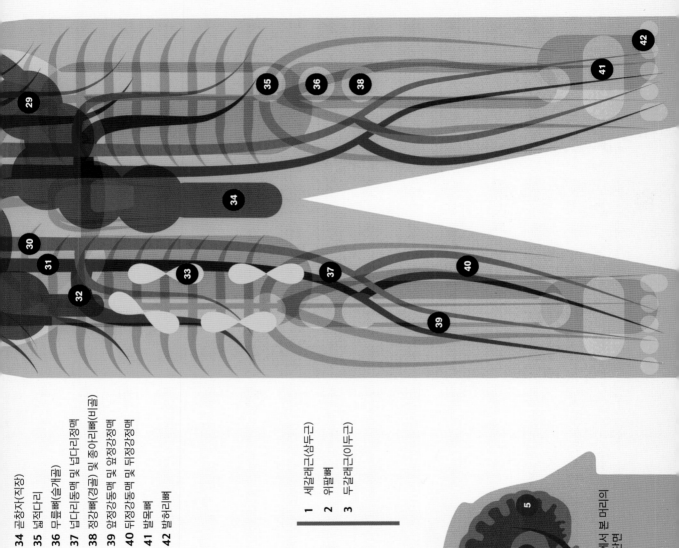

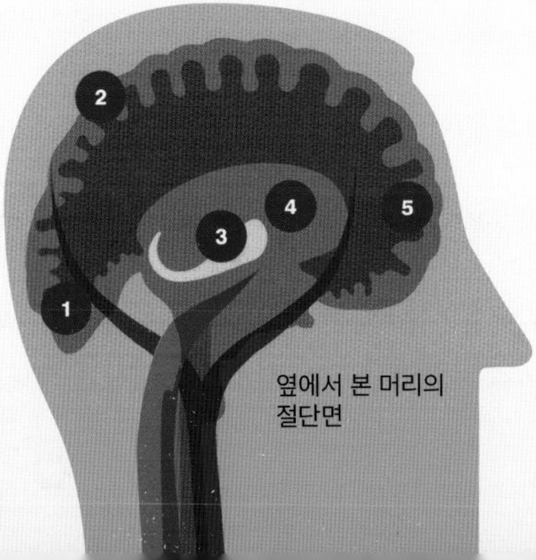

옆에서 본 머리의 절단면

몸은 시스템이다

인체는 기관, 조직, 세포가 모여 사람이 생명을 유지하고 제대로 작동하도록 하는 하나의 시스템이다.

표피계

- 피부 • 머리카락
- 손톱 및 발톱
- 땀 및 기타 외분비샘

신체보호, 체온 조절, 노폐물 제거 및 감각기능.

근육계

수축을 전담하는 640가지 골격근.

인체의 움직임과 내부 물질의 이동 및 보호.

순환계

- 심장
- 혈액
- 혈관

산소 및 영양분 운반, 이산화탄소 및 노폐물 회수, 온도 조절.

비뇨계

- 콩팥 • 요관
- 방광 • 요도

혈액에서 노폐물을 걸러내고 전반적인 체액 수치를 조절함.

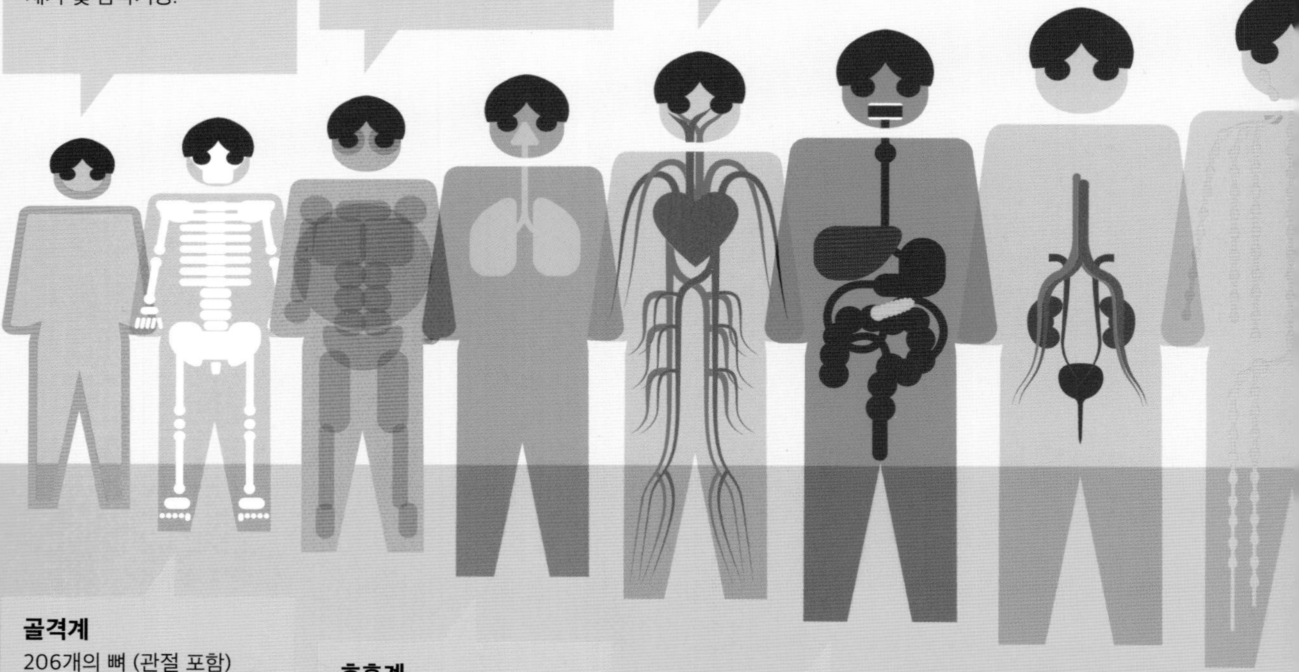

골격계

206개의 뼈 (관절 포함)

몸체지지 및 보호, 운동, 혈구 생산.

호흡계

- 코 • 목구멍 • 기관
- 기도 • 폐

산소 흡수와 이산화탄소 배출, 발성.

소화계

- 입 • 치아
- 침샘 • 식도
- 위 • 창자
- 간 • 이자

영양분의 물리화학적 소화 및 흡수.

림프계

- 림프샘
- 림프관
- 백혈구

일상적인 체액 배출, 영양분 분배, 노폐물 수집, 몸의 수리 및 방어

면역계

- 백혈구 • 지라(비장)
- 림프샘 • 기타 분비샘

병원균 및 기타 외부 침입 물질, 암과 여러 질병으로부터 신체 방어.

감각계

- 눈 • 귀 • 코 • 혀
- 피부 • 내부 감각기관

외부 환경 (시각, 청각, 후각), 신체 자세 및 움직임, 근육의 긴장과 관절 위치, 체온 등의 신체 내부 상태에 관한 정보 수집.

생식계

여성: • 난소 • 난관(나팔관) • 자궁 • 질 • 기타 이와 관련된 관 및 분비샘

남성: • 고환 • 음경 • 기타 이와 관련된 관 및 분비샘

자손의 생산. 남성과 여성이 다른 유일한 시스템. 생존에 필수적이지 않은 유일한 시스템.

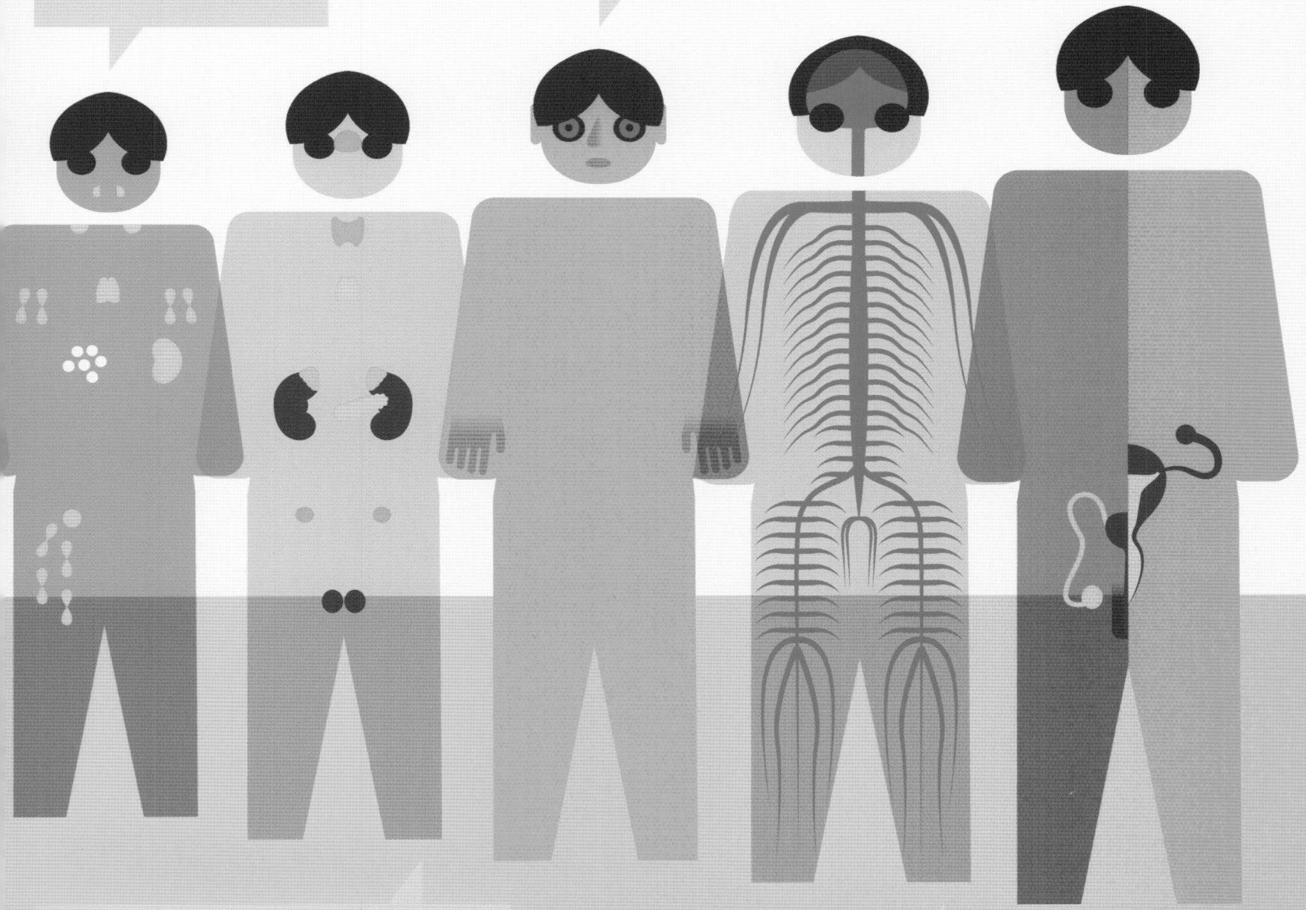

내분비계

뇌하수체, 갑상샘, 가슴샘, 부신을 비롯한 호르몬 분비샘.

성장, 소화, 체액 조절, 공포 반응을 비롯해 인체에서 일어나는 여러 과정이 원활하게 진행되도록 의사소통 및 조정을 돕는 화학 호르몬 생산.

신경계

- 뇌 • 척수 • 신경

정보, 생각, 결정, 기억 및 감정의 수집과 처리. 근육과 샘의 조절.

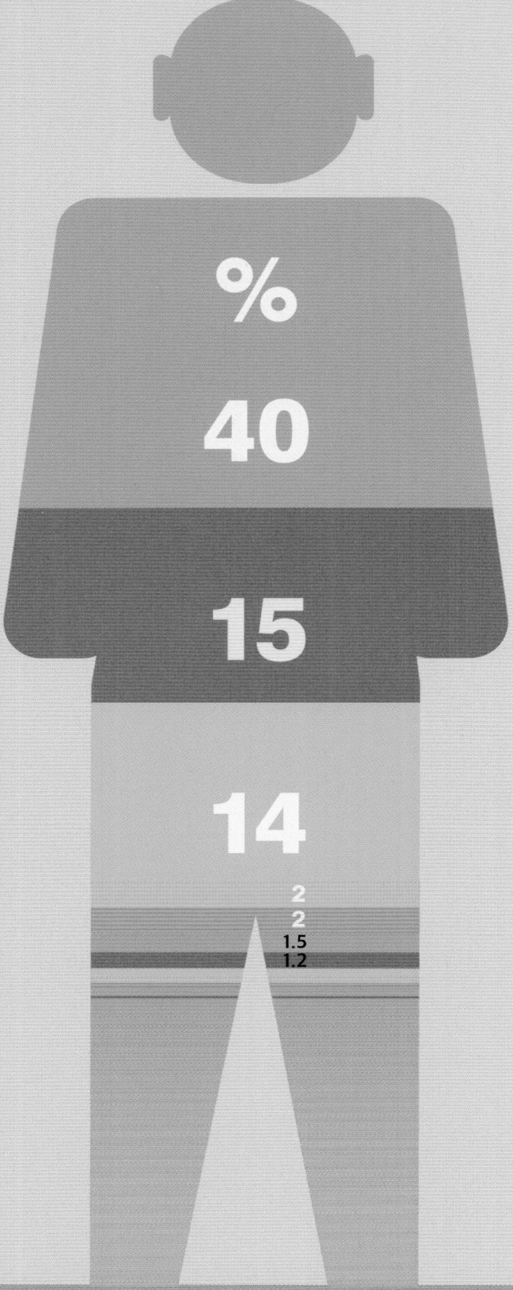

전체를 이루는 부분들

인체를 구분하는 방식은 여러 가지다. 우선 몸속에서 하는 역할 또는 기능에 따라 계, 기관, 조직, 세포로 나눌 수 있다. 각각에서는 생리 현상이라고 부르는 생화학 과정이 일어난다. 해부학 또는 구조적 관점에서 분류하면 기관과 조직으로 나눌 수 있다. 가장 큰 기관 및 조직은 피하지방층을 포함하는 피부 조직과 간이다. 해부학에 근거한 또 다른 구분법에 따르면, 인체는 위치별로 머리, 몸통(위쪽은 가슴 또는 흉부, 아래쪽은 배 또는 복부), 팔다리(여러 마디가 있음)로 나누어진다.

	체중 (%)	체중이 75kg인 사람의 몸에서 차지하는 무게(g)
근육	40	30,000
피부 (전체)	15	11,200
뼈	14	10,500
간	2	1,550
뇌	2	1,400
큰창자	1.5	1,100
작은창자	1.2	900
오른쪽 폐	0.6	450
왼쪽 폐	0.5	400
심장	0.5	350
지라(비장)	0.18	140
왼쪽 콩팥	0.18	140
오른쪽 콩팥	0.17	130
이자	0.13	100
방광	0.1	75
갑상샘	0.05	35
자궁(여성)	0.08	60
전립샘(남성)	0.03	20
고환(남성)	0.03	20

신체의 치수 재기

영국에서 옷의 치수를 재는 전통적인 방식 (단위: 인치).

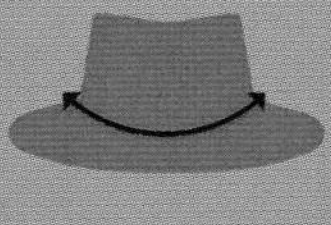

모자

머리에서 가장 너비가 큰 부분(눈썹 바로 위)의 둘레 나누기 3.15.

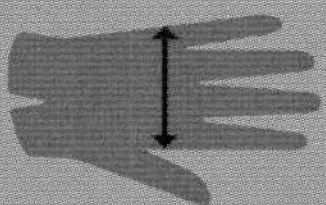

장갑

손의 가장 너비가 큰 부분(손가락 관절)의 둘레.

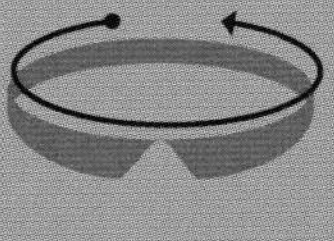

목둘레

목에서 가장 두꺼운 부분의 둘레 더하기 1/2 인치.

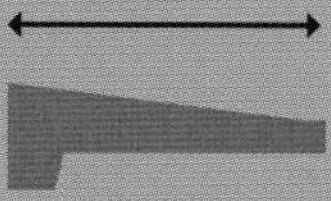

소매

목덜미의 중심에서 어깨까지, 그리고 어깨에서 손목뼈까지.

점점 커지는 발 크기

북아메리카와 유럽과 같은 선진국에서는 최근에 특히 여성의 발이 커지는 경향이 있다 (그림은 성인 여성의 평균 발 크기). 이러한 추세는 사람들의 키가 커졌기 때문이라고도 볼 수 있으나 모두 그런 것은 아니다.

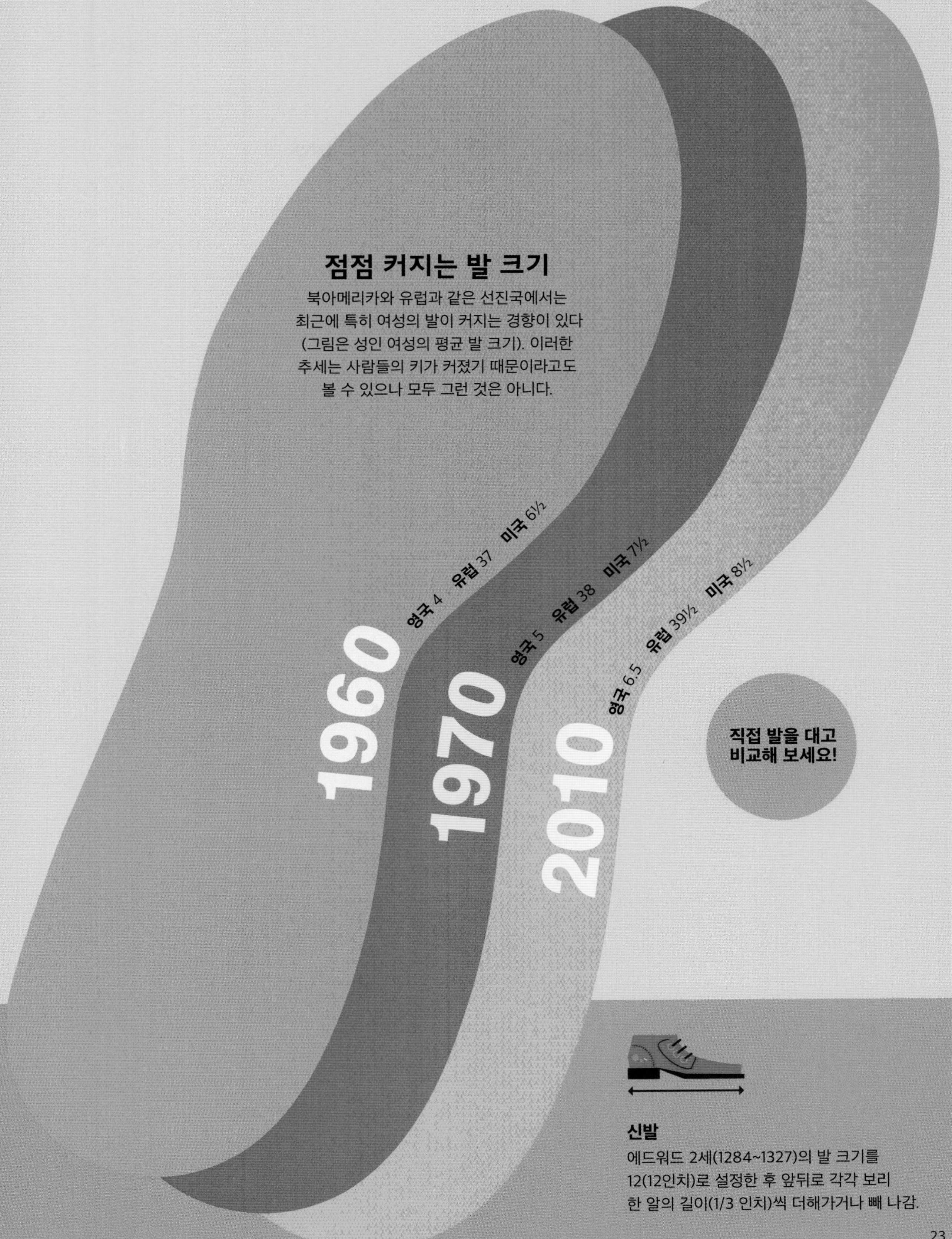
1960
영국 4 유럽 37 미국 6½
1970
영국 5 유럽 38 미국 7½
2010
영국 6.5 유럽 39½ 미국 8½
직접 발을 대고 비교해 보세요!

신발

에드워드 2세(1284~1327)의 발 크기를 12(12인치)로 설정한 후 앞뒤로 각각 보리 한 알의 길이(1/3 인치)씩 더해가거나 빼 나감.

인체는 (대부분의 경우) 총

206

개의 뼈로 이루어져 있다.

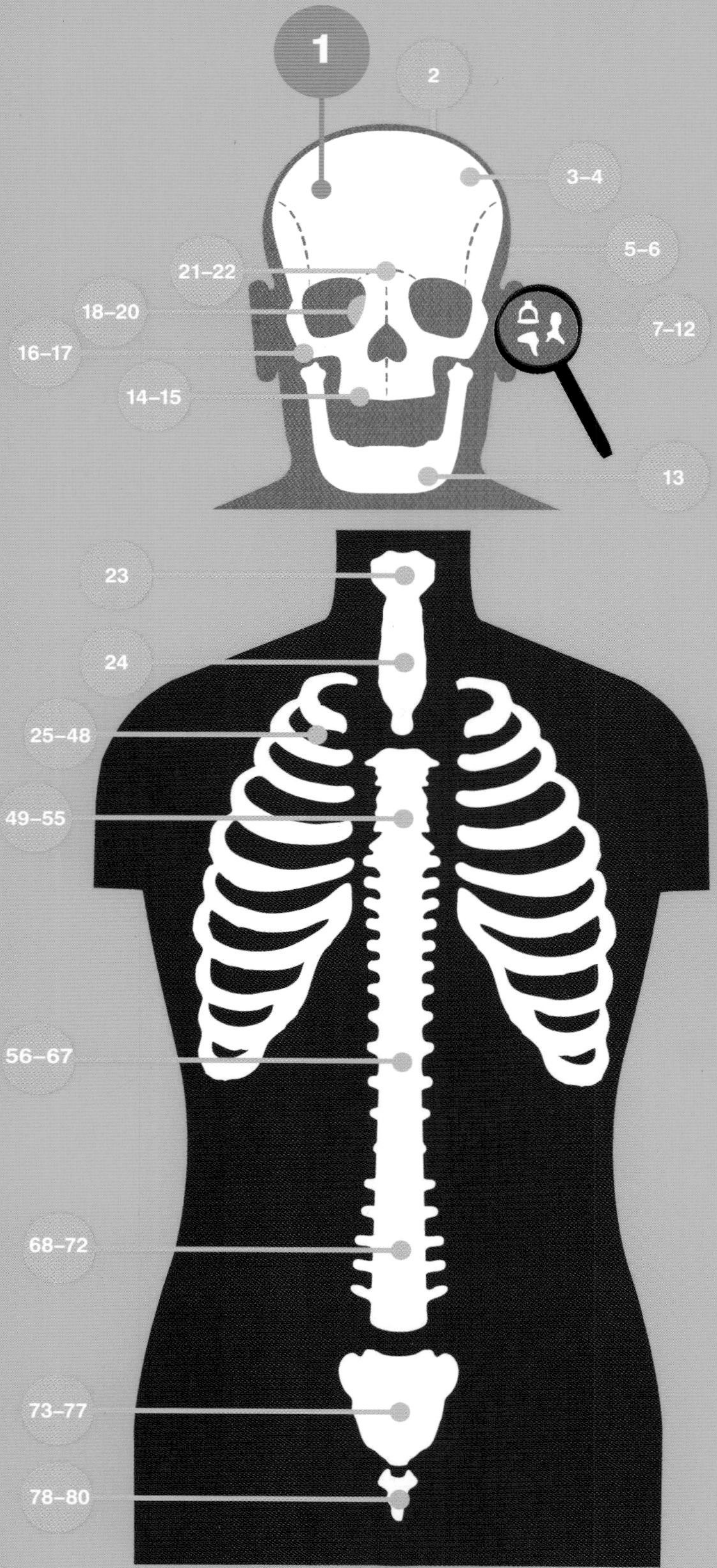

기본 뼈대

자궁 내의 태아 초기 발달 단계에서 뼈는 맨 처음 연골의 형태로 만들어진다. 그리고 점차 골 물질이 채워지면서 단단해진다. 실제로 유아기에 뼈의 숫자는 300개가 넘는다. 이후 뼈의 일부가, 특히 두개골에 있는 뼈들이 자라는 과정에서 서로 합치거나 접합하면서 총 뼈의 숫자가 줄어든다. 유전이나 발달 과정의 변이로 인해 뼈의 숫자가 다른 경우도 있다. 120명 중의 한 명 꼴로 갈비뼈가 2개 더 있어 12쌍이 아닌 13쌍의 갈비뼈를 지닌다. 25명 중의 한 명 꼴로 '천추의 요추화'가 일어나 허리뼈가 보통 5개에서 1개 늘어나 6개인 사람이 있다. 그러나 이 경우 늘어난 뼈는 아래의 엉치뼈에서 '빌린' 것이므로 접합된 척추뼈에는 마디가 5개가 아닌 4개가 있다. 또한 100명 중 한 명꼴로 손가락이나 발가락뼈 숫자가 보통사람들과 다르다. 때로는 손목이나 발목에 불필요한 뼈가 들어 있는 사람도 있다.

80 몸통 뼈대 (축 골격)

네 부분으로 구성됨
머리뼈, 얼굴뼈, 척추뼈, 가슴뼈

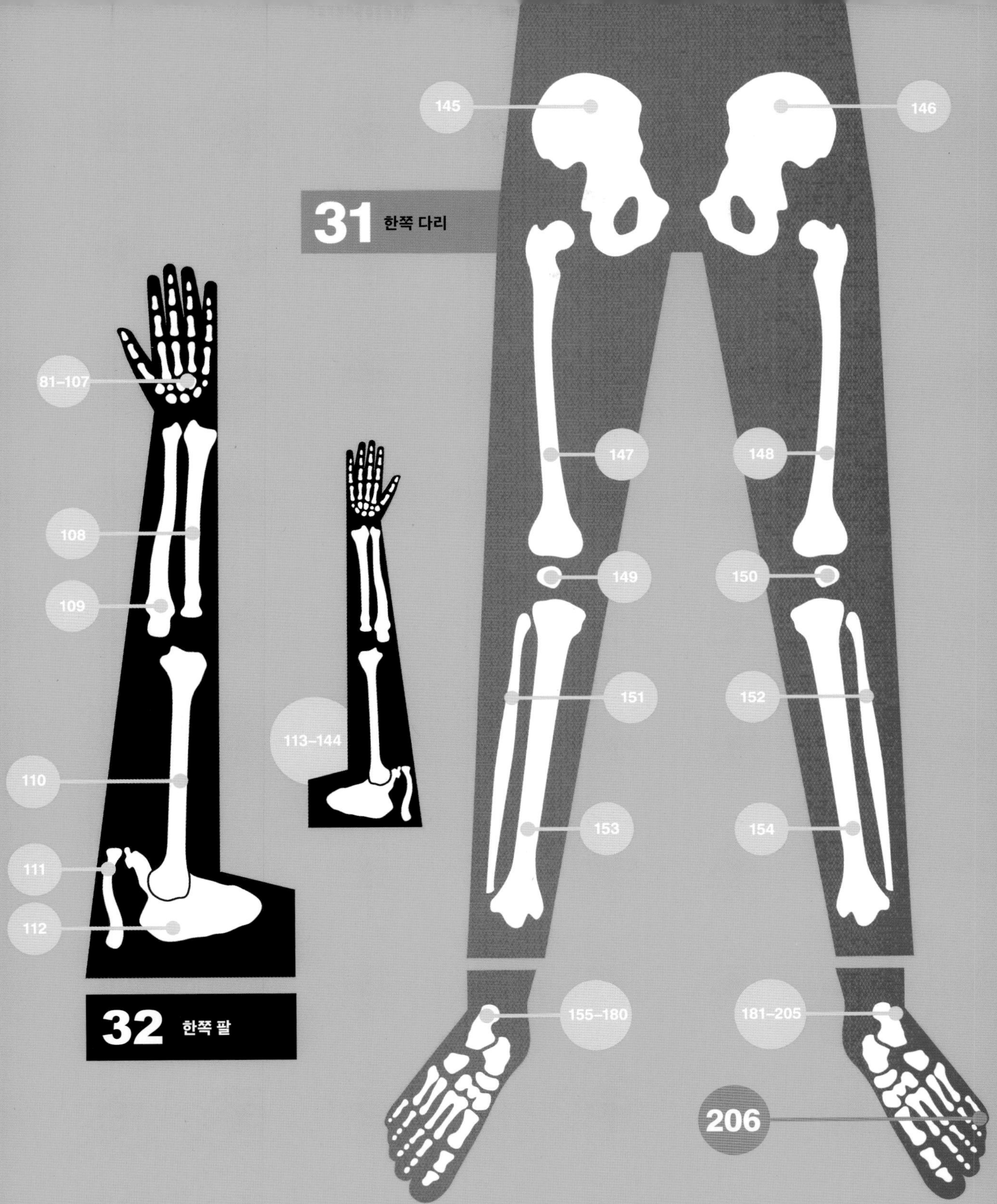

126 팔다리 뼈대 (사지 골격)

두 부분으로 구성됨
팔뼈, 다리뼈

치아의 성분

우리 몸에서 치아를 감싸는 사기질(에나멜)처럼 단단한 것은 없다. 사기질 안쪽에 있는 상아질 역시 단단하고 오래 간다. 턱뼈의 치아확(틀)에 박힌 치아를 고정시키는 것은 시멘트질이라는 '살아 있는 풀'로 이 역시 견고하고 강한 물질이다. 총 32개의 치아로 이루어진 성인의 이는 한 사람이 평생 음식을 자르고 씹고 갈고 물어뜯는 것은 물론 미소와 함박웃음까지 책임질 것이다.

영구치

32:
8 앞니
4 송곳니
8 작은어금니
12 큰어금니

유치 (젖니)

20:
8 앞니
4 송곳니
0 작은어금니
8 큰어금니

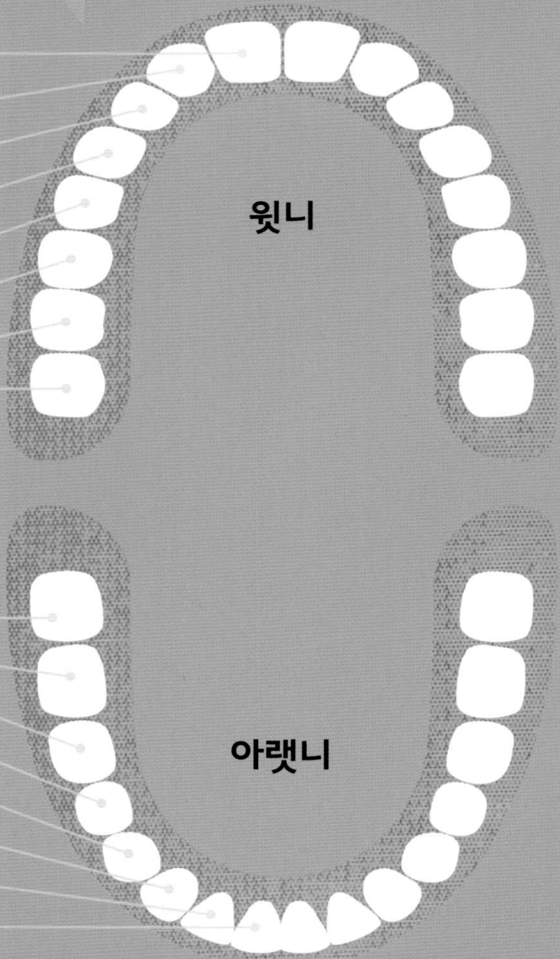

윗니
첫 번째 앞니(가운뎃니) 7–8
두 번째 앞니(옆앞니) 8–9
송곳니(견치) 11–12
첫 번째 앞어금니(제1소구치) 10–11
두 번째 앞어금니(제2소구치) 11–12
첫 번째 뒤어금니(제1대구치) 6–7
두 번째 뒤어금니(제2대구치) 12–13
사랑니(제3대구치) 17–21
이가 나는 시기(년)
아랫니
사랑니(제3대구치) 17–21
두 번째 뒤어금니(제2대구치) 11–13
첫 번째 뒤어금니(제1대구치) 6–7
두 번째 앞어금니(제2 소구치) 11–12
첫 번째 앞어금니(제1소구치) 10–11
송곳니(견치) 9–10
두 번째 앞니(옆앞니) 7–8
첫 번째 앞니(가운뎃니) 6–7

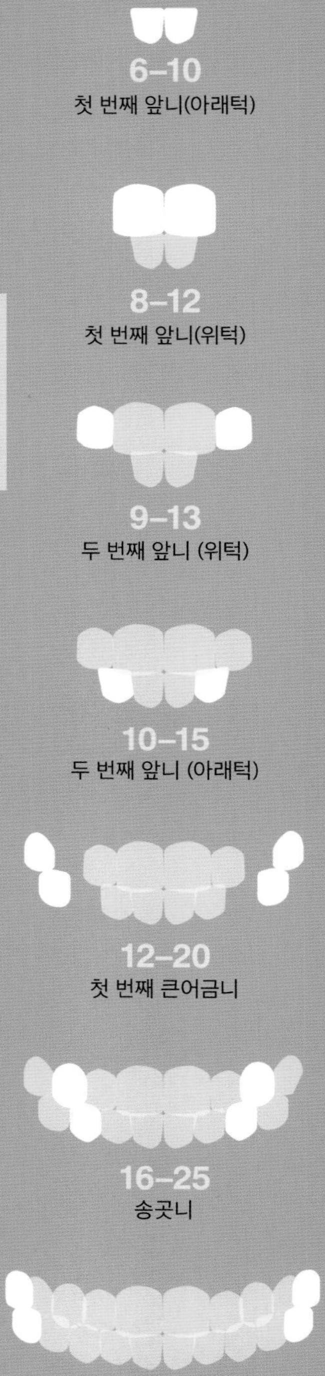

6–10
첫 번째 앞니(아래턱)
8–12
첫 번째 앞니(위턱)
9–13
두 번째 앞니 (위턱)
10–15
두 번째 앞니 (아래턱)
12–20
첫 번째 큰어금니
16–25
송곳니
24–36
두 번째 큰어금니
이가 나는 시기(개월)

뿌리의 개수

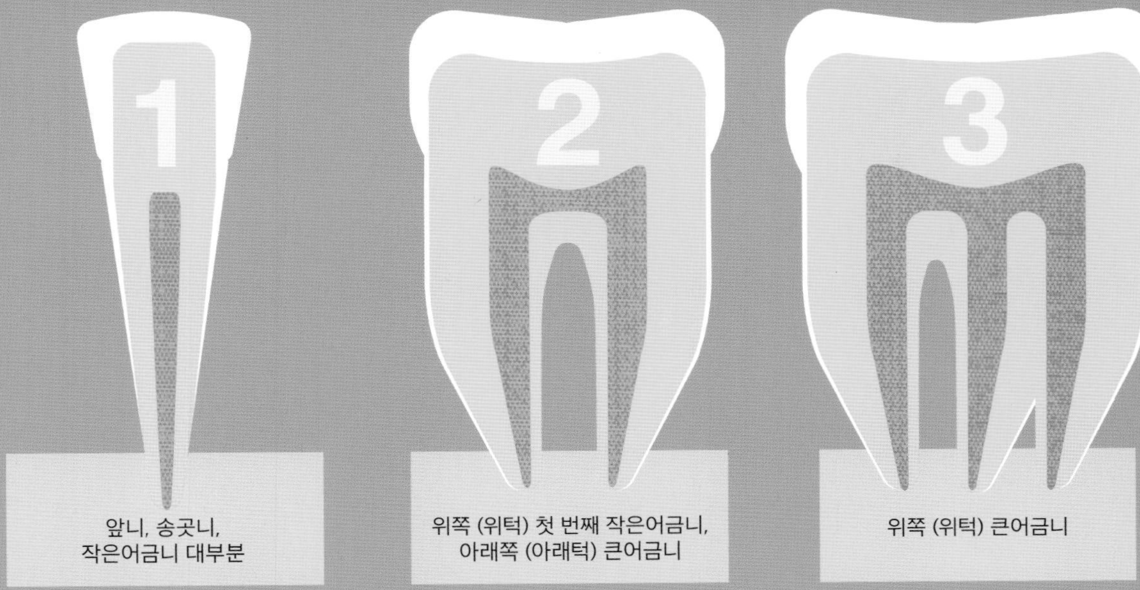

사랑니

위아래 양턱의 좌우 맨 끝에 나는 총 4개의 세 번째 큰어금니를 사랑니라고 부른다. 사랑니는 (나온다면) 사람이 사랑을 시작하는 17~21세에 잇몸을 뚫고 나온다. 그러나 사랑니가 나오는 방식은 여러 가지다. 아예 사랑니가 생기지 않거나, 생겨도 매복 상태로 잇몸 아래에 머무르거나, 정상적으로 나오거나, 또는 옆으로 누워 나와 옆니를 누르고 자극한다.

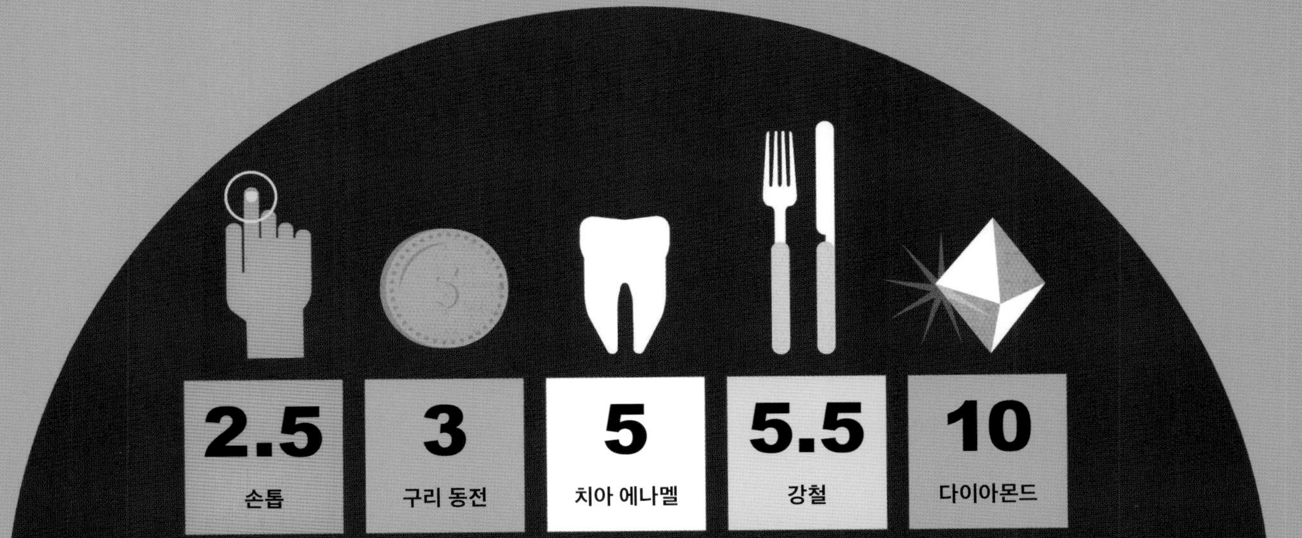

치아는 얼마나 단단할까요?

물질의 굳기(경도)를 재는 방법은 여러 가지다. 광물의 굳기를 측정할 때 흔히 모스 경도계(모스 굳기계)를 사용한다. 10가지 표준 광물을 서로 긁어 흠집이 나는 정도로 손쉽게 판단한다.

소화계: 입 + 목구멍 + 식도 + 위 + 작은창자 + 오름잘록창자 + 가로잘록창자 + 내림잘록창자 + 구불잘록창자 + 곧창자 + 항문 = **9.5 m**

수많은 관들의 네트워크

사람 몸무게의 약 1/6을 관 모양의 기관들이 차지한다. 혈관계, 림프계, 소화계, 비뇨계 모두 기본적으로 액체가 흐르는 관의 네트워크로 볼 수 있다. 이 관들은 지름이 엄지손가락 굵기에서부터 머리카락의 1/10까지 크기가 다양하다. 이처럼 크고 작은 관들이 믿기 힘들 만큼 복잡하고 세밀하게 구부러지고 접히고 꼬여서 사람의 형상을 이룬다. 그러나 꼬인 것을 풀고 접힌 것을 펼쳐 관의 끝에서 끝까지 연결하면 놀라울 정도로 기나긴 선이 된다.

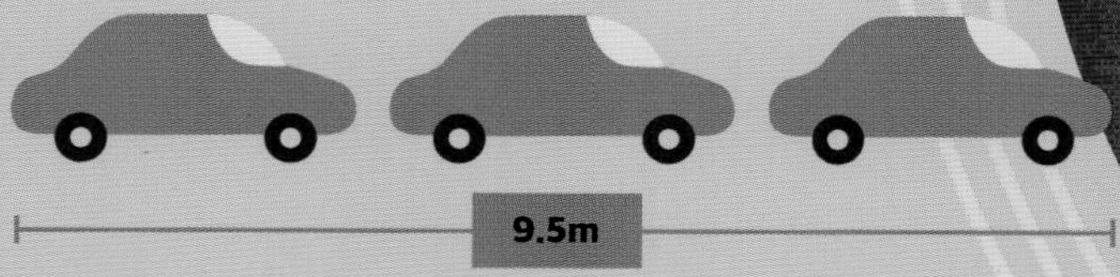
9.5m

비뇨계

콩팥 속의 네프론(콩팥의 기본 단위) 세뇨관

50 km

그랜드 캐니언
29km
마드리드
파리

지구를
2바퀴 반이나
돈다!

순환계

모세혈관 **50,000**

동맥과 정맥 **49,000**

\+ 대동맥과 대정맥을 포함한 중간 크기 이상의 혈관 **1,000**

100,000km

림프계

각 구역의 평균 림프샘 수:
복부 **260** 목 **150** 사타구니 **40** 겨드랑이 **40**

400–700

베를린 바르샤바 민스크 모스크바

림프샘과 림프관의 총 길이(킬로미터) **4,000**

기록을 보유한 근육들

가장 빨리 수축하는 근육

바깥눈근육(외안근)

안구 주변과 뒤쪽의 근육. 안구를 돌리거나 회전함.

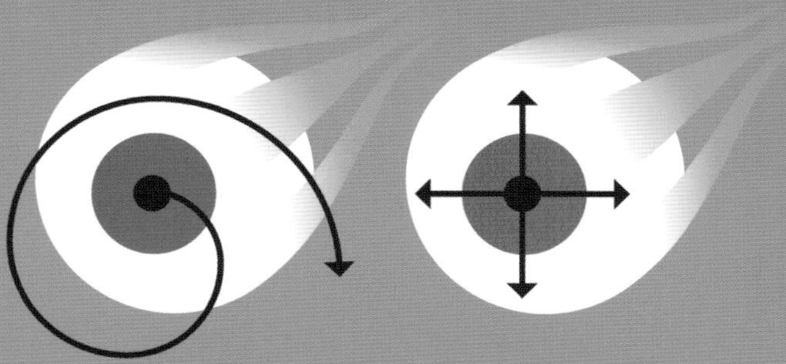

가장 긴 근육

넙다리빗근(봉공근)

허벅지 앞쪽을 가로지르는 근육. 허벅지를 비틀거나 들어 올림.

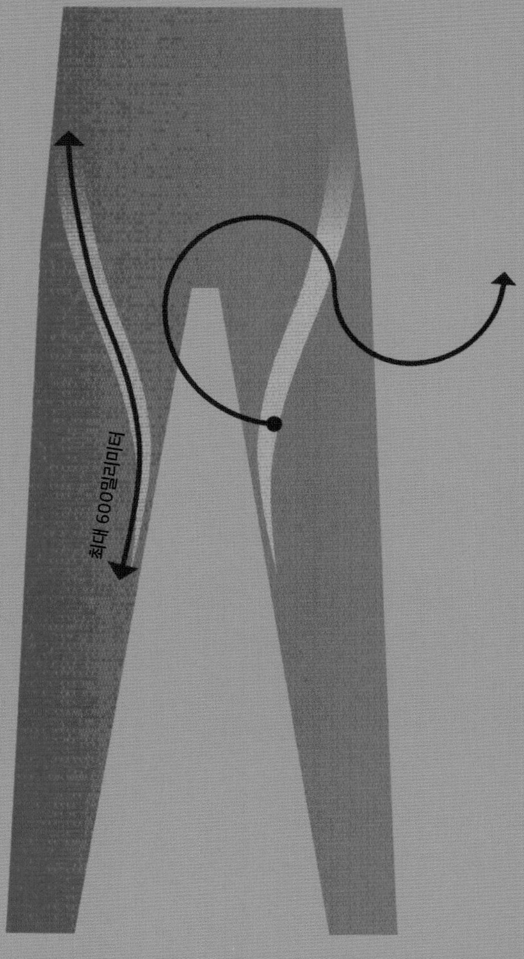

근육을 말하다

근육은 전체 몸무게의 약 2/5를 차지한다. 이마의 뒤통수이마근에서부터 발바닥의 발바닥근(족저근)까지 몸의 곳곳에 640개 이상의 근육이 숨어 있다. 근육의 한 가지 특징은 길고 복잡한 이름이다. 근육의 이름은 해부학의 전통에 따라 앞이나 뒤, 또는 배나 등처럼 근육의 위치에서 나온다. 근육에 둘러싸인 뼈들이나 근육과 함께 이어지는 신경의 이름에서 유래하기도 한다. 또는 가까운 주요 기관이나 근육의 영향으로 달라지는 몸동작에서 이름을 따오기도 한다. 예를 들어, 굽힘근육(굴근)은 접히고 폄 근육(신근)은 늘어난다. 근육의 모양 역시 이름에 영향을 미친다. 어깨의 세모근(삼각근)은 강 하구의 삼각주 또는 그리스 문자 델타처럼 삼각형에 가깝다. 안타깝게도 어떤 근육은 이런 기준들을 모두 갖추고 있어 엄청나게 긴 이름으로 불린다.

가장 잘 구부러지는 근육

혀위세로근(상종설근)

혀 위쪽 표면의 근육(실제로는 12가지 근육의 복합체).
혀의 온갖 움직임을 만들어 냄.

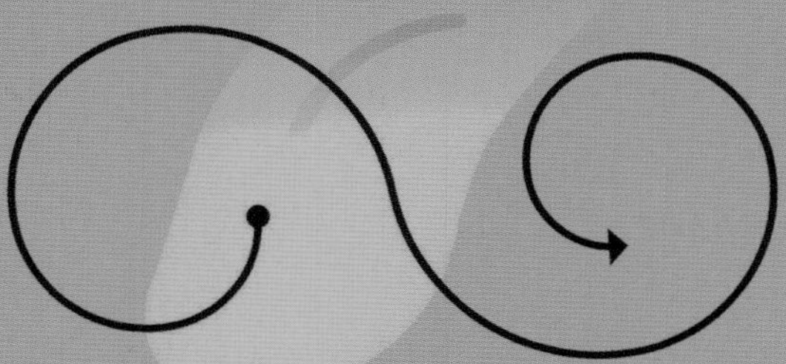

크기에 비해 가장 힘이 센 근육

깨물근(교근)

얼굴과 머리의 옆쪽 근육. 깨물고 씹음.

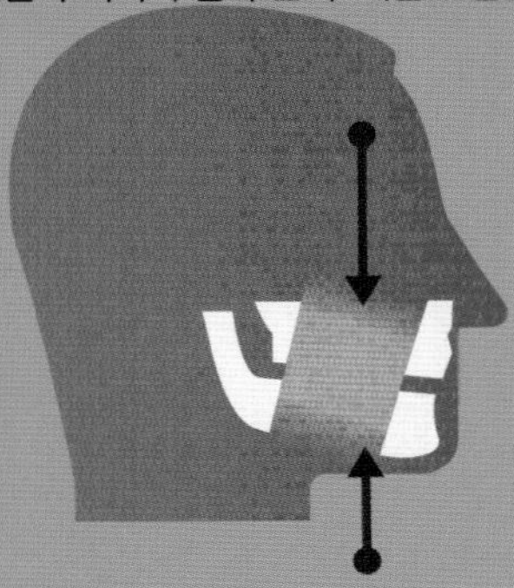

가장 이름이 긴 근육

위입술콧방울올림근(상순비익거근)

윗입술	코의 아래쪽을 벌름거림	들어 올림

ELVIS
이 근육은 주로 상대를 비웃을 때 사용하며, 한때 이 표정이 트레이드마크였던 가수 엘비스 프레슬리의 이름을 빌려 엘비스 근육이라는 쉬운 이름으로 부르기도 한다.

가장 작은 근육

등자근

내이의 안쪽. 지나친 소음에서 발생하는 진동을 약화함.

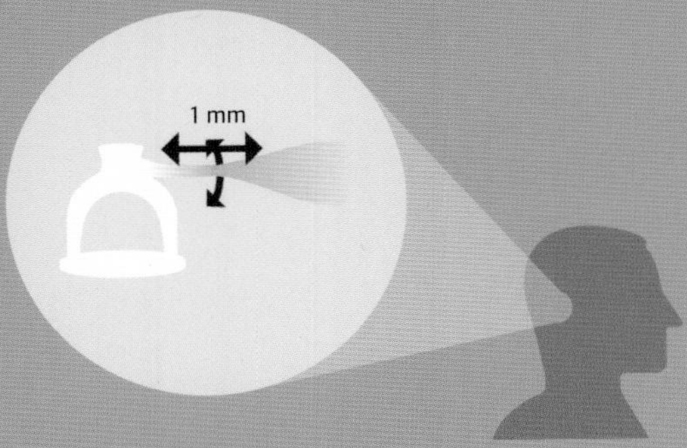
1 mm

가장 덩치가 큰 근육

큰볼기근(대둔근)

엉덩이의 대부분을 구성하는 근육. 허벅지를 뒤쪽으로 끌어당겨
걷고 뛰어오르고 달리는 동작을 조절함.

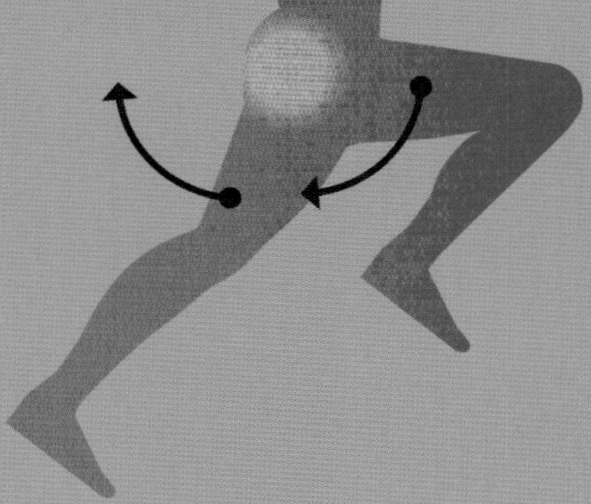

사람의 근육으로 코끼리도 '번쩍'

살아 있는 근육은 그 크기와 무게에 비해 엄청난 괴력을 낼 수 있다. 그러나 인간의 힘, 기운, 작업 능력을 측정하기란 쉽지 않다. 근육이 한 번 수축하려면 근육의 기본적인 상태(즉, 일상적이고 정상적인 수축인지), 수축의 속도, 그리고 연관된 근육 섬유의 수(신경 전달 조절에 좌우됨), 근육이 이미 수축한 적이 있는지 여부(직전에 수축한 적이 있다면 피로가 쌓였을 것이므로), 그리고 다른 여러 요인이 작용한다.

근육의 힘을 모두 합치면

사람 몸에 있는 모든 근육의 힘을 한 번에 사용한다면, 아프리카코끼리 세 마리에 해당하는 20톤의 무게를 들어 올릴 수 있다.

기본적인 힘

근육의 단면 1제곱센티미터당 최대 40뉴턴의 힘을 낼 수 있다. 4킬로그램의 무게추를 들 수 있을 정도임.

다른 물체와의 비교

출력 단위, 와트 (W, 쥐) 또는 킬로와트 (kW, 그 외) / 출력 대 중량비 W/kg (킬로그램당 와트)

0.2 / 5

1–1.5 / 3.5

10 / 20

100 / 60

근육 속 파헤치기

위팔의 두갈래근(이두근)

이완 시 길이: 250밀리미터

수축 시 최대 넓이: 65제곱센티미터

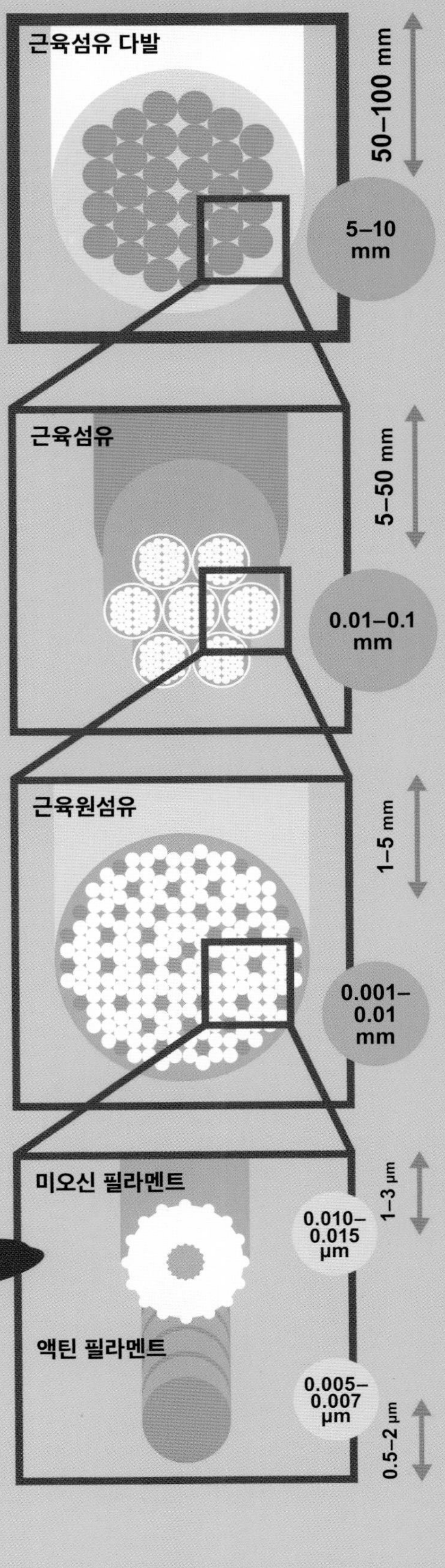

근육섬유 다발
50–100 mm
5–10 mm
근육섬유
5–50 mm
0.01–0.1 mm
근육원섬유
1–5 mm
0.001–0.01 mm
미오신 필라멘트
1–3 µm
0.010–0.015 µm
액틴 필라멘트
0.005–0.007 µm
0.5–2 µm

이론상으로

최대 단면이 65제곱센티미터인 위팔의 이두근은 이론상 260킬로그램을 들어 올릴 수 있다. 성인 3~4명에 해당함.

600,000 / 1,400

600 / 900

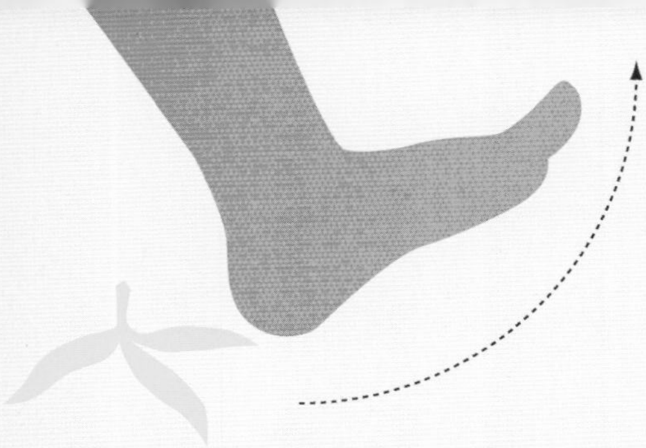

얼마나 미끄러울까?

운동 마찰 계수. 윤활유를 발랐을 때[1].
여타의 물질들과 비교.

0.003 연골 + 관절의 윤활액
0.005 스케이트 날 + 빙판
0.02 얼음 + 얼음
0.02 BAM + BAM[2]
0.04 PTFE + PTFE[3]
0.05 스키 + 눈밭
0.2 강철 + 황동
0.5 강철 + 알루미늄
0.8 고무 + 콘크리트

1 움직이고 있을 때 미끄러짐에 저항하는 정도.
2 붕소-알루미늄-마그네슘, 인간이 만든 가장 미끄러운 고체 중 하나임.
3 폴리테트라플루오로에틸렌, 테플론을 포함하는 제품명.

뼈와 뼈가 만나는 곳

인간의 골격에는 정의하기에 따라 170에서 최대 400개의 관절이 있다. 예를 들어 3개의 뼈가 모여 서로 맞닿고 있는 부분은 1개나 2개, 또는 3개의 관절로 볼 수 있다. 관절은 뼈와 뼈가 만나는 물리적인 구조로 뼈끝이 매끄럽고 미끄러운 연골로 덮여 있어 완충 효과를 준다. 뿐만 아니라 대단히 미끄러운 액체로 기름칠 되어 있어 오랫동안 문제없이 잘 작동한다. 튼튼한 주머니 같은 관절 주머니(관절낭)가 관절을 감싸고, 신축성 있는 인대가 뼈를 연결하기 때문에 뼈와 뼈가 분리되어도 (한 번 경험하면 절대 잊지 못하는 고통) 탈구를 막고 몸이 움직이게 한다.

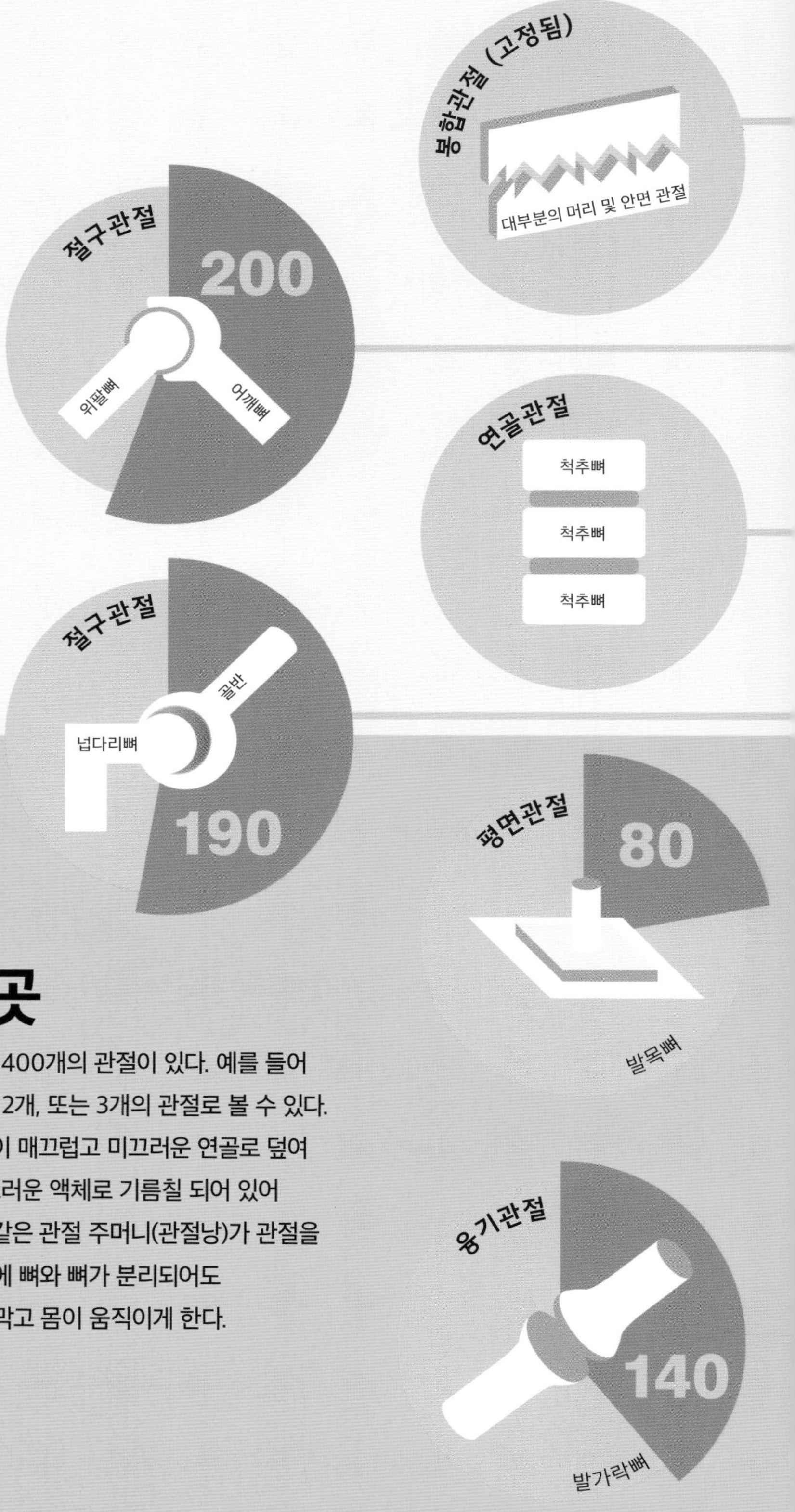

봉합관절 (고정됨)
대부분의 머리 및 안면 관절
절구관절
200
위팔뼈
어깨뼈
연골관절
척추뼈
척추뼈
척추뼈
절구관절
골반
넙다리뼈
190
평면관절
80
발목뼈
융기관절
140
발가락뼈

젊은 성인에서 관절의 전형적인 유연성 범위(각도).

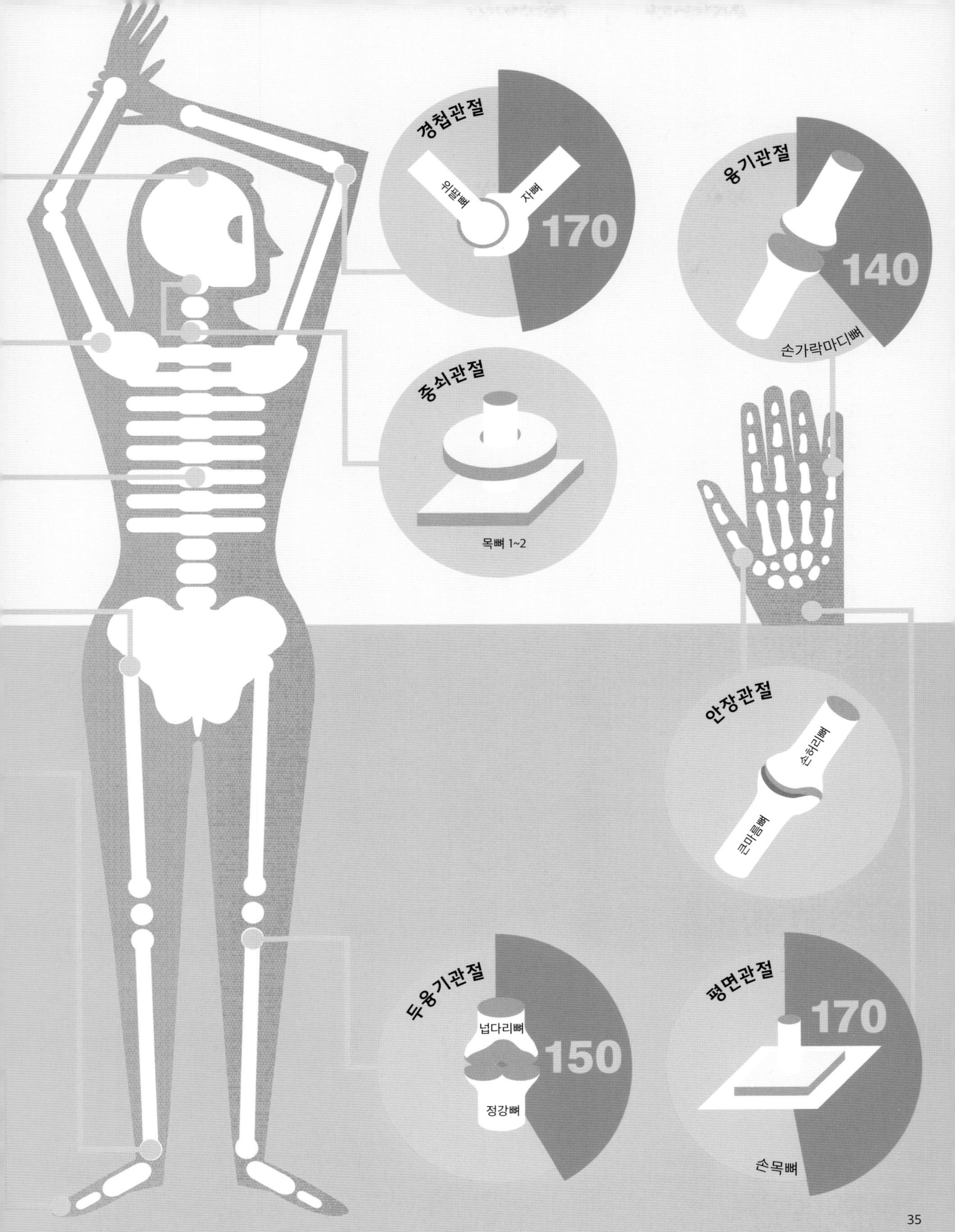
경첩관절
위팔뼈
자뼈
170
융기관절
140
손가락마디뼈
중쇠관절
목뼈 1~2
안장관절
손허리뼈
큰마름뼈
두융기관절
넙다리뼈
150
정강뼈
평면관절
170
손목뼈

생명의 숨결

숨을 깊이 들이마신다. 좀 더 들이마셔 본다. 더 깊이….
아무리 깊이 들이마셔도 폐를 다 채우지는 못할 것 같다. 숨쉬기와 (세포 호흡이 아닌) 일상적인 호흡의 목적은 폐 속으로 신선한 공기를 들여보내는 것이다. 폐에서 산소는 혈류로 들어가고, 그다음 순환계로 들어가 몸 전체로 퍼져나간다. 호흡의 두 번째 목적은 노폐물과 (세포 호흡 과정에서 생산된) 이산화탄소를 배출하는 것이다. 이산화탄소의 수치가 정상보다 10~20퍼센트만 올라가도 숨이 가쁘고 어지러우며 심지어 의식을 잃을 수 있다. 호흡의 세 번째 유용한 작용은 말하기를 포함하는 발성이다. 이처럼 많을 일을 하기 위해 기도와 폐, 가슴은 숨을 들이마시고 내뱉는 일을 잠시도 멈추지 않고 매년 800~1,000만 번이나 반복한다.

세계 재채기할 때 코로 빠져나오는 공기의 속도는 시속 72킬로미터나 된다.

810 미터

평생 들이마시는 공기 (리터)

280,000,000

들숨 %

78 질소

산소 **21**

기타 **1**

이산화탄소 **0.3**

공기 중 수증기 (다양함)

400–600 억 개
허파꽈리(폐포, 작은 공기주머니)

2,500 킬로미터
기관지와 세기관지

1,000 킬로미터
킬로미터 모세혈관

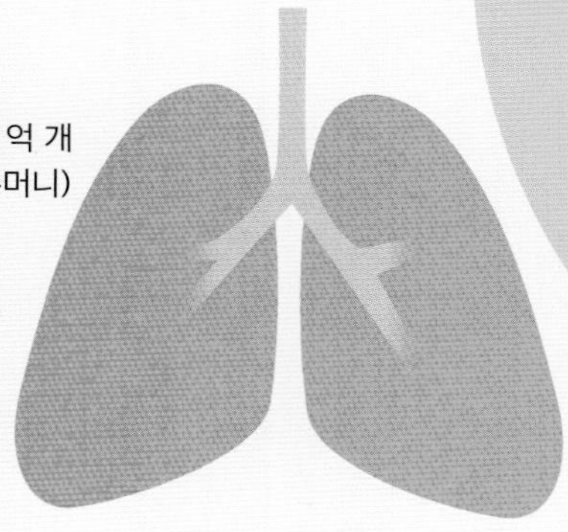

평상시 호흡수

- 70세 이상: 10–25
- 성인: 12–18
- 만 10세: 16–25
- 만 5세: 20–25
- 만 1세: 30–45
- 신생아: 30–60

- 보통 수준의 운동: 20–30
- 심한 운동: 50–60

1분당 들숨과 날숨의 총횟수
평상시 호흡량 6~8리터/분
최대 호흡량 200~250리터/분

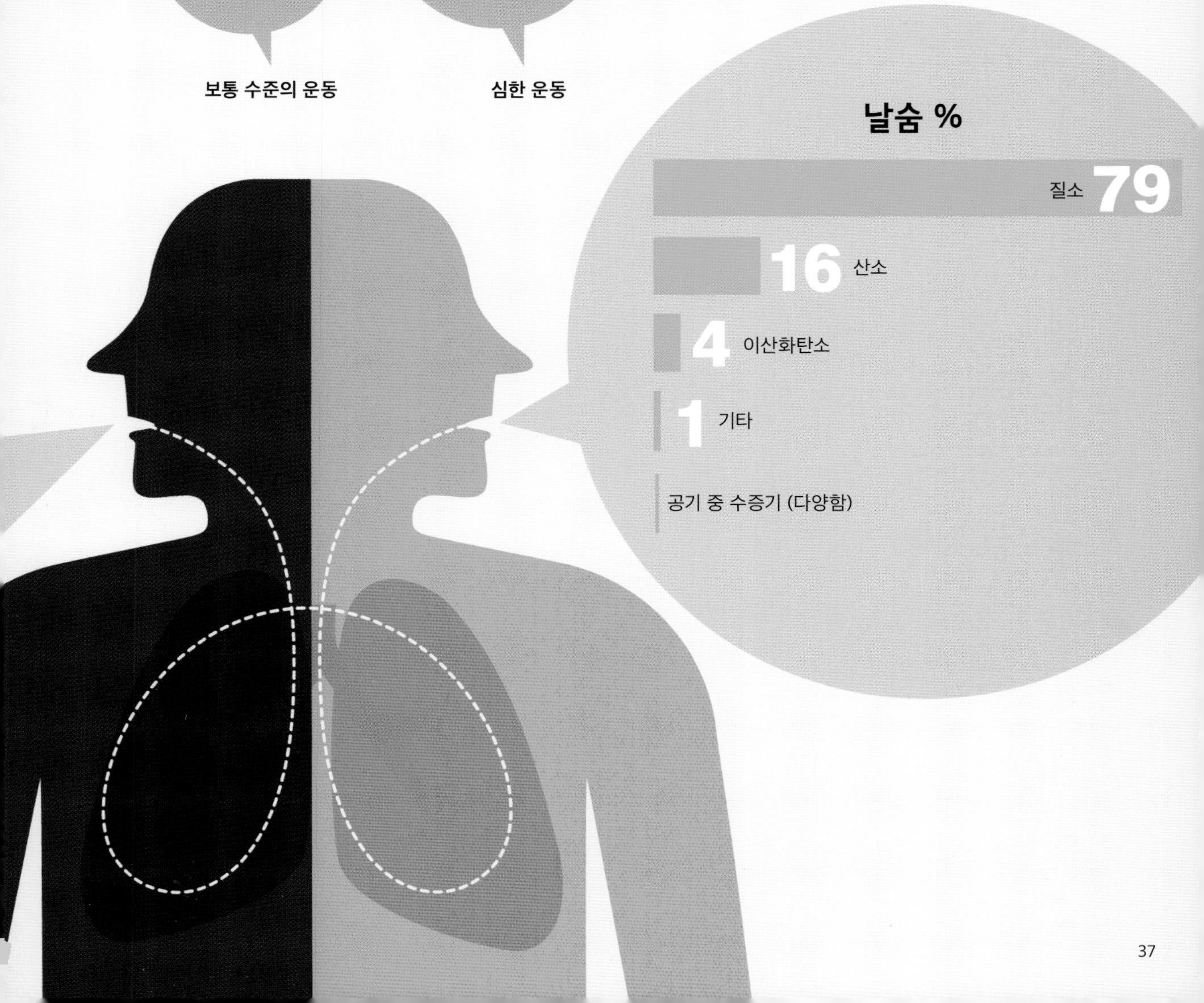

날숨 %
질소 79
16 산소
4 이산화탄소
1 기타
공기 중 수증기 (다양함)

고동치는 펌프

얼핏 보면 심장은 근육으로 된 단순한 이중 펌프 주머니에 불과하다. 그러나 한 사람의 심장은 평생 동안 30억 번 이상 고동친다. (의사의 즉각적인 처치가 없다면) 심장이 멈추는 순간 생명도 끝난다. 사실 심장과 피의 관계는 놀라울 정도로 복잡하다. 심장은 내부에 장착된 박동 조율기 덕분에 몸에 연결되지 않은 상태에서도 매분 60~100번씩 수축할 수 있다. 심장은 뇌로부터 미주 신경을 따라 전달되는 신호 및 아드레날린(에피네프린) 같은 호르몬의 영향을 받아 박동의 속도나 방출하는 혈액의 양 및 힘을 조절하여 몸의 다양한 요구를 만족시킨다.

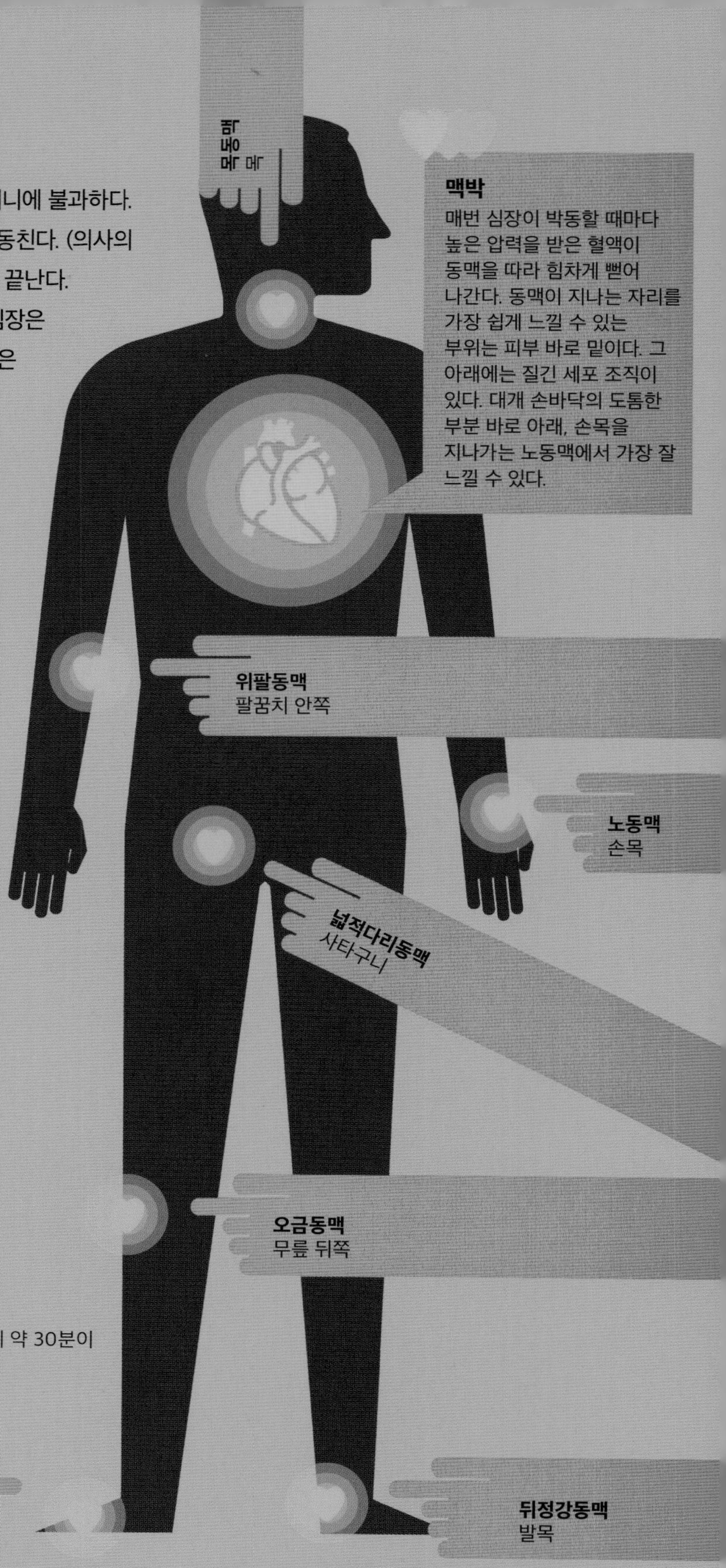

경동맥
목
위팔동맥
팔꿈치 안쪽
노동맥
손목
넓적다리동맥
사타구니
오금동맥
무릎 뒤쪽
발등동맥
발등
뒤정강동맥
발목

맥박

매번 심장이 박동할 때마다 높은 압력을 받은 혈액이 동맥을 따라 힘차게 뻗어 나간다. 동맥이 지나는 자리를 가장 쉽게 느낄 수 있는 부위는 피부 바로 밑이다. 그 아래에는 질긴 세포 조직이 있다. 대개 손바닥의 도톰한 부분 바로 아래, 손목을 지나가는 노동맥에서 가장 잘 느낄 수 있다.

나이에 따른 평상시 맥박수 (맥박/분)

120	신생아
90	만 1세
80	만 10세
60-80	성인
40-60	운동선수
58-80	70세 이상

에너지

매일 심장 근육이 생산하는 운동 에너지로 트럭을 30킬로미터나 운전할 수 있다.

평상시

심장이 펌프질로 욕조에 혈액을 가득 채우는 데 약 30분이 걸린다. 올림픽 수영 경기장이라면 5년 걸림.

심장의 크기
대략 자신의 주먹 크기와 같다.
350
평균 질량(그램)

수축과 이완의 동력

'거의' 모든 신체 부위,* 그러니까 우리 몸의 모든 세포가 혈류에 의존해 산소와 영양분을 들여오고 이산화탄소와 노폐물을 씻어낸다. 혈류는 심장 박동에 의해 두 단계로 형성된다. 심장이 확장할 때(이완기)는 이 기관의 근육질 벽이 이완하고 정맥에서 낮은 압력으로 피가 스며들어오면서 부피가 커진다. 정맥은 넓고 헐렁하며 벽의 두께가 얇은 관으로, 가장 작은 혈관인 모세혈관으로부터 피가 모여 돌아오는 길이다. 이완기의 뒤를 이어 반 초 만에 바로 심장은 수축기에 들어간다. 이때는 근육이 긴장, 수축하면서 벽이 두꺼운 근육질 동맥을 통해 피가 높은 압력을 받아 심장에서 뿜어져 나온다. 동맥은 몸의 곳곳으로 갈라져 마침내 모세혈관을 형성한다. 동맥의 압력은 몸의 어느 부위보다 강하며, 그 압력으로 혈관은 사방으로 갈라진 네트워크를 통해 이동하는 파도를 타고 부풀어 오른다. (*혈액이 직접 공급되지 않는 신체 부위는 별로 없다. 그중 하나가 눈의 각막과 수정체다. 만약 각막과 수정체에 피가 흐른다면 세상이 온통 붉은 그물이 쳐진 무시무시한 곳으로 보일 것이다.)

모세혈관 네트워크

끝에서 끝을 이으면,

50,000km

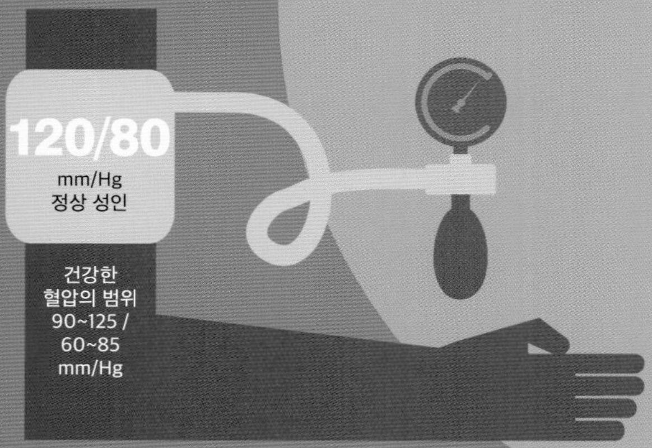
120/80
mm/Hg
정상 성인
건강한
혈압의 범위
90~125 /
60~85
mm/Hg

혈압 측정

보통 혈압계로 위쪽 팔뚝의 위팔동맥을 측정한다.

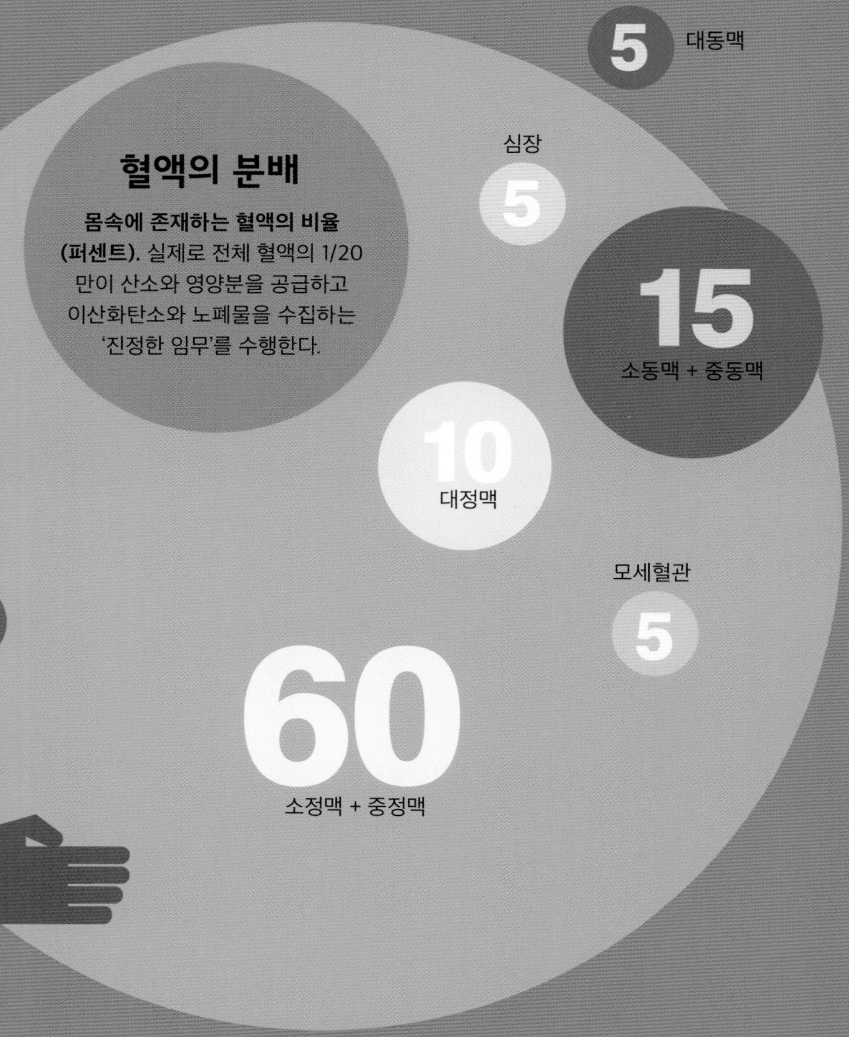
혈액의 분배
몸속에 존재하는 혈액의 비율 (퍼센트). 실제로 전체 혈액의 1/20 만이 산소와 영양분을 공급하고 이산화탄소와 노폐물을 수집하는 '진정한 임무'를 수행한다.
5
대동맥
심장
5
15
소동맥 + 중동맥
10
대정맥
모세혈관
5
60
소정맥 + 중정맥

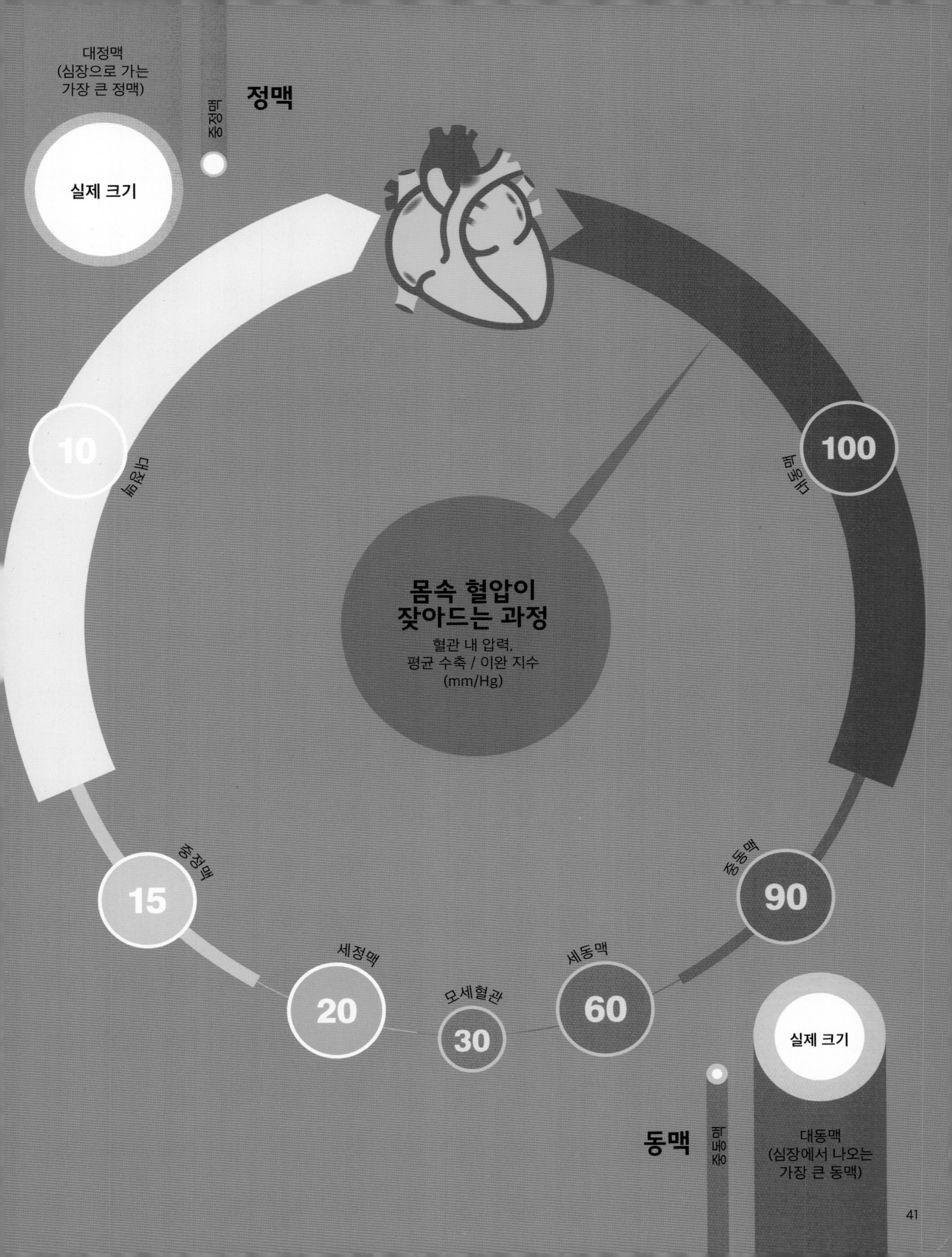

대정맥
(심장으로 가는
가장 큰 정맥)
실제 크기
중정맥
정맥
몸속 혈압이
잦아드는 과정
혈관 내 압력,
평균 수축 / 이완 지수
(mm/Hg)
10
대정맥
100
대동맥
15
중정맥
90
중동맥
20
세정맥
30
모세혈관
60
세동맥
실제 크기
동맥
중동맥
대동맥
(심장에서 나오는
가장 큰 동맥)

챔피언은 타고난다

스포츠의 챔피언을 만드는 요소는 복잡하고 다양하다. 훈련의 기회를 비롯해 감독 및 코치, 영양사, 운동 생리학자, 기타 여러 전문가의 능력, 거기에 운동 기구, 연습 장소, 그 밖의 시설 등 수많은 조건이 있다. 또한 동기 부여, 끝없는 노력, 승부욕, 가족과 친구들의 응원과 지지 등 정신적인 측면도 중요하다. 그러나 아마 가장 중요한 것은 선수가 타고난 유전자일 것이다. 태어날 때부터 갖춰진 신체적 조건은 그 사람이 특별히 어떤 운동 종목에 적합한지를 결정한다.

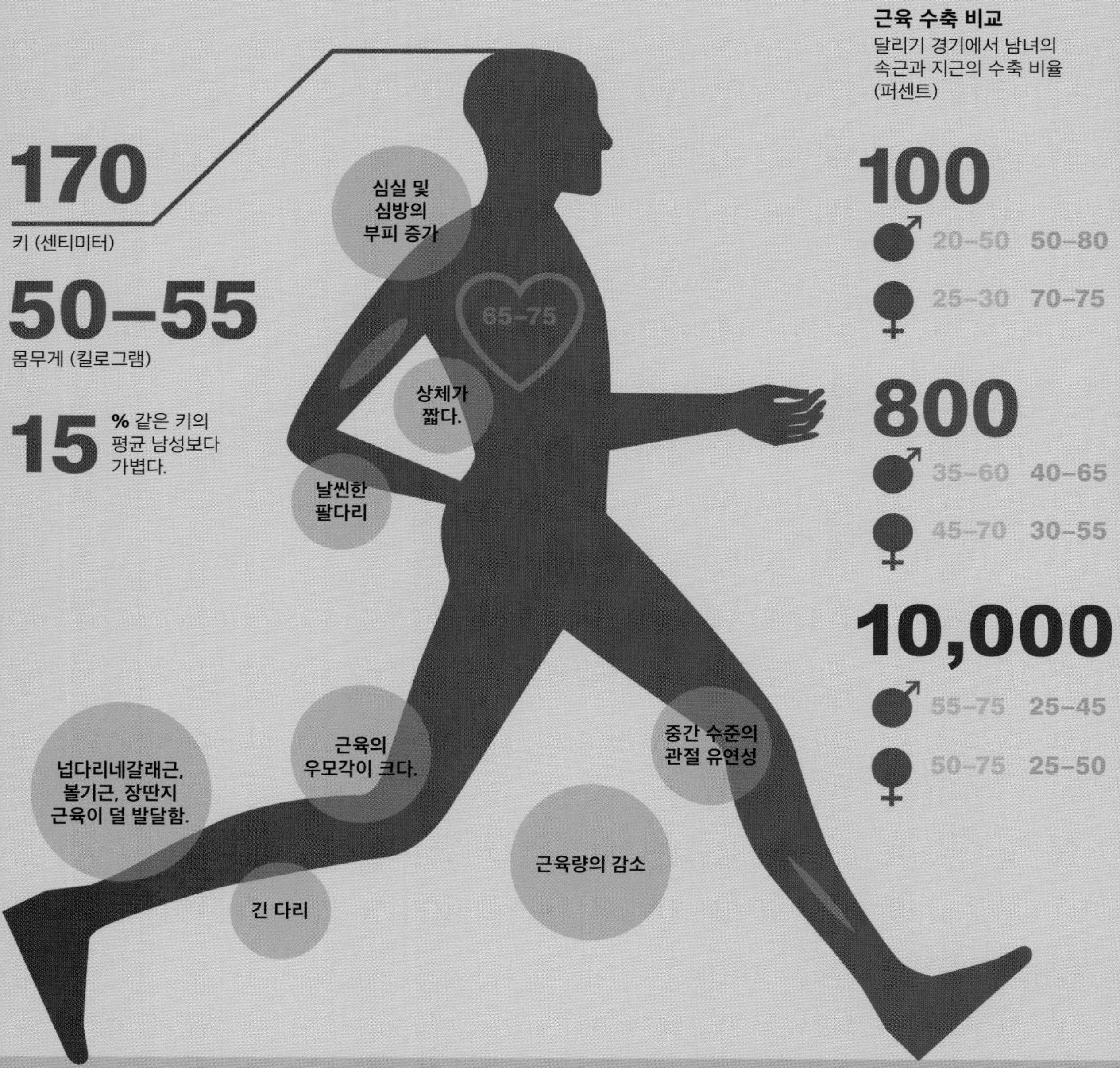

170
키 (센티미터)
50–55
몸무게 (킬로그램)
15 % 같은 키의 평균 남성보다 가볍다.
심실 및 심방의 부피 증가
65–75
상체가 짧다.
날씬한 팔다리
근육의 우모각이 크다.
넙다리네갈래근, 볼기근, 장딴지 근육이 덜 발달함.
긴 다리
근육량의 감소
중간 수준의 관절 유연성
근육 수축 비교
달리기 경기에서 남녀의 속근과 지근의 수축 비율 (퍼센트)
100
♂ 20–50 50–80
♀ 25–30 70–75
800
♂ 35–60 40–65
♀ 45–70 30–55
10,000
♂ 55–75 25–45
♀ 50–75 25–50

달리는 동안 심장 박동 (최대치에 대한 퍼센트 비율)

장거리 주자

매우 마름 (체지방이 거의 없음)

근육의 종류

사람의 근육은 대부분 두 종류의 근육 섬유로 이루어졌다. 느린연축근섬유(지근 섬유, 제1형)는 천천히 수축하고 힘이 약하지만 더 오래 일할 수 있다. 빠른연축근섬유(속근 섬유, 제2형)는 빠르게 수축하며 폭발적인 힘과 속도를 내지만 그만큼 빨리 지친다. 따라서 제각각 다른 훈련을 통해 근육 섬유를 늘리고 힘을 키움으로써 특정 동작을 상대적으로 발달시킬 수 있음은 물론이다. 예를 들어 강도가 약한 운동은 느린연축근섬유의 발달을 촉진하고, 강도 높은 훈련은 빠른연축근섬유를 발달시킨다. 두 근육 섬유의 균형은 유전적으로 결정되는데, ACTN3 유전자 중에서도 강한 유전자(우성 유전자)가 빠른연축근섬유의 비율을 높인다.

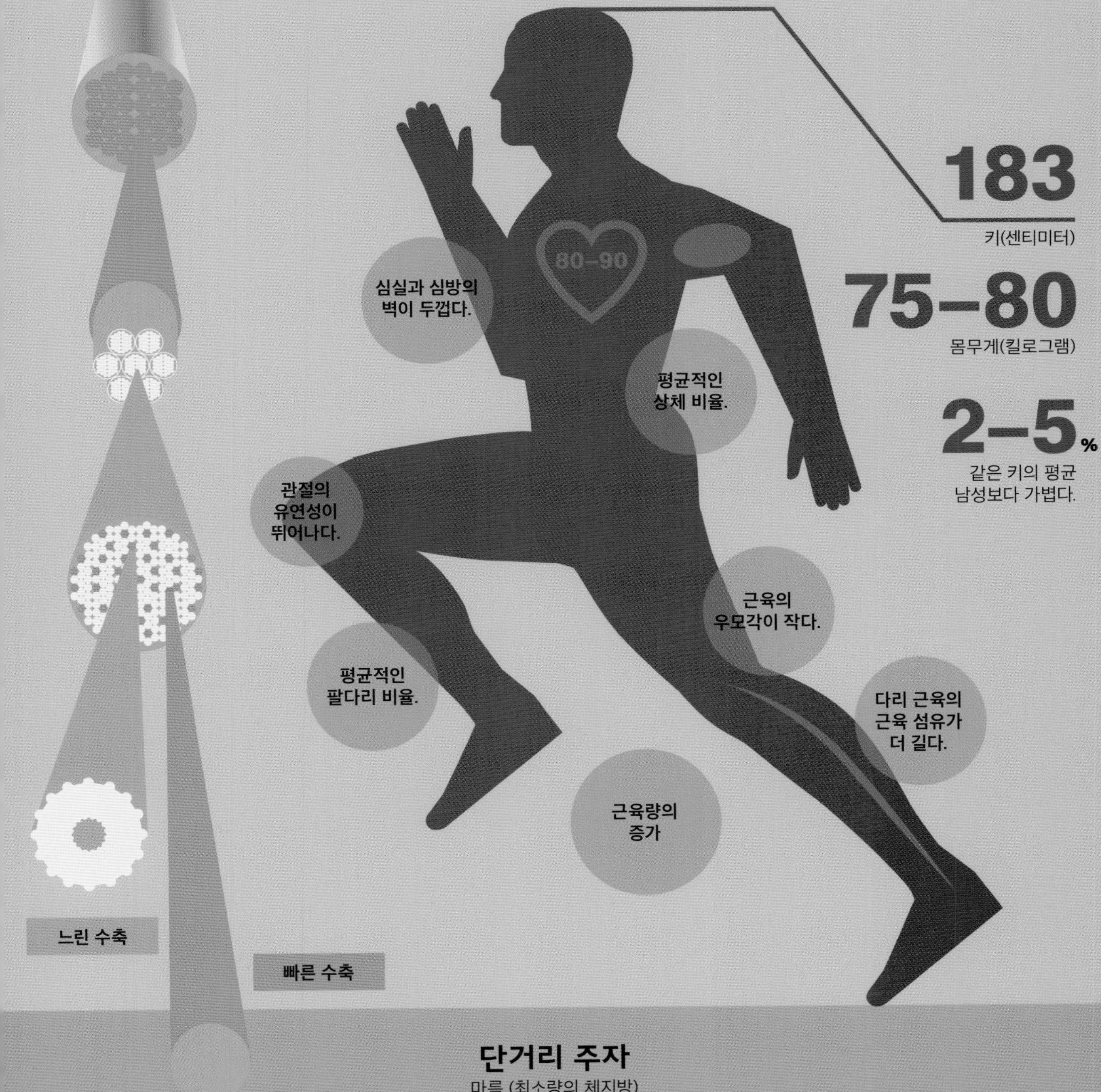

183
키(센티미터)
80–90
심실과 심방의 벽이 두껍다.
75–80
몸무게(킬로그램)
평균적인 상체 비율.
2–5%
같은 키의 평균 남성보다 가볍다.
관절의 유연성이 뛰어나다.
근육의 우모각이 작다.
평균적인 팔다리 비율.
다리 근육의 근육 섬유가 더 길다.
근육량의 증가
느린 수축
빠른 수축

단거리 주자

마름 (최소량의 체지방)

더 빠르게, 더 높이, 더 힘차게

1924년, '더 빠르게, 더 높이, 더 힘차게(Citius, Altius, Fortius)'는 근대 올림픽의 공식 모토가 되었다. 근대올림픽은 1896년에 시작되었다. 이 모토는 고대 그리스에서 처음 쓰였고, 인간이 운동 경기를 통해 신체적 한계와 기술에 도전하고 세계적으로 인정받는 쾌거를 기리고 있다. 20개 이상의 종목이 펼쳐지는 올림픽 경기에서는 인간이 도달할 수 있는 물리적 힘의 세계적인 기준이 나온다. 올림픽에서 인체가 이루어 낸 승리는 속도, 높이, 힘의 수준을 모든 면에서 꾸준히 끌어올렸다. 그러나 그 과정에는 전문적인 기술, 훈련, 지도, 장비의 향상뿐 아니라 지속적인 영양, 위생, 보건 상태 개선 등 많은 요인이 작용했다. 1930년대 말과 1940년대 초는 전쟁으로 인해 올림픽이 중단되었다. 1950~1960년대는 스테로이드 등 선수들의 약물 오용에 관한 상당한 의혹이 제기되어 논란을 빚었다. 또한 1968년 올림픽에 처음 도입된 높이뛰기 종목의 '배면 뛰기(등을 밑으로 해서 넘는 방식)'처럼 스포츠 기술의 지대한 변화도 있었다. 올림픽은 현재까지도 인간이 신체적 한계를 극복하고 어디까지 치고 올라갈 수 있는지를 가늠하는 기준을 끌어내고 있다.

올림픽 100미터 달리기 기록이 크게 개선된 일부 시기만 선별함 (초)

올림픽 높이뛰기

기록이 크게 개선된 일부 시기만 선별함 (미터)

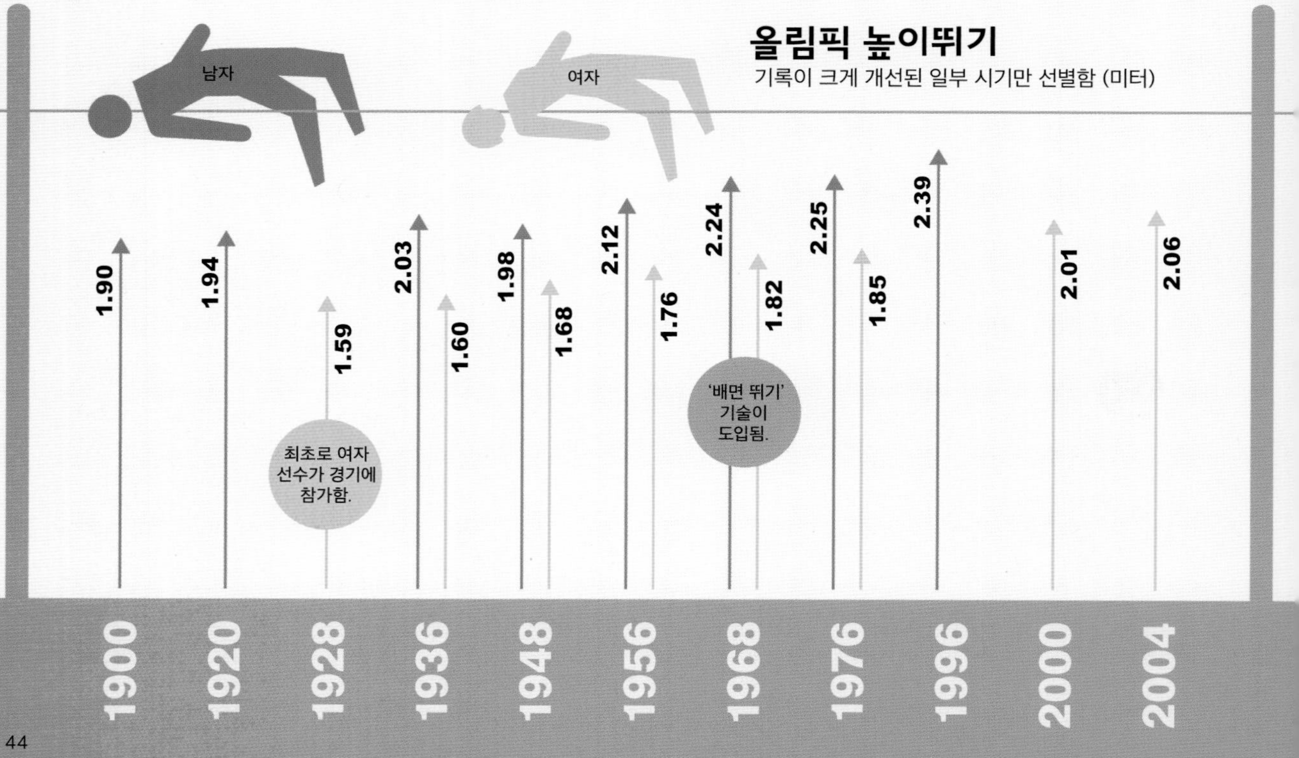
남자
여자
1.90
1.94
1.59
2.03
1.60
1.98
1.68
2.12
1.76
2.24
1.82
2.25
1.85
2.39
2.01
2.06
최초로 여자 선수가 경기에 참가함.
'배면 뛰기' 기술이 도입됨.
1900
1920
1928
1936
1948
1956
1968
1976
1996
2000
2004

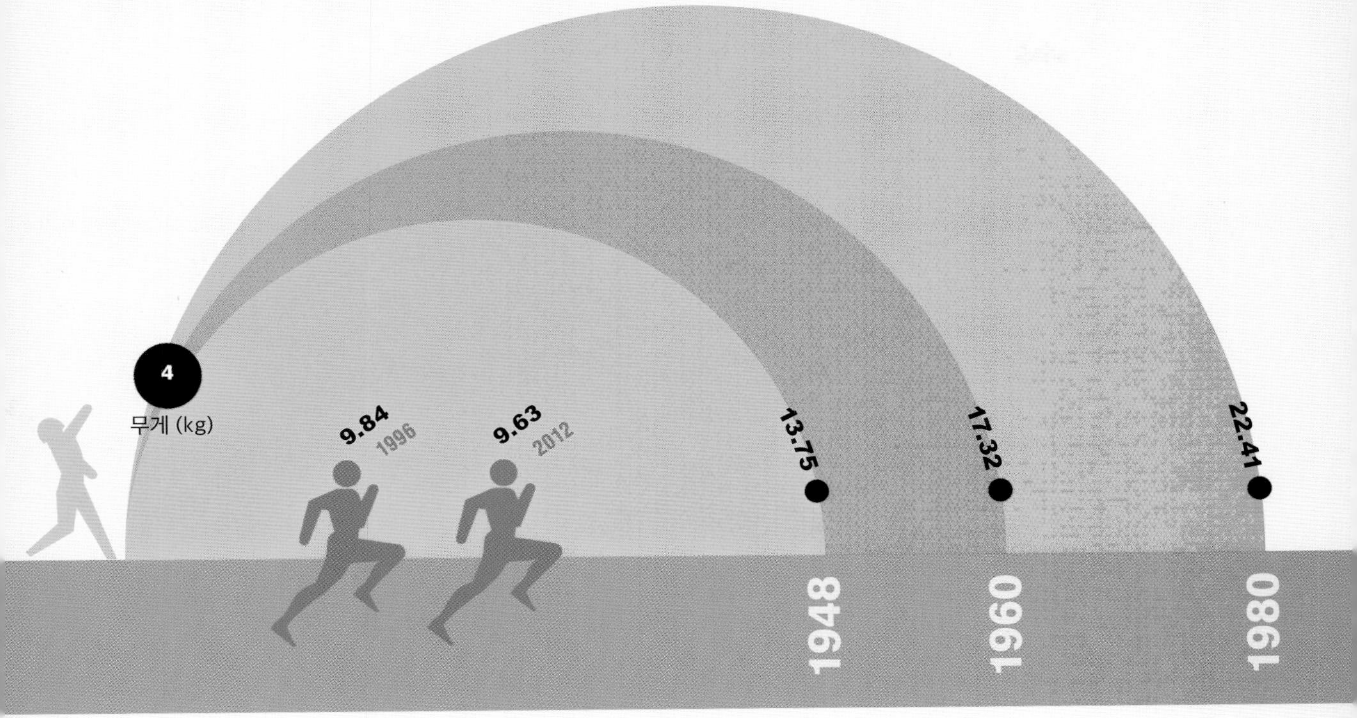
4
무게 (kg)
9.84
1996
9.63
2012
13.75
17.32
22.41
1948
1960
1980

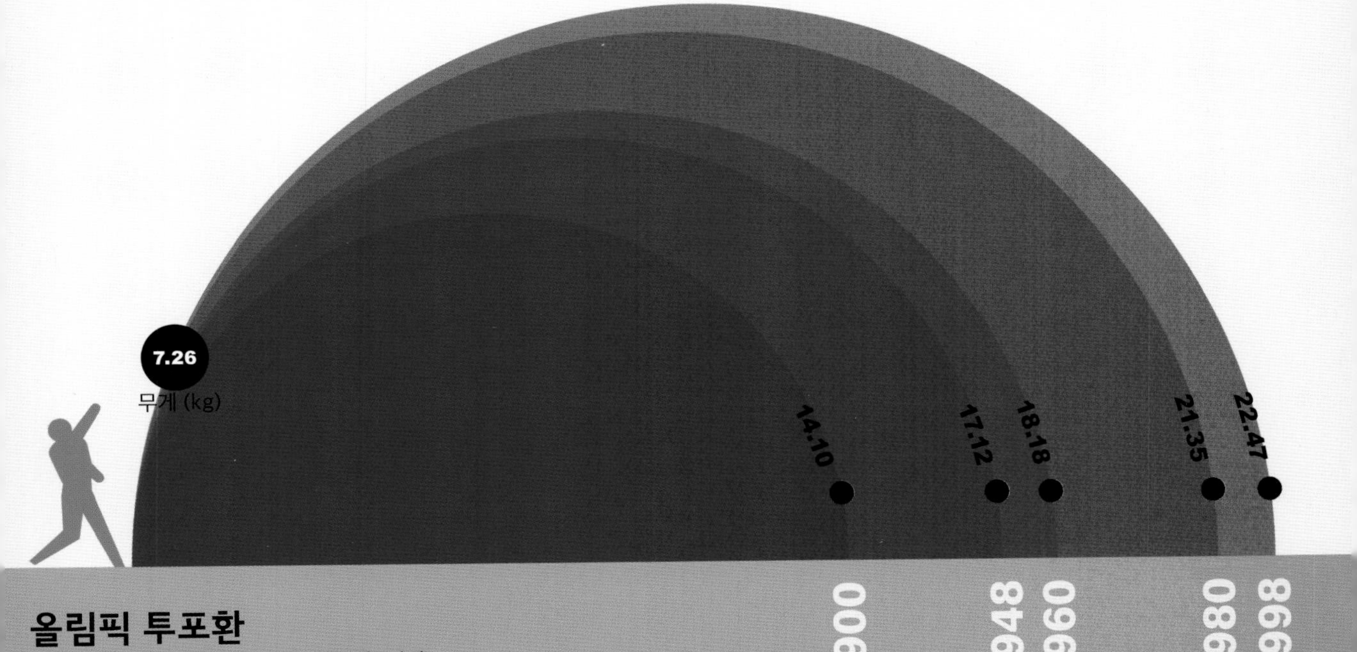
7.26
무게 (kg)
14.10
17.12
18.18
21.35
22.47
1900
1948
1960
1980
1998

올림픽 투포환

기록이 크게 개선된 일부 시기만 선별함 (미터)

화학의 하모니

화학 물질의 보고(寶庫)

세상의 모든 것은 원자로 이루어져 있다. 인체도 예외는 아니다. 우리 몸을 이루는 다양한 순수 화학 물질은 그 비율을 계산해낼 수 있다. 그런데 이 목록을 어떻게 정리하면 좋을까? 한 가지 방식은 인체에서 차지하는 질량 비율에 따라 원소를 나열하는 것이다. 이 경우 철처럼 무거운 원소가 높은 순위를 차지하기에 유리하다. 철의 원자는 가장 가벼운 원소인 수소보다 거의 56배나 더 무겁기 때문이다. 다른 방식은 원자 수에 따라 정리하는 것이다. 물(H_2O)은 몸의 60퍼센트를 차지하므로 이 경우 물을 구성하는 두 원소인 수소와 산소의 비중이 높아진다. 그래서 수소는 질량으로 따지면 몸의 9~10퍼센트를 구성하지만, 원자의 개수로 보면 65~70퍼센트를 차지한다.

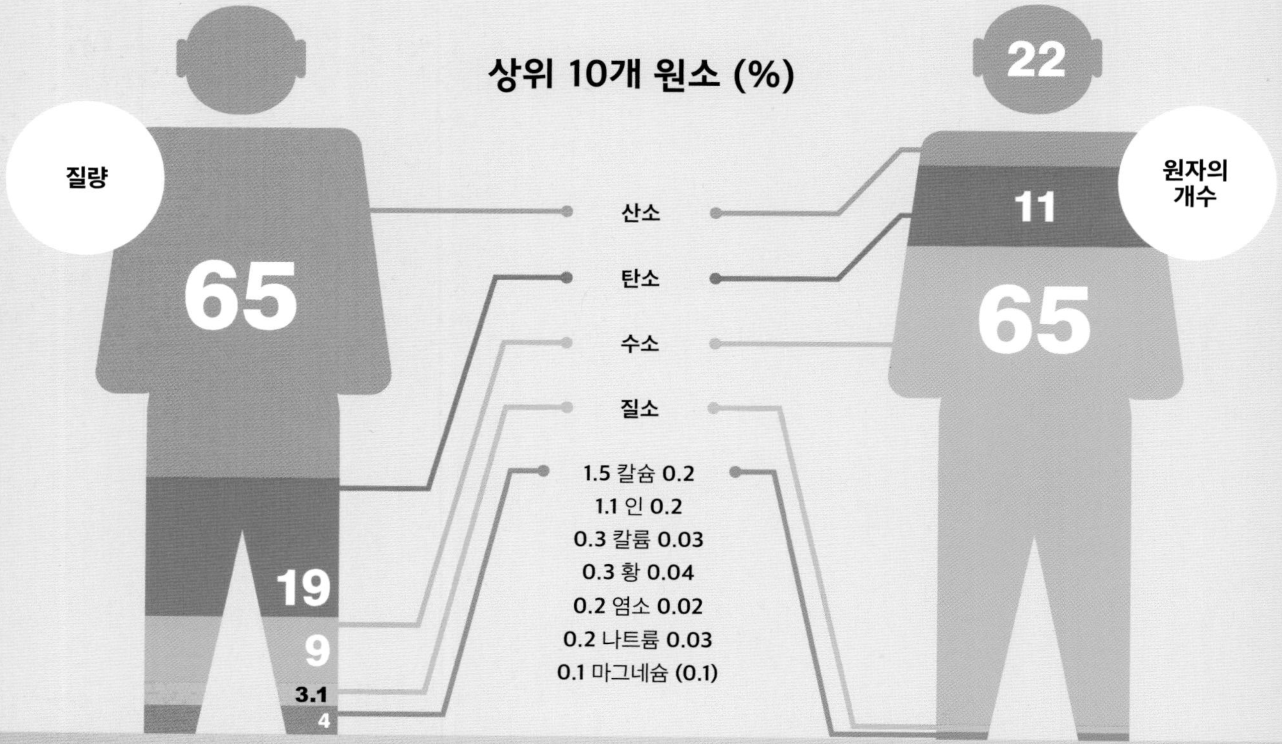

상위 10개 원소 (%)
질량
원자의 개수
65
19
9
3.1
4
22
11
65
산소
탄소
수소
질소
1.5 칼슘 0.2
1.1 인 0.2
0.3 칼륨 0.03
0.3 황 0.04
0.2 염소 0.02
0.2 나트륨 0.03
0.1 마그네슘 (0.1)

몸무게 70킬로그램 성인의 몸에 들어 있는 각 원소의 양

O 산소
5개
대형 의료용 산소 실린더 (45킬로그램)
Fe 철
6개
클립 (3그램)
N 질소
10포대
원예용 비료 (2킬로그램)

0.1퍼센트 미만인 무기 원소

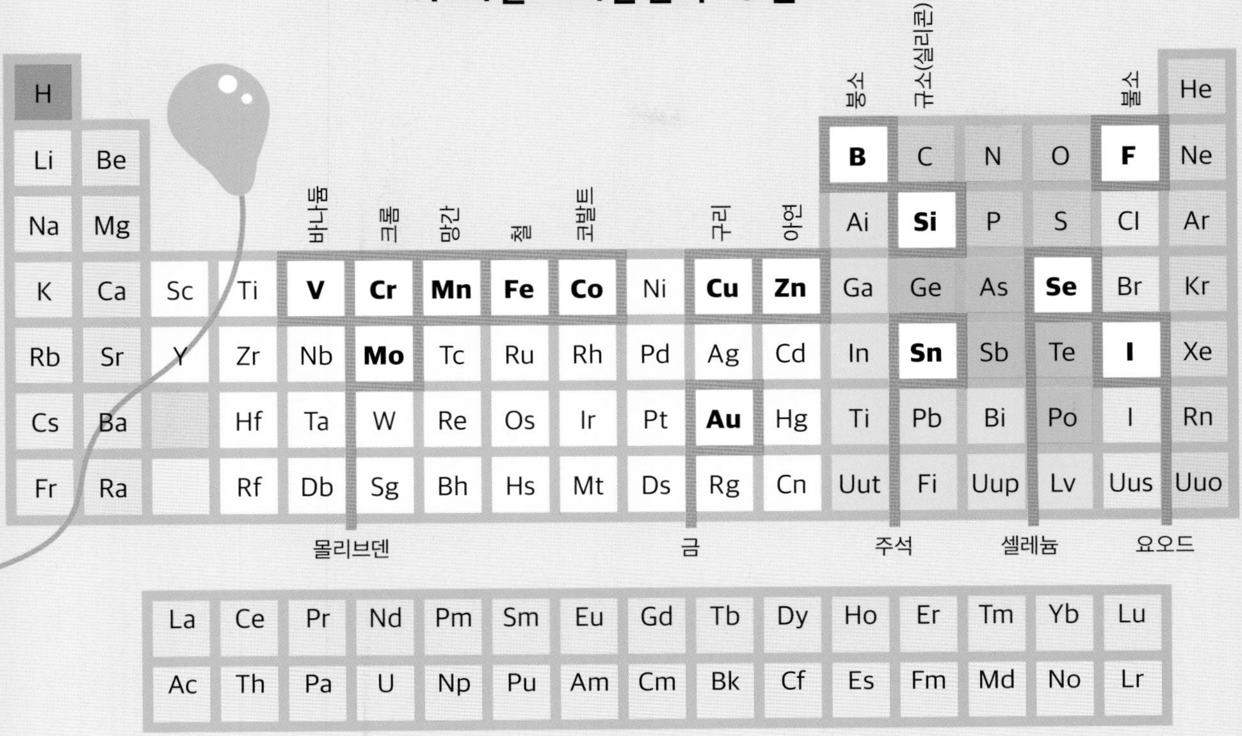
H He
Li Be B C N O F Ne
Na Mg Ai Si P S Cl Ar
K Ca Sc Ti V Cr Mn Fe Co Ni Cu Zn Ga Ge As Se Br Kr
Rb Sr Y Zr Nb Mo Tc Ru Rh Pd Ag Cd In Sn Sb Te I Xe
Cs Ba Hf Ta W Re Os Ir Pt Au Hg Ti Pb Bi Po I Rn
Fr Ra Rf Db Sg Bh Hs Mt Ds Rg Cn Uut Fi Uup Lv Uus Uuo
La Ce Pr Nd Pm Sm Eu Gd Tb Dy Ho Er Tm Yb Lu
Ac Th Pa U Np Pu Am Cm Bk Cf Es Fm Md No Lr
바나듐
크롬
망간
철
코발트
구리
아연
붕소
규소(실리콘)
불소
몰리브덴
금
주석
셀레늄
요오드

우리 몸속에 들어 있는 광물의 경제적 가치

한 사람의 몸속에 들어 있는 모든 원소를 추출해 세계 무역 시장에 판매할 경우 수익은,

£3,000

(화폐단위 : 파운드)

당신의 몸에도 금이 있다!

인간의 몸에는 0.2밀리그램의 금이 들어 있다. 이 정도의 양이면 길이가 0.2밀리미터인 정육면체를 만들 수 있다.

0.000,2 g

H **수소**

5,000 개

파티용 헬륨 풍선 (6킬로그램)

C **탄소**

10,000 자루

흑연 연필심 (13킬로그램)

P **인**

20,000 개

성냥개비 머리 (800그램)

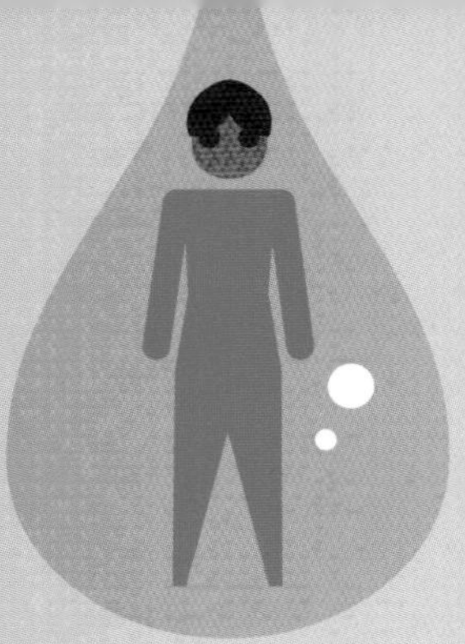

몸은 곧 물

인간의 몸은 거의 물로 이루어졌다. 대략 평균 비율은 3분의 2이지만 신체 상태에 따라 달라진다. 예를 들어 몸의 체지방 비율이 높으면 상대적으로 수분량이 감소한다. 뼈나 다른 신체 조직에 비해 지방 조직에는 물이 훨씬 적게 들어 있기 때문이다. 그렇다고 하더라도 몸에 들어 있는 물의 양은 엄청나다. 예를 들어 체중이 70킬로그램인 사람의 몸속에는 45리터의 물이 들어 있다.
잠깐 샤워하기에도 충분한 양이다. 3명의 몸속에 들어 있는 물의 양이면 제법 큰 욕조에 물을 받아 몸을 담글 수도 있다.

몸속의 물은 고여 있지 않다. 해로운 노폐물은 녹여 (주로) 소변의 형태로 몸 밖으로 내보내야 한다. 이처럼 몸을 돌고 나가는 데 필요한 물은 매일 약 3리터 정도다. 그러나 날씨가 덥거나 몸을 많이 움직였거나 술을 마셨을 때는 더 많은 물이 필요하다.

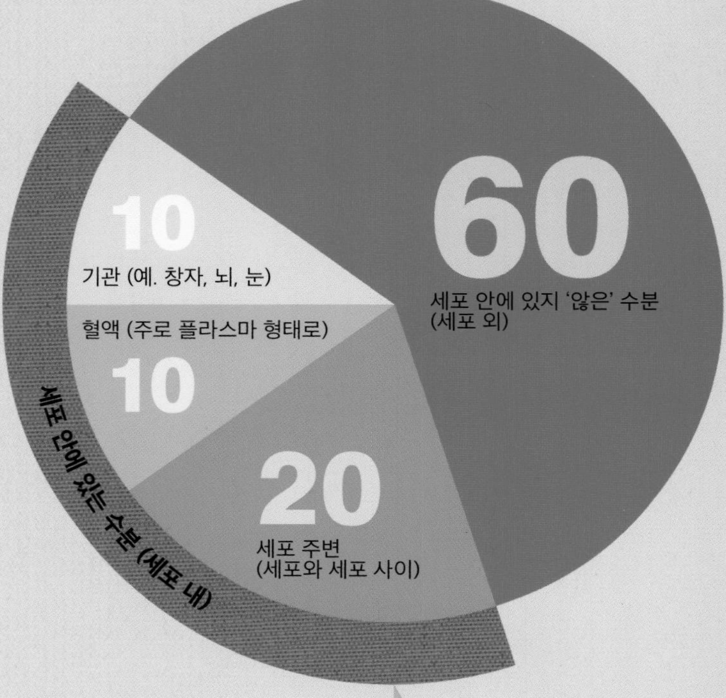

물은 몸속 어디에 있을까?

생물학자들은 물의 '구획/구역'을 이야기한다. 몸속에 물을 보관하는 창고가 따로 있는 게 아니라 수백만 개의 세포, 수백 개의 조직, 수십 개의 기관 내부와 주변에 물이 쌓여 있다고 추정된다.

나이에 따른 평균 수분량 (질량, %)

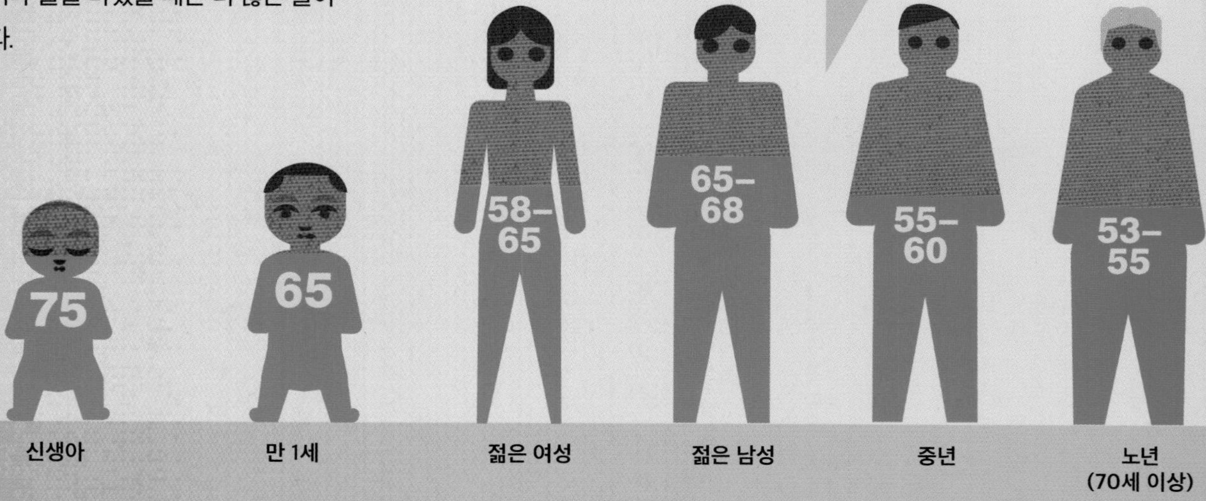

하루에 몸을 돌고 나가는 수분량 (밀리리터)

2,700

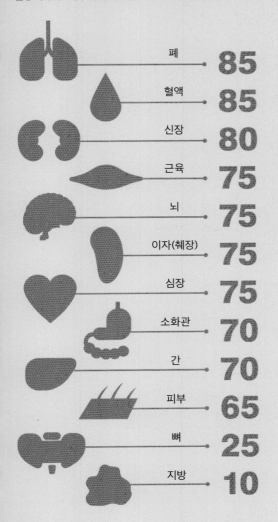

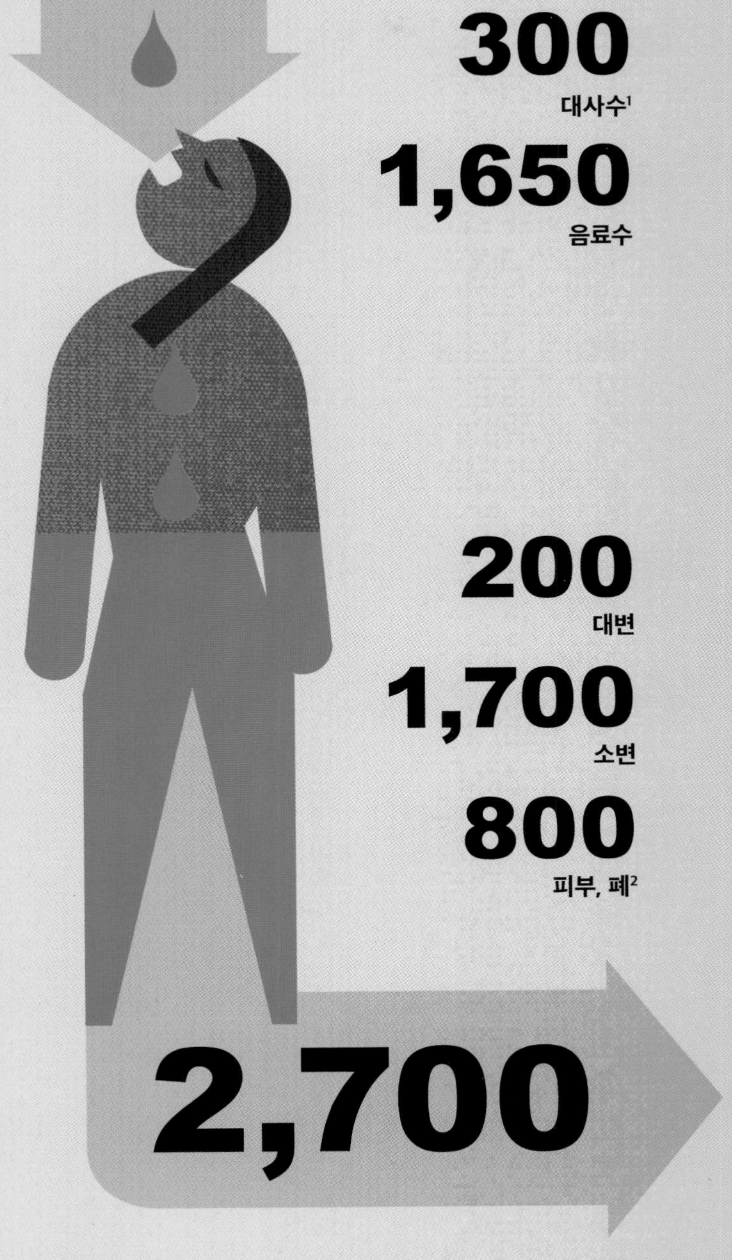

750
음식
300
대사수[1]
1,650
음료수
200
대변
1,700
소변
800
피부, 폐[2]
2,700

기관과 세포 조직에 들어 있는 수분

질량비 (%). 내부에 들어 있는 액체 포함. (예. 혈액, 소변)

폐	85
혈액	85
신장	80
근육	75
뇌	75
이자(췌장)	75
심장	75
소화관	70
간	70
피부	65
뼈	25
지방	10

1 당과 그 밖의 탄수화물이 분해되어 에너지를 방출하는 화학 과정의 부산물 중 하나가 물이다. 이것이 신체의 수분량에 기여한다. $C_6H_{12}O_6$ + $6CO_2$ > $6CO_2$ + $6H_2O$ + 에너지, 또는 말로 표현하면, 당 + 산소 > 이산화탄소 + 물 + 에너지

2 거의 모든 상황에서 우리가 인지하지 못하는 극소량의 물이 피부에서 스며 나온다. 이를 '불감땀남'이라고 부른다. 또한, 우리가 내쉬는 공기는 폐와 기도의 젖은 내벽에서 증발한 수증기로 거의 포화 상태다.

비타민과 미네랄

탄수화물, 지방, 단백질, 식이섬유와 같은 주요 영양소에 비해 훨씬 적은 양이지만 우리 몸에 반드시 필요한 영양소들이 있다. 대부분의 '미량' 영양소는 비타민과 무기질이다. 비타민은 신체가 원활하게 작동하는 데 필요한 유기 물질이다. 인간의 몸은 스스로 비타민을 충분히 제조하지 못하기 때문에 음식을 통해 이미 만들어진 비타민을 섭취해야 한다. 무기질은 단순한 화학 물질로 나트륨, 철분, 칼슘, 망간 등의 금속과 염소, 불소, 요오드와 같은 비금속이 있다.

일일 섭취량[1]
단위: 밀리그램[2]

소금
3,000
염소[3]

달걀
900
황[4]

호박씨
800
인

고구마
200
칼륨

시금치
300
마그네슘

주요 무기질

우리 몸은 하루에 적어도 100밀리그램(0.1그램)의 주요 무기질을 섭취해야 한다.

소금
2,000
나트륨

비타민

인체에 필요한 비타민의 양은 대체로 아주 적다. 어떤 비타민은 1그램의 백만 분의 1 정도면 충분하다.

75–90 비타민 C 아스코르브산

15 비타민 B3 니아신

비타민 B 판토텐산 **5**

20 비타민 E 토코페롤

비타민 A 레티놀 **0.7-0.9**

1.5-1.7 비타민 B6 피리독신

비타민 B2 리보플래빈 **1-1.3**

1-1.2 비타민 B1 티아민

어떤 비타민의 필요량은 그보다도 적다.

400-600 마이크로그램[5] 비타민 9 / 비타민 Bc / 비타민 M, 엽산

90-120 마이크로그램 비타민 K1(필로퀴논), K2(메나퀴논)

30 마이크로그램 비타민 B7 (바이오틴)

10-15 마이크로그램 비타민 D3 (콜레칼시페롤)

2-2.5 마이크로그램 비타민 B12 (코밸러민)

무기질과 비교한 상대적인 비타민 필요량

90

18

18 철

불소 **4**

무기질을 찾아서

여기 소개한 것은 전체 목록의 극히 일부에 불과하다. 전체 목록을 다 실으려면 10페이지도 넘게 차지할 것이다.

2 망간

2 구리

몰리브덴

요오드

셀레늄

크롬

15 아연

우유

1,000 칼슘

1 일일 권장 섭취량. 이 외에도 '일일 영양 권장량', '충분 섭취량' 등의 여러 유사한 범주가 있다.
2 따로 표기하지 않는 한 단위는 밀리그램 (mg, 0.001그램 또는 1그램의 천 분의 1).
3 염화나트륨의 형태로.
4 황에 대한 일일 권장 섭취량은 나와 있지 않다. 표기된 수치는 평균적인 건강한 섭취량을 참조함.
5 마이크로그램 (μg, 0.000,001그램 또는 1그램의 1백만 분의 1)

주요 영양소

식품을 통해 섭취하는 주요 영양소의 하루 권장량 (단위: 그램).

8,700킬로줄 또는 2,100킬로칼로리 에너지 기준.

300–310

탄수화물

90

포도당 및 기타 당류

20–25
포화지방산
0.3 콜레스테롤
65–70
총 지방
20–25
식이섬유
45–55
총 단백질

신체 기관과 에너지 소비 (%)

매우 활동적인 사람의 주요 에너지 소비 기관

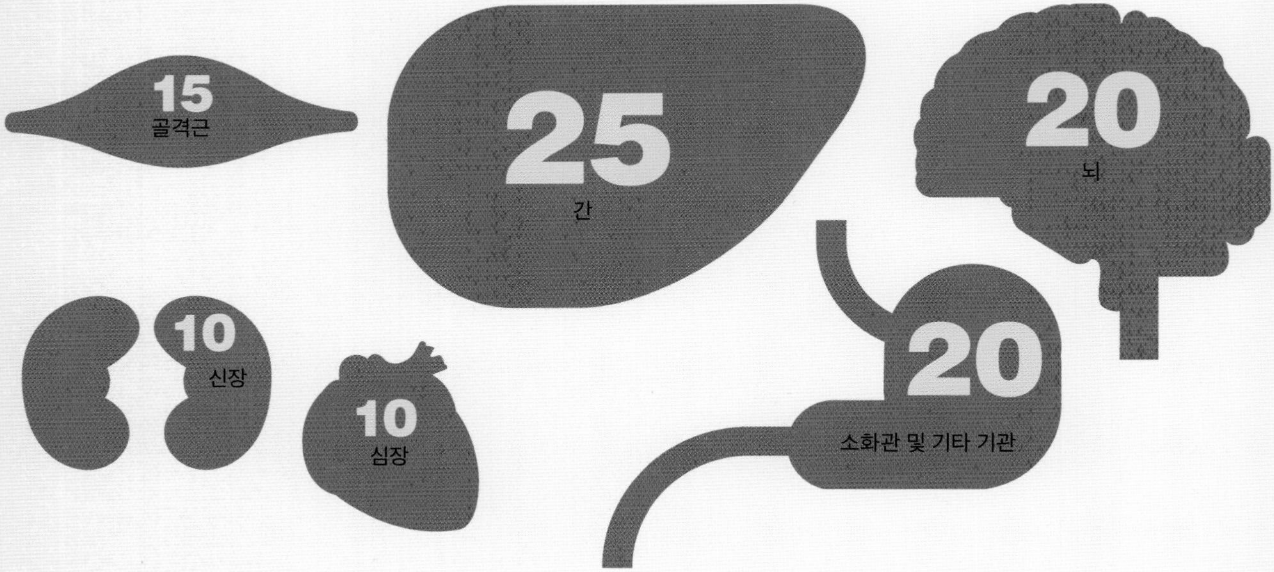
15
골격근
25
간
20
뇌
10
신장
10
심장
20
소화관 및 기타 기관

신진대사의 미스터리

'신진대사'는 인체의 모든 세포에서 매 순간 일어나는 광범위한 화학 반응, 변화, 과정을 통칭하여 편리하게 부르는 용어다. 수많은 대사 과정은 서로 연결되고 상호 의존적이다. 우리 몸에서 일어나는 화학 반응의 수는 백만을 넘고 수십억을 넘고 마침내 셀 수 있는 범위를 넘어선다. 그러나 신진대사에 인체의 에너지가 어떻게 사용되는지 심층적으로 연구되면서 주류 생리학뿐 아니라 스포츠 식단, 극한 상황의 구명 식량 설계까지 여러 분야의 지식이 늘어났다.

에너지 소비 (%)

상대적으로 스트레스가 없는 환경과 체온, 위가 비어 있는 상태에서 에너지 소비량

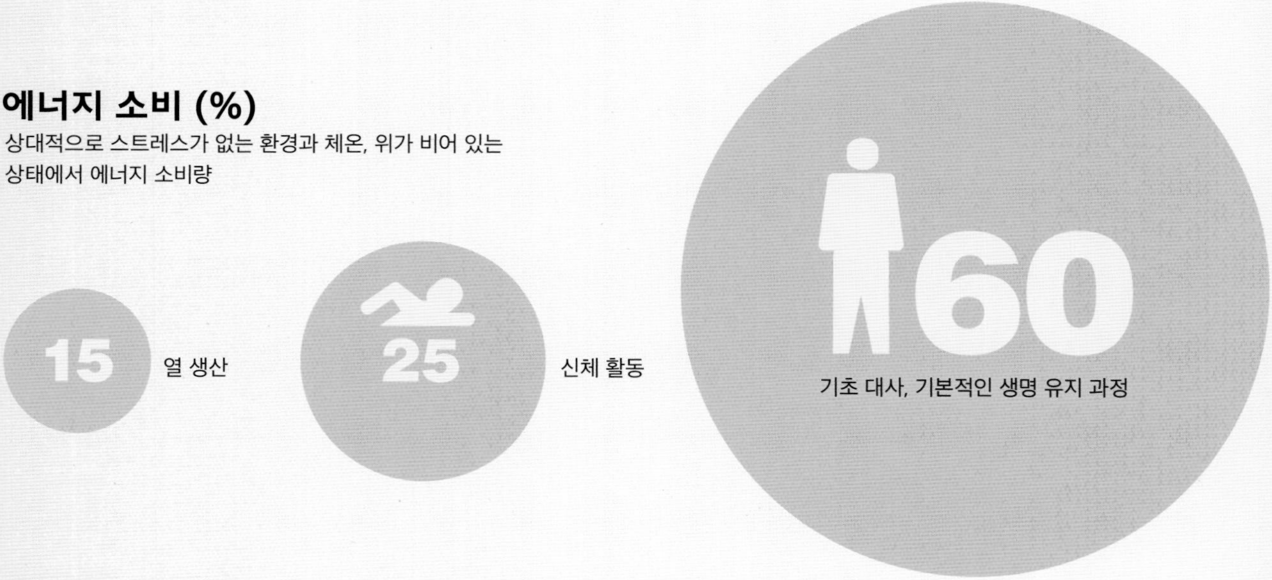
15
열 생산
25
신체 활동
60
기초 대사, 기본적인 생명 유지 과정

생활양식과 에너지 필요량 (KJ/DAY[킬로줄/일])

작업의 예

1 주로 앉아서 하는 일: 책상 앞에서 주로 하는 업무.

2 약간 활동적임: 가게 직원, 간호직, 배달

3 매우 활동적임: 건설, 원예 및 조경, 반직업적인 혹은 직업적인 스포츠

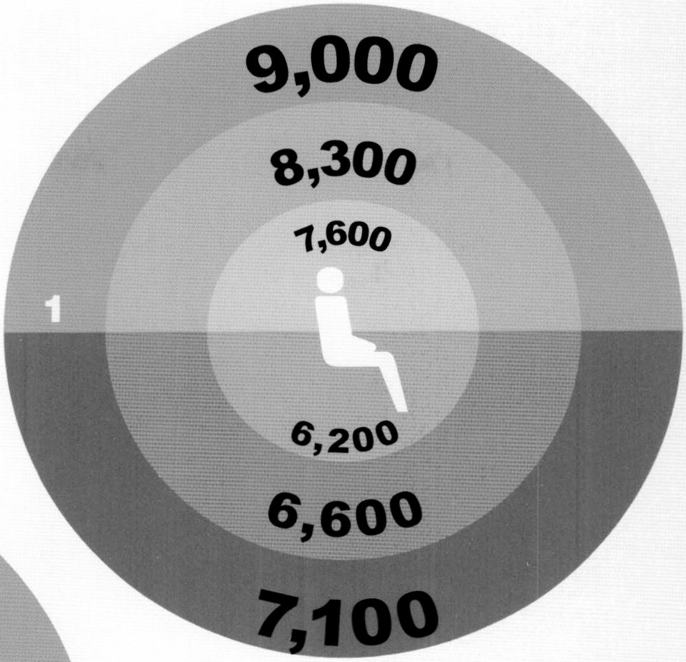

9,000
8,300
7,600
1
6,200
6,600
7,100

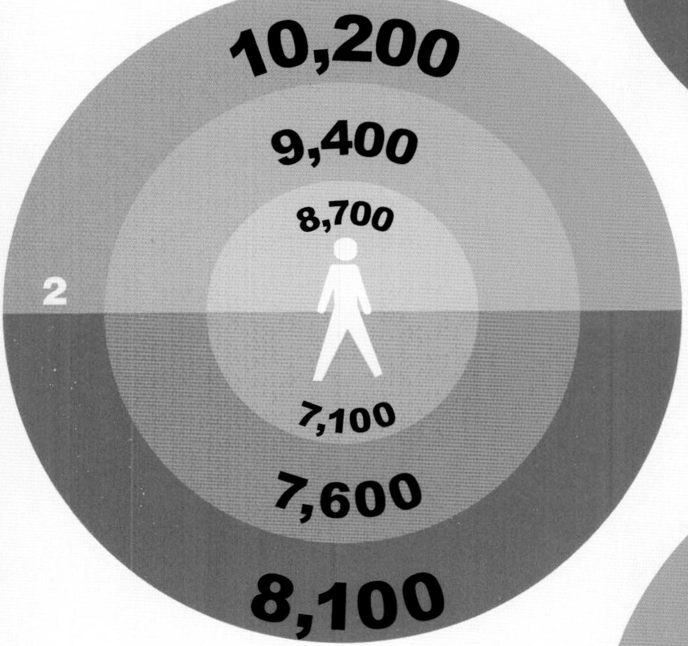

10,200
9,400
8,700
2
7,100
7,600
8,100

40% 10명 중 4명이 실제보다 자신이 더 많이 움직인다고 착각한다!

12,800
11,900
10,900
3
10,200
9,500
10,200

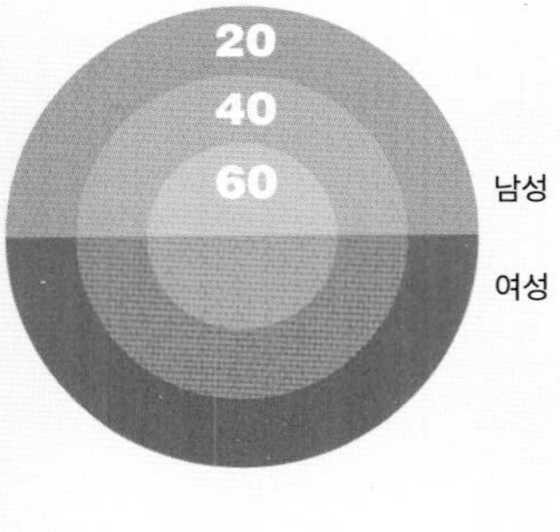

나이
20
40
60
남성
여성

에너지를 흡수하고 소비하고

인체는 하나의 에너지 전환 장치이다. 음식과 음료를 구성하는 수조 개의 원자와 분자를 결합한 형태로 화학 에너지를 흡수한 후, 매우 복잡한 신진대사 과정을 거쳐 이 에너지를 다른 형태로 바꾼다. 특히 몸을 움직이는 데 필요한 운동 에너지, 열을 내는 데 필요한 열에너지, 신경 전달을 위한 전기 에너지, 그밖에 언어에 필요한 소리 에너지와 같은 다양한 형태의 에너지로 전환시킨다.

인체에 연료 공급하기

다양한 음식과 음료에 든 에너지양 (단위: 킬로줄, kJ). 평균적인 1회 제공량.

일반적인 또는 표준 크기로 계산했음. 익혀 먹는 음식의 경우 건강한 조리법을 적용했음. 예) 튀기는 대신 삶기.

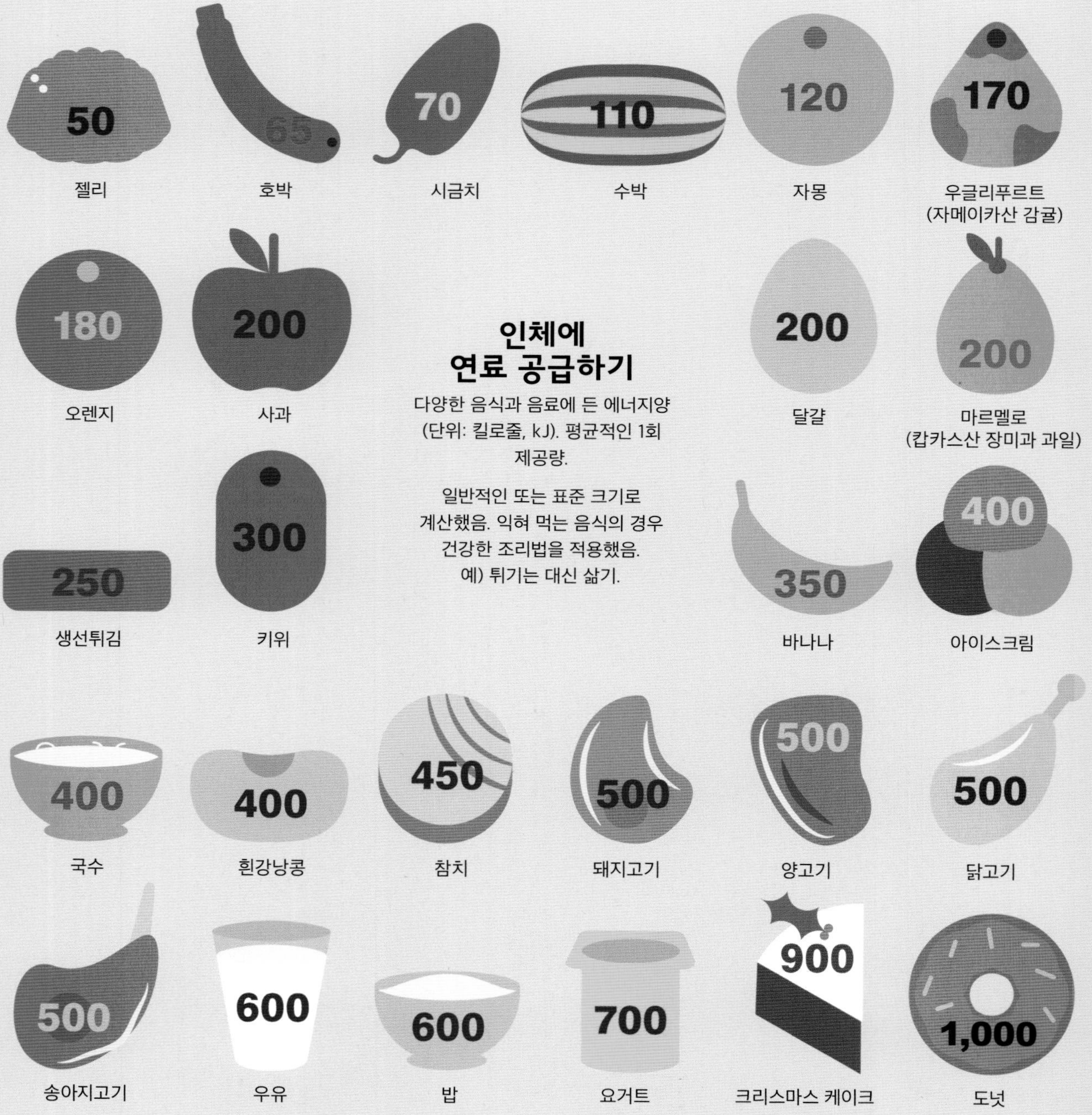

50 젤리
65 호박
70 시금치
110 수박
120 자몽
170 우글리푸르트 (자메이카산 감귤)
180 오렌지
200 사과
200 달걀
200 마르멜로 (캅카스산 장미과 과일)
250 생선튀김
300 키위
350 바나나
400 아이스크림
400 국수
400 흰강낭콩
450 참치
500 돼지고기
500 양고기
500 닭고기
500 송아지고기
600 우유
600 밥
700 요거트
900 크리스마스 케이크
1,000 도넛

지나치게 많은 에너지를 흡수하고도 장시간 사용하지 않으면 결국 몸속에서 체지방으로 바뀐다. 체중에 따른 에너지 소비는 무거울수록 소비량이 많아지며, 성별에 따라서는 여성이 남성보다 일반적으로 5~10퍼센트 덜 소비한다. 또한, 나이가 들어감에 따라 에너지 소비량이 줄어든다. 일반적으로 1킬로그램의 체지방에는 마라톤을 3~4번 뛸 정도의 에너지가 들어 있다.

다양한 신체 활동과 에너지 소비

스포츠의 경우 지역 동호회 시합 수준으로 계산했음. 몸무게 65~75킬로그램인 남성 기준. 단위는 시간(분)당 킬로줄(kJ)

1킬로줄 = 0.24킬로칼로리

1킬로칼로리 = 4.18킬로줄

2–15
수면
3–6
깨어 있으나 활동하지 않을 때
8
다리미질
10
요가
14
시속 4킬로미터로 걷기
15
사교댄스(느린 박자)
15
청소기 돌리기
18
에어로빅(가볍게)
18
시속 10킬로미터로 자전거 타기
20
사교댄스(빠른 박자)
20
계단 오르기(천천히)
23
분속 25미터로 수영
25
시속 7킬로미터로 걷기
35
에어로빅(격렬하게)
40
축구
41
시속 20킬로미터로 자전거 타기
42
시속 8킬로미터로 달리기
45
계단 오르기(빠르게)
49
시속 10킬로미터로 달리기
50
테니스
54
분속 50미터로 수영
55
스쿼시
66
시속 15킬로미터로 달리기
200+
전력 질주

식품 분해 공장

숨으로 들이마시는 산소를 제외하고 사람의 몸에서 만들어지는 모든 에너지는 음식과 음료에서 나온다. 음식과 음료로부터 에너지를 내는 물질을 뽑아내는 것이 소화의 과정이다. 이 과정은 해체와 파괴의 서사시다. 입안을 가득 채운 맛있는 음식은 곧 걸쭉하게 될 때까지 씹힌 후 재빨리 식도를 통과하여 위에 받아들여진다. 위에서는 효소라는 파괴적인 액즙과 강산 속에 담가진다. 이제 음식물은 유미즙이라는 곤죽이 되어 작은창자에서 갖가지 효소에 의해 해체 과정을 거친 후 장의 벽을 통과할 만큼 작은 분자가 되어 혈액으로 흡수된다. 나머지 음식물은 큰창자로 가서 물과 비타민 일부, 기타 영양분이 흡수된다. 마침내 남은 찌꺼기는 소화관을 떠날 때까지 곧은창자 안에서 대기하며 휴식을 취한다.

소화가 이루어지는 곳

영양분 대부분은 작은창자에서 흡수된다. 작은창자의 내벽은 다른 단순한 관에 비해 면적이 한없이 증가하는 특징이 있다. (그림의 면적 단위: 제곱미터)

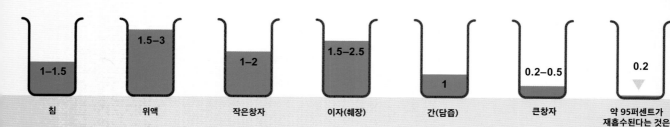

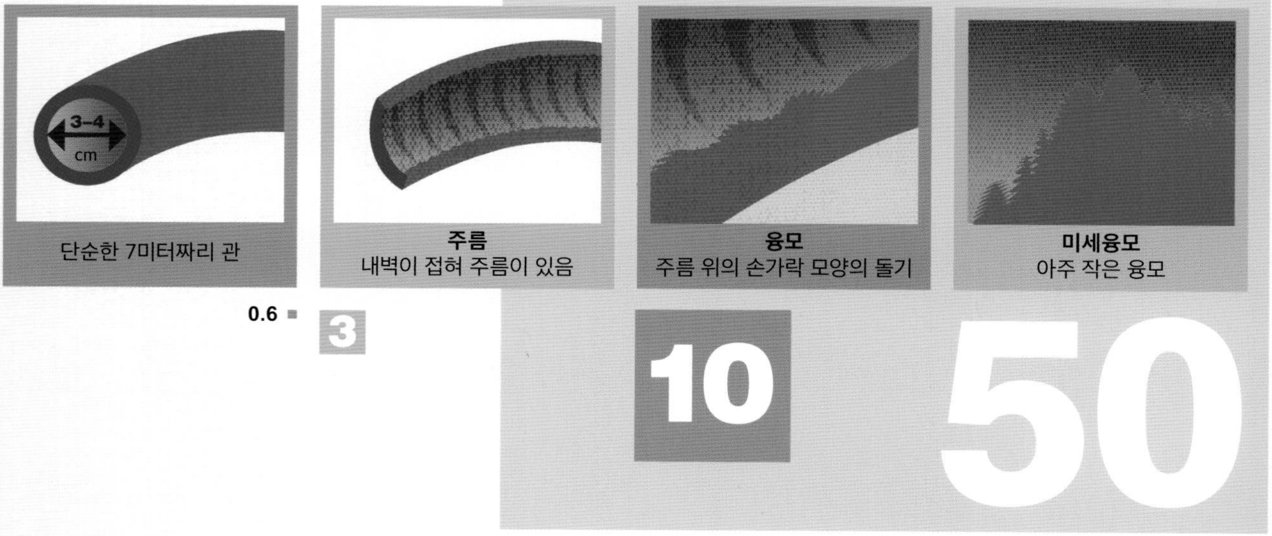

3–4 cm
단순한 7미터짜리 관
주름
내벽이 접혀 주름이 있음
융모
주름 위의 손가락 모양의 돌기
미세융모
아주 작은 융모
0.6
3
10
50

1–1.5
1.5–3
1–2
1.5–2.5
1
0.2–0.5
0.2
침
위액
작은창자
이자(췌장)
간(담즙)
큰창자
약 95퍼센트가 재흡수된다는 것은 대변으로 빠져나가는 물의 양이 매우 적다는 뜻이다.

하루에 생산하는 소화액 (단위: 리터)

소화 과정 중에는 대량의 액즙이 생산된다. 액즙을 만드는 데 사용된 물은 큰창자에서 놀라울 정도로 재흡수된다. 그렇지 않으면 매일 10리터 이상 물을 마셔야 하니까.

1 제대로 완전히 씹는 경우.
2 위에서 지방과 씨름하는 데 걸리는 시간은 탄수화물이나 단백질을 소화할 때보다 1~2시간 더 걸린다.

소화 시간

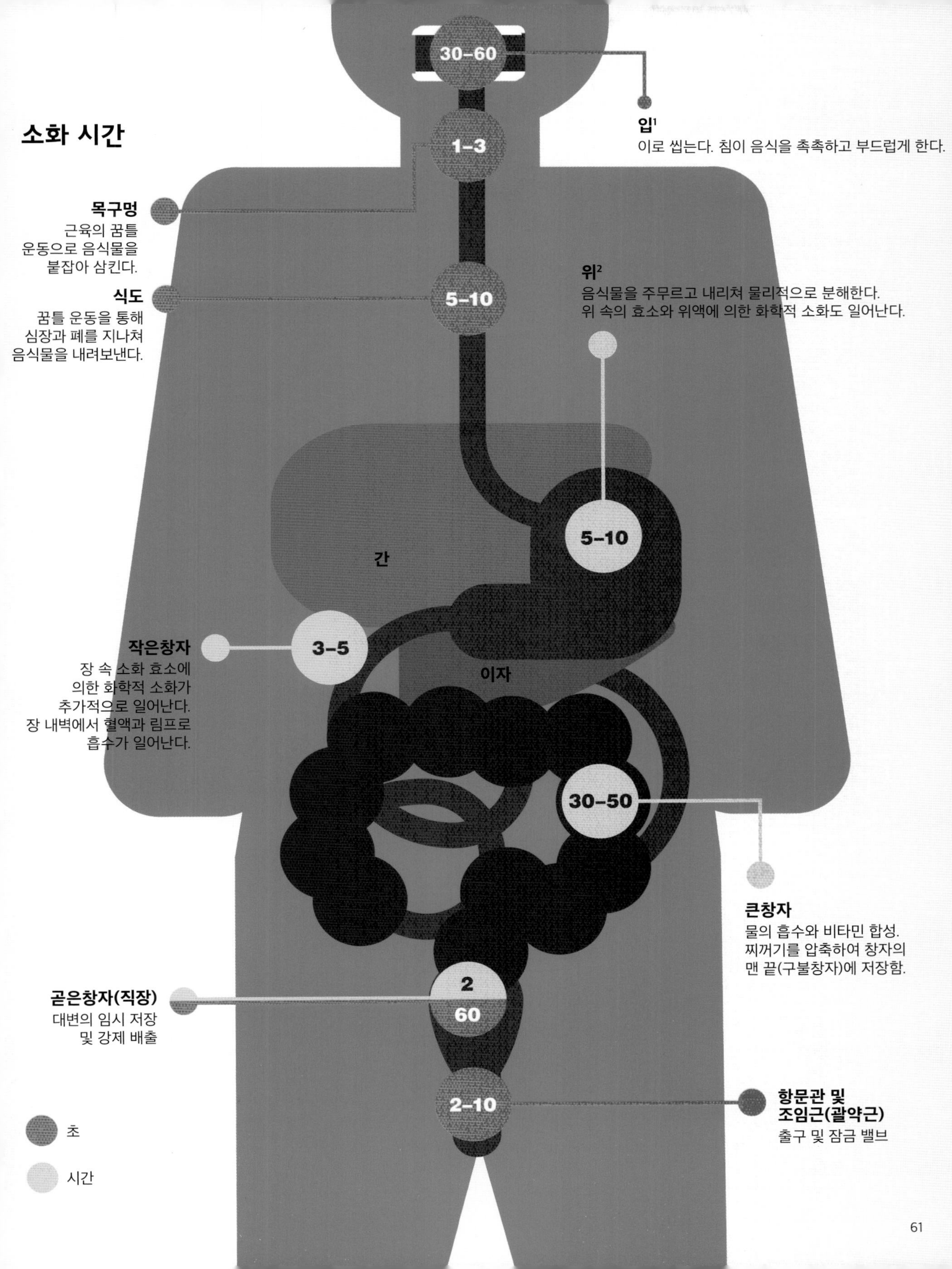
30-60
입[1]
이로 씹는다. 침이 음식을 촉촉하고 부드럽게 한다.
1-3
목구멍
근육의 꿈틀 운동으로 음식물을 붙잡아 삼킨다.
5-10
식도
꿈틀 운동을 통해 심장과 폐를 지나쳐 음식물을 내려보낸다.
위[2]
음식물을 주무르고 내리쳐 물리적으로 분해한다.
위 속의 효소와 위액에 의한 화학적 소화도 일어난다.
5-10
간
3-5
작은창자
장 속 소화 효소에 의한 화학적 소화가 추가적으로 일어난다. 장 내벽에서 혈액과 림프로 흡수가 일어난다.
이자
30-50
큰창자
물의 흡수와 비타민 합성.
찌꺼기를 압축하여 창자의 맨 끝(구불창자)에 저장함.
2
60
곧은창자(직장)
대변의 임시 저장 및 강제 배출
2-10
항문관 및 조임근(괄약근)
출구 및 잠금 밸브
초
시간

마이크로 세상의 샘

혈액의 거의 반은 물이고 나머지는 생명에 절대적으로 필요한 물질이다. 예를 들면 물속에 녹아 있는 산소, 에너지가 풍부한 당과 지방, 질병과 싸우는 항체 단백질, 그리고 필수적인 영양소, 무기질, 비타민 등이다. 혈액 속의 적혈구와 백혈구를 지켜본다면 그 수와 회전율에 놀랄 것이다. 매초 2백만~3백만 개의 새로운 적혈구 세포가 만들어진다. 이 세포에는 각각 산소를 운반하는 붉은 헤모글로빈 분자가 2억8,000만 개나 들어 있다. 하나의 헤모글로빈은 7,000개의 원자를 가진다. 그렇다면 초당 6,000조 개의 원자가 조합되는 셈이다.

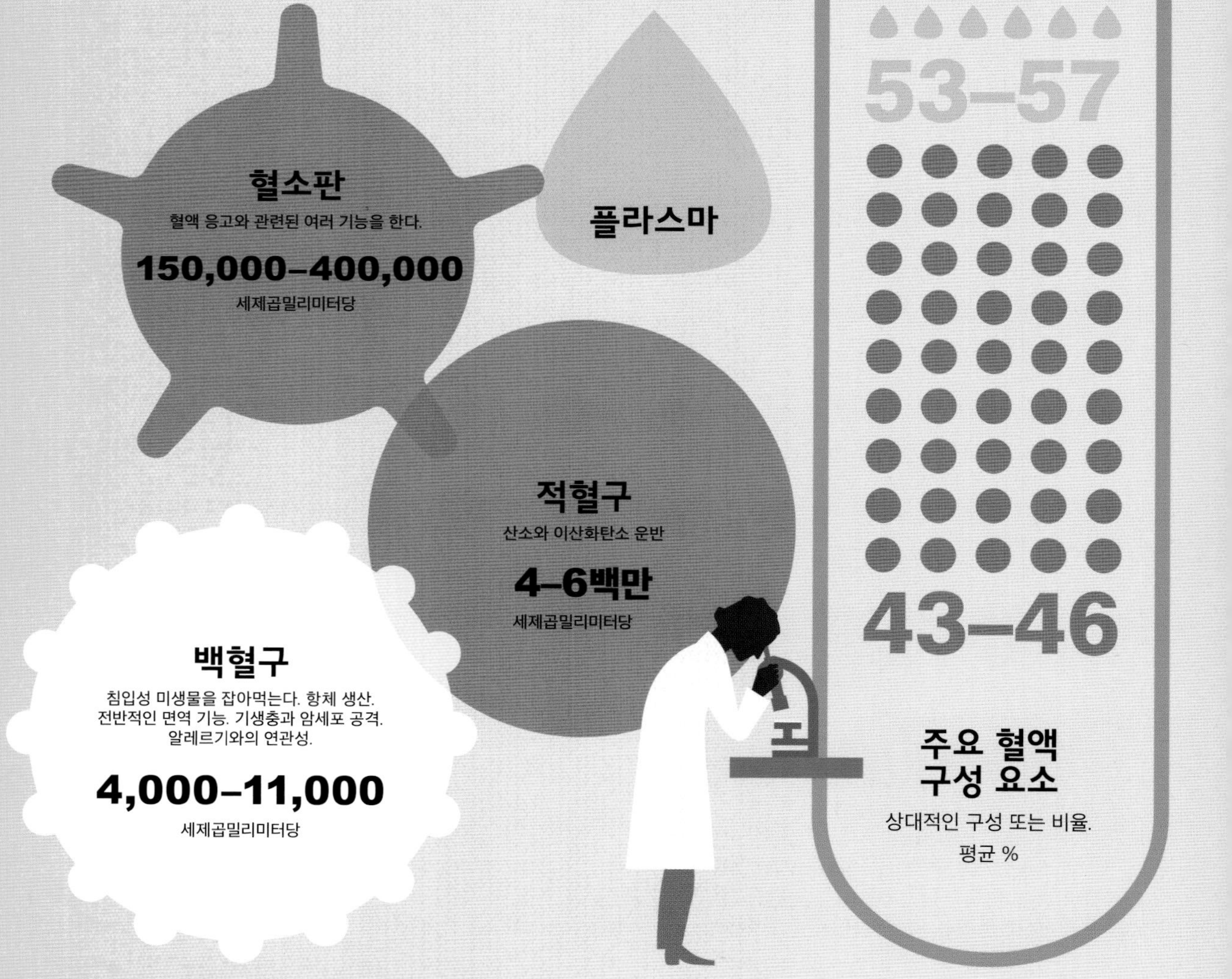

1
0.5
53–57
43–46
혈소판
혈액 응고와 관련된 여러 기능을 한다.
150,000–400,000
세제곱밀리미터당
플라스마
적혈구
산소와 이산화탄소 운반
4–6백만
세제곱밀리미터당
백혈구
침입성 미생물을 잡아먹는다. 항체 생산. 전반적인 면역 기능. 기생충과 암세포 공격. 알레르기와의 연관성.
4,000–11,000
세제곱밀리미터당
주요 혈액 구성 요소
상대적인 구성 또는 비율. 평균 %

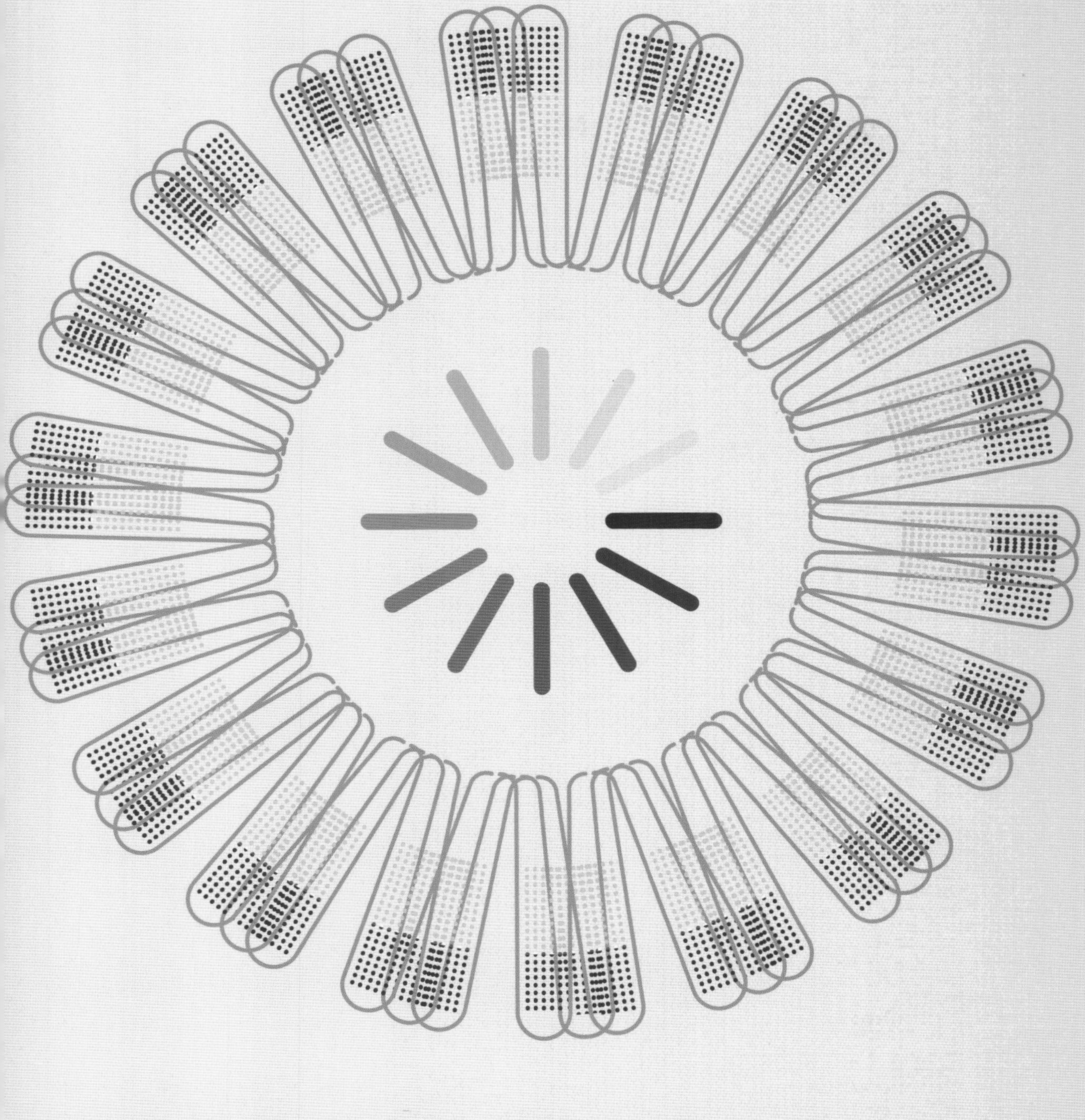

1분당 150,000번의 회전

옛날 의사들은 혈액의 조성 과정을 연구하기 위해 혈액을 시험관에 넣고 지구의 중력에 따라 자연스럽게 무거운 성분들을 분리하면서 조사했다. 오늘날에는 아주 빨리 회전하는 원심분리기가 혈액을 1분당 15만 번(1초당 2,500번) 이상 회전시켜 정상적인 중력보다 200만 배나 더 센 2Mg의 중력을 가한다. 이 과정을 거치면, 바이러스나 DNA, 단백질 같은 혈액의 가장 작은 구성 요소까지 분리할 수 있다. 지구의 중력으로 이렇게 자연스럽게 분리해내려면, 아마 우주의 나이보다도 오래 걸릴 것이다.

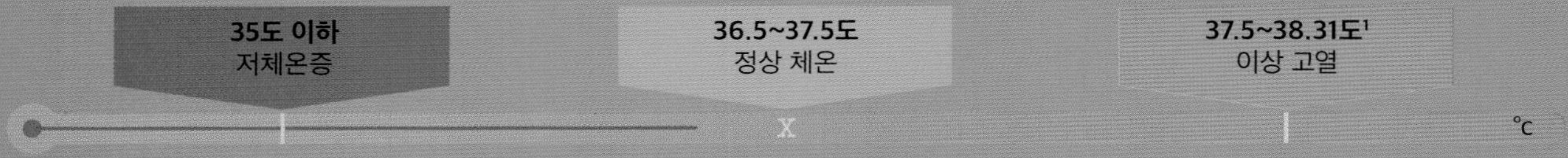

체온의 힘

온도는 화학 반응의 속도를 좌우하는 결정적인 요인이다. 몸에서 일어나는 방대한 범위의 생화학 반응, 그리고 그로 인한 신진대사 과정은 모두 매우 좁은 온도 범위(대체로 36.5~37.5도)에서만 일어나도록 정밀하게 조율되어 있으며, 24시간을 주기로 최대 1도의 일상적인 변이를 보인다. 이 범위를 벗어나면 반응을 조절하는 대부분 효소는 제대로 작용하지 못한다. 신진대사 과정 하나가 망가지면 빠른 연쇄 반응이 일어나며 다른 대사 과정까지 파괴한다.

하루 중 체온 변화 (섭씨)

전형적인 하루 일과 중에도 심부 체온(몸의 중심부의 체온)은 자연적인 바이오리듬에 따라 24시간 주기로 올라갔다 내려가기를 반복한다. 이와 동시에, 심부 체온은 주위 환경 그리고 몸의 활동 수준에 따라서도 약 0.5도씩 변할 수 있다.

37	36.4	36.4	36.8	37.5	37.4	37.3	37.1
오전	오전	오전	오전	정오	오후	오후	오후

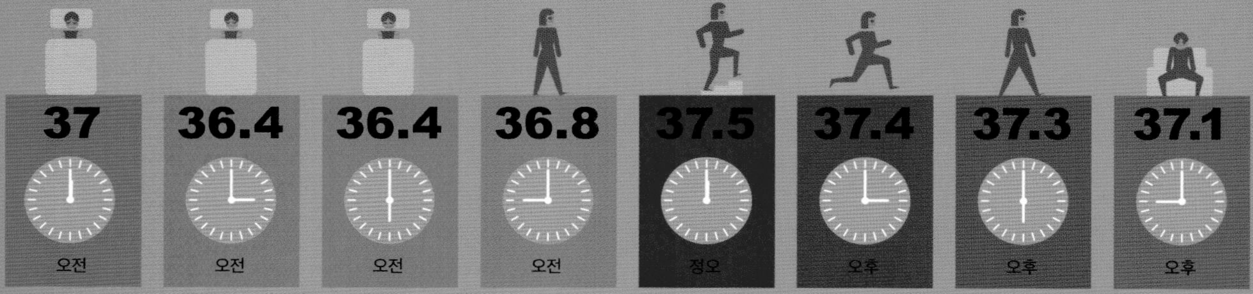

차가운 물속에서

유속에 따라 다르지만 일반적으로 물은 공기보다 몸의 열을 25배나 빨리 빼앗아간다. 수영할 수 있는 어른이 셔츠와 바지를 입고 목에 구명 튜브를 둘렀을 경우의 대략의 추정치이다.

무력감의 피로감	분	분	분	분	시간	시간	시간
	0–15	15–30	30–45	45–90	2–5	2–10	5–15
수온 (섭씨 °C)	0	0–5	5–10	10–15	15–20	20–25	25–30
생존 가능성	분	분	분	시간	시간	시간	시간
	15–30	15–45	30–60	1–3	3–7	3–12+	24+

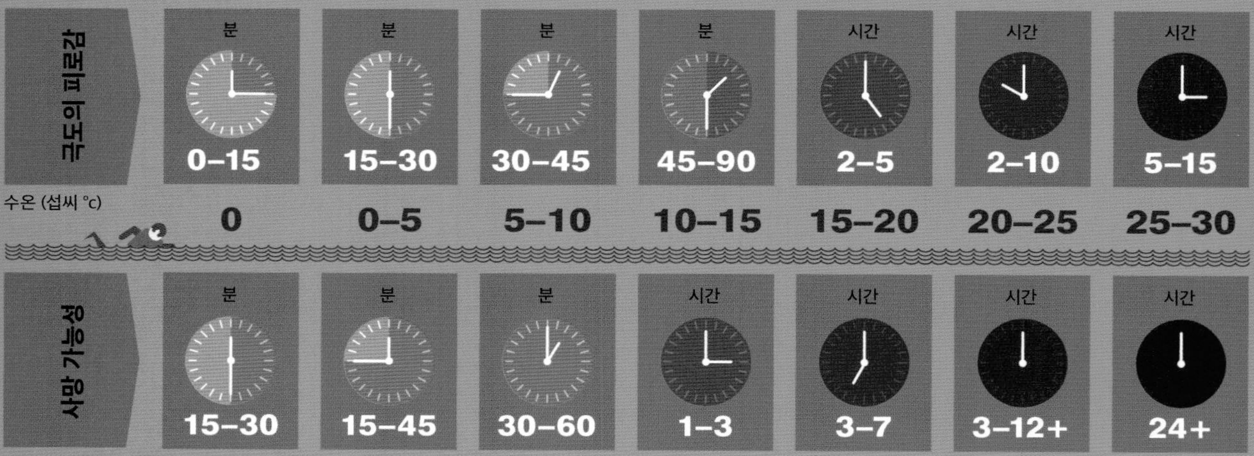

1 낮과 밤의 정상적인 체온 변화에 따라 다름 (위의 그림 참조).

저체온증의 진행 과정

심각한 저체온증은 두 가지 괴이한 행동을 유발한다.

가벼운 저체온증 (경증)

32–35 °C

창백한 피부. 춥고, 피로하고, 허기지고, 어쩌면 메스꺼움을 느낄 수도 있다. 오한, 운동 장애, 둔해진 동작, 조정 이상.

중간 정도의 저체온증 (중등도)

28–32 °C

어눌한 말투, 정신이 혼미함.

호흡률과 심장박동 수가 느려진다.

심각한 저체온증 (중증)

28 °C 이하

운동 신경이 혈관을 넓힌다 (혈관 확장).

따뜻한 피가 신체의 중심 부위로 몰리면서 피부와 말초 부위의 온도 감각 수용기가 고열을 인지함.

몸이 지나치게 뜨거워지고 있다는 메시지가 뇌에 전달된다.

역설적인 탈의
옷을 벗는다.

벌거벗은 자신이 취약하다는 느낌이 뇌에 전달된다.

좁은 공간에서 몸 숨기기
비좁은 공간을 찾아 기어들어 간다. 원초적인 동면 본능과 연관이 있는 행동으로 보임.

의식불명

생명은 유전(遺傳)한다

세포핵
세포의 많은 활동을
조절하는 유전 물질,
DNA를 포함한다.
인
리보솜이 조립되는 장소

똑같은 세포는 없다

몸의 '전형적인' 세포는 지름이 20마이크로미터의 모호한 덩어리처럼 생겼다. 다시 말해 1밀리미터에 세포 50개를 일렬로 나열할 수 있다는 뜻이다. 그러나 약간의 문제가 있다. 실제로 '전형적인' 세포라는 것은 없기 때문이다. 어쩌면 이 형체에 가장 가까운 것이 간세포일 것이다. 간세포는 지금 여기 그린 세포처럼 둥글둥글하다. 대부분의 다른 세포는 모양과 내용물이 각각 특별하다. 자세한 내용은 다음 페이지에서 확인할 수 있다. 우리 몸이 신체 기관이라는 주요 부품들로 구성된 것처럼, 세포는 세포소기관을 가지고 있다. 세포소기관 중 가장 큰 것은 통제 센터인 핵으로, 그 안에 유전 물질인 DNA를 보관한다. 핵을 포함한 다른 주요 세포소기관과 그 기능을 소개한다.

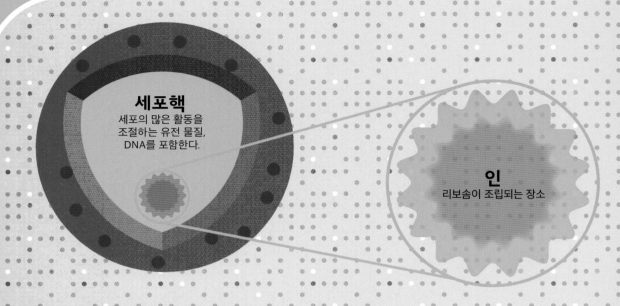

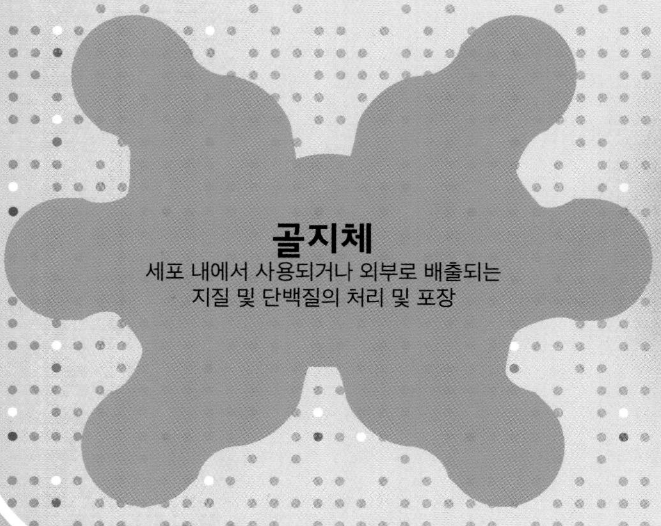
골지체
세포 내에서 사용되거나 외부로 배출되는
지질 및 단백질의 처리 및 포장

세포는 얼마나 많나요?

사람의 몸에서 전체 세포의 수를 추정하면 **몇십억에서 20만 조(200,000,000,000,000,000)** 개에 달한다.

세포의 부피를 가지고 세포 수를 추정하면 **15조**, 무게로 추정하면 **70조**가 나온다.

최근에 세포의 크기, 수, 그리고 다양한 세포 조직에서 세포가 채워지는 방식까지 고려하여 계산하여 **37조 (37,000,000,000,000)** 개의 세포가 있다고 추정한 결과가 있다.

세포를 1초에 하나씩 센다면, **100만 년**이 조금 넘게 걸릴 것이다.

세포막
세포를 드나드는 물질을 통제하고
세포 내부를 보호한다.

세포는 얼마나 무거운가요?

세포 하나의 무게는 보통 1나노그램으로 1그램의 10억분의 1, 또는

0.000,000,001

그램이다.

세포질
세포의 모양, 내부 뼈대 및 조직을 유지하기 위한 세포 골격을 제공. 용해된 물질을 포함한다.

미토콘드리아
포도당 같은 고에너지 물질을 분해하여 세포에 에너지를 공급한다.

소포체
지질 합성, 단백질 처리, 효소 저장, 해독 작용.

리소좀
오래되고 쓸모없는 물질의 해체 및 재활용.

세포는 얼마나 큰가요?

사람 또는 기타 포유류 세포의 평균 크기 및 부피는,

0.000,004

세제곱밀리미터

이는 1 세제곱센티미터의 40억분의 1에 해당한다.

리보솜
단위 아미노산을 결합하여 단백질과 더 큰 분자를 만든다 (76페이지 참조).

천태만상의 세포

몸에는 200가지 이상의 세포가 있다. 각각 형태가 고유하고 내부에 자체 부품과 소기관을 품고서 특별한 역할을 수행한다. 예를 들어 신경 세포, 뉴런은 구불거리는 긴 돌기인 액손 섬유와 가지 돌기(수상 돌기)를 통해 서로 의사를 소통한다. 근육 세포는 많은 양의 에너지를 사용하기 때문에 에너지 공장인 미토콘드리아로 꽉 차 있다. 반면에 적혈구는 산소를 운반하는 헤모글로빈을 담고 있는 주머니에 불과하다. 아래의 예는 몇몇 특이한 성질을 가진 세포들이다.

피부

각질 세포
납작하다. 견고함과 보호를 위해 케라틴으로 가득 차 있다.

혈액

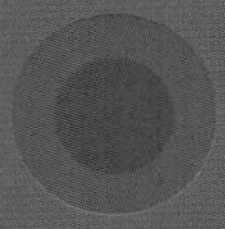

적혈구
양면이 오목한 형태로, 산소를 흡수하기 위해 표면적이 넓다.

혈액

백혈구
침입자를 추적하는 과정에서 세포 조직 사이를 비집고 들어가야 하기 때문에 유연하다.

골격근

가로무늬근
긴 방추형으로 수축 시 짧아진다.

심장근

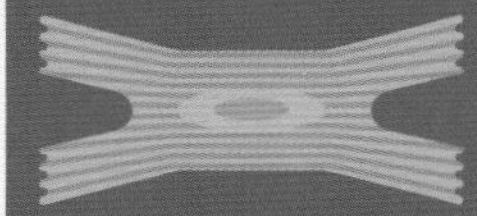

심근세포
가지를 뻗고 서로 교차한다. 한 세포가 휴식을 취하는 동안 다른 세포는 일한다.

신경

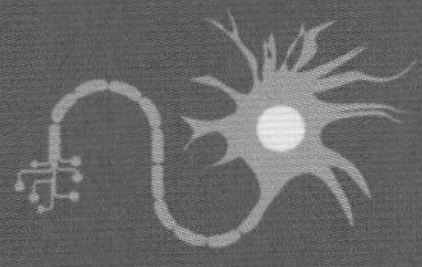

뉴런(신경 세포)
가늘게 뻗어 나온 수많은 연장선에 의해 다른 신경 세포와 연결된다.

지방

지방 세포
지방을 저장하는 커다란 주머니 같은 액포

뼈

뼈세포
주변 뼈를 유지하고 보수하기 위해 거미와 같은 모양을 하고 있다.

인슐린 생산

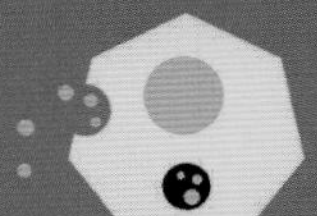

이자의 베타 세포
인슐린 호르몬을 담는 많은 용기가 들어 있다.

술잔 세포 (배상 세포)

원주 상피 세포
소화관, 기도 등에서 점액질을 생산한다.

슈반 세포 (신경 섬유초)

신경초세포
신경 섬유를 감싸고 보호하기 위한 미엘린 제조

결합 조직

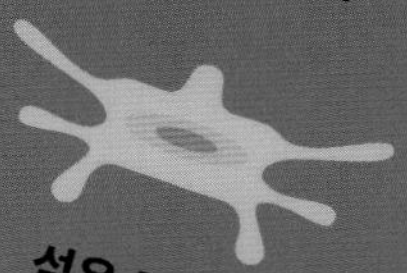

섬유 모세포
콜라젠을 비롯한 기타 결합 물질을 제조하기 위해 여러 갈래로 갈라져 있다.

인체 안팎에 살고 있는 박테리아와 그 밖의 미생물들은 대체로 인체에 '우호적'이며, 약 10대 1의 비율로 몸의 세포보다 수가 많다. 즉, 은하계의 은하수에 있는 모든 별보다 2,000배나 많은 약 400조에 달한다.

수십억 개의 세포…

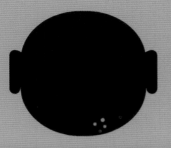

DNA와 유전자

인간 세포의 통제 본부인 핵 안에는 유전 물질인 DNA(전체 명칭은 디옥시리보핵산)가 46줄 들어 있다. 이 46줄의 DNA가 각각 히스톤이라는 단백질과 함께 만든 구조를 염색체라고 부른다. 인간의 염색체는 23개의 쌍이 존재하는데, 각 쌍의 두 염색체는 서로를 거의 복제한 것이나 다름없다. DNA 가닥은 화학 코드의 형태로 유전자를 운반한다. 유전자는 우리 몸과 몸을 이루는 모든 부분이 어떻게 발달하고 작용하고 유지되고 수리되는지 알려주는 설명서라고 볼 수 있다.

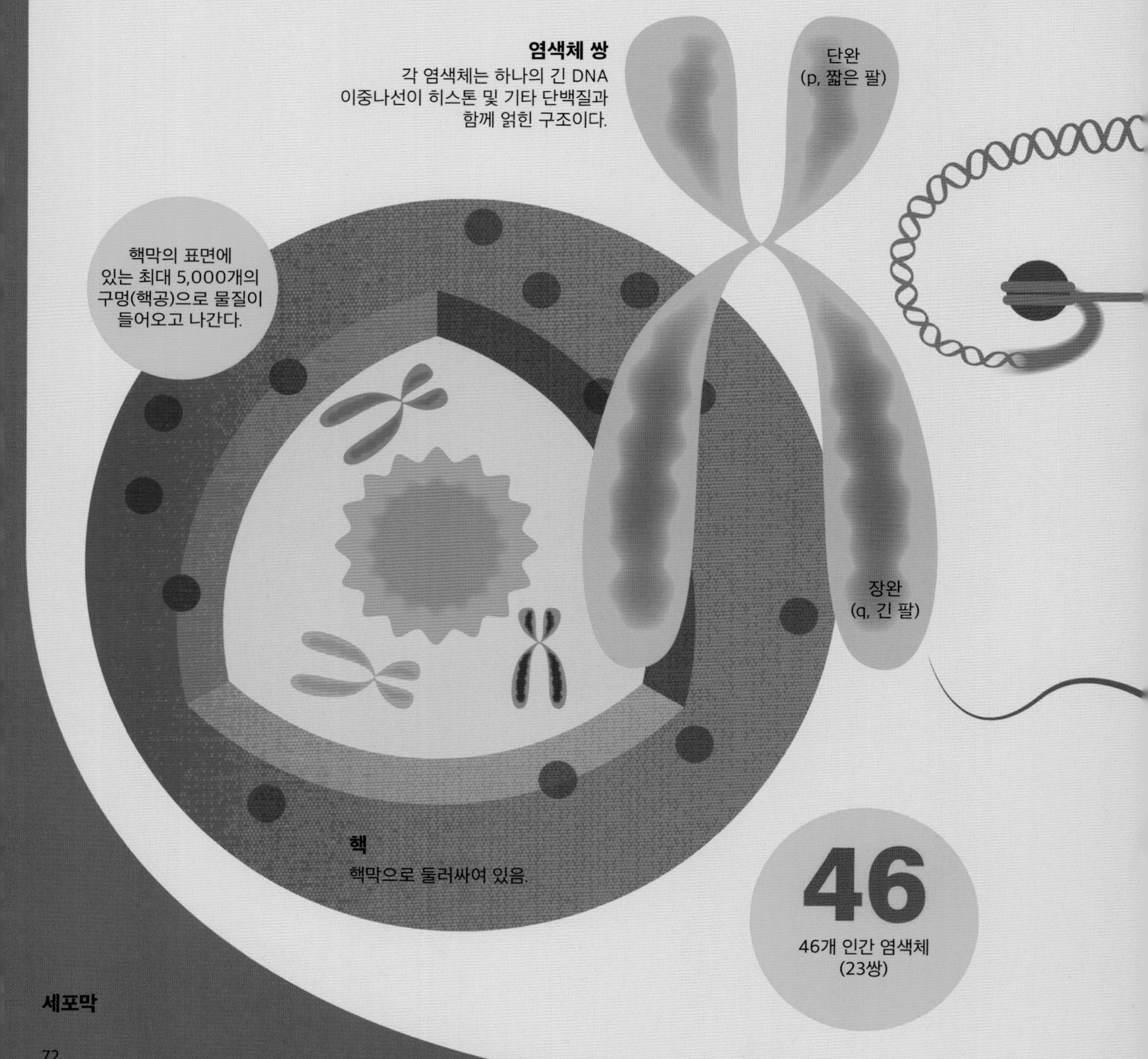

염색체 쌍
각 염색체는 하나의 긴 DNA 이중나선이 히스톤 및 기타 단백질과 함께 얽힌 구조이다.
단완 (p, 짧은 팔)
핵막의 표면에 있는 최대 5,000개의 구멍(핵공)으로 물질이 들어오고 나간다.
장완 (q, 긴 팔)
핵
핵막으로 둘러싸여 있음.
46
46개 인간 염색체 (23쌍)
세포막

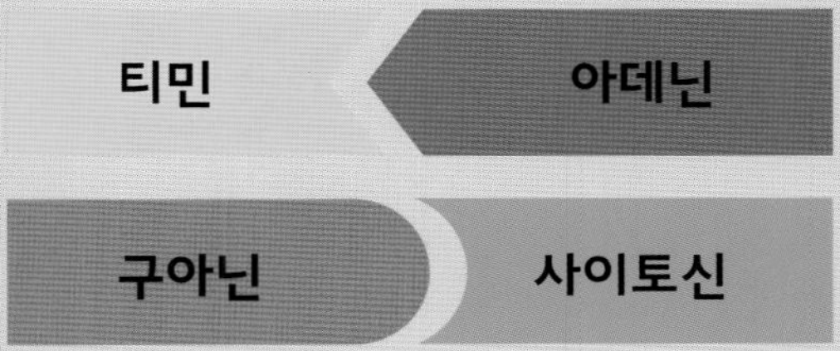
티민
아데닌
구아닌
사이토신

염기쌍

핵 염기 또는 질소성 염기는 유전자 설명서를 기록한 '문자'이다. 이들은 언제나 다음과 같은 쌍으로 존재한다.

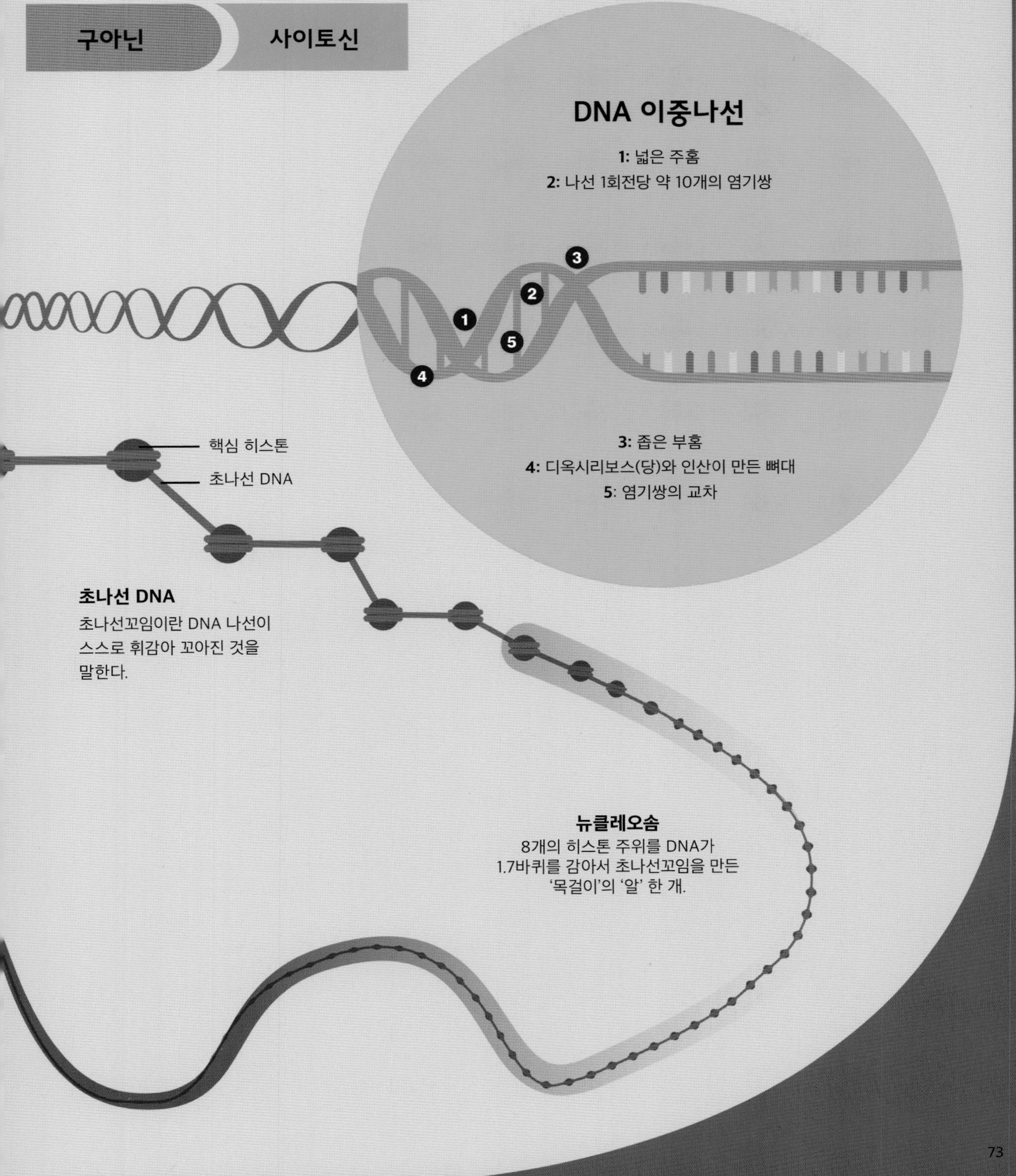
DNA 이중나선
1: 넓은 주홈
2: 나선 1회전당 약 10개의 염기쌍
3: 좁은 부홈
4: 디옥시리보스(당)와 인산이 만든 뼈대
5: 염기쌍의 교차
핵심 히스톤
초나선 DNA

초나선 DNA

초나선꼬임이란 DNA 나선이 스스로 휘감아 꼬아진 것을 말한다.

뉴클레오솜

8개의 히스톤 주위를 DNA가 1.7바퀴를 감아서 초나선꼬임을 만든 '목걸이'의 '알' 한 개.

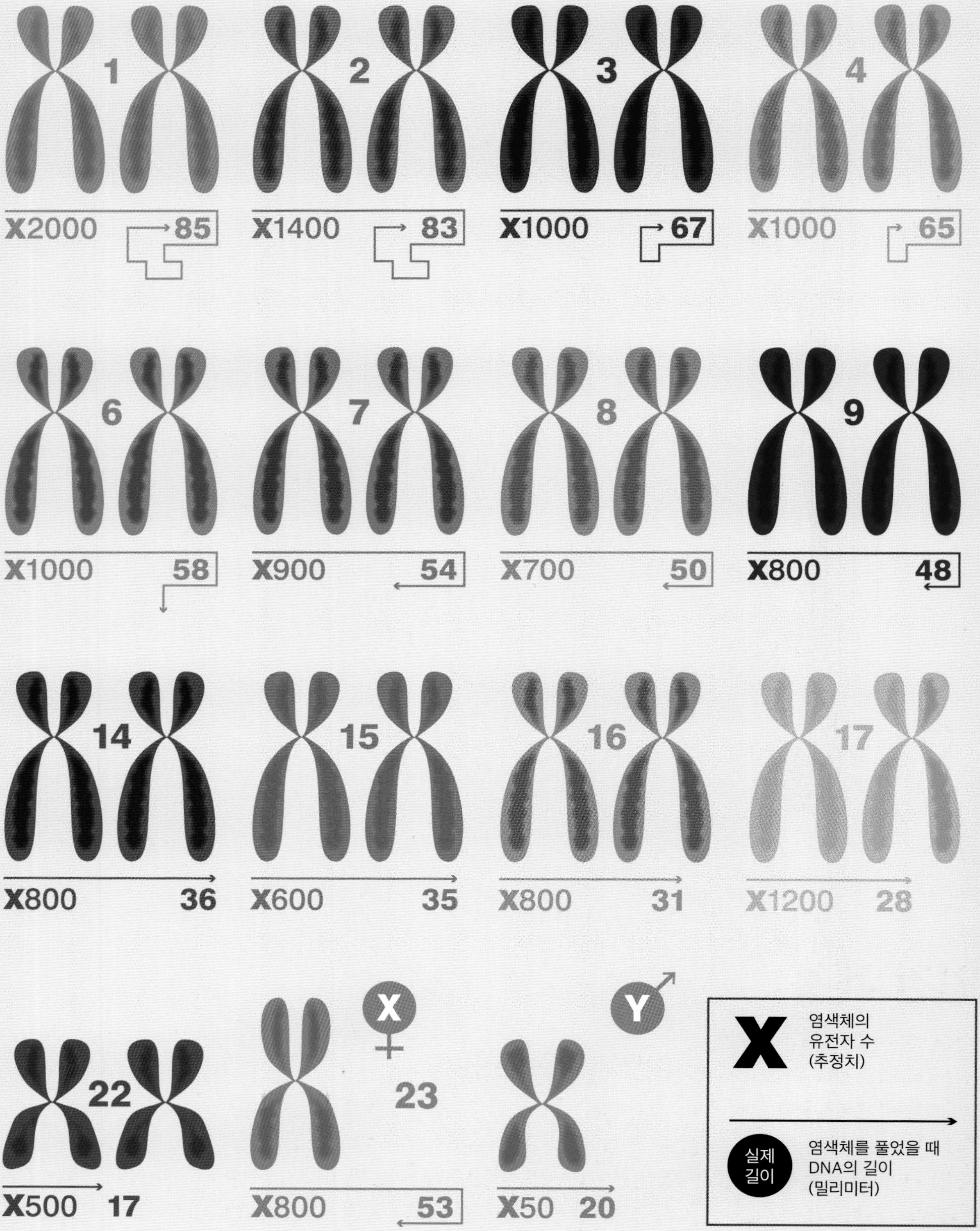
1
X2000 85
2
X1400 83
3
X1000 67
4
X1000 65
6
X1000 58
7
X900 54
8
X700 50
9
X800 48
14
X800 36
15
X600 35
16
X800 31
17
X1200 28
22
X500 17
X
23
X800 53
Y
X50 20
염색체의
유전자 수
(추정치)
실제
길이
염색체를 풀었을 때
DNA의 길이
(밀리미터)

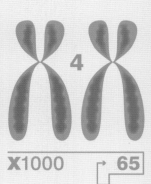

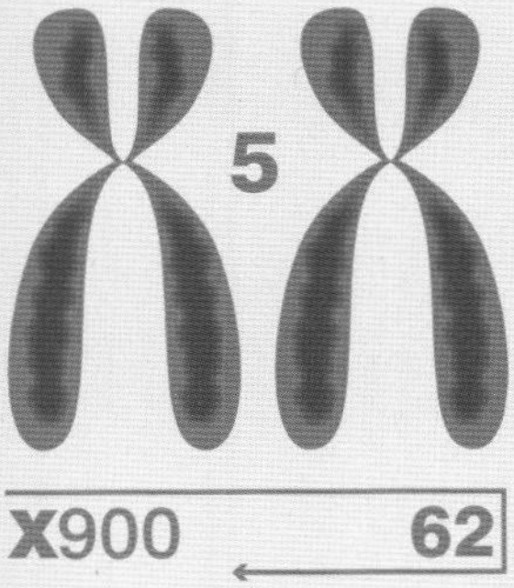

핵형

핵형은 특정 생물이 가진 염색체 전체의 생김새를 말하며, 보통 줄을 지어 나열한다.
사람의 핵형은,

서로 모양이 같은 **22쌍**의 염색체로 이루어졌으며 크기에 따라 순서대로 번호를 붙였다.

23번째 염색체 쌍은 서로 모양이 다르고 각각 X와 Y 성 염색체라고 부른다.

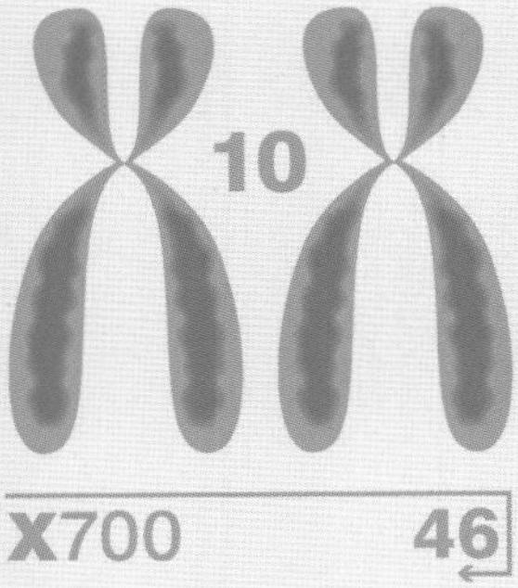

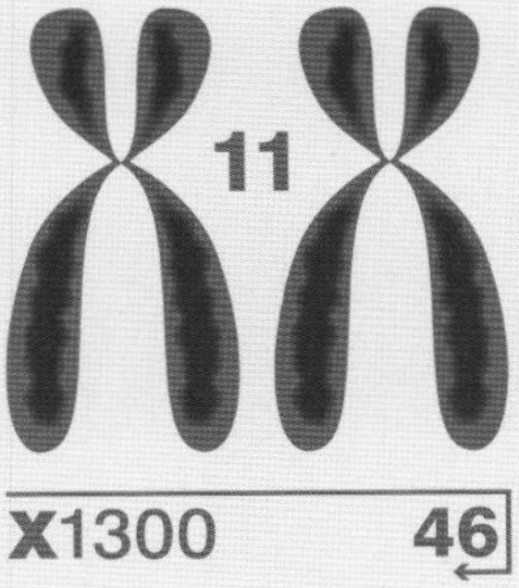

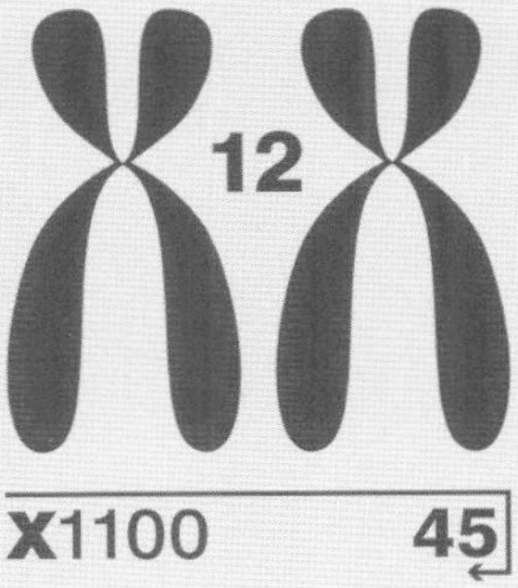

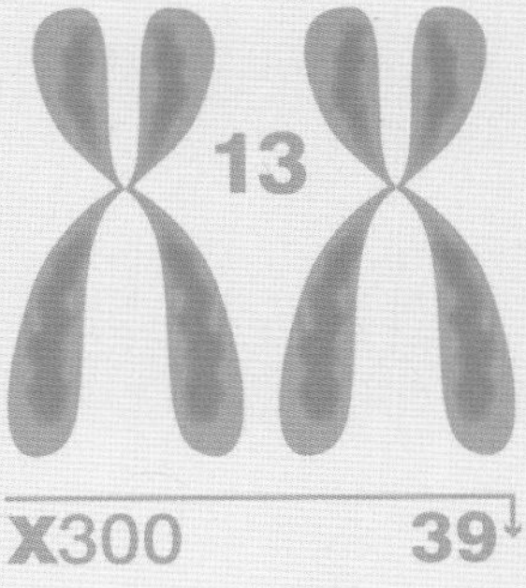

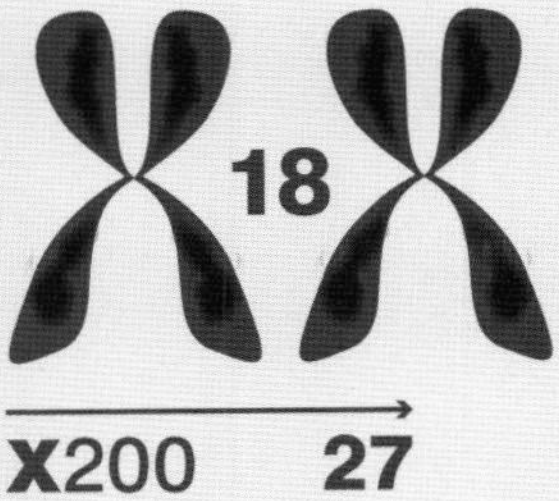

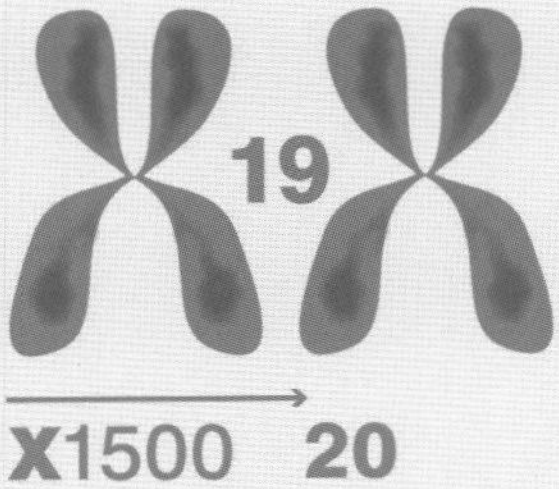

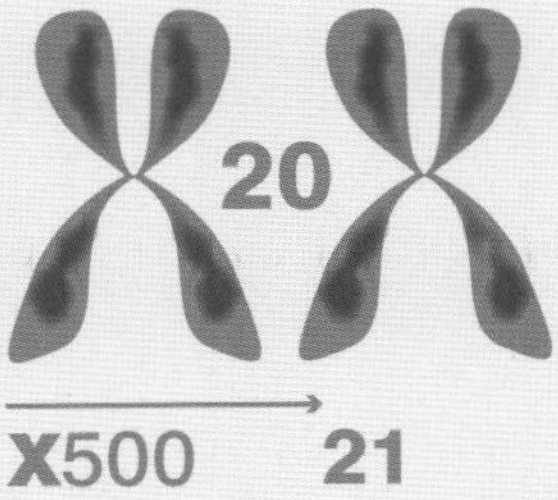

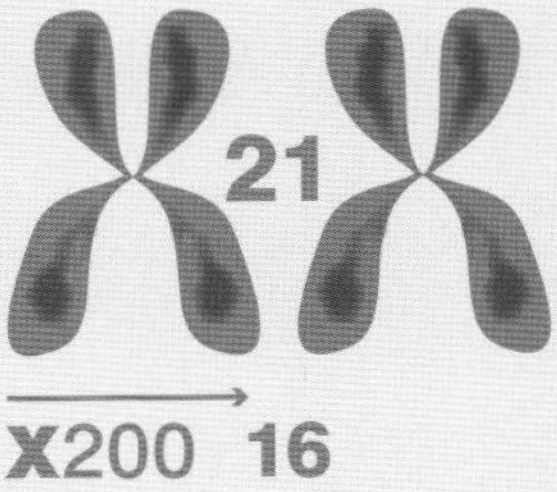

인간 게놈

인체의 유전정보를 담고 있는 하나의 완전한 세트를 인간 게놈이라고 부른다. 사람의 게놈은 세포핵 안에 총 46개의 DNA 이중 나선 형태로 존재한다. 각 DNA 이중 나선은 분자의 개수로 따지면 엄청나게 길지만, 너무 가늘어서 광학현미경으로는 볼 수 없다. 그러나 세포가 분열을 준비할 때는 실 같은 DNA 나선이 서로 얽히고 꼬여서 초나선이 되고, 또 초나선의 초나선이 된다. 그러다 마침내 짧고 굵은 알파벳 X의 형태로 뭉치는데, 이 상태로 적절히 염색하면 광학현미경으로도 볼 수 있다. 이러한 형태의 DNA를 '염색이 된 물체'라는 뜻의 염색체라고 부른다. 염색체는 세포 분열을 준비할 때는 알파벳 X자 형태로 압축되어 그림에 나타난 대로 각 염색체가 두 배로 복제된다. 하지만 DNA에 들어 있는 지시 사항을 이행할 때는 염색체가 구불구불 실타래 풀듯 펼쳐진다.

유전자는 어떻게 움직이나?

유전자는 신체가 발달하고 작용하는 데 필요한 지침을 담고 있는 것으로 알려져 있다. 그러나 실제로 유전자가 하는 일은 무엇일까? 유전자는 마치 건물의 설계 도면이나 기계의 사용 설명서처럼 인체의 각 부분을 만드는 데 필요한 정보를 화학 코드의 형태로 보관하는 DNA 가닥이다. 유전자가 만들어 내는 인체의 부품은 대체로 단백질이며 크기는 분자 수준이다. 우리 몸에는 근육에 힘을 주는 액틴과 미오신, 피부를 단단하게 하는 콜라젠과 케라틴, 소화에 관여하는 아밀라아제나 리파아제 같은 소화 효소, 그리고 그밖에 무수한 단백질이 있다. 더 나아가 유전자는 여러 종류의 RNA, 핵산 등의 생산을 지시하는데 이는 거꾸로 유전자를 조절하고 세포 내 활동을 조직하고 운영하는 데 깊이 관여한다.

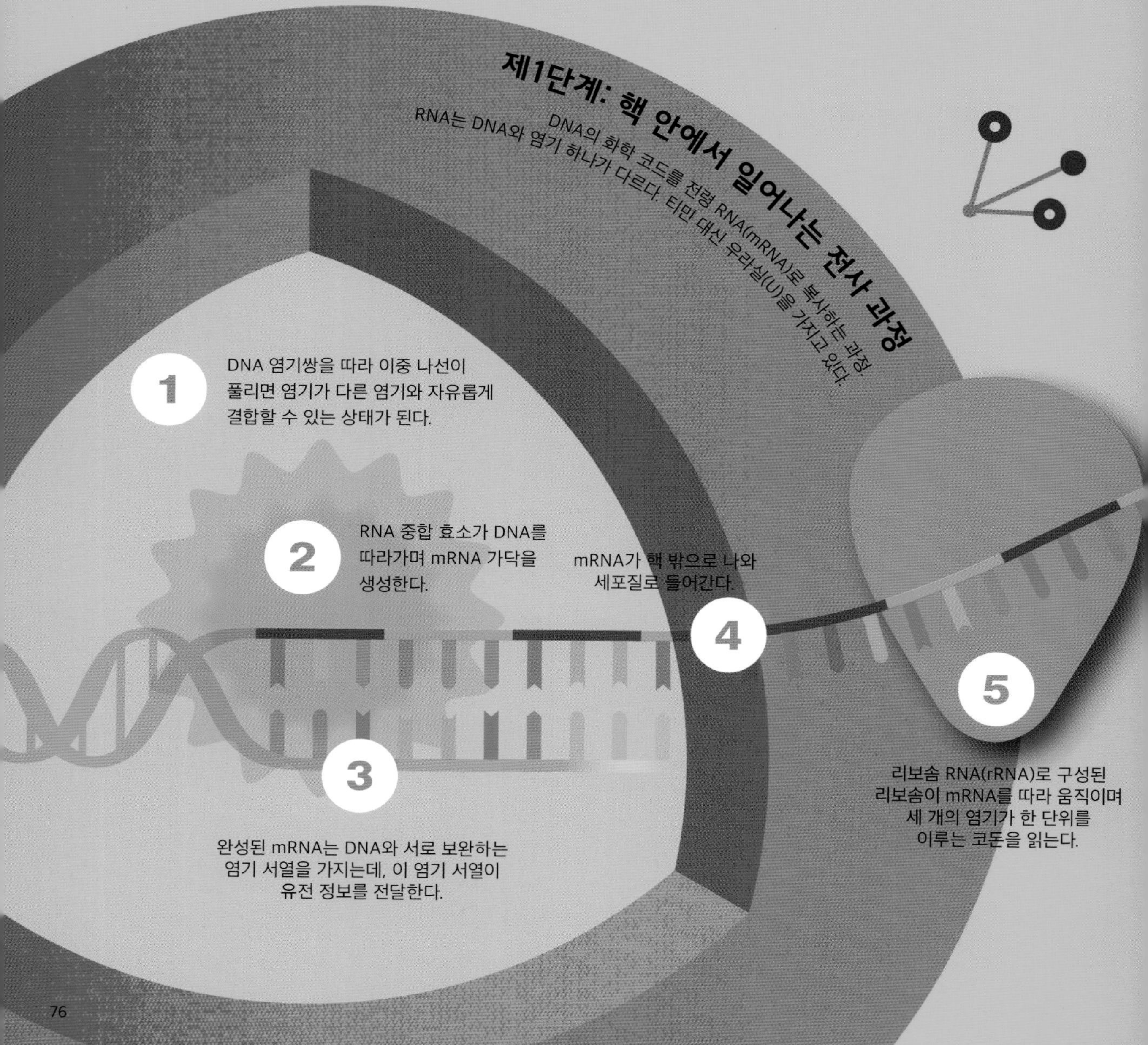

제1단계: 핵 안에서 일어나는 전사 과정
DNA의 화학 코드를 전령 RNA(mRNA)로 복사하는 과정.
RNA는 DNA와 염기 하나가 다르다. 티민 대신 우라실(U)을 가지고 있다.
1
DNA 염기쌍을 따라 이중 나선이 풀리면 염기가 다른 염기와 자유롭게 결합할 수 있는 상태가 된다.
2
RNA 중합 효소가 DNA를 따라가며 mRNA 가닥을 생성한다.
3
완성된 mRNA는 DNA와 서로 보완하는 염기 서열을 가지는데, 이 염기 서열이 유전 정보를 전달한다.
4
mRNA가 핵 밖으로 나와 세포질로 들어간다.
5
리보솜 RNA(rRNA)로 구성된 리보솜이 mRNA를 따라 움직이며 세 개의 염기가 한 단위를 이루는 코돈을 읽는다.

100,000–200,000

몸속에 있는 단백질 종류

20,000

단백질 정보를 운반하는 유전자의 개수 (추정치)

20

모든 생명체에 들어 있는 아미노산의 총 개수. 20개의 아미노산을 여러 가지 방식으로 조합하여 다양한 단백질을 생산한다.

제2단계: 세포질에서 일어나는 변형 과정

세포질의 리보솜에서 운반 RNA (tRNA)의 도움으로 mRNA의 코드 정보를 사용해 단백질을 합성한다.

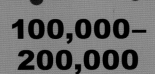

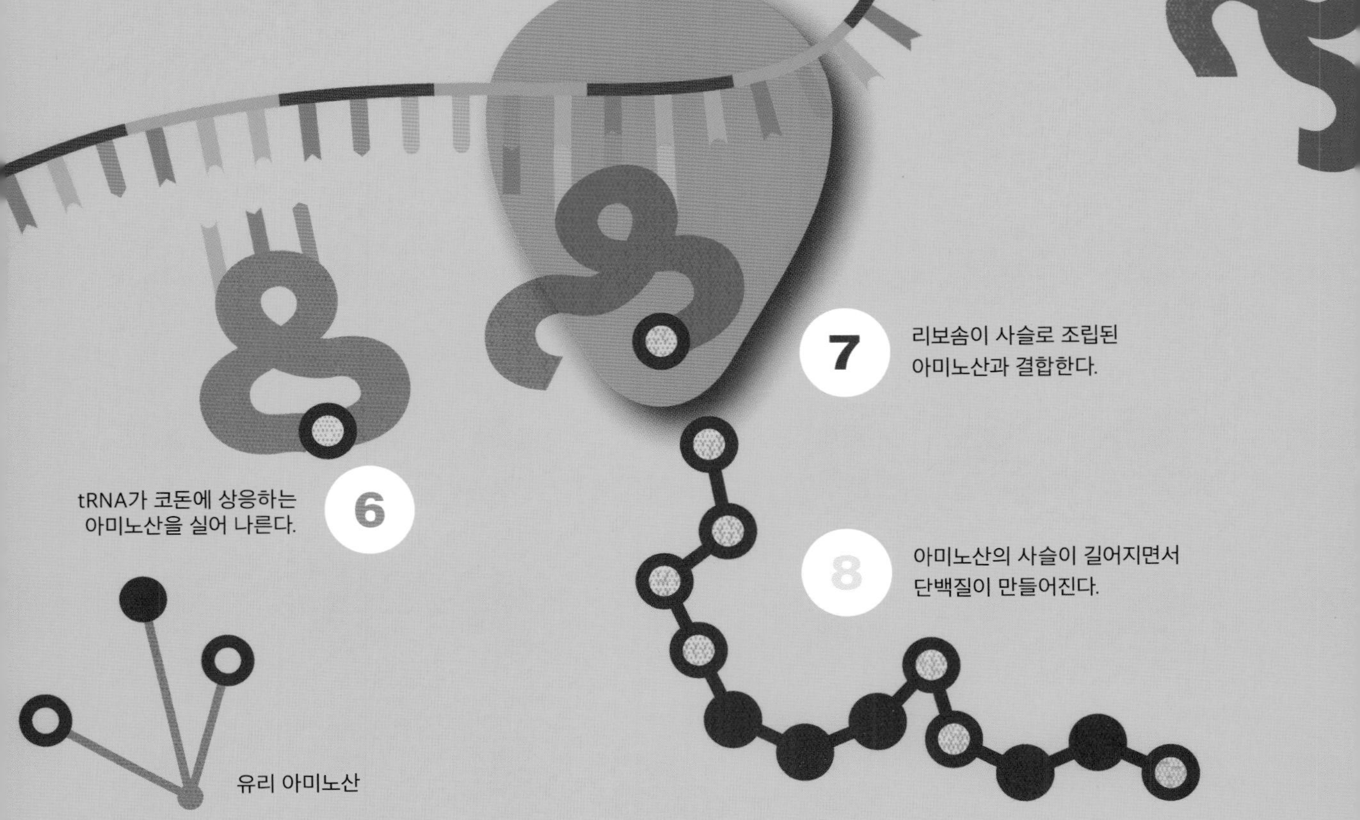
7
리보솜이 사슬로 조립된 아미노산과 결합한다.
6
tRNA가 코돈에 상응하는 아미노산을 실어 나른다.
8
아미노산의 사슬이 길어지면서 단백질이 만들어진다.
유리 아미노산

유전자 스위치

모든 세포 안에는 완전한 유전자 세트가 들어 있다. 그렇다면 어떻게 세포들이 저마다 다양하고 고유한 외형과 기능을 가지게 되었을까? 그 이유는 세포 안의 모든 유전자가 언제나 켜져 있는 게 아니기 때문이다. 대개 하우스키핑(housekeeping) 유전자들은 세포 내 소기관을 만들고 에너지 및 노폐물을 관리하는 기본적인 기능을 도맡아 해서 늘 발현되어 있다. 그러나 대부분의 다른 유전자들은 평상시에 비활성 또는 억제되어 있다가 세포 내에서 그 기능이 필요할 때만 발현된다. 예를 들어 적혈구에는 '하우스키핑' 유전자와 헤모글로빈(산소를 운반하는 단백질) 유전자 외에 나머지 유전자는 대부분 발현되지 않게 억눌려 있다.

제1단계: 유전 정보

11번 염색체

헤모글로빈 베타 유전자 (HBB)
염색체 위치 11p15.5(11번 염색체 짧은 팔, 15.5 자리)

16번 염색체

헤모글로빈 알파 유전자 1(HBA1)
헤모글로빈 알파 유전자 1(HBA2)
염색체 위치 16p13.3 (16번 염색체 짧은 팔, 13.3 자리)

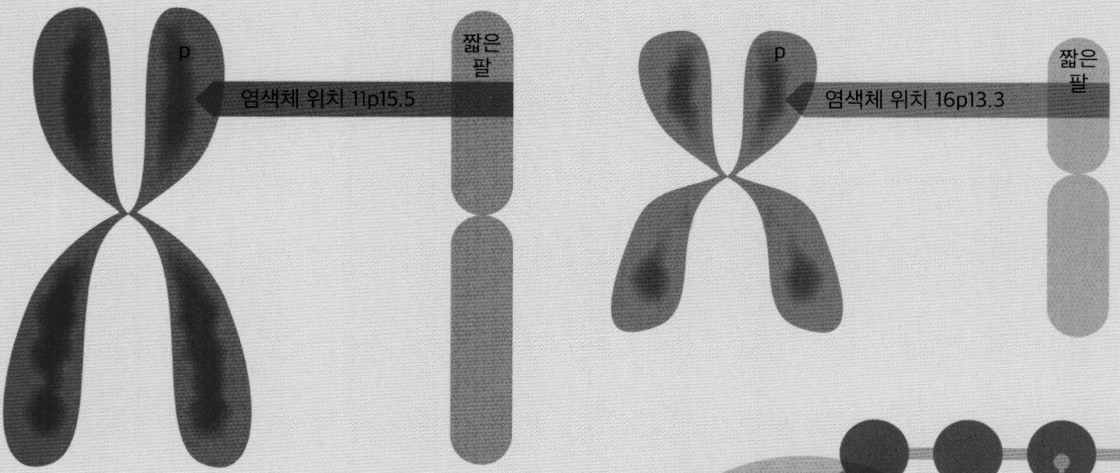
p
짧은 팔
염색체 위치 11p15.5
p
짧은 팔
염색체 위치 16p13.3

제2단계: 단백질 소단위 만들기

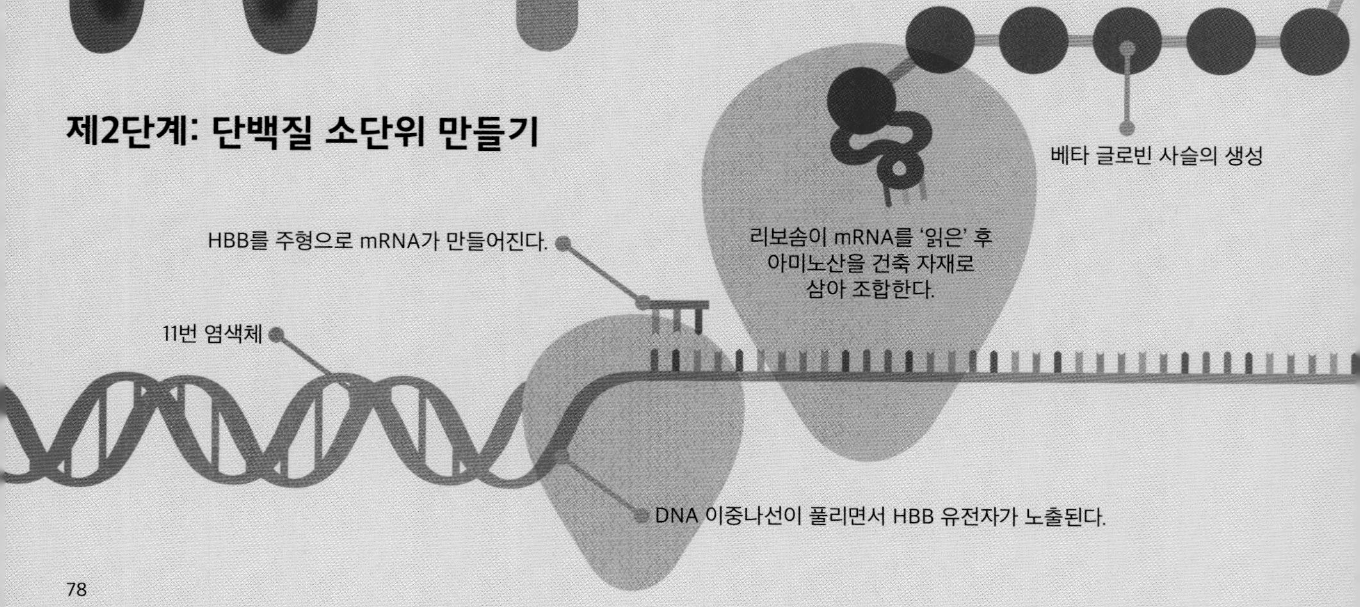
베타 글로빈 사슬의 생성
HBB를 주형으로 mRNA가 만들어진다.
리보솜이 mRNA를 '읽은' 후
아미노산을 건축 자재로
삼아 조합한다.
11번 염색체
DNA 이중나선이 풀리면서 HBB 유전자가 노출된다.

제3단계: 헤모글로빈 분자의 조립

1차 구조

하나의 베타 글로빈 사슬을 만드는 데 146개의 아미노산이 연결된다.

2차 구조

아미노산이 서로 결합하는 각도 때문에 단백질 사슬이 뒤틀리고 구부러져 알파 나선을 형성한다.

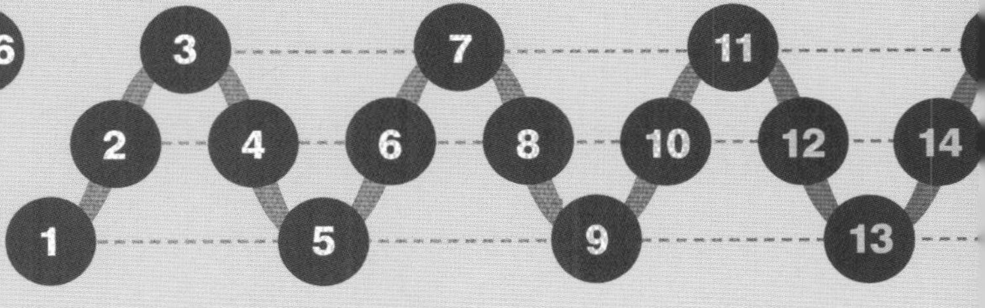

3차 구조

아미노산의 긴 사슬(폴리펩타이드)이 주름과 고리, 얇은 판 형태를 띠며 완전한 3차원의 베타 글로빈의 모양을 갖춘다.

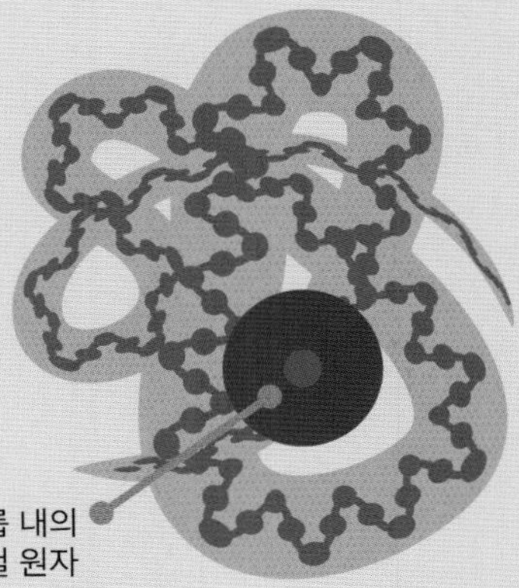
헴 그룹 내의
철 원자

4차 구조

알파, 베타 및 기타 단백질 소단위를 조립해 제 기능을 수행하는 완전한 헤모글로빈 단백질이 된다.

적혈구 내에서 헤모글로빈

280,000,000
적혈구 하나당 헤모글로빈
분자 개수

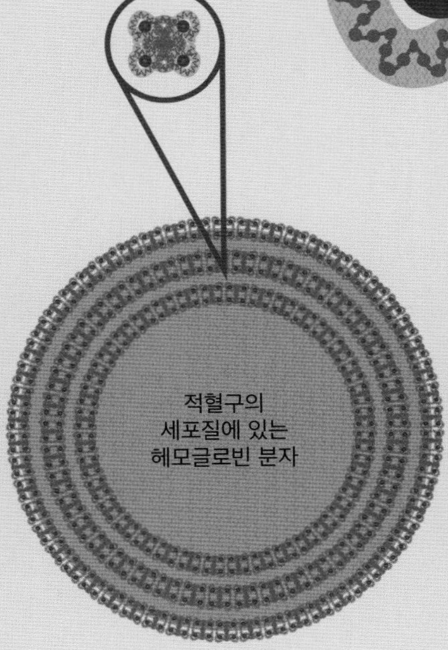
적혈구의
세포질에 있는
헤모글로빈 분자

1/3
적혈구 세포 하나당
헤모글로빈이 차지하는 부피

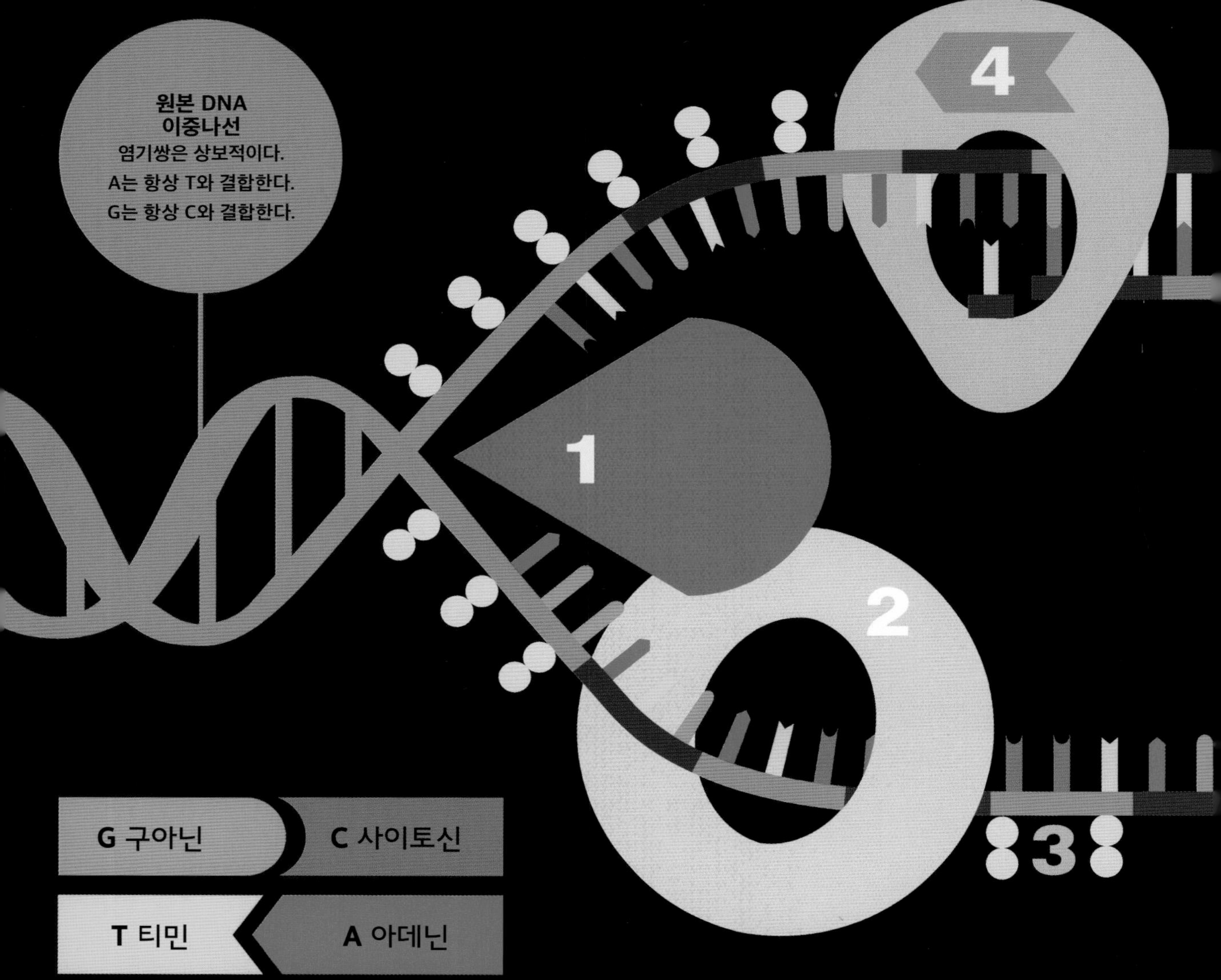
원본 DNA
이중나선
염기쌍은 상보적이다.
A는 항상 T와 결합한다.
G는 항상 C와 결합한다.
4
1
2
3
G 구아닌
C 사이토신
T 티민
A 아데닌

마법의 '1+1' 복제술

영원히 사는 세포는 없다. 다음 페이지에서 보겠지만 세포는 분열하여 딸세포를 생산하는 식으로 새롭게 태어난다. 세포 분열의 핵심은 DNA 가닥으로 구성된 염색체의 형태로 존재하는 유전자를 복제하는 것이다. 이 복제 과정 덕분에 각각의 딸세포는 빠진 것 없이 완전한 유전자 세트를 받아 모세포로서 역할을 수행하게 된다. 따라서 DNA 복제는 몸에서 일어나는 거의 모든 생명 활동과 사건의 기반이 된다. 여기에는 태아가 한 생명의 첫 세포인 수정란의 최초 DNA세트를 가지고 발달하는 놀라운 사건에서부터, 피부와 혈액, 그리고 닳아 없어지는 세포를 대체하는 모든 세포 분열이 포함된다.

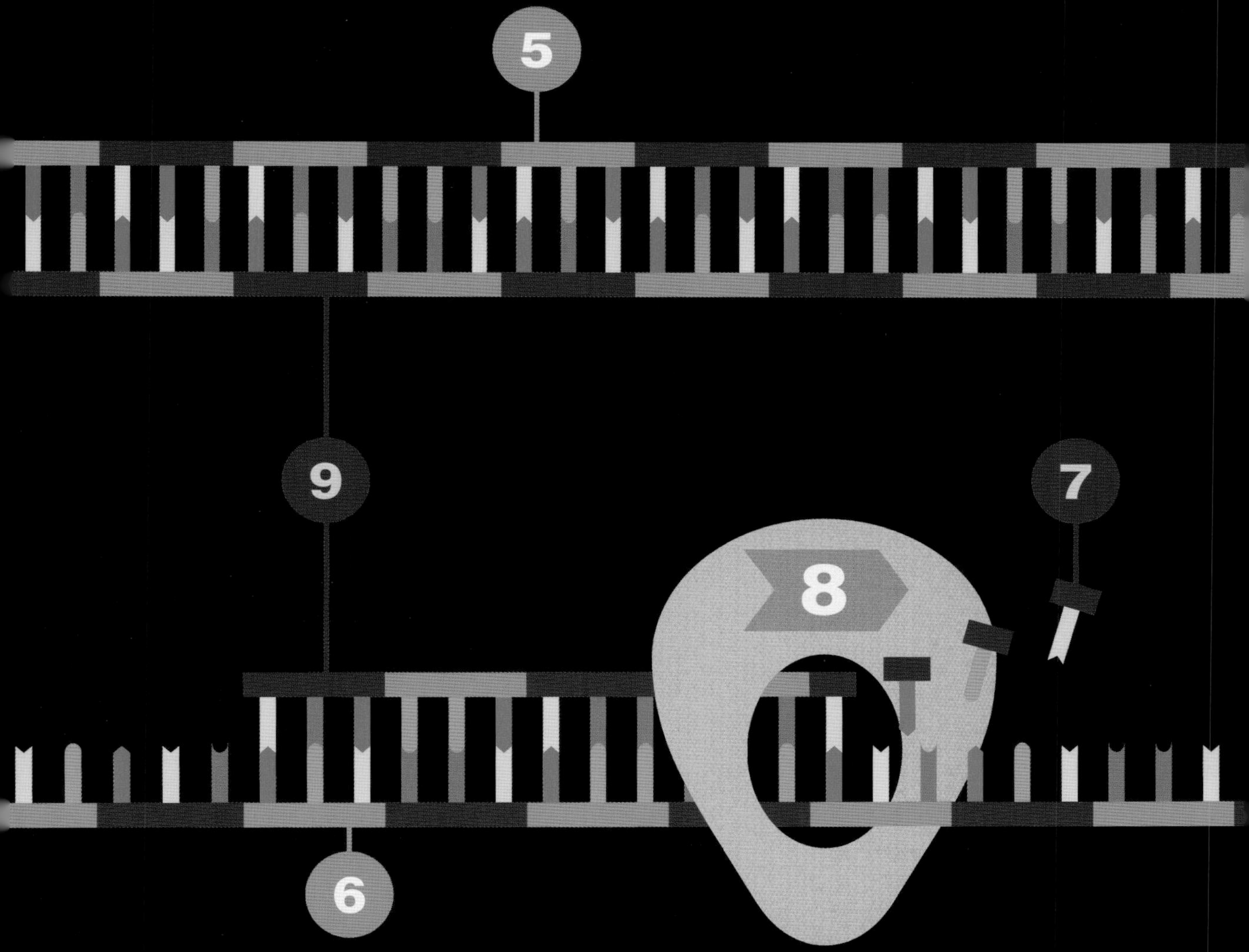

1: 헬리케이스(Helicase)

원본(주형) DNA의 이중나선을 염기가 결합한 부위에서 끊고 풀어서 분리하는 효소

2: 프리메이스(Primase)와 RNA 프라이머

프리메이스는 RNA 프라이머를 만드는 효소다. RNA 프라이머는 짧은 RNA 조각으로 원본 DNA의 상보적인 파트너이자 새 DNA 가닥을 만드는 시작점이 된다.

3: 결합 단백질

노출된 염기가 원상태로 재결합하거나 떨어져 나가거나 퇴화하지 않도록 보호한다.

4: DNA 중합 효소

원본 DNA의 염기를 '읽고' 그에 상응하는 서로 보완하는 염기와, 당 및 인산기를 '고정' 시켜 새로운 DNA 가닥을 엮는 효소.

5: 선도 가닥

원본 DNA 가닥으로 DNA 중합 효소가 여기에 들러붙어 따라가면서 새로운 가닥을 형성한다.

6: 지연 가닥

DNA 중합 효소는 DNA 뼈대를 따라 한쪽 방향으로만 움직일 수 있다. 지연 가닥은 방향이 반대이므로 효소가 뼈대를 따라 거꾸로 움직이며 새 가닥을 조각조각(오카자키 절편) 만들어낸다.

7: 오카자키 절편

지연 가닥에서 생성되는 짧은 DNA 조각으로 (6번 참조) DNA 연결 효소에 의해 인접한 절편과 연결된다.

8: DNA 중합 효소 및 DNA 연결 효소

거꾸로 박음질 된 오카자키 절편이 DNA 연결 효소에 의해 하나로 길게 이어져 지연 가닥의 새로운 상보적인 파트너가 된다.

9: 새로운 DNA 이중나선

새로 생긴 두 개의 동일한 이중 나선은 각각 한 가닥은 원본 DNA, 다른 한 가닥은 새로 만들어진 상보적 DNA 가닥으로 구성된다.

세포는 어떻게 분열할까?

세포는 생명이 없는 물질에서 저절로 생겨나는 것이 아니다. (단, 생물학자들이 이론적으로 주장한 대로 30억 년 전 세포가 처음 진화하던 순간은 제외함.) 대신 각 세포는 기존의 세포에서 세포 분열, 또는 (헷갈리지만) 세포 증식이라고 부르는 과정을 거쳐 만들어진다. 세포 분열은 언제나 하나에서 두 개의 세포를 생성한다. 모세포 또는 원세포가 두 개의 딸세포 또는 자매 세포를 만든다. 세포 분열의 핵심은 체세포 분열이라고 부르는 핵의 분할 과정이다. 체세포 분열이 일어나기 전에 유전 물질인 DNA 전체가 2배로 복제되어 딸세포들로 하여금 완전한 유전자 세트를 가져갈 수 있게 한다. (성세포, 즉 난자와 정자를 만드는 분열 과정은 조금 다르게 진행된다. 180쪽 참조.)

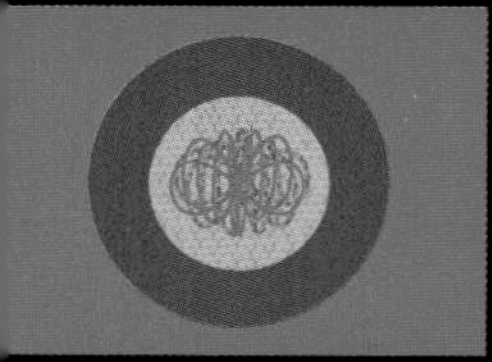

간기
염색체의 DNA가 실처럼 풀어진 상태로 구불거리고 퍼져 있다.
유전자는 발현할 수 있다(억제되어 있지 않음). DNA가 복제된다.

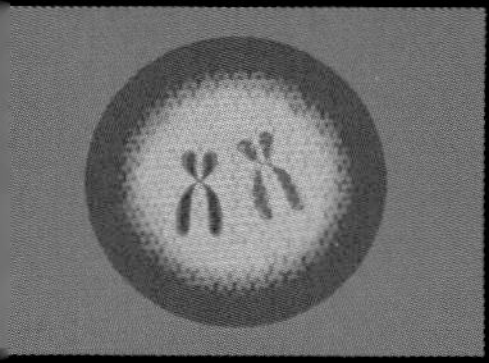

전기
각 염색체의 DNA가 꼬이고 '압축'되어 염색체의 형태로 눈에 보인다. 핵막이 해체된다. 중심체와 방추사(미세소관)를 중심으로 방추체가 만들어진다.

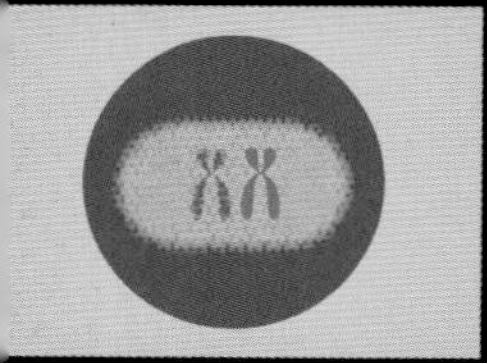

중기
염색체가 세포의 중앙 또는 적도 면에 배열된다.

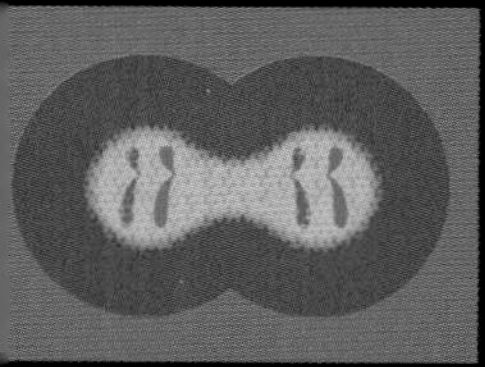

후기
복제된 염색체가 방추사에 의해 양쪽으로 끌려가며 분리된다.

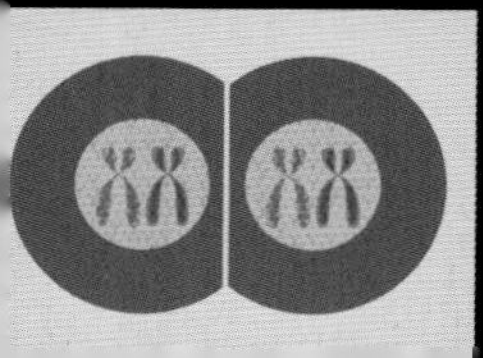

말기
염색체가 각 딸세포에 도착한다.
각각의 딸세포에서 핵막이 다시 형성된다.

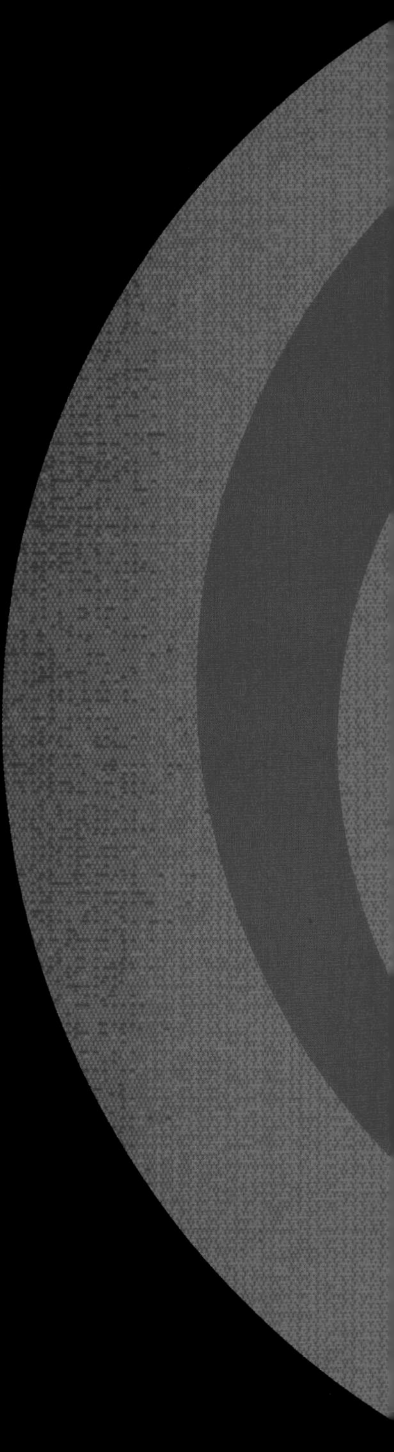

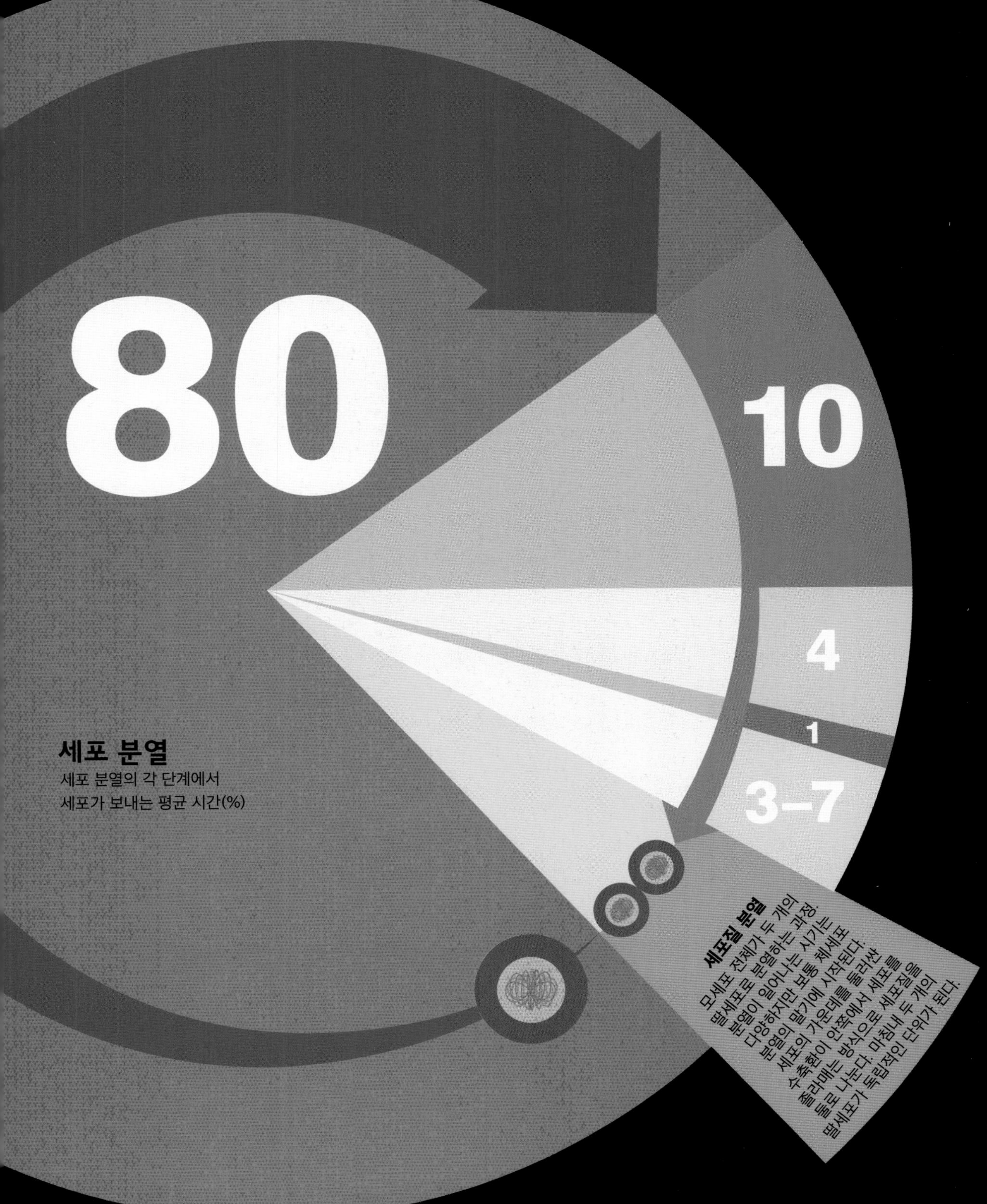

세포 분열

세포 분열의 각 단계에서
세포가 보내는 평균 시간(%)

세포질 분열
모세포 전체가 두 개의 딸세포로 분열하는 과정. 분열이 일어나는 시기는 다양하지만 보통 체세포 분열의 말기에 시작된다. 세포의 가운데를 둘러싼 수축환이 안쪽에서 세포를 졸라매는 방식으로 세포질을 둘로 나눈다. 마침내 두 개의 딸세포가 독립적인 단위가 된다.

세포의 일대기

신체에 존재하는 200가지 이상의 세포는 각각 정해진 수명이 있다. 수명을 다하면 줄기세포에서 빠르게 분열하는 세포 조직에서 새롭게 생산된 세포로 대체된다. 일반적으로, 물리적 마모가 심하게 일어나거나 화학 물질에 자주 노출되는 세포일수록 빠르게 대체된다. 가장 오래 사는 세포는 뇌 깊숙이 있는 뉴런으로 사람이 생각하고 느끼고 기억하게 하는 신경 세포이다. 이해하기 쉽게 설명하자면, 몸에서 1초에 순환되는 세포를 전부 한 줄로 나열하면, 한쪽 끝에서 다른 쪽 끝까지의 길이가 1킬로미터도 넘을 것이다.

수명
(단위: 일)

0.5

병원균과 싸우고 있는 백혈구
백혈구가 세균을 공격하기 시작하면, 약 200 마리씩 잡아먹고 파괴한 후 자신은 과식으로 파열된다.

1

볼 안쪽의 내벽 세포
끊임없이 음식물을 씹어대는 바람에 지속적으로 마찰 및 마모됨. 몸에서 가장 수명이 짧은 세포에 해당한다.

2–3

소장 내벽 세포
돌창자(소장의 일부)는 음식물을 소화하기 위해 꿈틀대느라 꽤나 바쁜 기관이다.

5–6

위 내벽 세포
두꺼운 점액이 위벽을 보호하지만, 위의 내벽 세포는 여전히 염산이나 기타 소화 효소의 공격을 받는다.

10

대장 내벽 세포
소화 과정은 대장의 잘록창자(결장)에서 거의 마무리 되지만, 대변을 내보내는 과정에 물리적 마모가 많이 일어난다.

10

기관지 내벽 세포
코, 기관, 기관지 세포가 공기 중에 들어 있는 입자를 붙잡아 흡수한 후 죽으면 기침을 통해 밖으로 내버려진다.

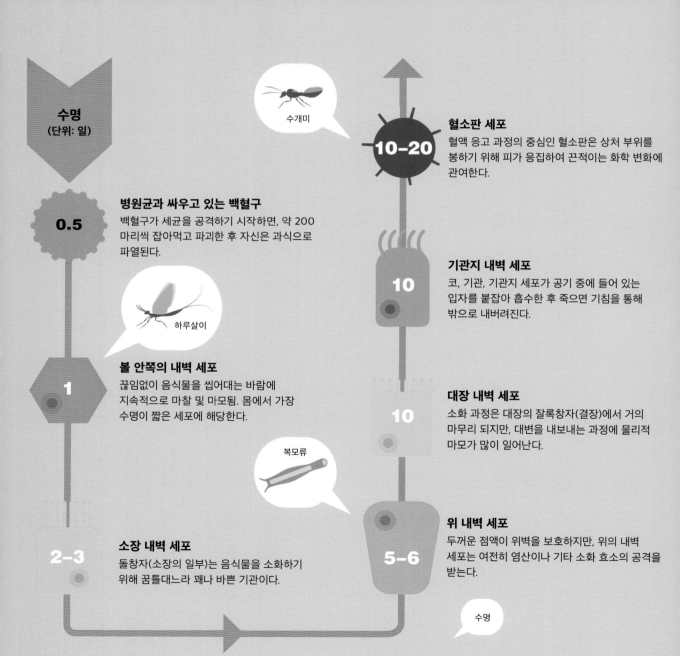

10–20

혈소판 세포
혈액 응고 과정의 중심인 혈소판은 상처 부위를 봉하기 위해 피가 응집하여 끈적이는 화학 변화에 관여한다.

수명

10–20

망막 세포, 눈

빛을 감지하는 광수용 세포인 막대 세포와 원뿔 세포의 평균 수명을 보면 민감한 눈의 내벽에서 세포가 지속적으로 천천히 교체되고 있음을 알 수 있다.

20–30

표피 세포 (피부 바깥쪽)

물리적 마모, 마찰, 가벼운 상처로 인해 피부의 바깥층인 표피세포는 적어도 한 달에 한 번씩 전체가 교체된다.

120

적혈구

골수는 매초 200만 개 이상의 혈액 세포를 생산한다. 같은 수의 무기질이 지라와 간에서 재순환된다.

150

간세포

간세포는 비타민을 저장할 뿐 아니라 온갖 무기질과 영양소를 처리하는 멀티 플레이어다.

350 (1년)

이자(췌장) 세포

이자 세포 중에는 인슐린과 글리코겐을 만드는 세포도 있고 작은창자(소장)에 필요한 소화 효소를 생산하는 세포도 있다.

500 (16개월)

폐 내벽 세포

허파꽈리는 작은 공기주머니로 먼지와 다른 이물질을 천천히 축적한 후 1~2년에 한 번씩 교체된다.

5,500 (15년)

뼈대 근육 세포 (골격근 세포)

근육 세포 또는 근 세포는 작은 세포들이 융합하여 지름 1밀리미터에 달하는 하나의 단위를 이루는 대형 다세포다.

10,000 (25년)

뼈 유지 세포

뼈세포는 다리가 100개도 넘는 3차원 거미처럼 복잡하게 생겼다. 뼈에 가득 찬 무기질을 보존하고 순환하는 역할을 한다.

22,000 (60년)

기억 세포

특정 병원균에 감염된 후, 몇 개의 기억 T세포와 기억 B세포가 몇 해, 심지어 몇십 년씩 몸속을 돌아다니며 같은 병원균에 노출되었을 때 바로 활성화되어 질병과 싸운다.

30,000 (80년)

뇌 신경 세포

수많은 시냅스(연결)로 대단히 복잡하게 구성된 뇌 신경 세포는 거의 평생 지속한다.

유전자의 상호작용

인간 게놈에는 각각 DNA가 23쌍을 이루는 46개의 염색체가 들어있다. 다시 말해, 1번 염색체 2개, 2번 염색체 2개 등등으로 염색체가 배열되어 있다. 그렇다면 하나의 유전자가 한 쌍의 염색체에 동일한 복제본 두 개를 각각 가지고 있다는 말인가? 이 질문이 나오면 유전학의 다른 문제들이 그렇듯이 '그렇다', '아니다', '그럴 수도 있고 아닐 수도 있다'가 모두 답이다. 사람에 따라 어느 특정 유전자의 대립 유전자(하나의 형질에 관여하는 한 쌍의 유전자)는 두 개가 완전히 똑같을 수도 있고 서로 다를 수도 있다. 한 쌍의 대립 유전자 중 하나가 다른 하나보다 강하면 우성이라고 하는데, 이는 나머지 약한 열성 유전자를 억누르고 발현한다. Rh식 혈액형 유전자의 예를 들어보자. 이 유전자에는 Rh+와 Rh-의 대립 유전자, 그 외에도 훨씬 많은 대립 유전자가 있다(오른쪽 참조).

유전자 위치: 1p36.11

(1번 염색체, 단완[짧은 팔], 위치 36.11)

혈액형 Rh 유전자

유전자 이름: RHD (및 기타)
길이: 58,000개 염기쌍

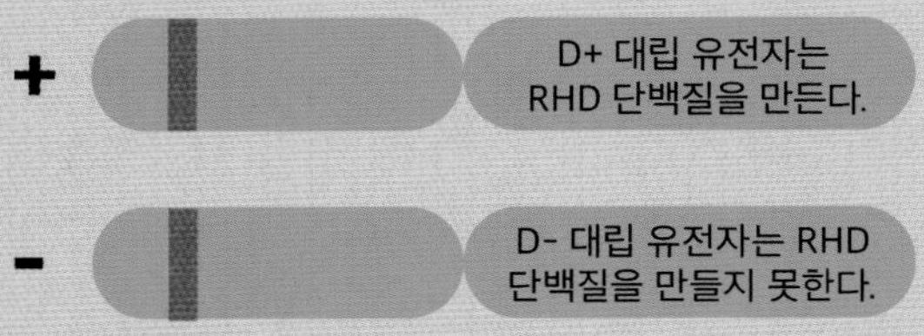

+
D+ 대립 유전자는 RHD 단백질을 만든다.
-
D- 대립 유전자는 RHD 단백질을 만들지 못한다.

생산물

이름: 적혈구에 붙어 있는 리서스 D 단백질 (RHD)
길이: 416개 아미노산

RHD 단백질 있음
RH+ 혈액형

RHD 단백질 없음
RH- 혈액형

세 가지 가능성

한 사람이 가질 수 있는 RHD 유전자의 세 가지 조합은 2개의 1번 염색체에 있는 대립 유전자가 무엇이냐에 따라 결정된다. 두 대립 유전자 중 하나는 어머니에게서, 다른 하나는 아버지에게서 온다. D+는 우성(더 세다)이고 D-는 열성(더 약하다)이다.

두 염색체 모두 D+ 를 가지고 있으면,

두 염색체 모두 D- 를 가지고 있으면,

염색체 하나가 D+, 다른 하나가 D-이면, D+가 더 세므로(우성이므로)

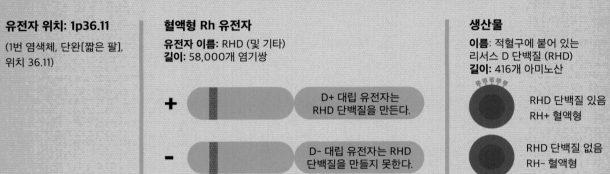

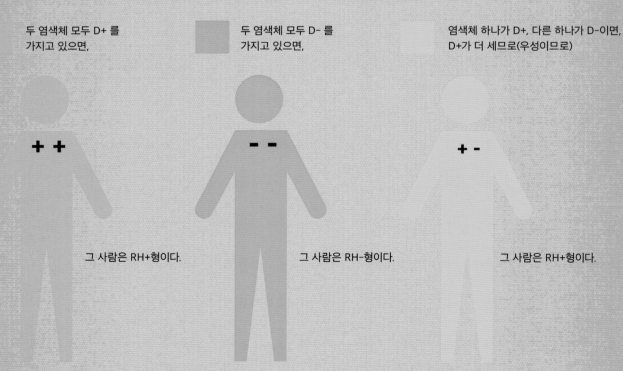

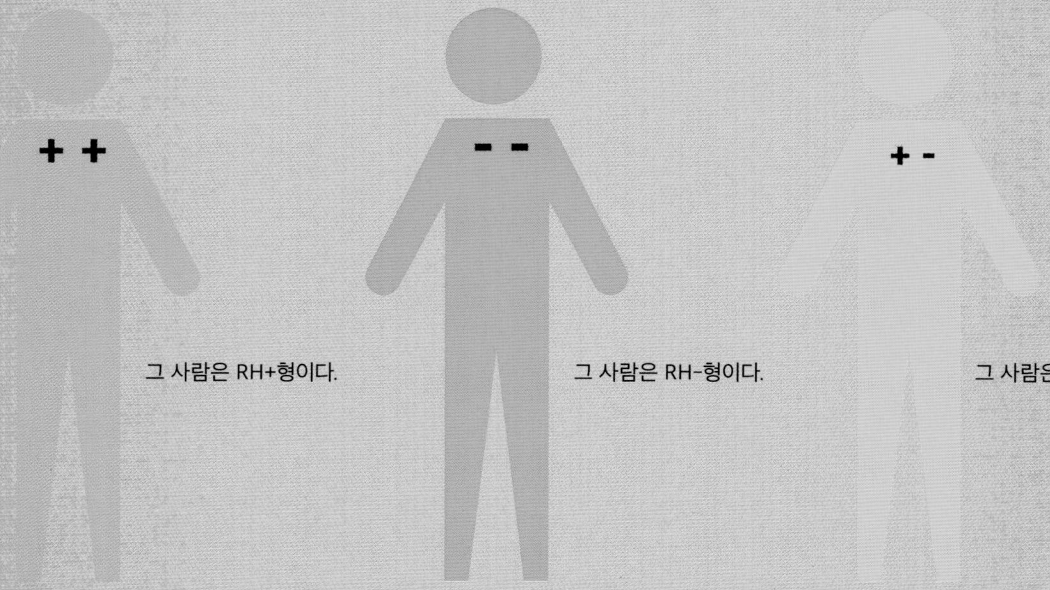

그 사람은 RH+형이다.

그 사람은 RH-형이다.

그 사람은 RH+형이다.

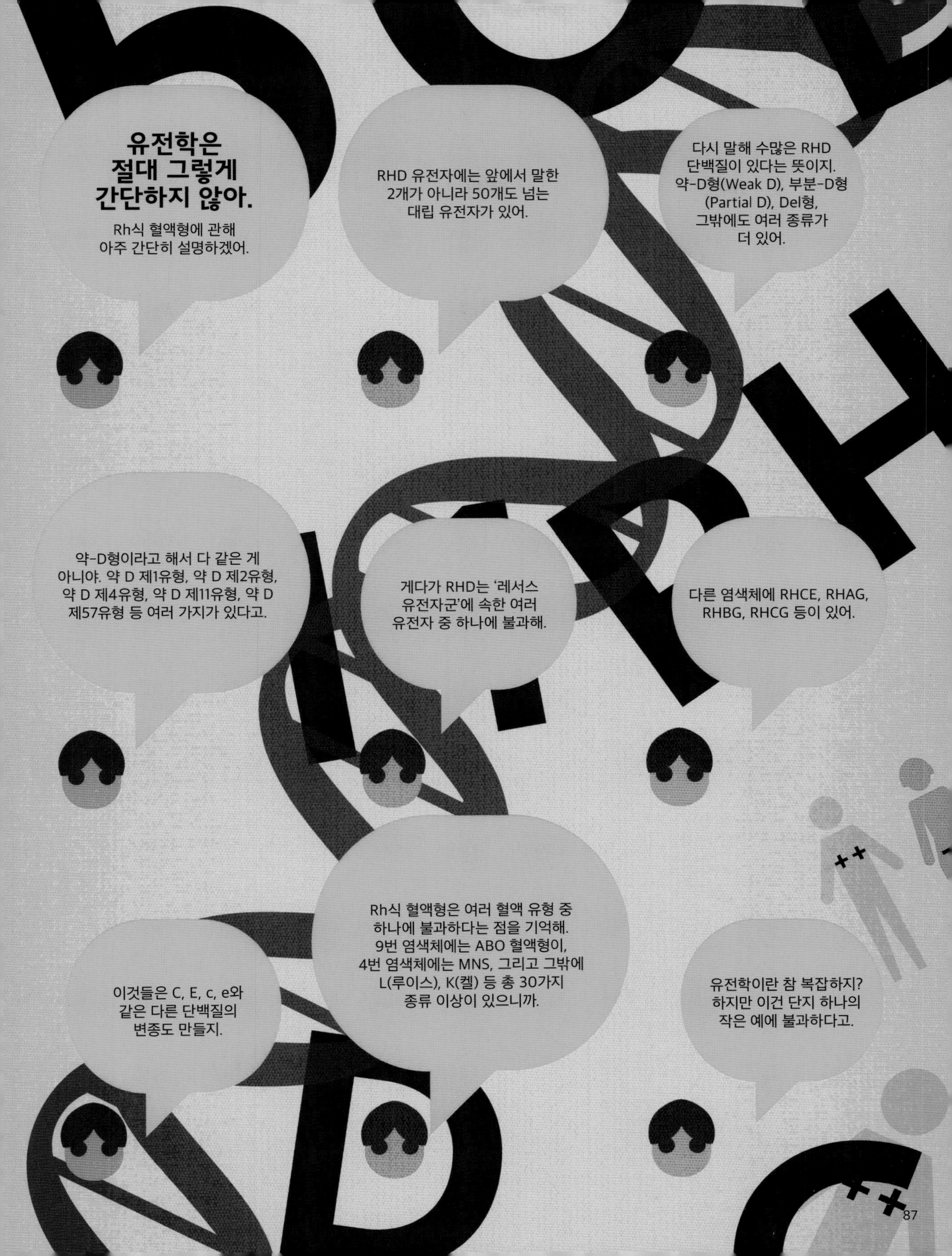
유전학은 절대 그렇게 간단하지 않아.
Rh식 혈액형에 관해 아주 간단히 설명하겠어.
RHD 유전자에는 앞에서 말한 2개가 아니라 50개도 넘는 대립 유전자가 있어.
다시 말해 수많은 RHD 단백질이 있다는 뜻이지. 약-D형(Weak D), 부분-D형(Partial D), Del형, 그밖에도 여러 종류가 더 있어.
약-D형이라고 해서 다 같은 게 아니야. 약 D 제1유형, 약 D 제2유형, 약 D 제4유형, 약 D 제11유형, 약 D 제57유형 등 여러 가지가 있다고.
게다가 RHD는 '레서스 유전자군'에 속한 여러 유전자 중 하나에 불과해.
다른 염색체에 RHCE, RHAG, RHBG, RHCG 등이 있어.
이것들은 C, E, c, e와 같은 다른 단백질의 변종도 만들지.
Rh식 혈액형은 여러 혈액 유형 중 하나에 불과하다는 점을 기억해. 9번 염색체에는 ABO 혈액형이, 4번 염색체에는 MNS, 그리고 그밖에 L(루이스), K(켈) 등 총 30가지 종류 이상이 있으니까.
유전학이란 참 복잡하지? 하지만 이건 단지 하나의 작은 예에 불과하다고.

유전자의 대물림

인간은 부모로부터 유전자를 직접 물려받는다. 앞에서 말했듯이 인체의 각 세포는 1번부터 23번 염색체가 쌍으로 존재하는 2개의 완전한 유전자 세트를 갖고 있다. 이 유전자들은 세포분열을 통해 수없이 복제되고 또 복제된 결과물이다. 최초의 유전자 세트 중 하나는 어머니의 난세포에서, 다른 하나는 아버지의 정자세포 (182쪽 참조)에서 왔다. 한 유전자의 서로 다른 형태를 나타내는 대립 형질이 다양하게 조합하여 얼마나 많은 결과를 낳는지 보자. 그 전에 다 같이 웃어봅시다. 스마일!

보조개

이 작은 볼우물은 보조개 유전자에 의해 만들어진다. 보조개는 우성 형질이다. 보조개를 만드는 우성 대립 유전자를 +, 보조개를 만들지 않는 열성 대립 유전자를 –라고 부르자. 하나의 난자에는 어머니의 두 보조개 대립 유전자 중에서 한 개씩만 들어간다는 점을 기억하자. 정자도 마찬가지다. 어떤 두 대립 유전자가 만나서 조합하는지는 순전히 우연(복불복)에 의해 결정된다.

시나리오 1

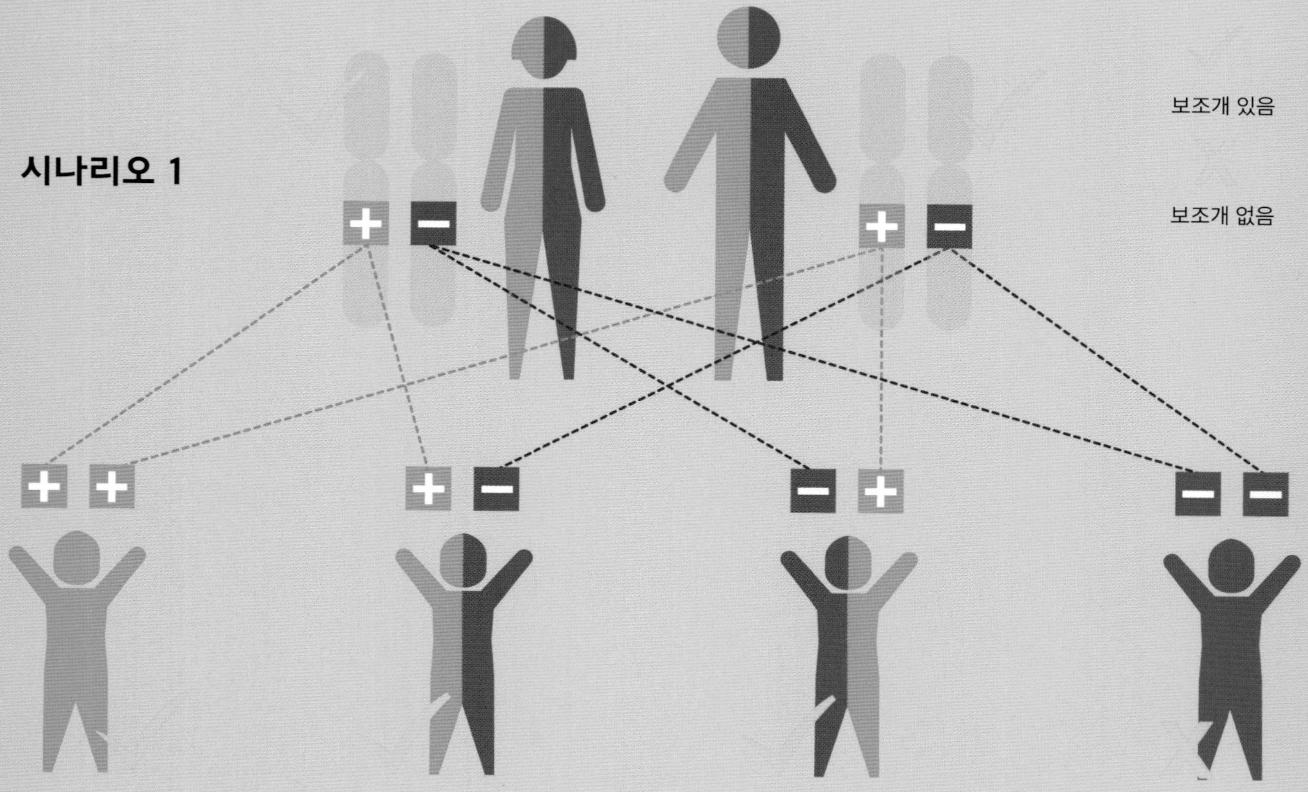

시나리오 2

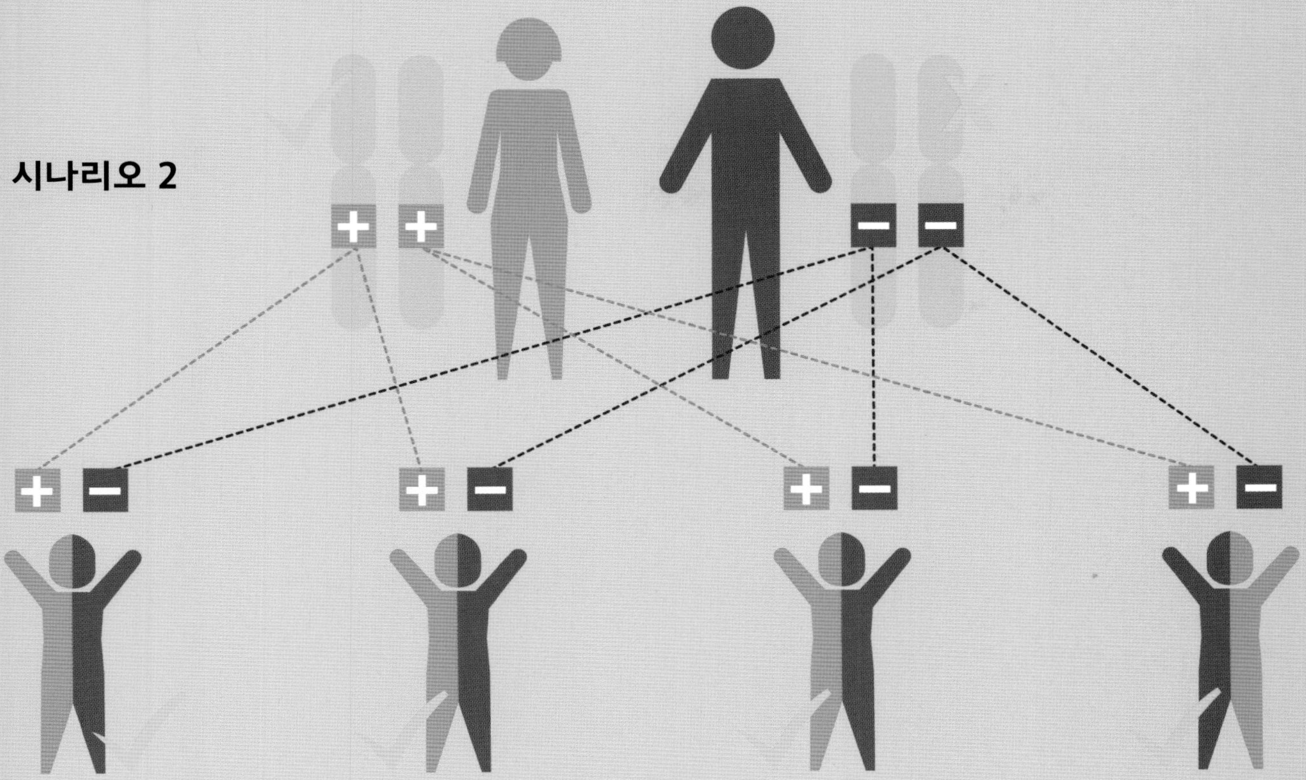

시나리오 3

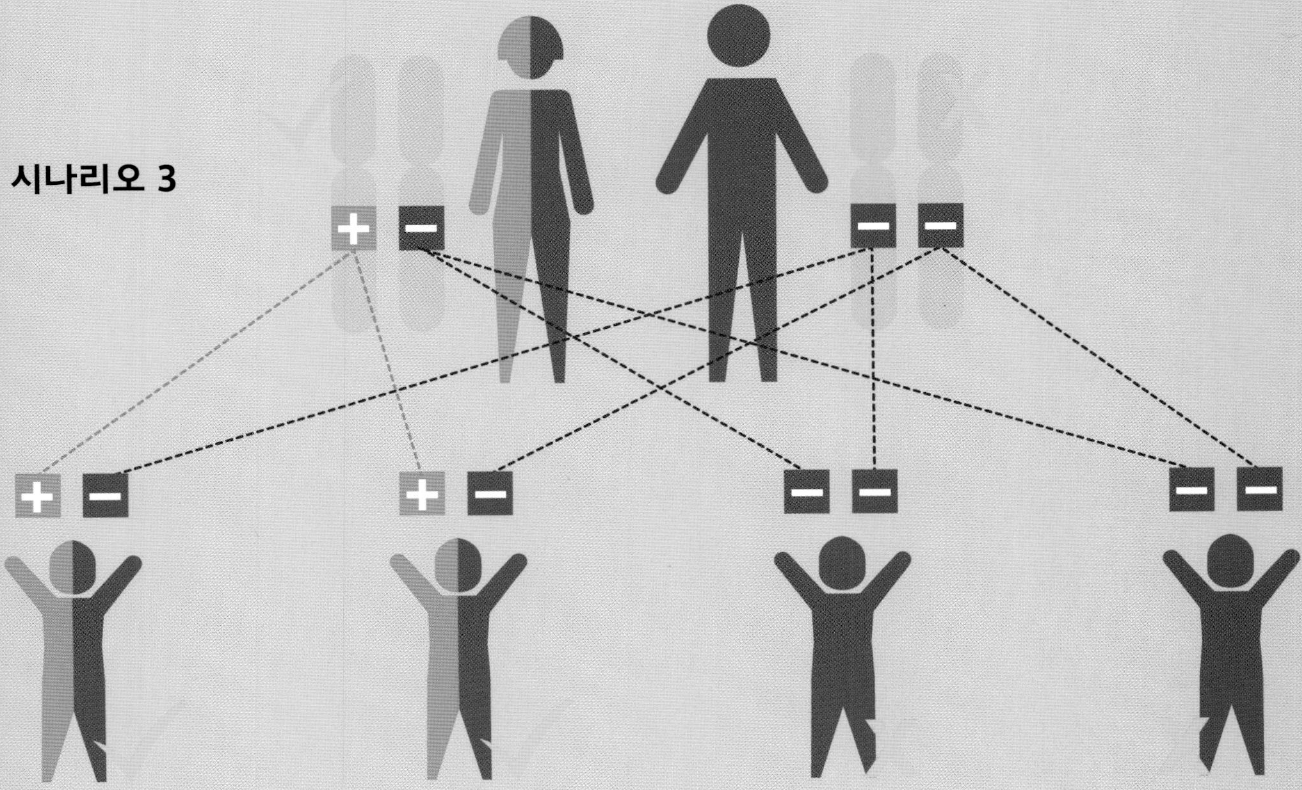

인류의 조상, 미토콘드리아 이브

세포의 에너지 창고로 불리는 미토콘드리아에는 길이가 짧은 미토콘드리아 DNA(mtDNA)가 들어 있다. 수정 과정에서 정자가 난자와 만날 때, 정자는 미토콘드리아 DNA를 전혀 제공하지 않는다. 따라서 한 사람의 몸에 있는 모든 미토콘드리아 DNA는 온전히 어머니에게서 온 것이다. 미토콘드리아 DNA에 일어난 변화와 돌연변이를 추적한 결과, 호모 사피엔스는 20만 년 전 아프리카에 살았던 가상의 여인, '미토콘드리아 이브'로부터 기원했음이 밝혀졌다.

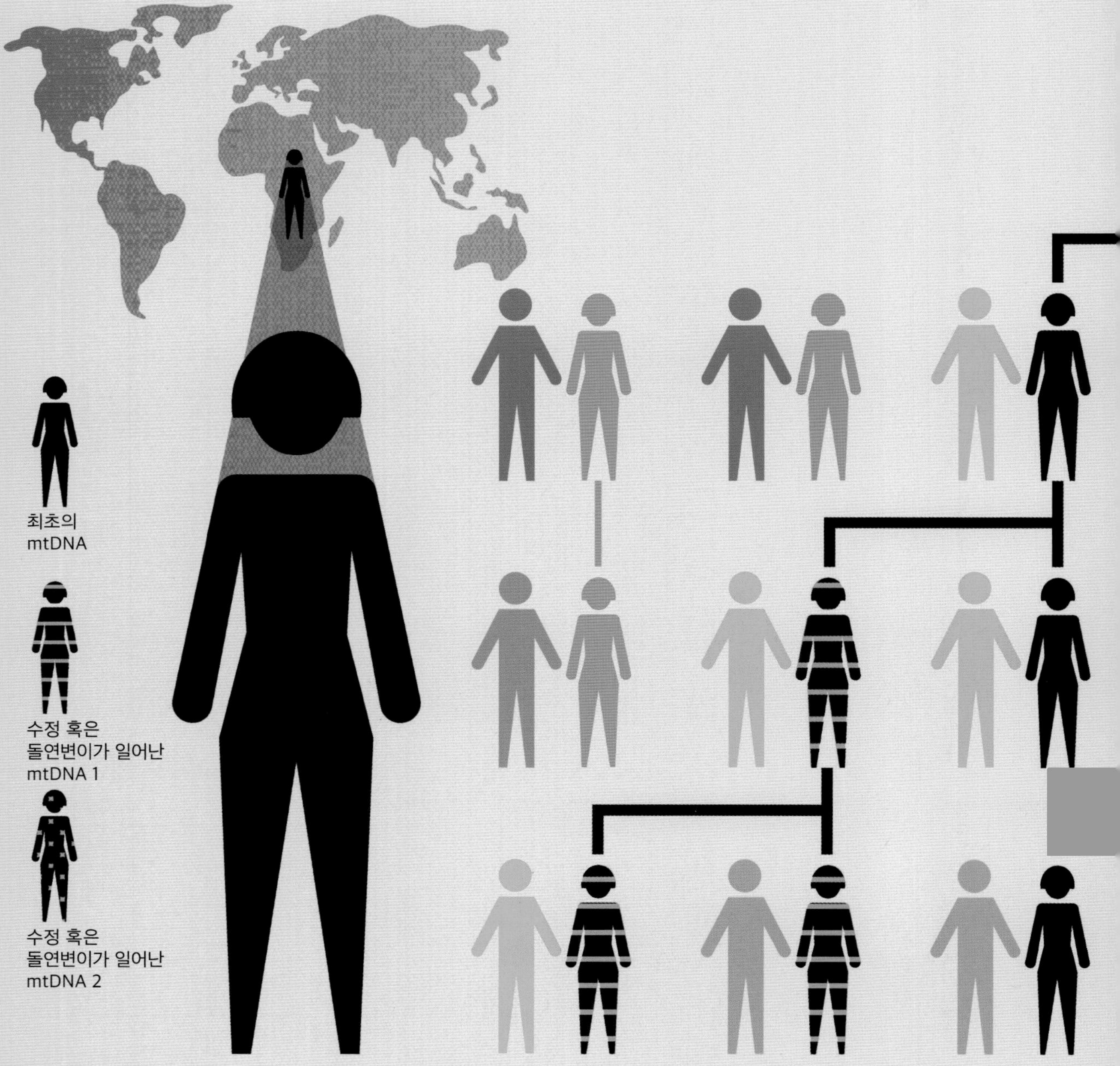

최초의 mtDNA
수정 혹은 돌연변이가 일어난 mtDNA 1
수정 혹은 돌연변이가 일어난 mtDNA 2

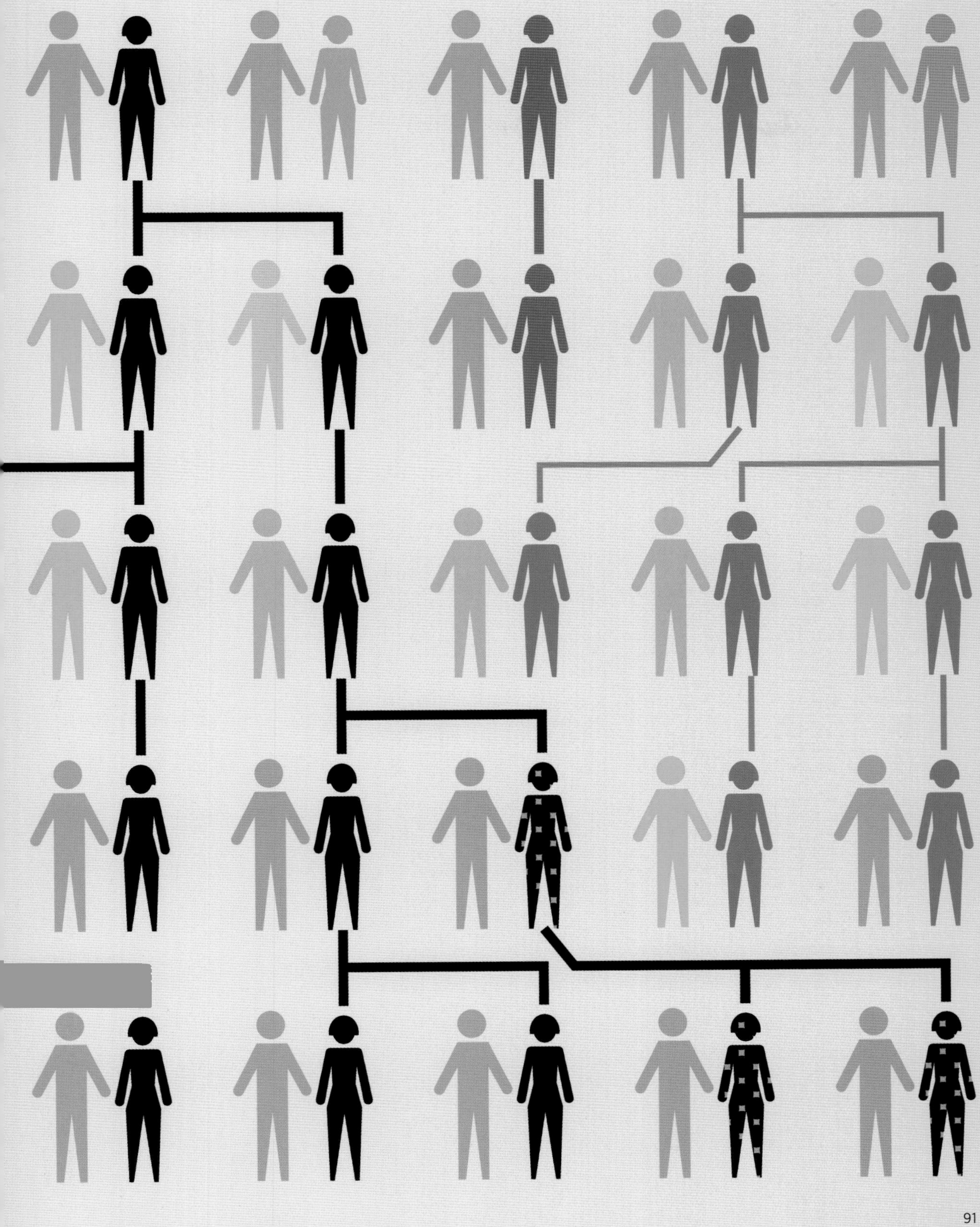

감각의 퍼레이드

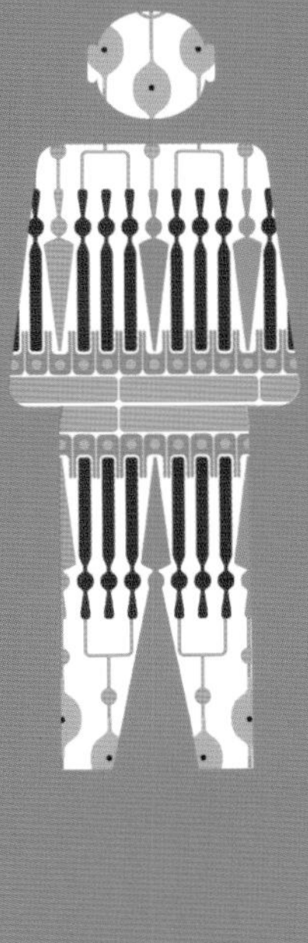

살아있는 카메라

대부분 사람들이 바깥세상을 읽어내는 감각 정보 가운데 많게는 3분의 2가 눈을 통해 들어간다. 매 순간 두리번거리며 지극히 선명한 총천연색을 보여주는 이 살아 있는 카메라는 복잡하고 경이로운 구조물이다. 젤리로 채워진 2.4 센티미터짜리 공에는 세포 조직이 가득 차 들어 있다. 광선은 완벽에 가깝게 투명한 일련의 물질 속을 통과하며 굴절한 뒤 망막에서 감지되고 뇌로 가는 신경 신호를 통해 전송된다. 빛을 가로막는 장애물을 최소화하기 위해 각막, 수정체, 수양액, 유리체는 투명한 세포 조직으로 되어 있으며 피가 가장 덜 흐르는 신체 부위이기도 하다. 각막은 단순히 확산 또는 침투 기능을 통해 눈물에서 영양분을, 공기 중에서 산소를 얻는다. 수정체는 주위를 둘러싼 액체로부터 영양분과 산소를 얻는다.

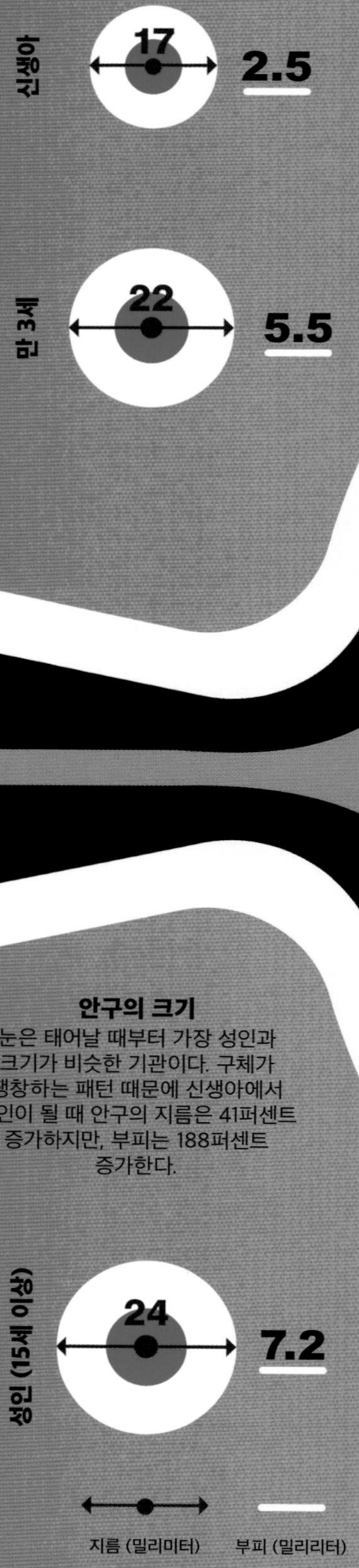

신생아
17
2.5
만 3세
22
5.5
성인 (15세 이상)
24
7.2
지름 (밀리미터)
부피 (밀리리터)

안구의 크기

눈은 태어날 때부터 가장 성인과 크기가 비슷한 기관이다. 구체가 팽창하는 패턴 때문에 신생아에서 성인이 될 때 안구의 지름은 41퍼센트 증가하지만, 부피는 188퍼센트 증가한다.

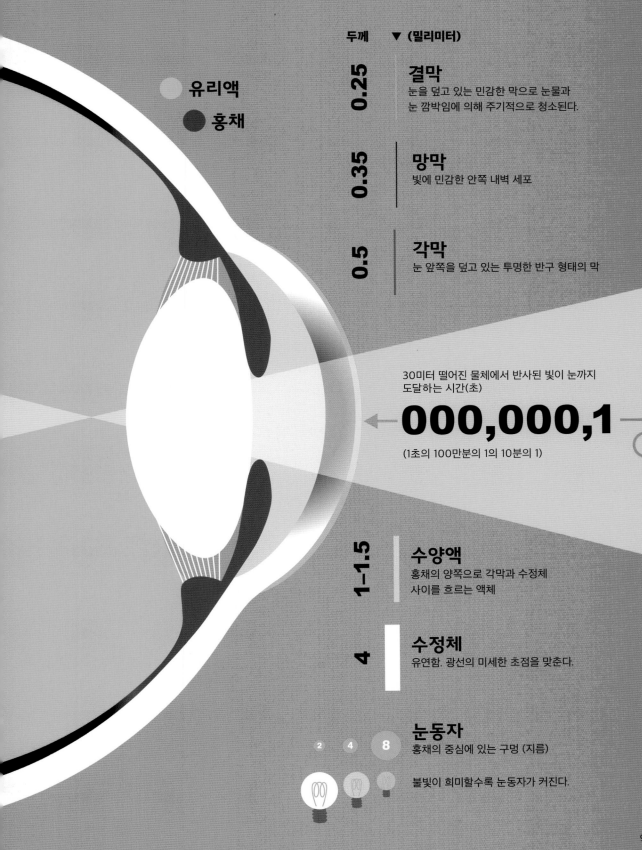

두께 ▼ (밀리미터)

0.25 **결막**
눈을 덮고 있는 민감한 막으로 눈물과
눈 깜박임에 의해 주기적으로 청소된다.

0.35 **망막**
빛에 민감한 안쪽 내벽 세포

0.5 **각막**
눈 앞쪽을 덮고 있는 투명한 반구 형태의 막

30미터 떨어진 물체에서 반사된 빛이 눈까지
도달하는 시간(초)

000,000,1

(1초의 100만분의 1의 10분의 1)

1–1.5 **수양액**
홍채의 양쪽으로 각막과 수정체
사이를 흐르는 액체

4 **수정체**
유연함. 광선의 미세한 초점을 맞춘다.

눈동자
2 4 8
홍채의 중심에 있는 구멍 (지름)

불빛이 희미할수록 눈동자가 커진다.

망막의 안쪽

우리의 눈에 들어오는 다채롭고 심오하며 끊임없이 움직이는 세상의 이미지는 겨우 엄지손톱만 한 부위에서 감지된다. 망막은 빛에 민감한 막대 세포(간상세포)와 원뿔세포(원추세포), 이들 세포에서 연결된 신경 섬유, 이 신경 섬유가 보내는 정보로 정보망을 형성하는 한 겹의 신경 세포, 더 심도 깊게 정보를 처리하기 위한 세 겹의 추가 신경세포, 그리고 이 모든 것에 산소와 영양분을 공급하기 위해 복잡하게 가지를 뻗은 혈관으로 가득 차 있다. 여기서 문제가 분명하게 드러난다. 빛을 감지하는 막대 세포와 원뿔세포가 망막의 맨바닥에 있기 때문에 빛이 이들 세포까지 도달하려면 위에서 언급한 망막의 다른 구조물을 모두 통과해야 한다는 사실이다. 따라서 일부의 시야가 막히거나 그림자가 생긴다. 이는 '설계 오류'나 다름없다. 하지만 신경 세포층과 뇌 자체는 가려진 그곳에 무엇이 있을지 신속하게 계산해내 결함을 해소한다.

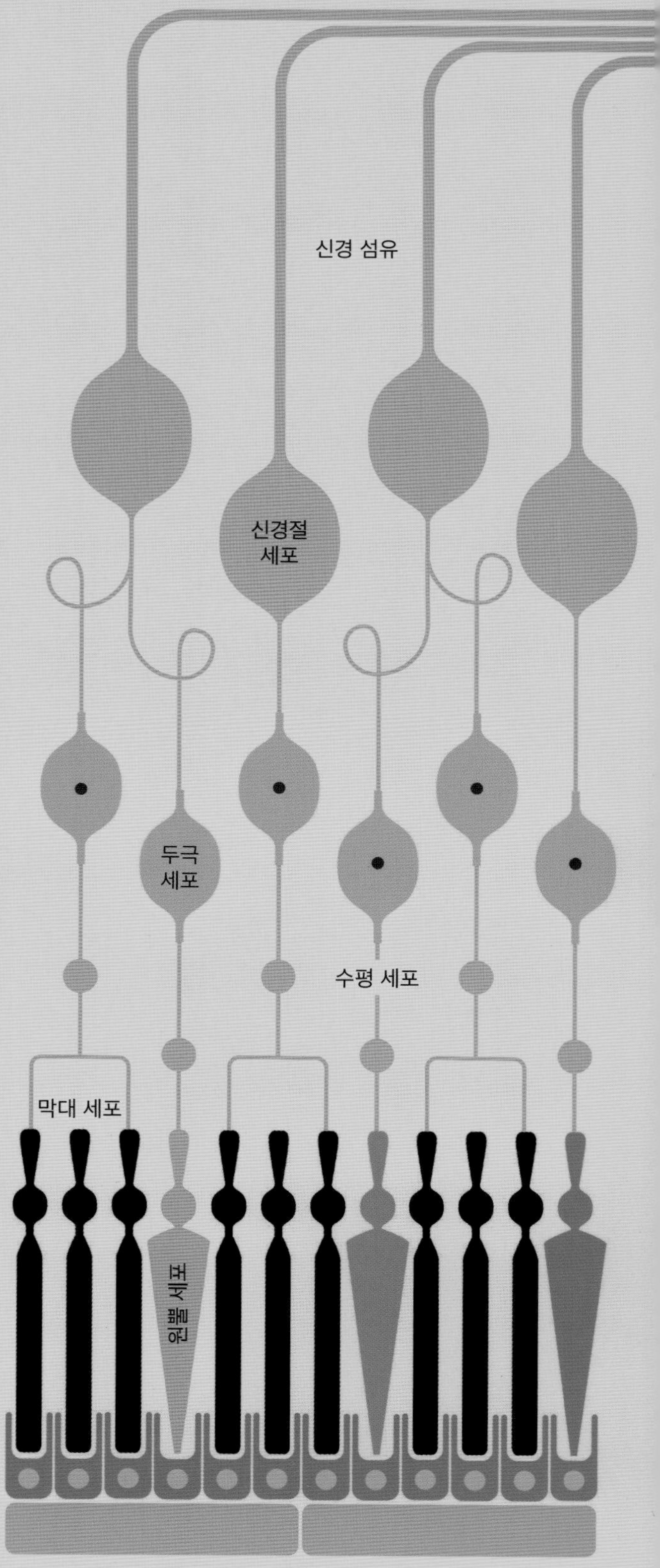
신경 섬유
신경절
세포
두극
세포
수평 세포
막대 세포
원뿔 세포

눈 VS. 티브이 화면

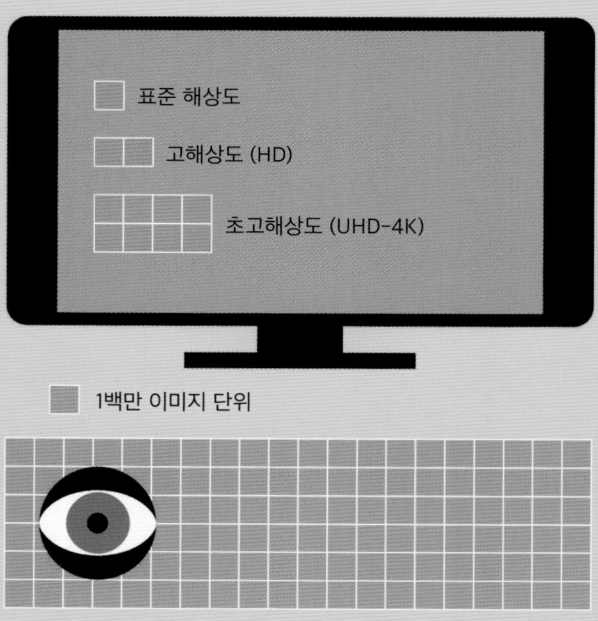
표준 해상도
고해상도 (HD)
초고해상도 (UHD-4K)
1백만 이미지 단위

나의 맹점 찾기!

모든 사람에게는 맹점이 있다. 망막의 뒤편에 자리 잡은 맹점은 약 백만 개의 신경절 세포와 신경 섬유가 모여서 이루어진 시신경이 망막에서 떨어져 있는 지점이다. 이곳에는 원뿔 세포와 막대 세포라는 시각 세포가 없기 때문에 물체의 상이 맺히지 않아 사물이 '보이지 않는' 지점이다.

오른쪽 눈을 감고 왼쪽 눈으로 십자가를 본다. 십자가를 보면서 십자가 왼쪽의 '눈' 이미지가 보이지 않을 때까지 책을 앞뒤로 움직인다.(반대로도 해본다.)

옆의 이미지에 대해서도 위에서처럼 한다. 십자가가 사라질 때 검은 선은 어떻게 되는가?

눈 이미지 배경에 색이 있을 때는 어떤가?

눈 이미지 주위에 반점이 있을 때는 어떤가?

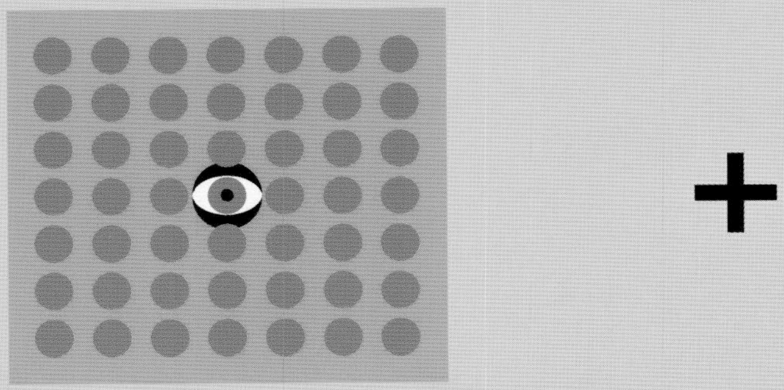

우리는 과거를 볼 뿐이다

눈이 보는 것은 마음의 눈이 보는 것의 일부에 불과하다. 우리는 과거에 살고 있다. 왜냐하면 망막의 원뿔 세포와 막대 세포가 빛에 반응한 후, 이 세포가 보내는 신경 신호가 전달하는 이미지를 뇌가 의식적으로 인지하기까지 약 0.05~0.1초의 시간이 걸리기 때문이다. 이처럼 시간이 지체되는 이유는 신경 신호가 망막의 망상층을 통과하고 시신경 교차 지점을 지나 뇌의 하단 뒤쪽에 있는 시각 중추에 도달한 후 여러 기타 중추에서 정보를 공유하여 각각 이미지를 해석할 시간이 필요한 까닭이다. 이 모든 정보를 놓고 뇌는 자신만의 시각적 현실을 구성하고 시간을 앞뒤로 살펴 분석, 추측, 조정하고 연관을 짓는 작업을 진행하지만 언제나 조금씩 뒤로 쳐질 수밖에 없다.

시야

좌우 시야

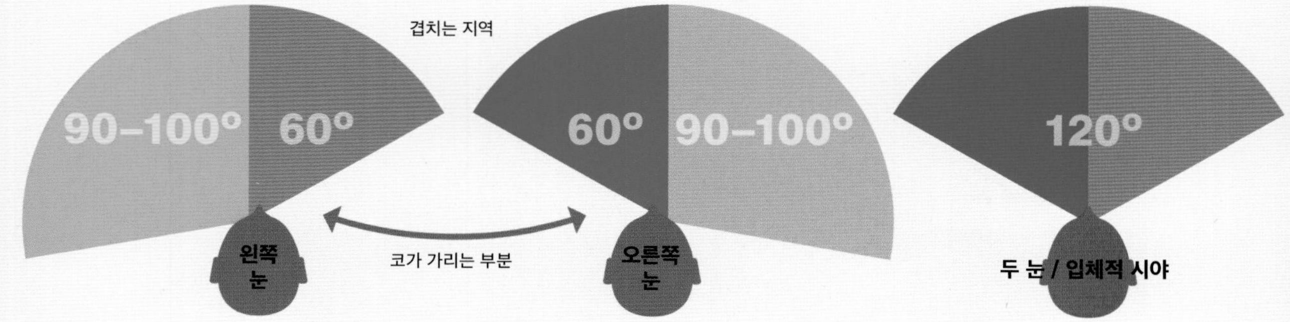

겹치는 지역
90–100°
60°
60°
90–100°
120°
왼쪽 눈
코가 가리는 부분
오른쪽 눈
두 눈 / 입체적 시야

상하 시야

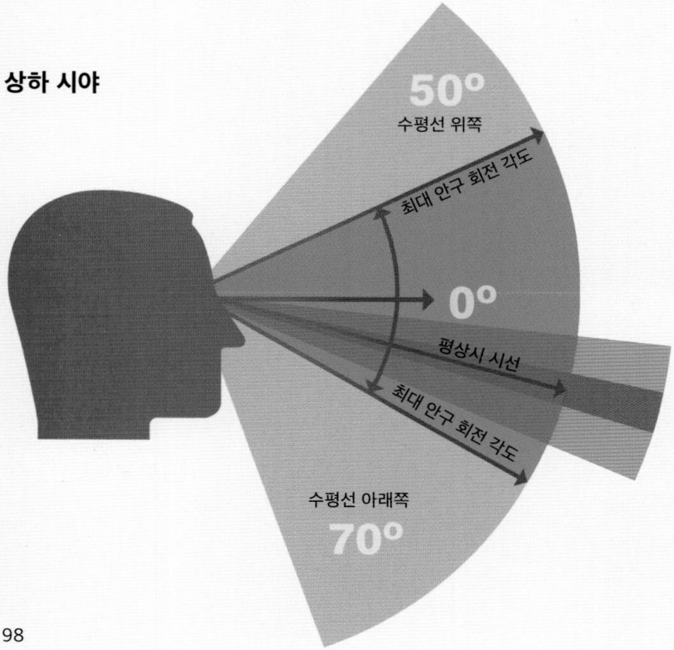

50°
수평선 위쪽
최대 안구 회전 각도
0°
평상시 시선
최대 안구 회전 각도
수평선 아래쪽
70°

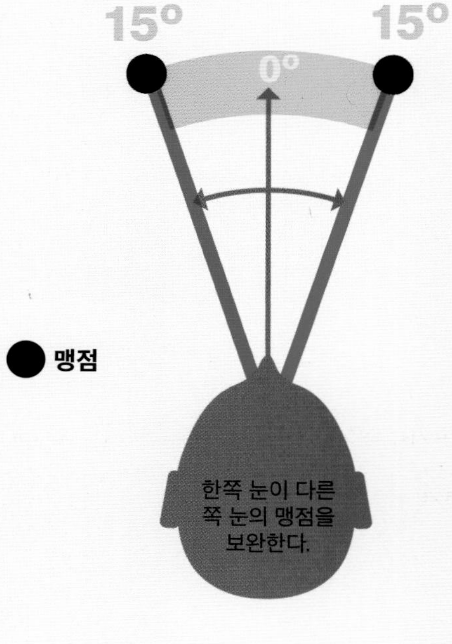

15°
15°
0°
맹점
한쪽 눈이 다른 쪽 눈의 맹점을 보완한다.

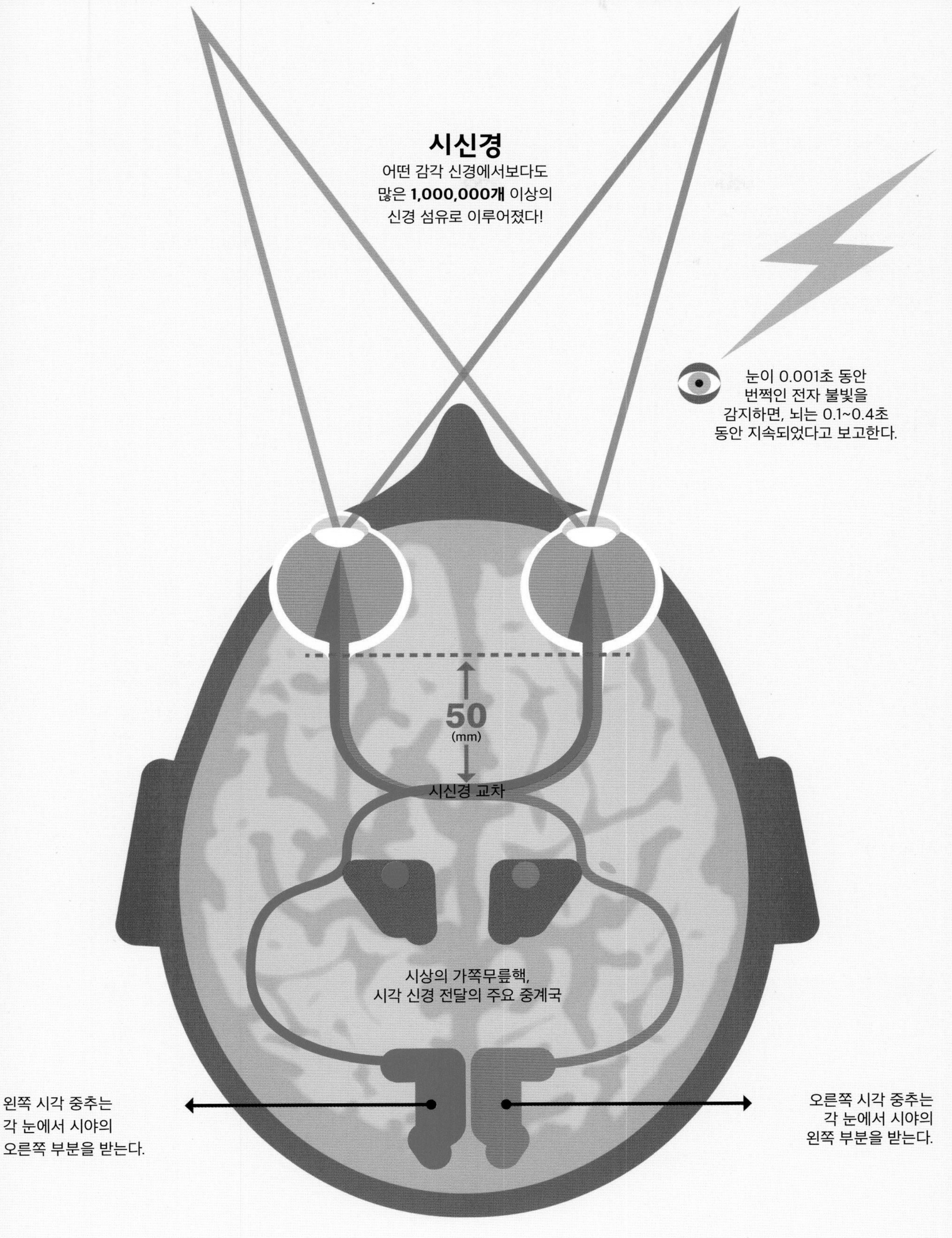

시신경
어떤 감각 신경에서보다도
많은 **1,000,000개** 이상의
신경 섬유로 이루어졌다!
눈이 0.001초 동안
번쩍인 전자 불빛을
감지하면, 뇌는 0.1~0.4초
동안 지속되었다고 보고한다.
50
(mm)
시신경 교차
시상의 가쪽무릎핵,
시각 신경 전달의 주요 중계국
왼쪽 시각 중추는
각 눈에서 시야의
오른쪽 부분을 받는다.
오른쪽 시각 중추는
각 눈에서 시야의
왼쪽 부분을 받는다.

청각은 달팽이관에서

소리와 소음으로 넘치는 세상은 겨우 10밀리미터 높이의 작은 달팽이 모양의 신체 부위에서 온다. 이 작은 기관은 속귀 깊숙이 들어 있지만 작은 손톱 위에도 쉽게 올려놓을 수 있다. 달팽이관이라는 이 기관은 고막과 소골뼈를 통해 공기에서 진동을 받아들여 전기적인 신경 신호로 바꾼다. 달팽이관의 핵심 구성 요소는 약 3,500개의 유모세포로 유연성 있는 기저막을 따라 달팽이관 안에서 굽이굽이 줄지어 배열되어 있다. 외부에서 들어온 진동이 이 막을 흔들면, 유모세포의 제일 끝에 있는 미세한 털(위쪽이 젤리 같은 '지붕'에 파묻혀 있음)이 뒤틀리고 구부러진다. 이처럼 대단히 섬세한 움직임 때문에 유모세포에서 생성된 신경 신호는 청신경을 따라 빠르게 뇌의 청각 중추까지 이동한다.

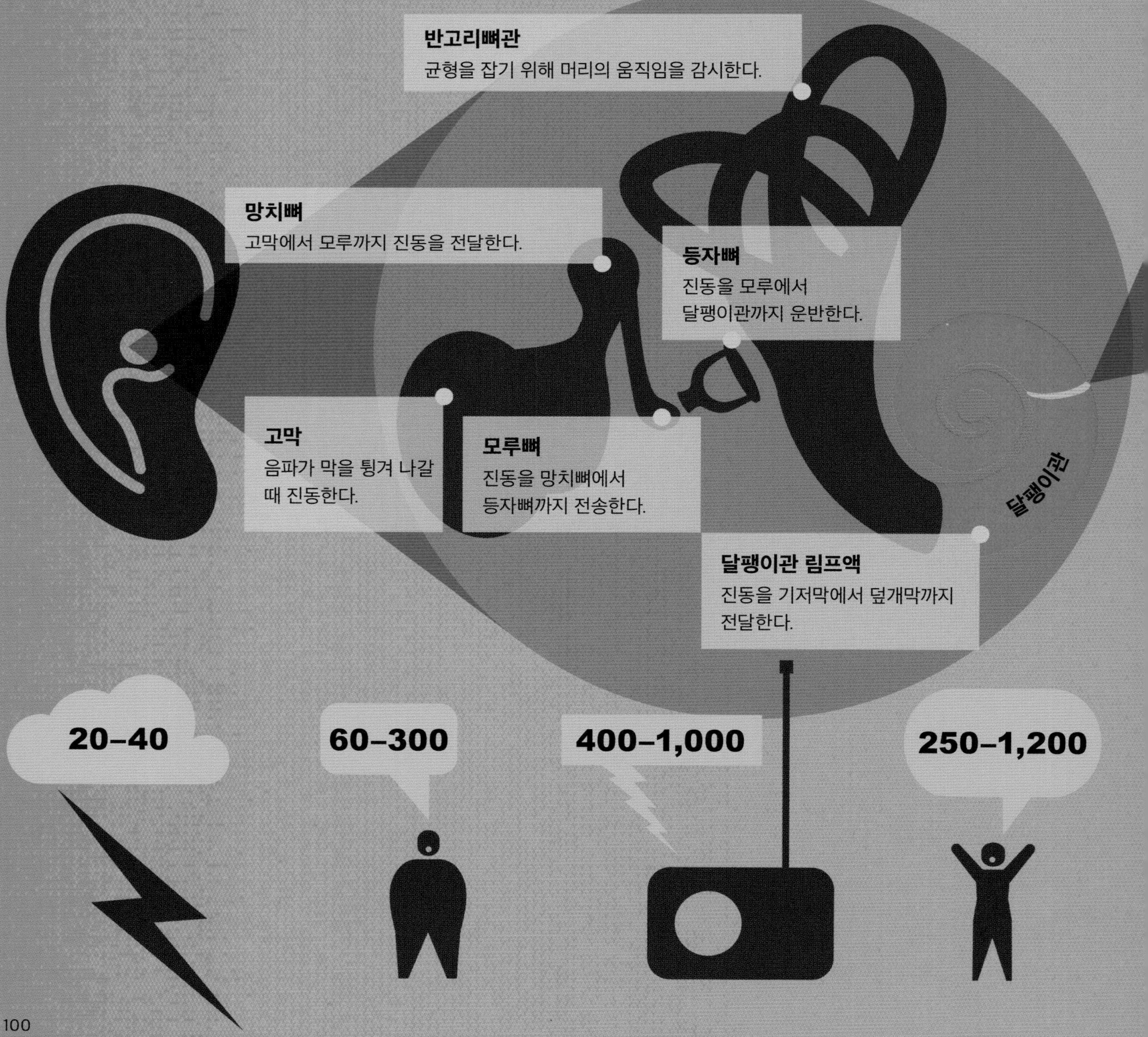

반고리뼈관
균형을 잡기 위해 머리의 움직임을 감시한다.
망치뼈
고막에서 모루까지 진동을 전달한다.
등자뼈
진동을 모루에서 달팽이관까지 운반한다.
고막
음파가 막을 튕겨 나갈 때 진동한다.
모루뼈
진동을 망치뼈에서 등자뼈까지 전송한다.
달팽이관
달팽이관 림프액
진동을 기저막에서 덮개막까지 전달한다.
20–40
60–300
400–1,000
250–1,200

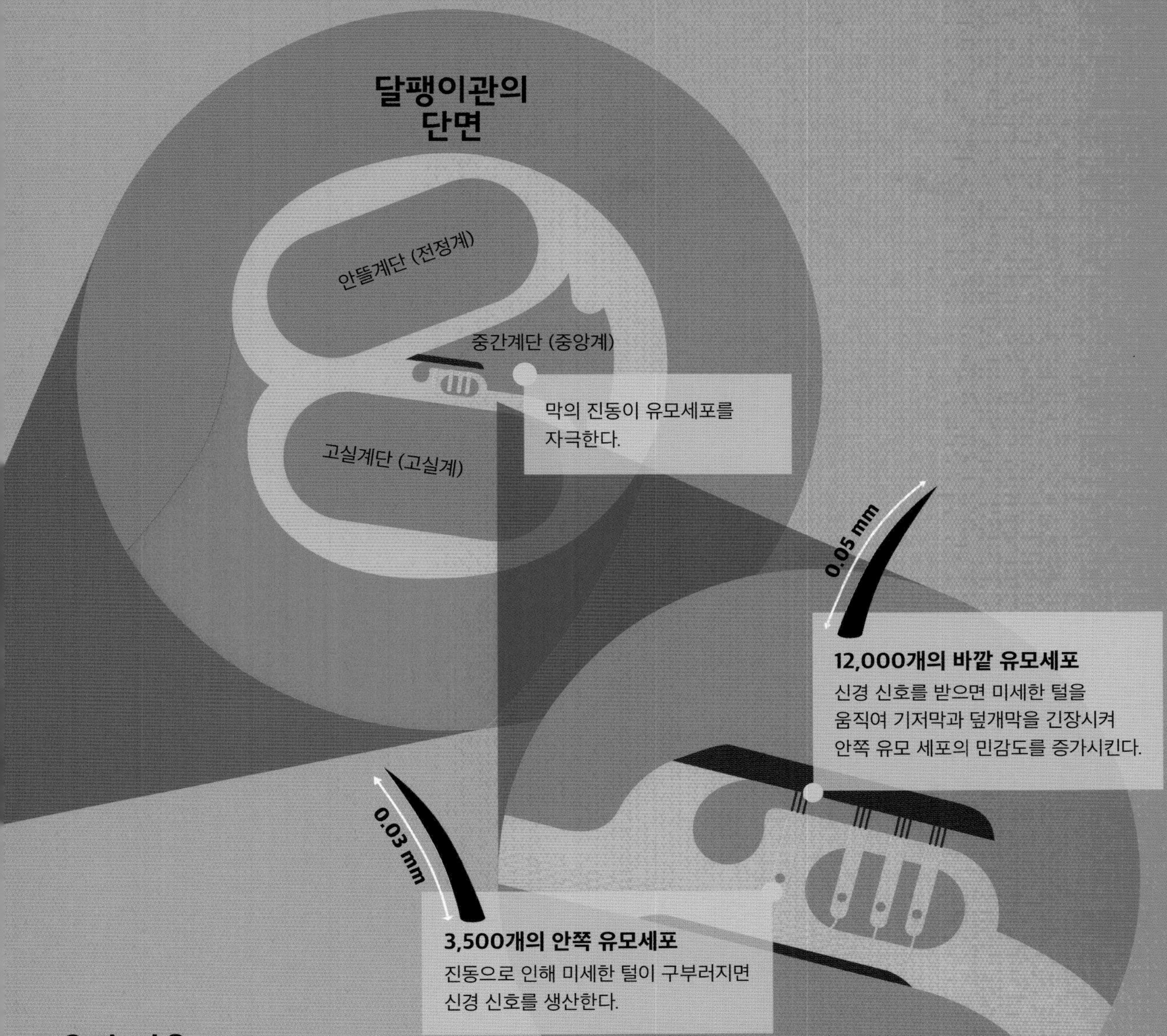
달팽이관의 단면
안뜰계단 (전정계)
중간계단 (중앙계)
고실계단 (고실계)
막의 진동이 유모세포를 자극한다.
0.05 mm
12,000개의 바깥 유모세포
신경 신호를 받으면 미세한 털을 움직여 기저막과 덮개막을 긴장시켜 안쪽 유모 세포의 민감도를 증가시킨다.
0.03 mm
3,500개의 안쪽 유모세포
진동으로 인해 미세한 털이 구부러지면 신경 신호를 생산한다.

고음과 저음

소리의 주파수, 즉 소리의 높이는 1초당 진동수, 즉 헤르츠(Hz)로 측정한다.

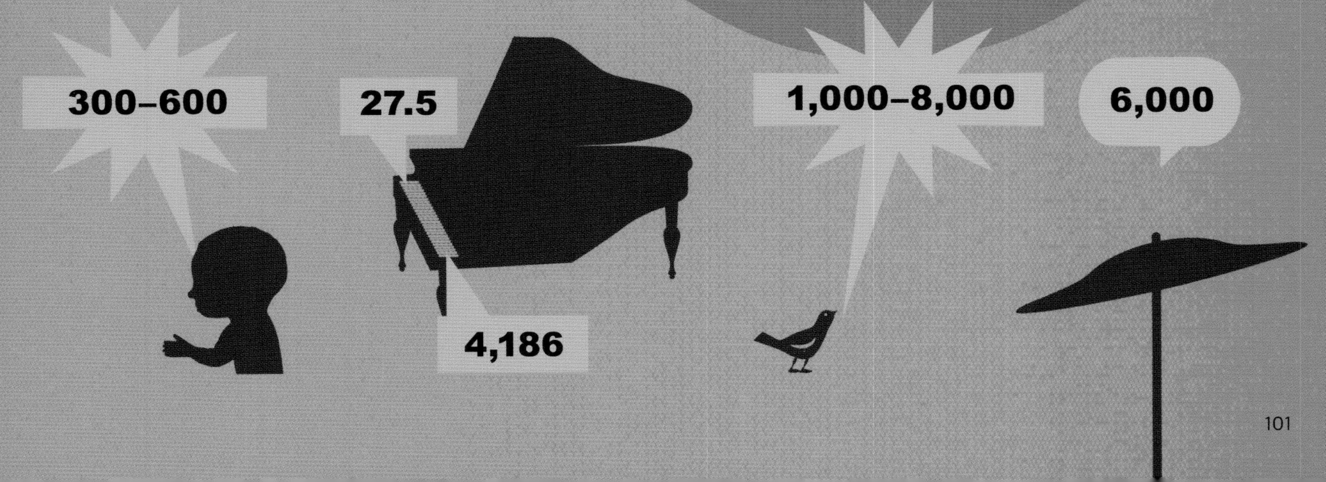
300–600
27.5
4,186
1,000–8,000
6,000

세상은 스테레오

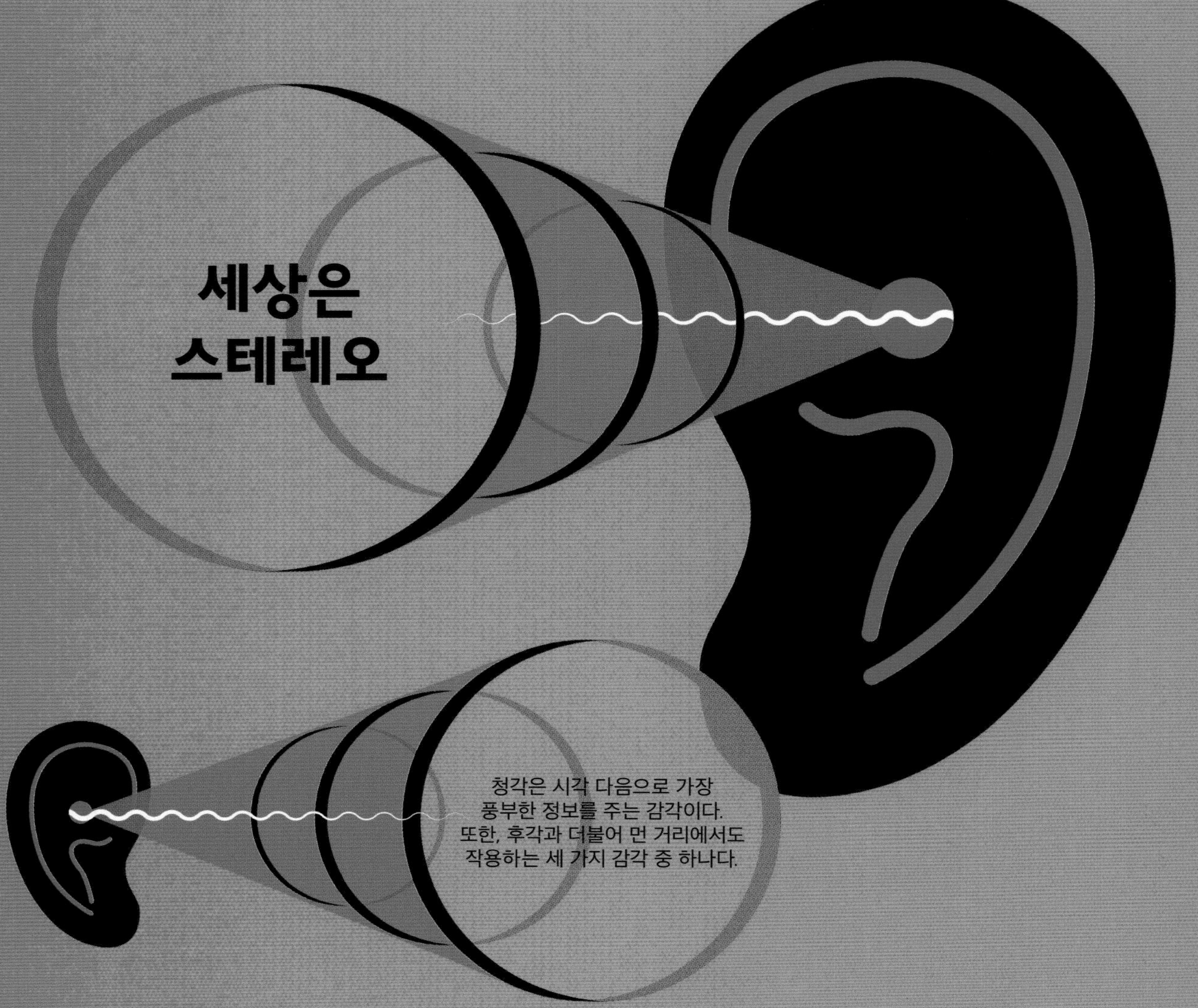

청각은 시각 다음으로 가장 풍부한 정보를 주는 감각이다. 또한, 후각과 더불어 먼 거리에서도 작용하는 세 가지 감각 중 하나다.

소리의 속도

초 ▶
1
2
3
4
5
340 미터
1 킬로미터
마일
(= 1.6킬로미터)

소리의 속도는 빛의 속도에 비하면 백만 배나 느리다. 그래서 귀는 일종의 시간지연 시스템을 이용해 거리와 방향을 파악한다. 지연 시스템은 양쪽 귀 사이의 간격을 이용한다. 예를 들어, 한쪽 방향에서 흘러온 음악 소리가 가까운 귀에 먼저 도달한 후 멀리 있는 귀까지 도달하는 데 0.001초가 걸린다. 또한, 이 소리는 먼 쪽에 있는 귀에 더 조용하고 약하게 들린다. 뇌의 청각 중추는 이것을 말 그대로 눈 깜짝할 사이에 감지한다. 뇌는 목 근육을 움직여 음악이 들리는 쪽으로 머리를 돌린다.

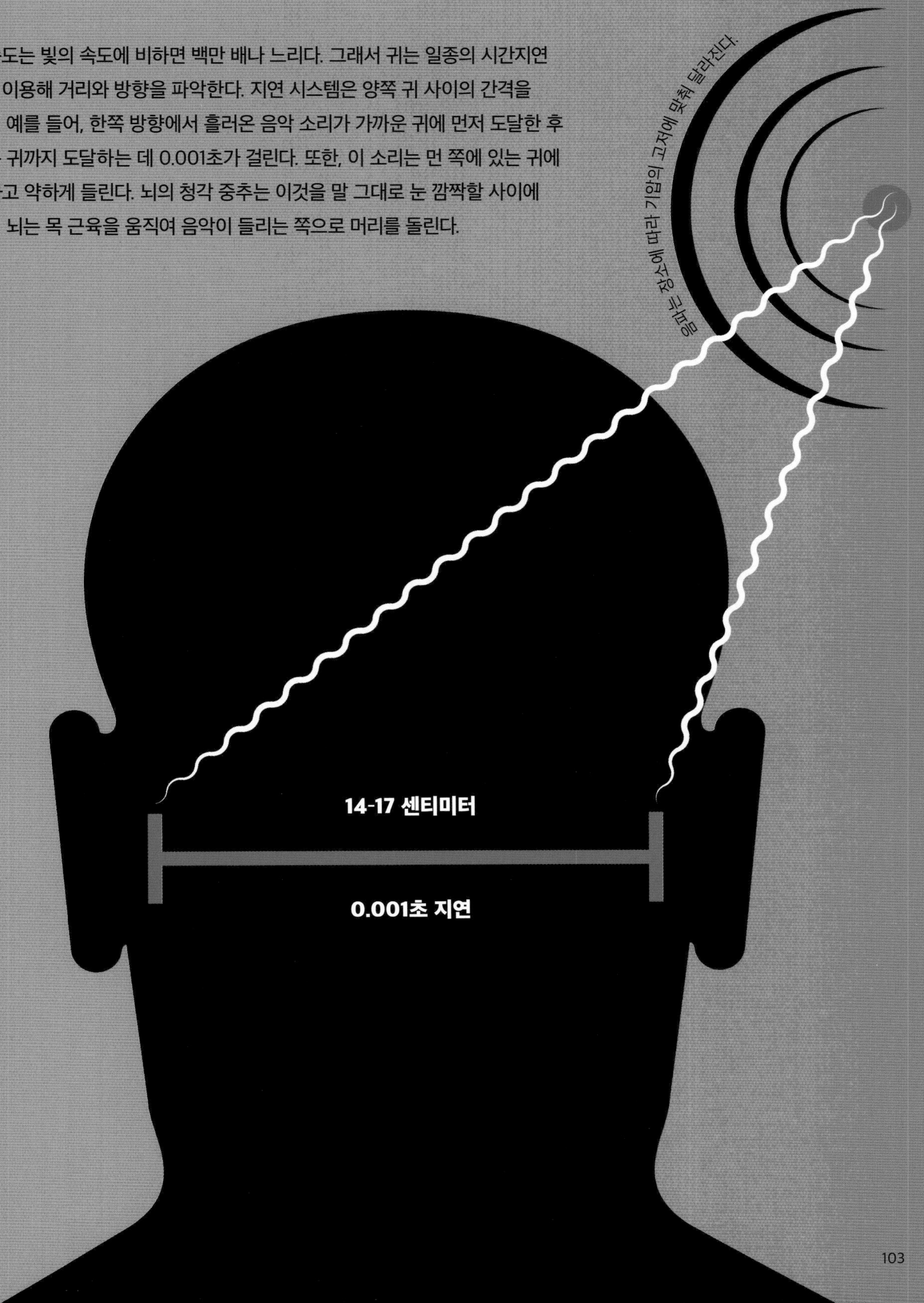

시끄럽게, 더 시끄럽게

소음의 강도를 나타내는 척도인 데시벨(dB)은 값이 일정한 비율로 증가하는 대신 밑수가 10인 로그값으로 드러낸다. 즉, 20dB는 10dB의 2배가 아닌 10배, 30dB는 3배가 아닌 100배 더 크고 강한 소리라는 뜻이다.

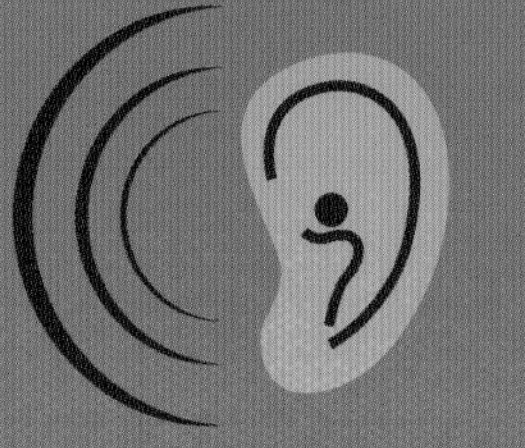

170

청력 상실

140

제트 엔진의 반경 30미터 이내

120

귀에 통증을 느낄 가능성 있음

110

시끄러운 콘서트장, 천둥 근처

오토바이, 농장 트랙터		100
잔디 깎는 기계, 교통량 많은 도로		90
시끄러운 식당, 진공청소기		80
평균 교통량인 도로의 반경 10미터 이내		70
반경 1미터 이내에서 들리는 일상적인 대화		60
조용한 사무실, 일상적인 기계음 (예: 냉장고 소음)		50
조용한 거실, 아주 작게 틀어놓은 라디오나 티브이		40
속삭이는 대화, 조용한 교외		30

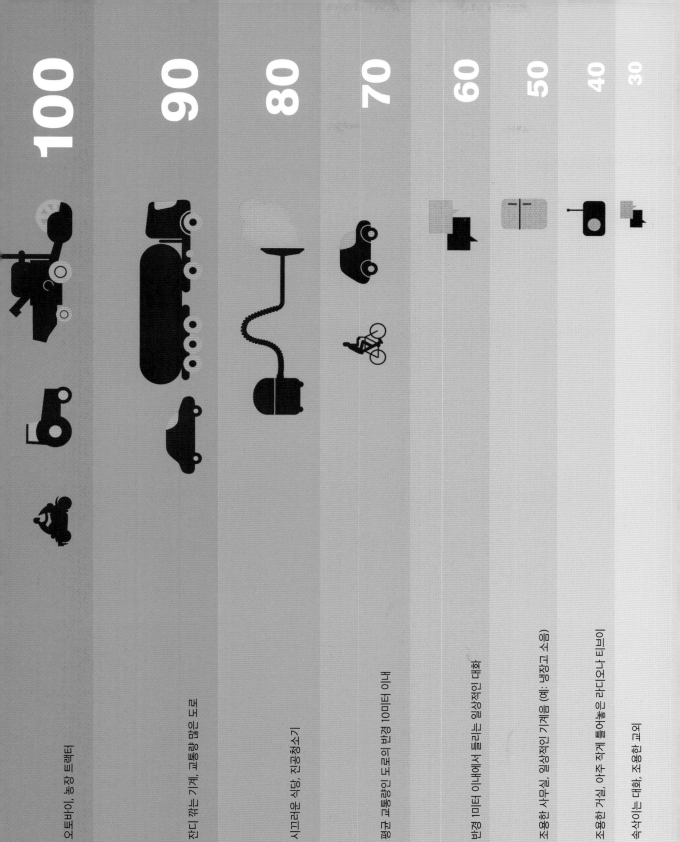

냄새의 기억

냄새 또는 후각은 눈과 귀 외에 세 번째로 많은 정보를 전달하는 비접촉(non-contract) 감각이다. 냄새는 음식, 음료, 동식물, 좋은 사람, 나쁜 사람에게서 나는 향은 물론이고, 공기 중에 떠다니는 위험한 증기나 기체에 관한 정보도 전달한다. 냄새는 큰 즐거움을 주기도 하지만, 반대로 헛구역질처럼 강한 거부 반응을 일으키기도 한다. 다른 감각 못지않게 후각은 기억과 감정을 지배하는 뇌의 영역에 밀접하게 연결되어 있어 냄새나 향의 경우처럼 강한 느낌을 불러오는 것이다.

음식의 경험

맛과 냄새는 서로 분리된 감각이지만, 서로 밀접하게 얽혀 있어 입안에서 함께 어우러지는 느낌을 낸다. 이러한 '음식의 경험'에 기여하는 비율의 추정치(퍼센트):

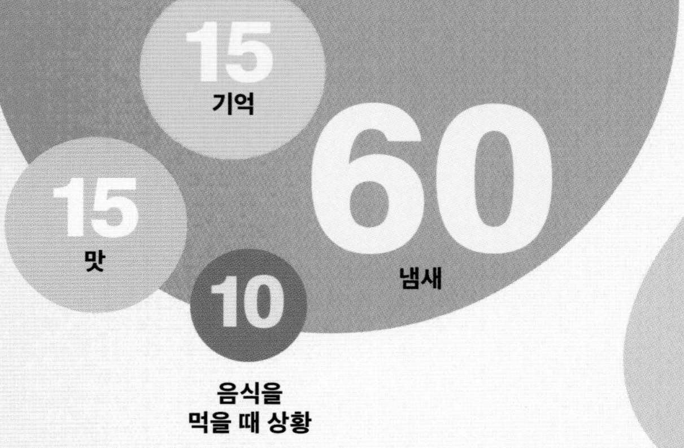

15
기억
15
맛
10
음식을 먹을 때 상황
60
냄새

3. 후각 상피

비강의 천장에 해당하는 구역으로 코 양쪽으로 각각 넓이가 3제곱센티미터 정도이며 500~1,000만 개의 후각 세포(후각 수용기 뉴런)가 자리 잡고 있다. 분비한 체액으로 냄새 분자를 녹여 냄새를 감지한다.

2. 코안(비강)

코중격연골에 의해 좌우로 나누어진다. 안쪽 점막이 코안을 따뜻하게 하고 습기를 주며 외부 공기에서 들어오는 입자를 걸러낸다. 코선반은 단단하게 솟아오른 구조라 바깥공기를 후각 상피로 안내한다.

1. 냄새 분자

눈에 보이지 않는 향기 혹은 냄새 입자(대부분 분자)가 공기 중에 떠다닌다. 이 입자는 주변 환경으로부터 코의 앞쪽인 비강을 통해, 혹은 입안의 음식물과 음료로부터 코의 뒤쪽인 입천장을 통해 들어와 크기나 모양, 전하에 관한 정보를 전달한다.

5. 후각 세포의 신경 섬유

신경 섬유는 20~30개가 다발로 묶여 있으며, 두개골 벌집뼈(사골)의 뚫린 구역인 사판을 통과한다. 신경 신호를 후각 망울로 운반한다. (종종 후각 망울 및 후각로와 함께) 제1번째 뇌신경인 후각 신경으로 알려져 있다.

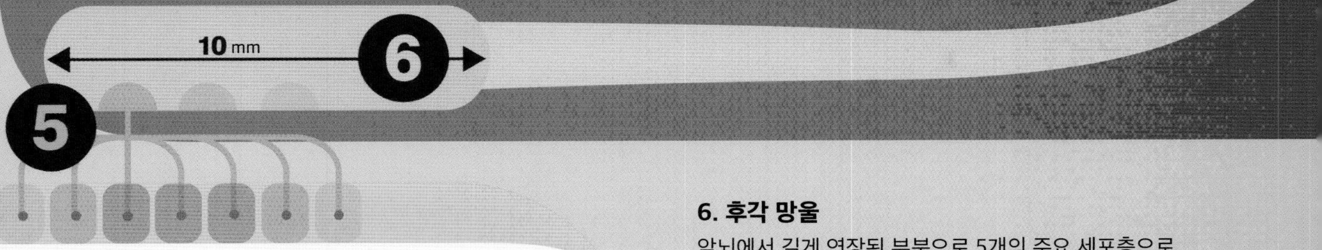

6. 후각 망울

앞뇌에서 길게 연장된 부분으로 5개의 주요 세포층으로 구성된다. 후각 세포가 전달하는 신경 정보를 해독하고, 걸러내고, 조정하고, 강화하고 처리한다.

4

4. 후각 수용기

후각 세포의 노출된 표면에 박혀 있는 분자로 적합한 냄새 분자와 접촉하면 '자물쇠와 열쇠' 메커니즘에 의해 자극된다. 후각 수용기 세포가 만들어 낸 신경 신호는 신경 섬유를 따라 후각 망울로 간다.

7

7. 후각로

후각 망울과 뇌를 연결하는 신경 섬유.

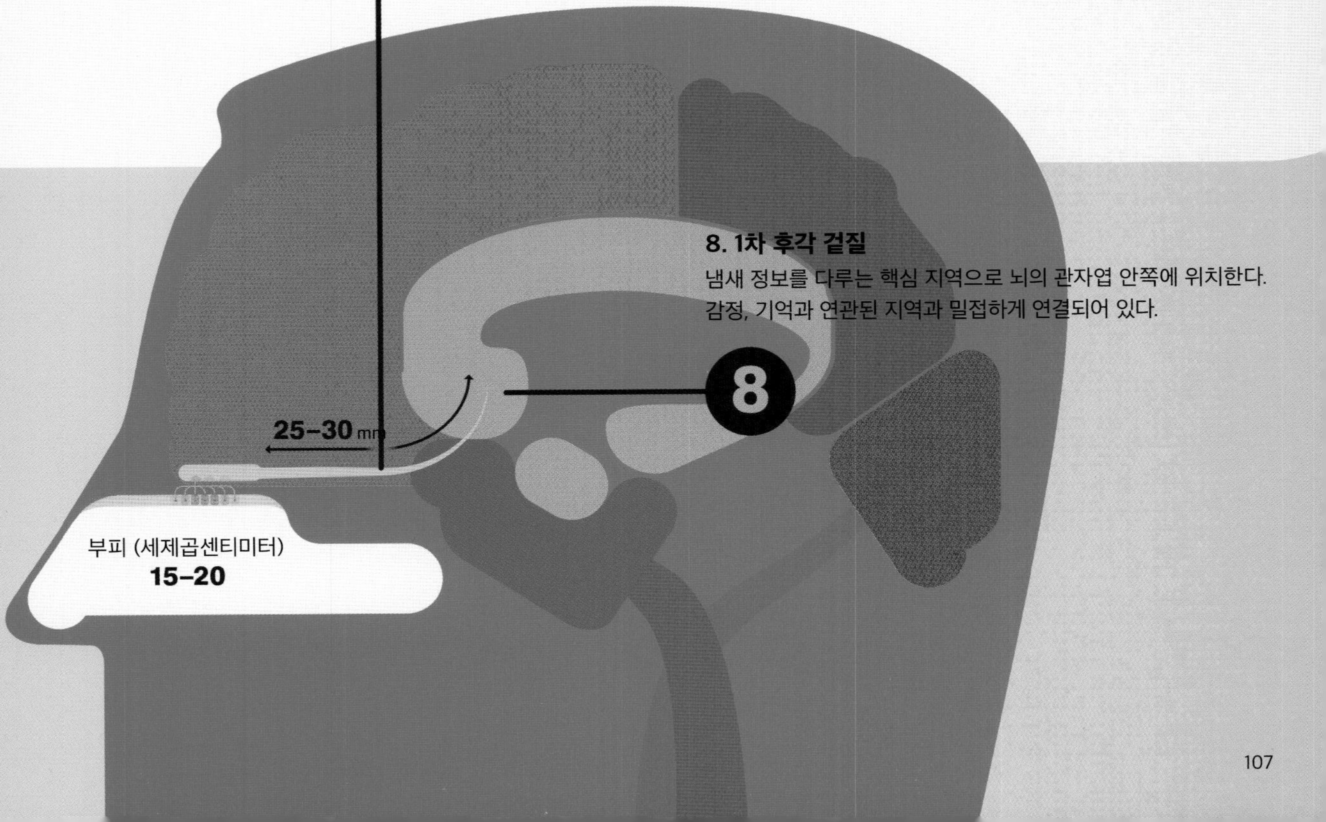

8. 1차 후각 겉질

냄새 정보를 다루는 핵심 지역으로 뇌의 관자엽 안쪽에 위치한다. 감정, 기억과 연관된 지역과 밀접하게 연결되어 있다.

최고의 맛을 찾아

일상의 경험에서 맛 또는 미각은 냄새와 불가분한 관계에 놓인다. 특히 근사한 식사를 즐길 때 말이다. 그러나 미각과 후각은 분명 서로 독립된 감각 시스템이다. 미각은 그 자체로 보이는 게 전부가 아니다. 미각의 주요 감각 수용기인 맛봉오리(미뢰)가 보내는 신경 신호는 소위 '맛'이 가지는 정보의 일부만 제공할 뿐이다. 맛이 아닌 성질, 예를 들면 온도(뜨겁거나 차갑거나), 물리적 질감 (질기고 미끈거리고 으깨진) 등도 음식에서 얻을 수 있는 감각적 인상에 추가된다. 과학자들은 맛을 정의하는 것이 냄새를 정확히 묘사하는 것만큼이나 복잡하다고 말한다. '여러' 미각 기관이 '여러' 미각 자극 물질에 의해 자극될 때 '여러' 다양한 속도로 '여러' 신경 신호를 점화한다. 그러면 뇌는 해독기를 돌리고 패턴 인식을 적용해 결과를 분류해낸다. 즐거운 식사되시길!

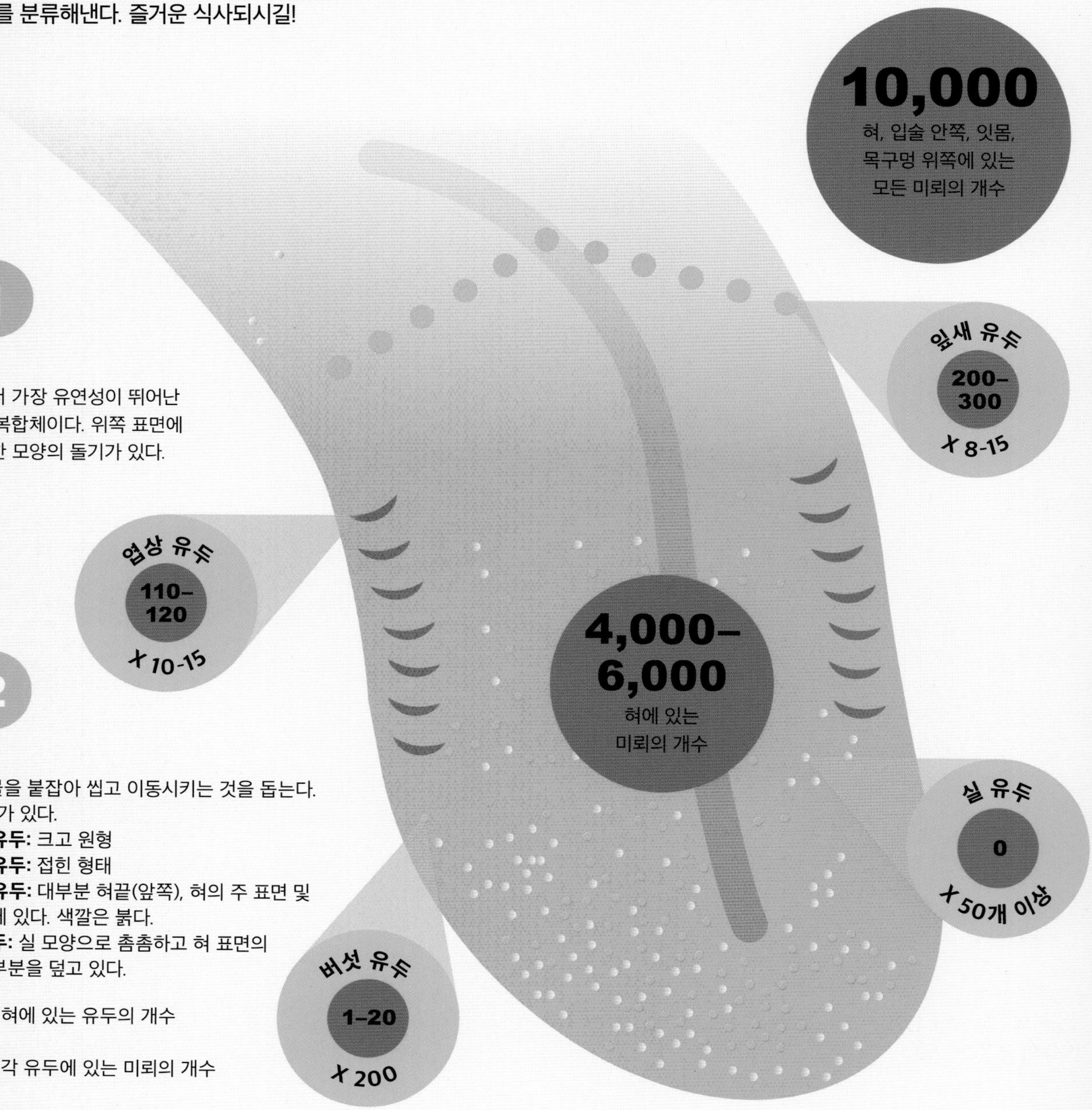

10,000
혀, 입술 안쪽, 잇몸, 목구멍 위쪽에 있는 모든 미뢰의 개수
잎새 유두
200–300
X 8-15
엽상 유두
110–120
X 10-15
4,000–6,000
혀에 있는 미뢰의 개수
실 유두
0
X 50개 이상
버섯 유두
1–20
X 200

1

혀

몸에서 가장 유연성이 뛰어난 근육 복합체이다. 위쪽 표면에 다양한 모양의 돌기가 있다.

2

유두

음식물을 붙잡아 씹고 이동시키는 것을 돕는다. 4종류가 있다.

잎새 유두: 크고 원형

엽상 유두: 접힌 형태

버섯 유두: 대부분 혀끝(앞쪽), 혀의 주 표면 및 양 옆에 있다. 색깔은 붉다.

실 유두: 실 모양으로 촘촘하고 혀 표면의 상당 부분을 덮고 있다.

X 혀에 있는 유두의 개수

● 각 유두에 있는 미뢰의 개수

3

맛봉오리(미뢰)
유두의 안쪽

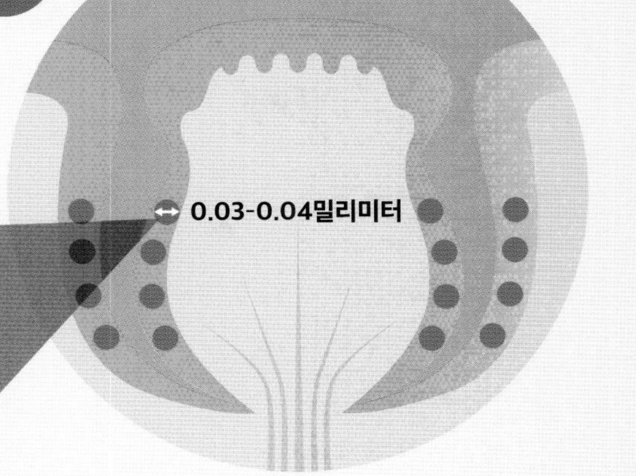
엽상 유두
0.03-0.04밀리미터

4

미각 수용기 세포(맛세포)
음식물이 미공을 통해 들어간다. 맨 위에 실 모양의 미세융모가 수용기를 통해 음식물을 감지한다.

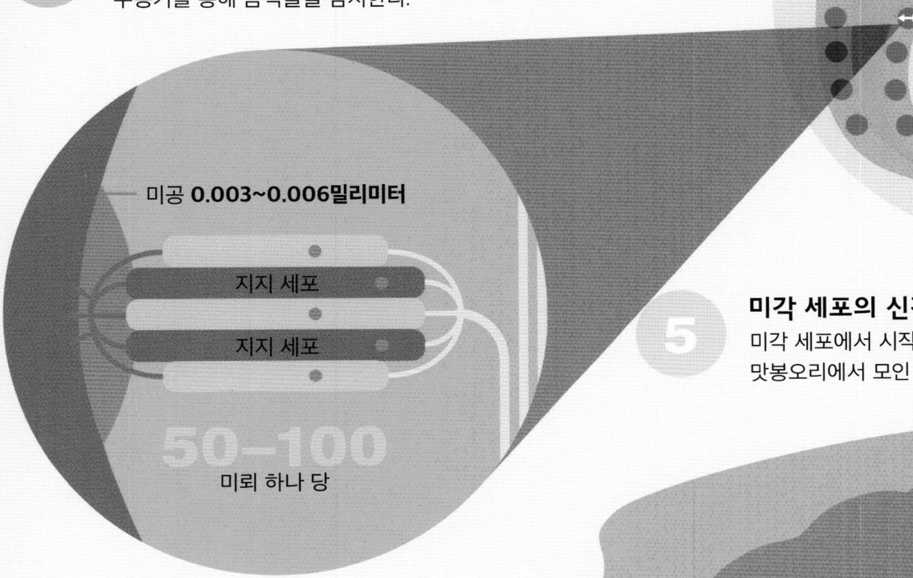
미공 0.003~0.006밀리미터
지지 세포
지지 세포
50–100
미뢰 하나 당

5

미각 세포의 신경 섬유
미각 세포에서 시작된 신경 신호를 운반한다. 개별 맛봉오리에서 모인 후 혀 안쪽에서 큰 다발이 된다.

6

미각 신경 경로
미각에는 맛을 전달하는 단일 신경이 없다. 제7번 뇌신경인 얼굴신경(안면신경)이 혀의 앞쪽 3분의 2에서 나오는 신호를 운반하고, 제9번 뇌신경인 혀인두신경이 뒤쪽 3분의 1을 담당한다. 입의 다른 구역은 제10번 뇌신경인 미주신경이 맡고 있다.

7

1차 미각 피질
1차 미각피질은 뇌의 전두엽에 위치하며 미각 정보를 주로 다루는 지역이다. 냄새에 관한 패턴 인지를 통해 맛을 구분한다. 이곳은 배고픔, 식욕, 땀과 연관된 지역에 밀접하게 연결되어 있다.

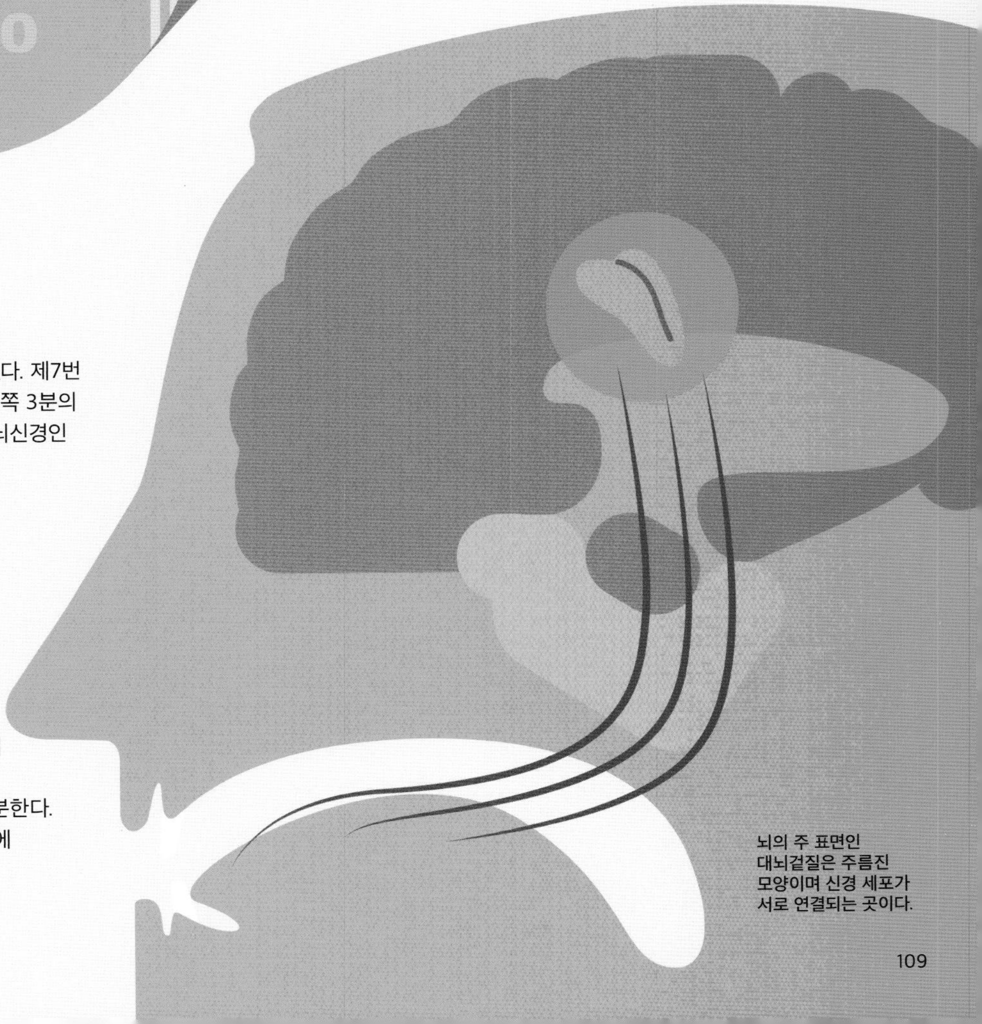
뇌의 주 표면인
대뇌겉질은 주름진
모양이며 신경 세포가
서로 연결되는 곳이다.

피부와 표면의 촉각 수용기

신경 말단에 특화된 구조로 각각 신경 섬유를 내보내는 단일 세포로 여겨진다.

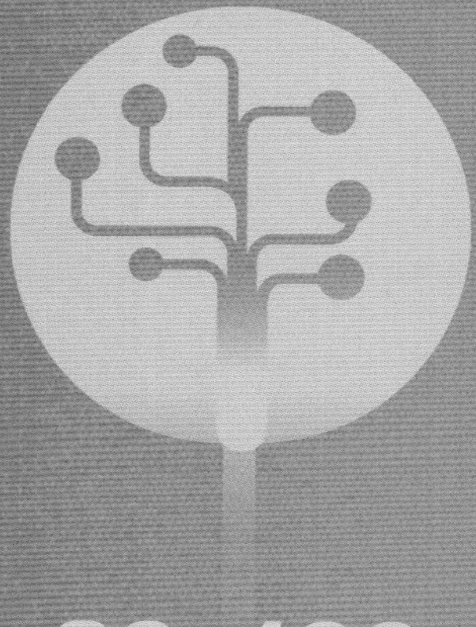

20–100

크라우제 소체

온도 변화, 특히 저온 감지

빌헬름 크라우제 (독일 1833~1910)

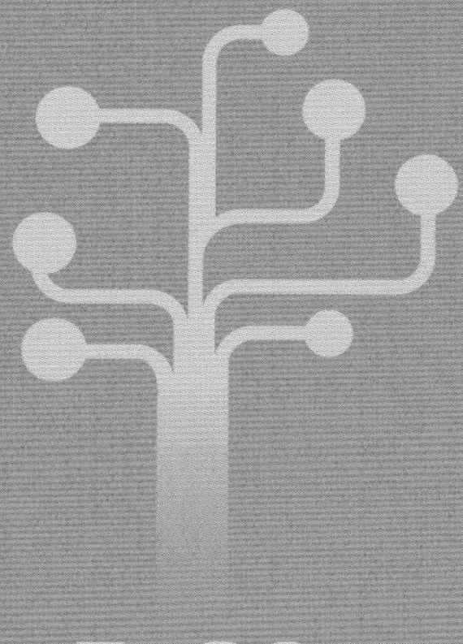

5–20

메르켈 소체

가벼운 접촉, 가벼운 압력,
모서리 같은 각진 형체 인지

프리드리히 메르켈 (독일 1845~1919)

100–300

마이스너 소체

가벼운 접촉, 느린 진동, 표면 질감

게오르그 마이스너 (독일 1829~1905)

'만지는 느낌'이란

눈에 보이는 피부의 표면은 사실 마모를 막고 보호하기 위해 설계된 죽은 세포들이다. 그러나 그 바로 아래는 수백만 개의 감각 세포로 가득하다. '촉감'이란 말은 지나치게 단순한 용어이다. 촉감에는 거칠다 또는 부드럽다, 축축하다 또는 메마르다, 뻣뻣하다 또는 유연하다, 따뜻하다 또는 시원하다 등 여러 종류가 있다. 이 감각은 6가지 주요 촉각 세포에서 보내는 신호로 인지된다. 촉각 세포가 보내는 신호는 몸 전체에 퍼진 신경 네트워크를 거쳐 두뇌 겉질의 촉각 중추(공식적으로는 몸 감각 겉질)로 들어가 의식적 인지에 기록된다.

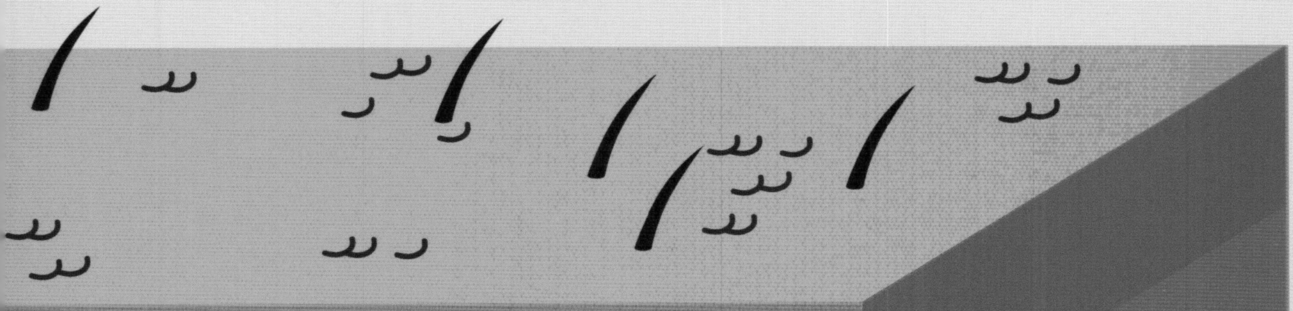

단위 μm(마이크로미터), 1μm=0.001mm

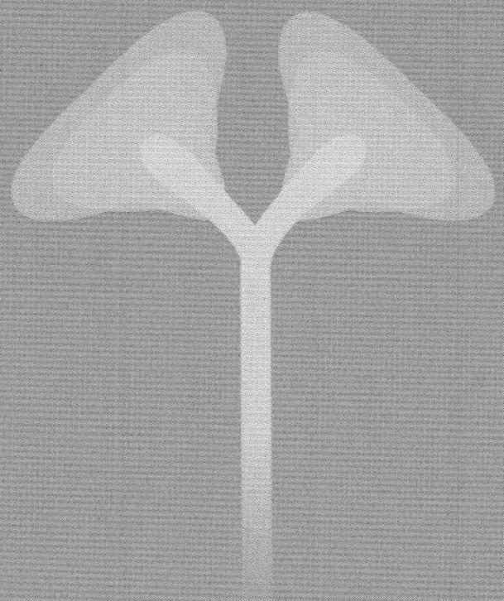

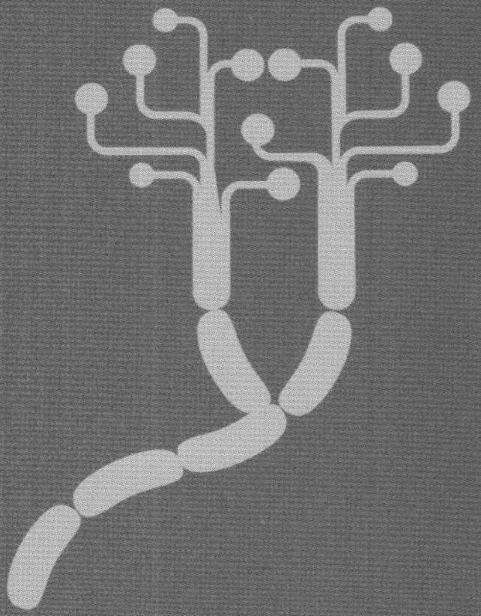

100–500

루피니 소체
느린 움직임, 일정한 압력,
온도 변화, 특히 열 감지

안젤로 루피니 (이탈리아 1864~1929)

500–1,200

파치니 소체
빠른 진동, 강한 압력

필리포 파치니 (이탈리아 1812~1883)

자유신경말단
다양한 형태의 접촉,
온도 변화, 통증

왜 사람의 이름으로 세포를 부를까요?

위 감각기관의 명칭은 사람의 이름에서 따온 것이다. 소체는 말 그대로 특수한 기능을 수행하는 생체조직 내 작은 부위를 지칭하는 말이다. 몇몇 피부 감각기관은 19세기 해부학자, 생물학자, 그밖에 현미경 아래에서 해당 세포를 찾아내고 연구한 과학자들의 이름을 따서 부른다.

알게 모르게 은밀한 감각들

굳이 보지 않고도 당신의 팔과 다리가 무엇을 하는지 알 수 있는가? 접거나 펴고 구부리고 꼬고 멈추고 움직이는 그런 동작 말이다. 신체 부위의 위치나 자세, 움직임을 인지하는 것을 고유감각(proprioception)이라고 부른다. 우리가 크게 신경을 쓰는 감각은 아니지만 매 초마다 이루어지는 이 감각기관의 보고는 일상생활에 반드시 필요하다. 고유감각은 물리적 힘에 반응하는 다양하고 미세한 감각기관과 신경 말단에서 입력된다. 고유감각 기관은 신체 기관과 세포 조직 어디에나 있으며 특히 근육과 힘줄, 인대와 관절주머니에 많이 분포한다. 루피니 소체나 파치니 소체처럼 피부에 있는 감각기관과 비슷한 것도 있다(111쪽 참조). 피부의 촉각에서 나오는 메시지처럼 고유감각의 메시지도 신경을 따라 뇌로 신호를 보내며 다른 감각 정보와 함께 통합되어 모든 신체 부위의 위치와 움직임을 인지한다.

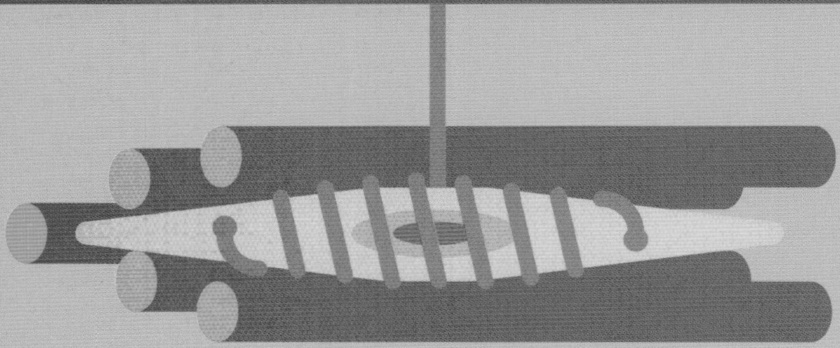

근육 방추

근육의 중심부에 십수 개에서 수백 개까지 존재한다. 근육의 길이 변화에 반응하고 조임(압축)과 늘어남(장력)을 감지한다.

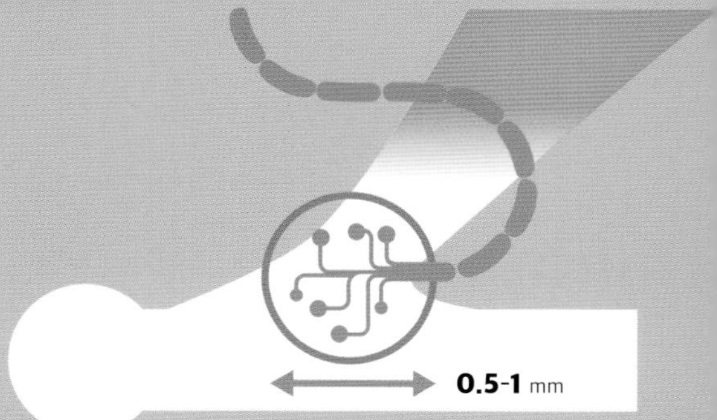

신경 힘줄 방추 (골지 힘줄 기관)

근육과 뼈를 연결하는 힘줄에 있다. 근육이 수축할 때 조임(압축)의 변화에 반응한다.

관절주머니 고유감각 수용기

관절의 뼈 끝을 감싸는 섬유질의 관절주머니에 있다. 피부의 루피니 소체, 파치니 소체와 비슷하다.

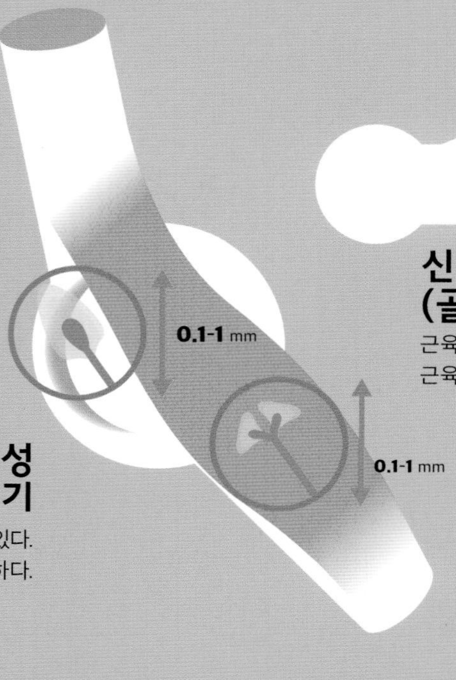

인대 고유수용성 감각 수용기

관절에서 뼈와 뼈를 연결하는 인대에 있다. 피부의 루피니 소체, 파치니 소체와 비슷하다.

고유감각 테스트

몸속에 있는 내부 감각의 중요성을 알아보기 위해 다음과 같이 테스트해보자. 단, 다음 지침을 따른다.

- 맨 처음에는 준비나 생각 없이 재빨리 동작을 끝낸다.
- 두 번째는 팔과 손의 위치에 집중하며 천천히 시도한다.
- 다시 시도할 때마다 얼마나 정확히 고유감각에 집중할 수 있는지 확인한다.

1. 팔과 손을 앞으로 곧게 뻗는다.
2. 눈을 감는다.
3. 왼손으로 코끝을 만지되, 엄지손가락부터 순서대로 시도한다.
4. 오른손으로도 똑같이 한다.

필요한 것:

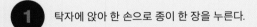

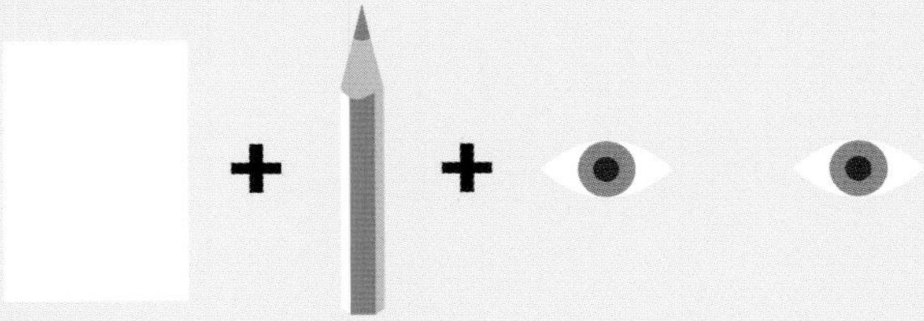

1. 탁자에 앉아 한 손으로 종이 한 장을 누른다.
2. 연습하는 동안 내내 눈을 감는다.
3. 다른 쪽 손에 연필을 들고 종이에 X자 표시를 한다.
4. 종이를 잡고 있는 손과 연필을 들고 있는 손을 바꾼다.
5. 처음 표시한 X자에 가능한 한 가깝게 다시 X자 표시를 한다.
6. 눈을 뜨고 확인한다.

불가사의한 평형감각

평형감각은 때로 불가사의한 '육감'으로 불린다. 어떤 측면에서 신체는 평형을 잡기 위해 여러 감각을 동원한다. 실제로는 거의 모든 주요 감각 기관과 함께 귓속 깊숙이 자리 잡은 평형 기관이 관여한다. 이 귓속의 구조물은 일반적으로 안뜰 기관(전정계)이라고 불린다. 내이의 안뜰에 자리 잡은 이 기관은 세반고리관, 둥근주머니(구형낭)과 타원주머니(난형낭)로 구성된다. 이중 팽대부와 평형반으로 알려진 곳에서 가장 섬세한 감각이 감지되는데, 마치 달팽이관에서 미세모가 움직일 때 유모세포가 신경 신호를 점화하는 것과 비슷하게 진행된다. 그러나 평형감각은 훨씬 폭넓고 지속적으로 유지되는 감각으로, 눈과 피부, 고유감각기에서 끊임없이 입력되는 정보를 눈을 움직이는 근육에서 다리를 지탱하는 근육까지 조절하며 지속적으로 반응한다.

내이

머리가 움직이면 귓속의 림프액이 흔들리며 반고리관의 팽대부와 안뜰의 평형반에 있는 유모세포가 구부러진다.

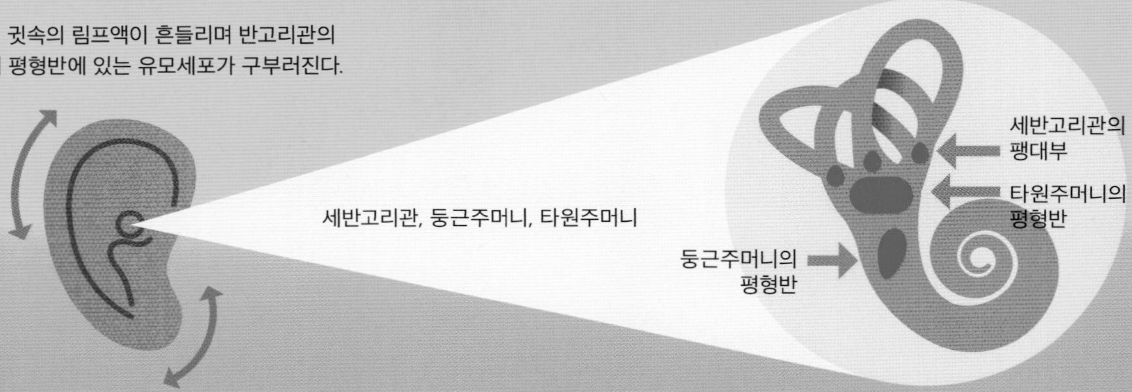

세반고리관, 둥근주머니, 타원주머니
세반고리관의 팽대부
타원주머니의 평형반
둥근주머니의 평형반

눈

수평과 수직 정보를 입력한다.

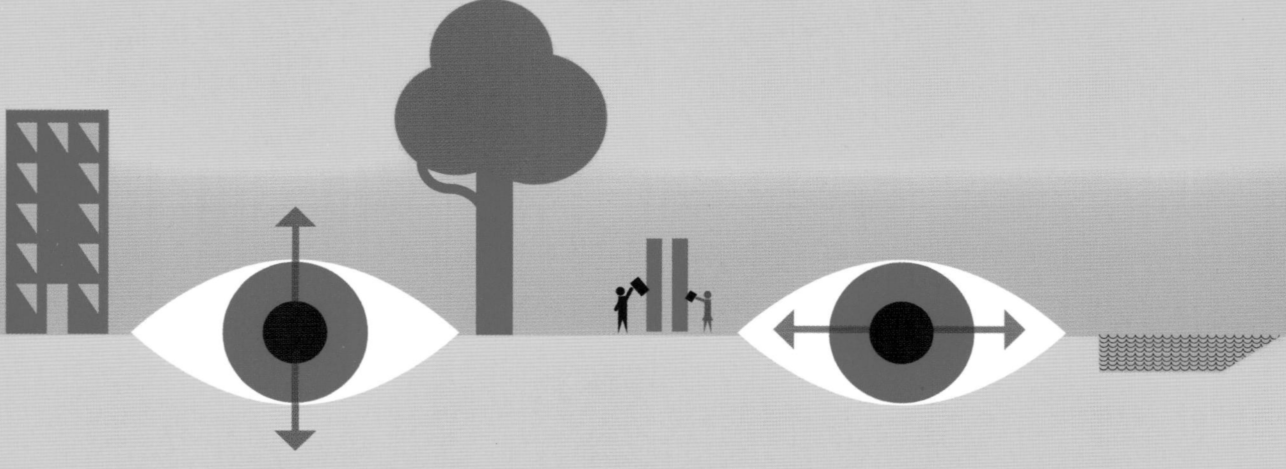

고유감각기

압력과 긴장을 느끼는 감각 기관은 다음과
같은 신체 부위에서 나타난다.

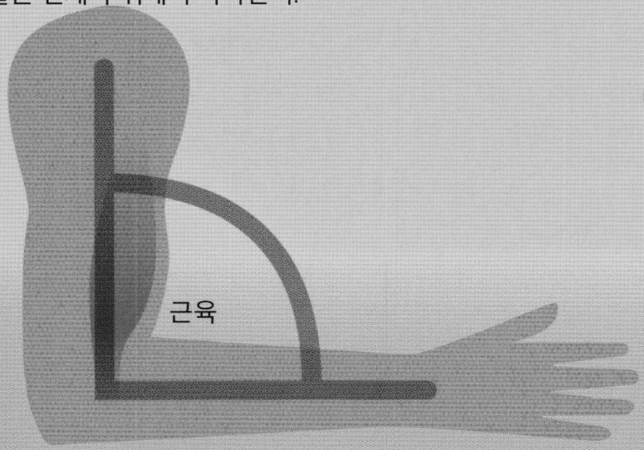
근육

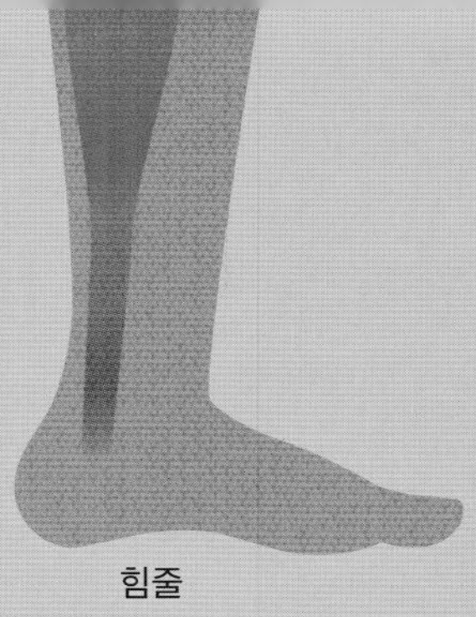
힘줄

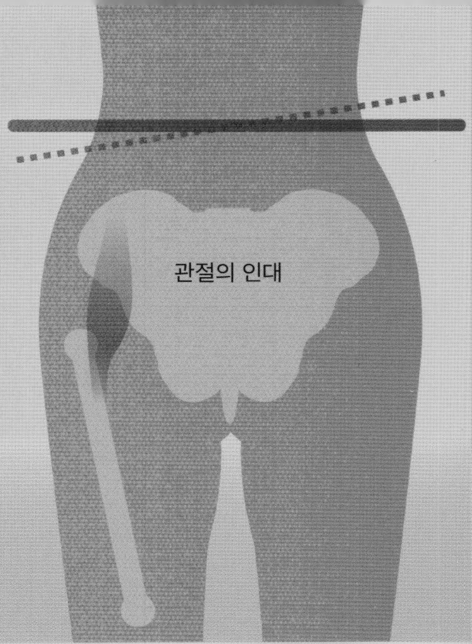
관절의 인대

피부

예를 들어 손과 팔로 민다거나 발꿈치를 기울이는 등의 압력을 감지한다.

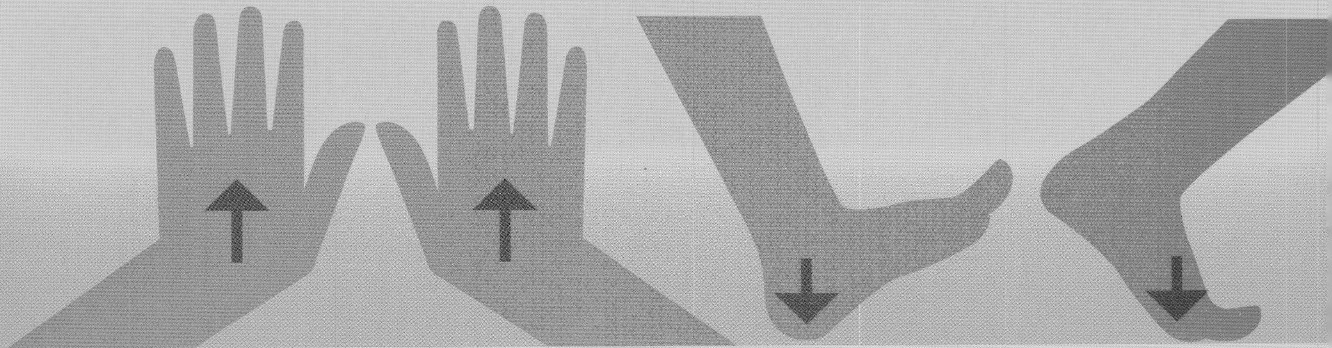

귀

들어오는 소리와 반사된 소리를 감지한다.

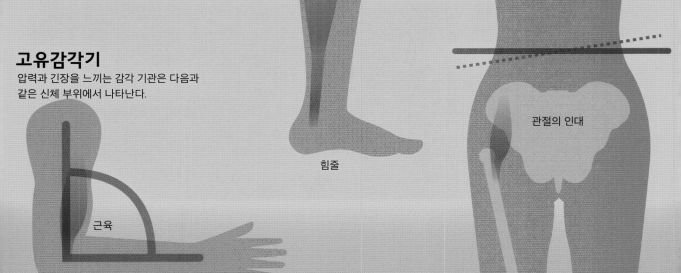

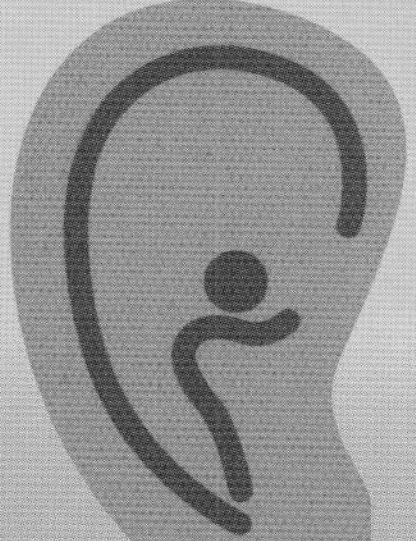

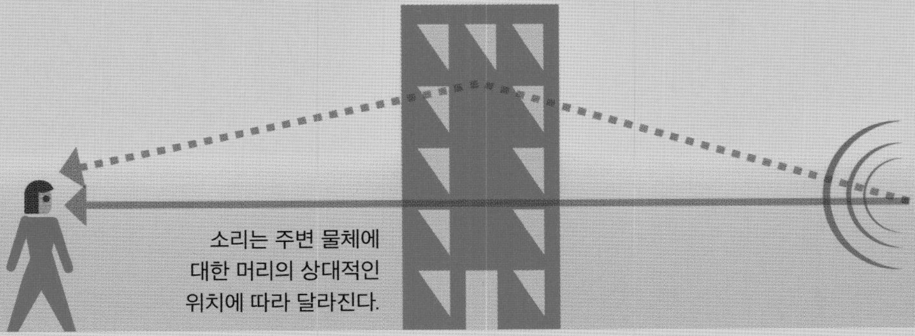
소리는 주변 물체에
대한 머리의 상대적인
위치에 따라 달라진다.

오감(五感)의 협업

각 주요 감각 기관은 뇌 바깥쪽의 얇은 층인 대뇌 겉질의 지정된 자리로 신경 신호를 보낸다. 그러나 제자리에 도착하기까지 신경 신호와 정보는 여러 단계의 처리, 암호 해독, 분석, 공유의 과정을 거친다. 그리고 일단 대뇌 겉질에 도달하면, 이 정보는 아까와 마찬가지로 분배되어 다른 감각 중추와 함께 기억, 인지, 명명, 연상, 감정, 결정, 반응을 위해 서로 협업한다. 바로 이러한 협업 때문에 어린 시절에 익숙했던 향기를 맡으면 시각, 소리, 맛, 감정은 물론, 오래된 과거 어느 날 장면에 대한 느낌과 반응 전체를 떠올리게 되는 것이다. 소나무 숲, 바닷가 물보라, 놀이 공원에서의 간식, 아기가 토해낸 분유까지 말이다.

두뇌의 엽

대뇌의 주요 부위인 대뇌 반구의 '엽'은 아주 옛날부터 알려진 해부학적 영역이다. 엽은 틈새 혹은 고랑이라고 부르는 깊은 홈에 의해 경계가 표시된다.

이마엽(전두엽)	• 의식적인 사고 • 자기 인식 • 결정 • 성격 • 기억 • 후각과 언어 • 운동의 계획과 통제
중심 고랑	이마엽과 마루엽을 가른다.
마루엽 (두정엽)	• 감각 정보의 조정 • 시공간 • 다양한 촉각 • 미각 • 언어 • 고유 감각
가쪽 고랑	관자엽으로부터 이마엽과 마루엽을 가른다.
대뇌변연계	• 감정 • 기억 • 경험
마루뒤통수 고랑	마루엽과 후두엽을 가른다.
뒤통수엽(후두엽)	• 시각 및 연관된 특징 • 감각 조정 • 기억
관자엽(측두엽)	• 청각 • 후각과 시각의 측면 • 감각 정보의 조정 • 말 • 언어 • 단기 및 장기 기억

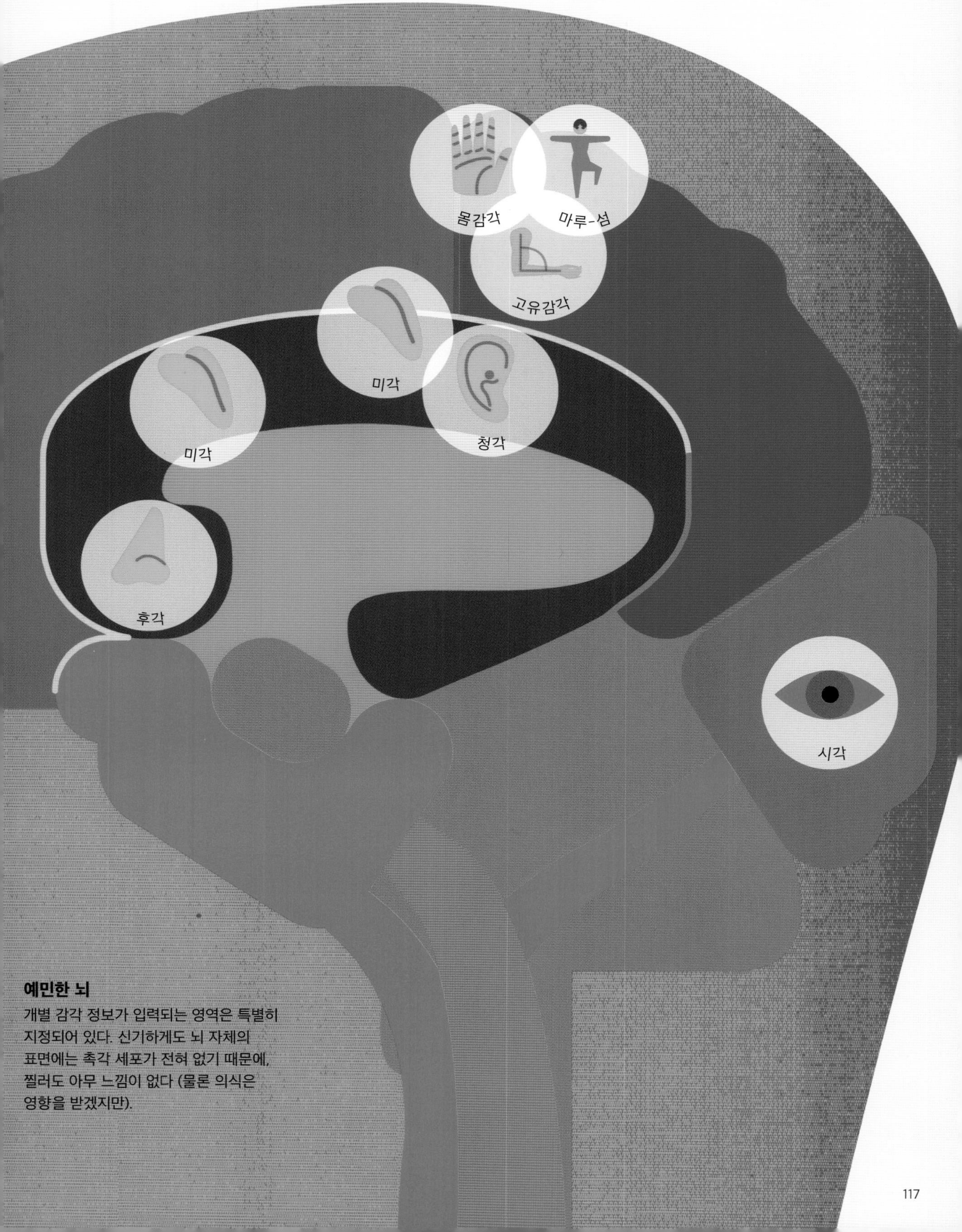
몸감각
마루-섬
고유감각
미각
미각
청각
후각
시각

예민한 뇌

개별 감각 정보가 입력되는 영역은 특별히 지정되어 있다. 신기하게도 뇌 자체의 표면에는 촉각 세포가 전혀 없기 때문에, 찔러도 아무 느낌이 없다 (물론 의식은 영향을 받겠지만).

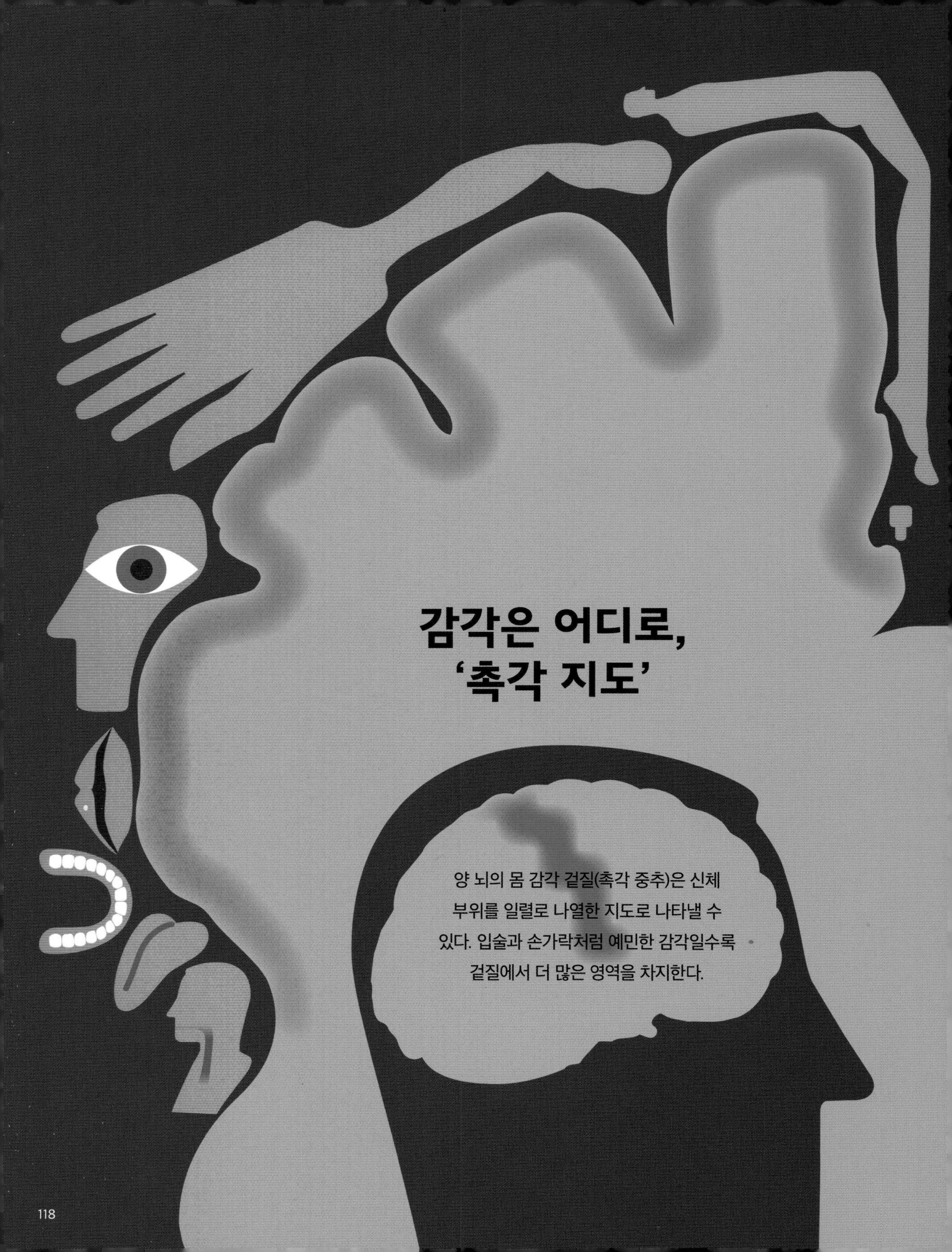

감각은 어디로, '촉각 지도'

양 뇌의 몸 감각 겉질(촉각 중추)은 신체 부위를 일렬로 나열한 지도로 나타낼 수 있다. 입술과 손가락처럼 예민한 감각일수록 겉질에서 더 많은 영역을 차지한다.

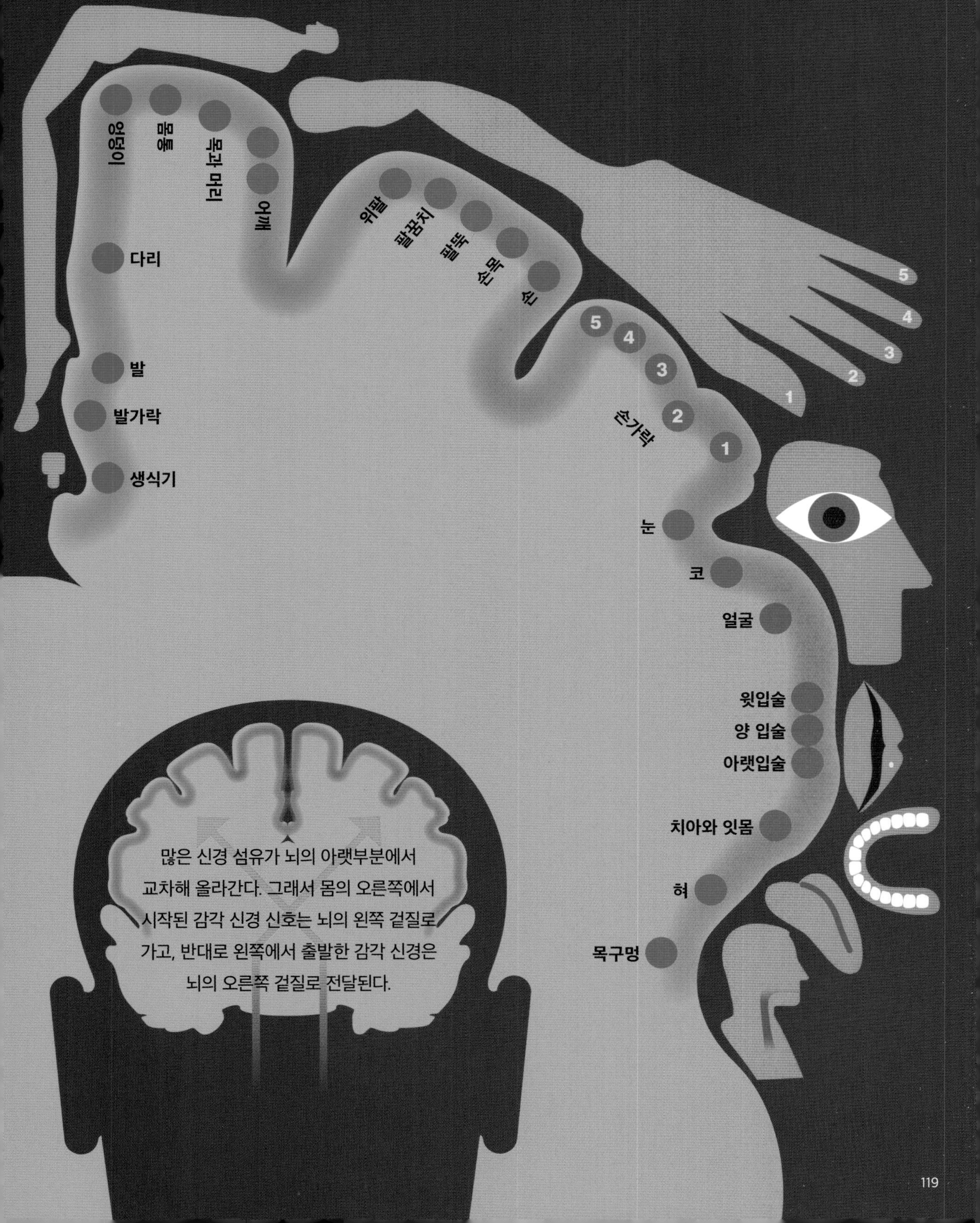

많은 신경 섬유가 뇌의 아랫부분에서 교차해 올라간다. 그래서 몸의 오른쪽에서 시작된 감각 신경 신호는 뇌의 왼쪽 겉질로 가고, 반대로 왼쪽에서 출발한 감각 신경은 뇌의 오른쪽 겉질로 전달된다.

조화의 미학

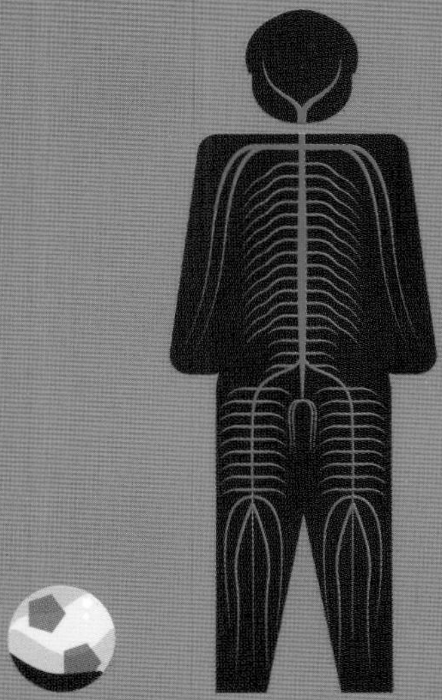

신경계와 내분비계(호르몬)

인체 내 수십억 개의 세포, 수백 개의 세포 조직, 수십 개의 신체 기관은 하나의 완전체로서 조화를 이루어가며 함께 작동한다. 그렇다면 어떤 식으로 함께 작동하는 것일까? 인체에는 몸 전체에서 이러한 협업을 주도하는 두 가지 주요 조정-통제-명령 시스템이 있다. 바로 신경계와 내분비계(호르몬)다. 신경계는 전선 역할을 하는 신경을 따라 움직이는 미세한 전기 신호에 의해 작동한다. 반면 내분비계는 호르몬이라는 화학 물질에 기반을 둔다. 두 시스템의 중심에는 모두 뇌가 자리 잡고 있다.

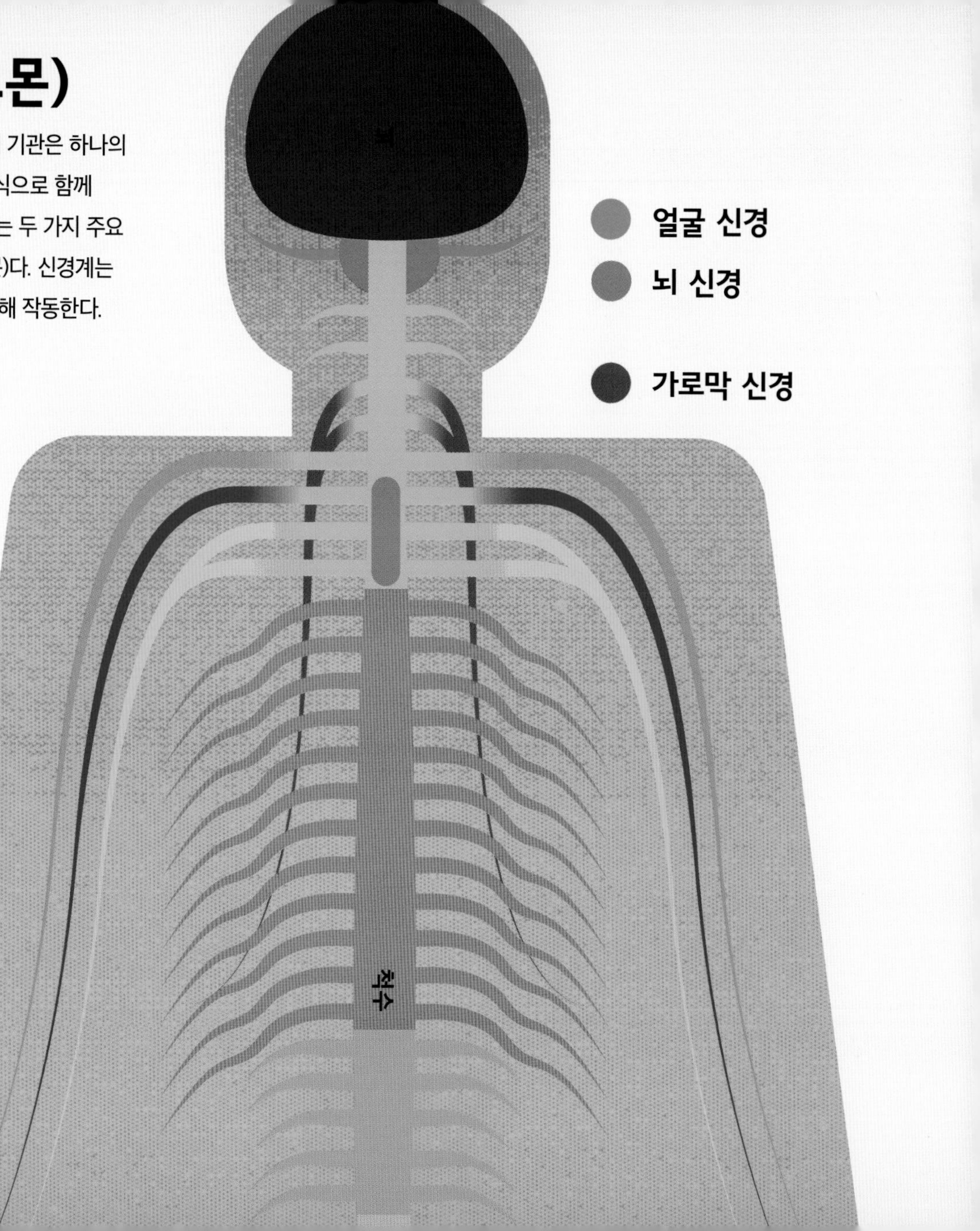
뇌
척수
얼굴 신경
뇌 신경
가로막 신경
목 신경
팔신경얼기
노신경(요골신경)
정중신경
자신경
가슴신경
허리신경

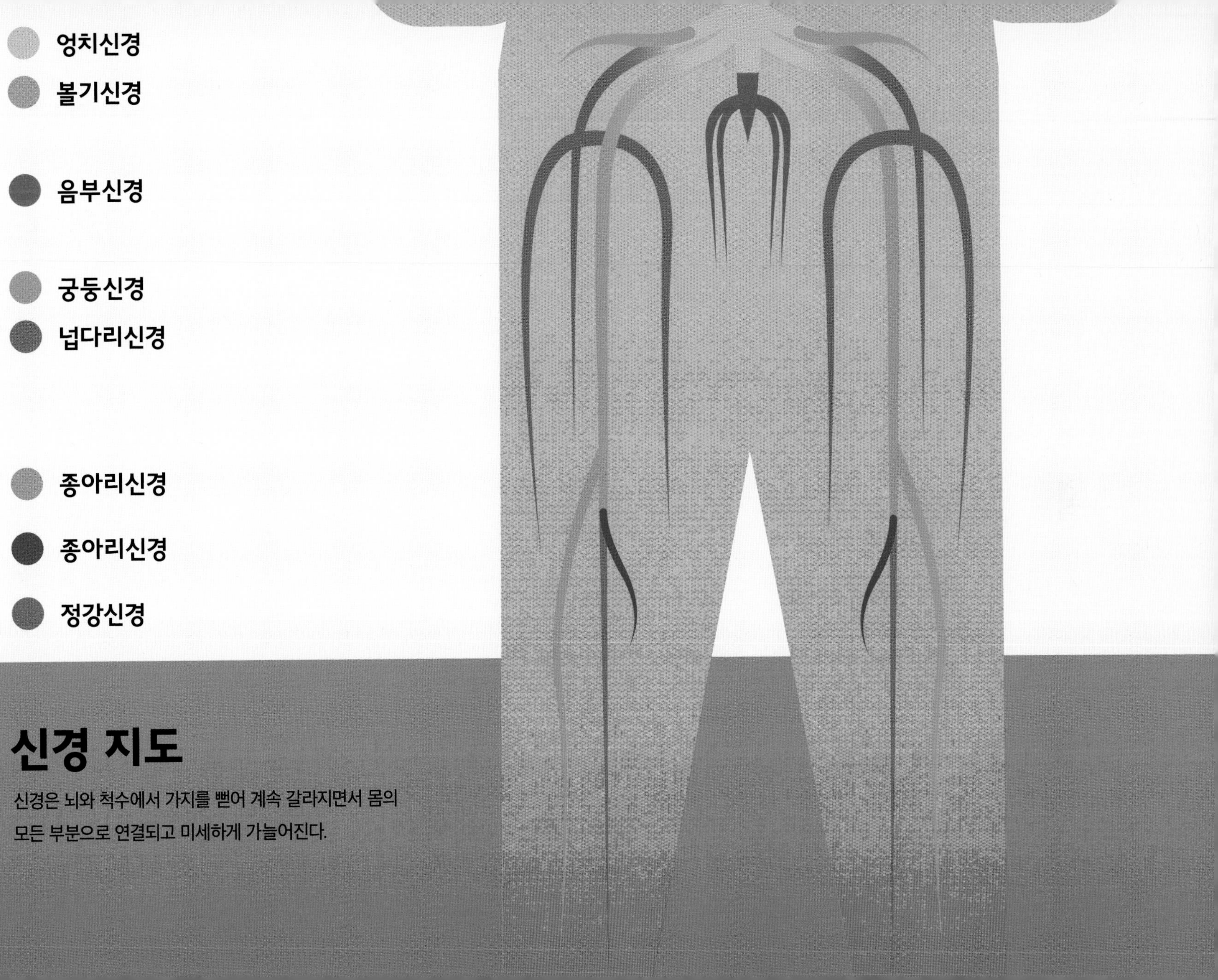
엉치신경
볼기신경
음부신경
궁둥신경
넙다리신경
종아리신경
종아리신경
정강신경

신경 지도

신경은 뇌와 척수에서 가지를 뻗어 계속 갈라지면서 몸의 모든 부분으로 연결되고 미세하게 가늘어진다.

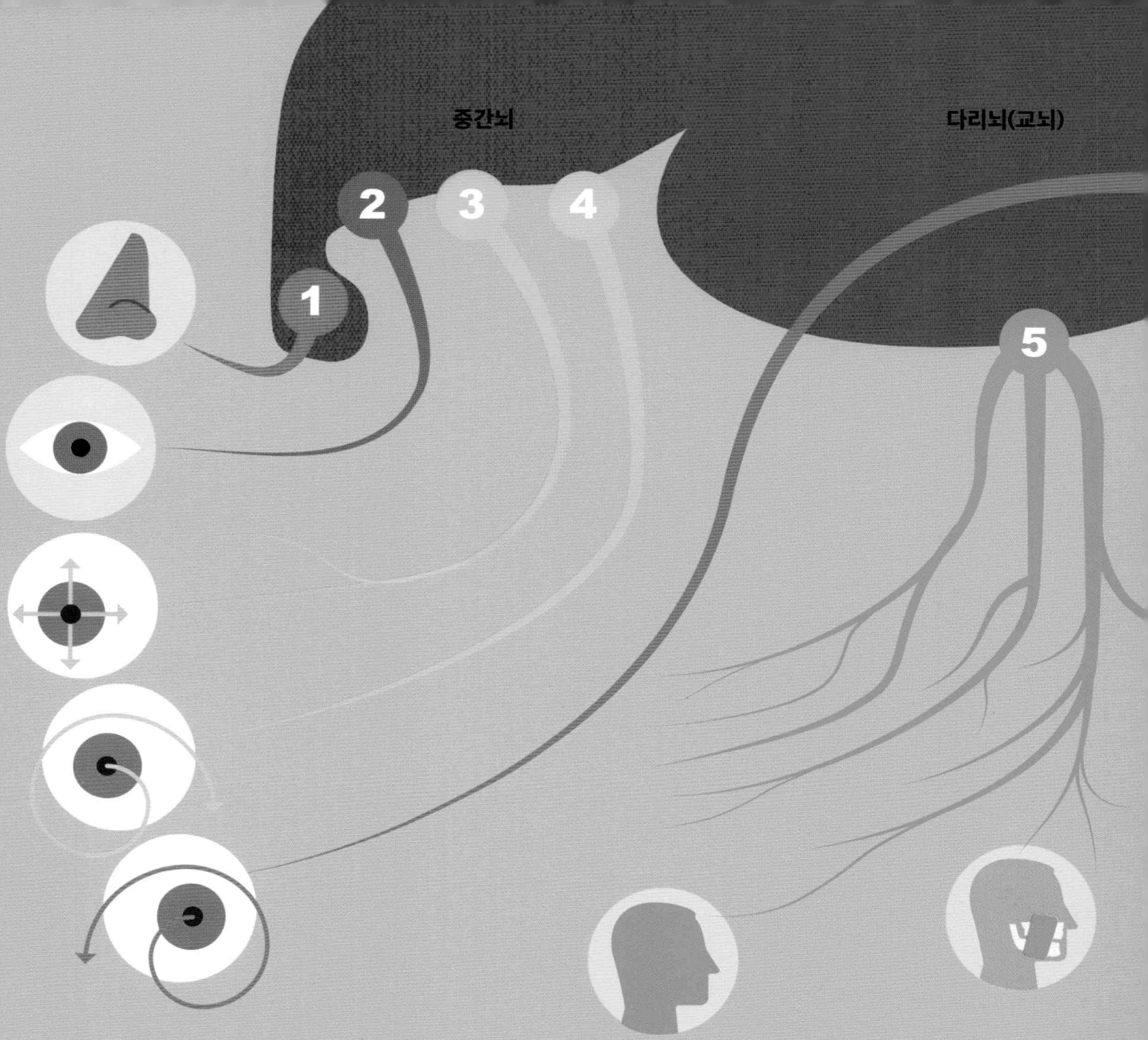

온 몸에 퍼져있는 신경들

뇌와 척수에서 좌우 총 43쌍의 신경이 나와 몸 전체에 가지를 뻗는다. 이중 12쌍은 뇌로 이어지는 뇌신경이고, 나머지 31쌍은 척수에서 나온 척수 신경이다. 뇌신경은 주요 감각 기관에서 수집한 정보를 뇌로 운반하고, 반대로 뇌가 보내는 신호를 얼굴, 머리, 목의 근육에 전달한다. 그중 하나는 심장과 폐, 위로 이어진다.

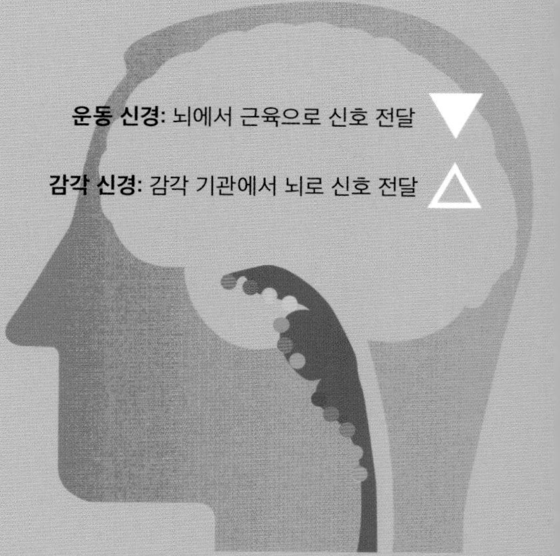
운동 신경: 뇌에서 근육으로 신호 전달
감각 신경: 감각 기관에서 뇌로 신호 전달

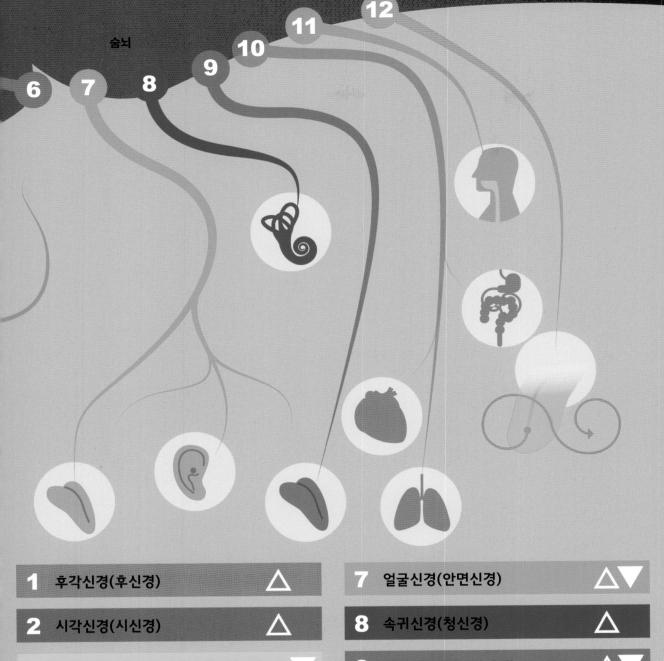

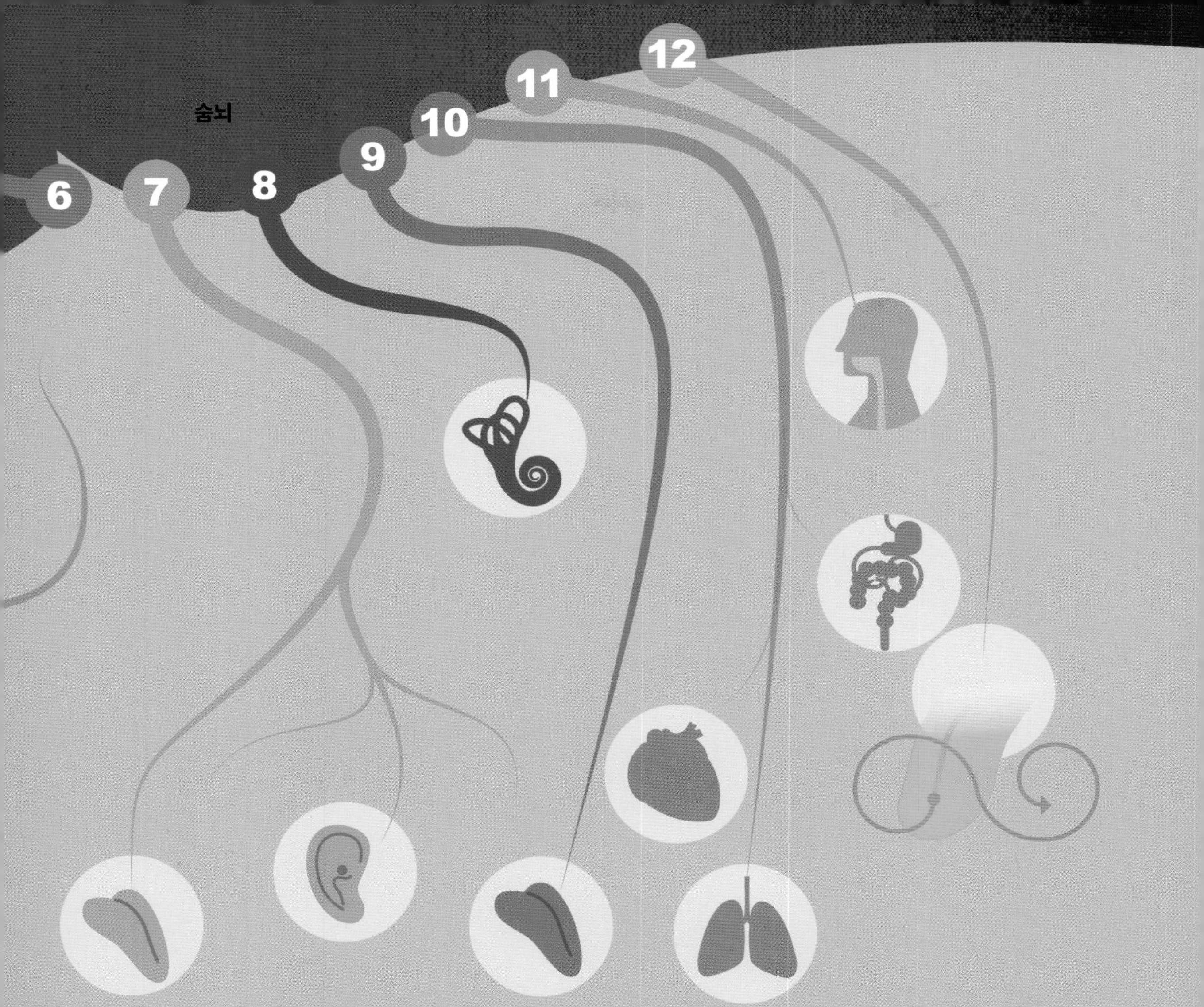
숨뇌
6
7
8
9
10
11
12

1	후각신경(후신경)	△
2	시각신경(시신경)	△
3	눈돌림신경(동안신경)	▼
4	도르래신경(활차신경)	▼
5	삼차신경	△▼
6	갓돌림신경(외전신경)	▼
7	얼굴신경(안면신경)	△▼
8	속귀신경(청신경)	△
9	혀인두신경(설인신경)	△▼
10	미주신경	△▼
11	더부신경(부신경)	▼
12	혀밑신경(설하신경)	▼

미세한 파동에 정보를 싣고

우리 몸 전체에 흩어져 있는 신경은 기본적으로 같은 방식으로 의사소통한다. 신호는 경로를 따라 전기의 형태로 전달되지만 화학 물질이 개입하는 단계가 있다. 하나의 신경 신호가 전달하는 메시지는 미세한 전기 펄스로 전달되며 아주 잠깐 지속되는데, 몸의 언제 어디서나, 그리고 어느 신경에서나 마찬가지다. 신경이 운반하는 정보는 펄스가 전달되는 속도, 그리고 정보를 보내는 곳과 받는 곳이 어디냐에 따라 달라진다.

1 유입

신경 신호가 신경 세포의 가지 돌기(수상 돌기)로 수집된다.

가지돌기의 크기
0.1-5마이크로미터

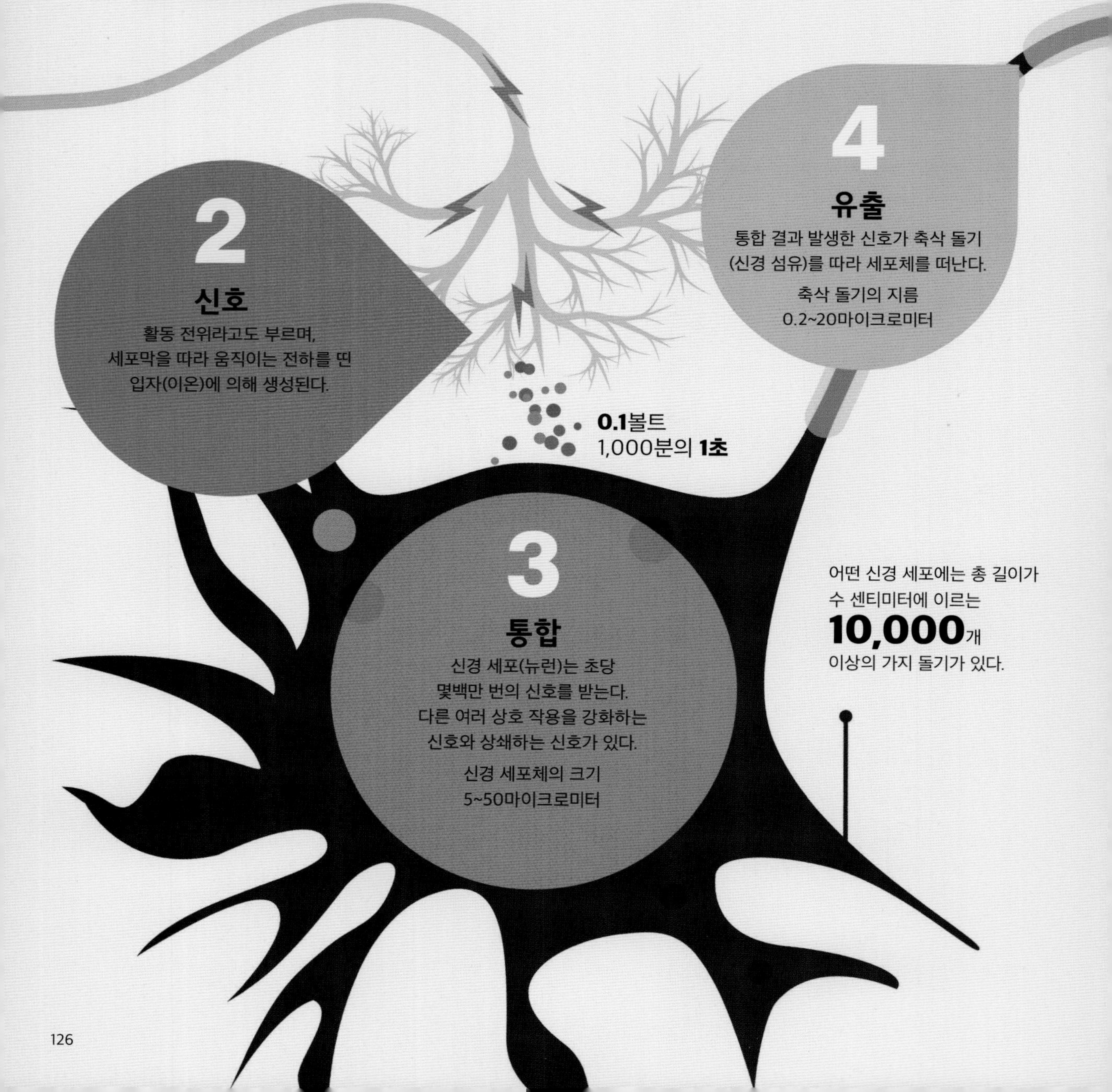

2 신호

활동 전위라고도 부르며, 세포막을 따라 움직이는 전하를 띤 입자(이온)에 의해 생성된다.

4 유출

통합 결과 발생한 신호가 축삭 돌기(신경 섬유)를 따라 세포체를 떠난다.

축삭 돌기의 지름
0.2~20마이크로미터

3 통합

신경 세포(뉴런)는 초당 몇백만 번의 신호를 받는다. 다른 여러 상호 작용을 강화하는 신호와 상쇄하는 신호가 있다.

신경 세포체의 크기
5~50마이크로미터

어떤 신경 세포에는 총 길이가 수 센티미터에 이르는
10,000개
이상의 가지 돌기가 있다.

5

전도의 강화

지방질의 미엘린 수초가 축삭 돌기를 나선형으로 감싼다. 축삭 돌기를 따라 흐르는 신호가 수초 부위를 '점프(도약)' 하여 이동하기 때문에 신경의 전달 속도가 빨라진다. 또한, 수초는 신호가 약해지거나 새어 나가지 않도록 막는다.

6

연결 부위

뉴런과 뉴런 사이의 연결 지점을 시냅스(신경 접합부)라고 한다. 각 축삭 돌기의 끝은 다음 신경 세포와 완전히 맞닿지 않고 틈이 벌어져 있다.

평균 시냅스 간격
0.02마이크로미터

8

진행

또 다른 신경 세포의 가지 돌기 혹은 세포체가 신경전달물질을 전해 받는다. 신경전달물질은 여기에서 새로운 전기 신호를 유발한다. 이런 방식으로 신호가 시냅스를 건너 뉴런과 뉴런 사이를 이동한다.

1,000분의 **1초**
이동 시간

7

화학적 이동

신경전달물질이라는 화학 물질이 시냅스를 건너 신호를 운반한다. 각 신호는 수천, 심지어 수백만 개의 신경전달 물질을 사용한다.

가장 긴 축삭 돌기의 길이는 1미터에 달한다 (발가락에서 척수까지)

1μm = 마이크로미터 = 0.001밀리미터 = 0.000001미터 (1미터의 백만 분의 1)

생사를 가르는 연결고리

척수는 뇌에서 몸통으로 연결되는 가늘고 긴 열차 같은 연결 고리다. 척추뼈(등골) 사이의 관절에서 31쌍의 척수 신경이 빠져나와 가지를 뻗어 나간다. 모든 척수 신경은 척수를 통해 피부와 내장 기관에서 얻은 감각 정보를 뇌로 운반하며, 뇌에서 내보내는 운동 신호를 근육으로 전달한다.

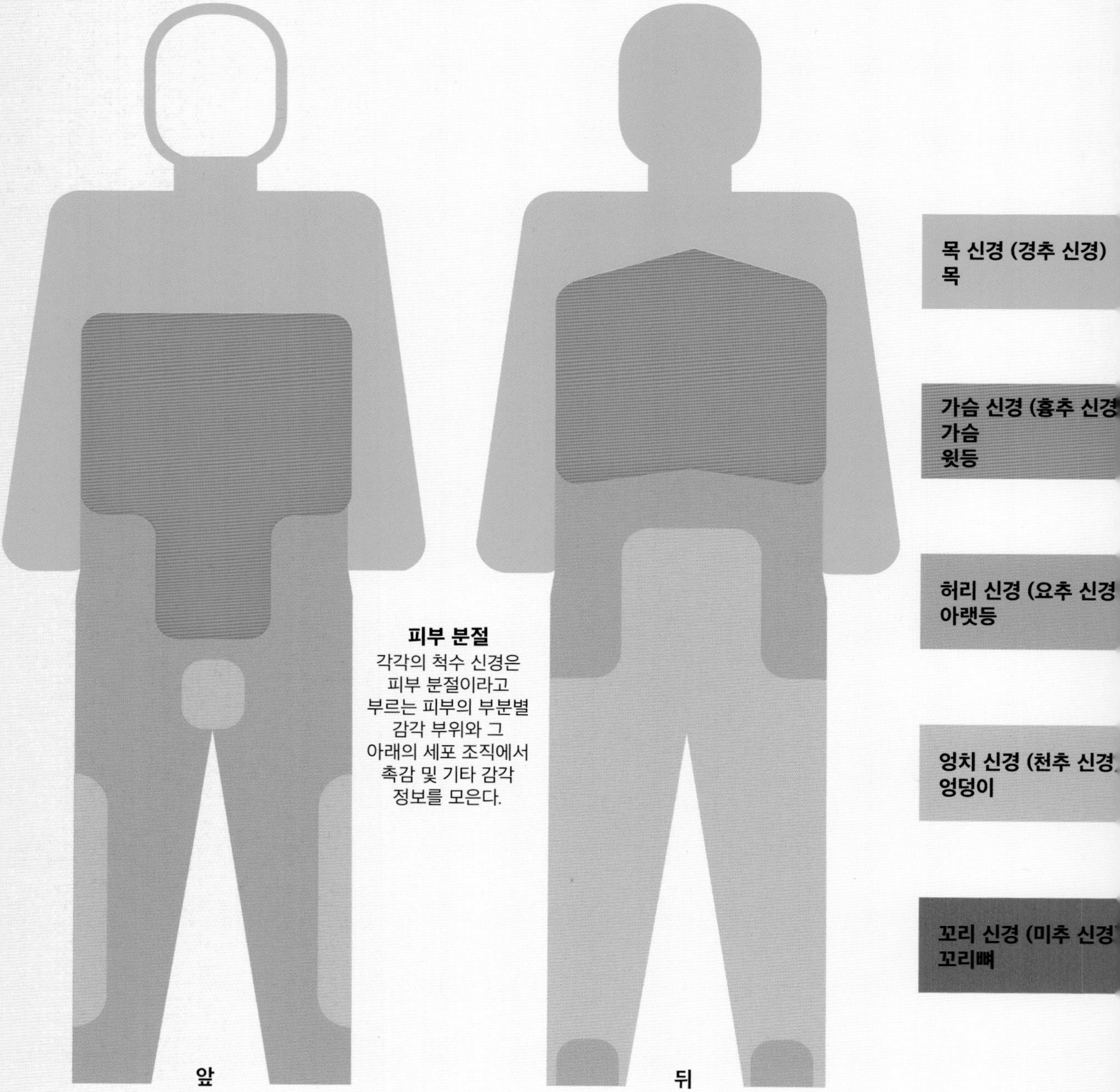

목 신경 (경추 신경)
목
가슴 신경 (흉추 신경
가슴
윗등
허리 신경 (요추 신경
아랫등
엉치 신경 (천추 신경
엉덩이
꼬리 신경 (미추 신경
꼬리뼈
앞
뒤

피부 분절

각각의 척수 신경은 피부 분절이라고 부르는 피부의 부분별 감각 부위와 그 아래의 세포 조직에서 촉감 및 기타 감각 정보를 모은다.

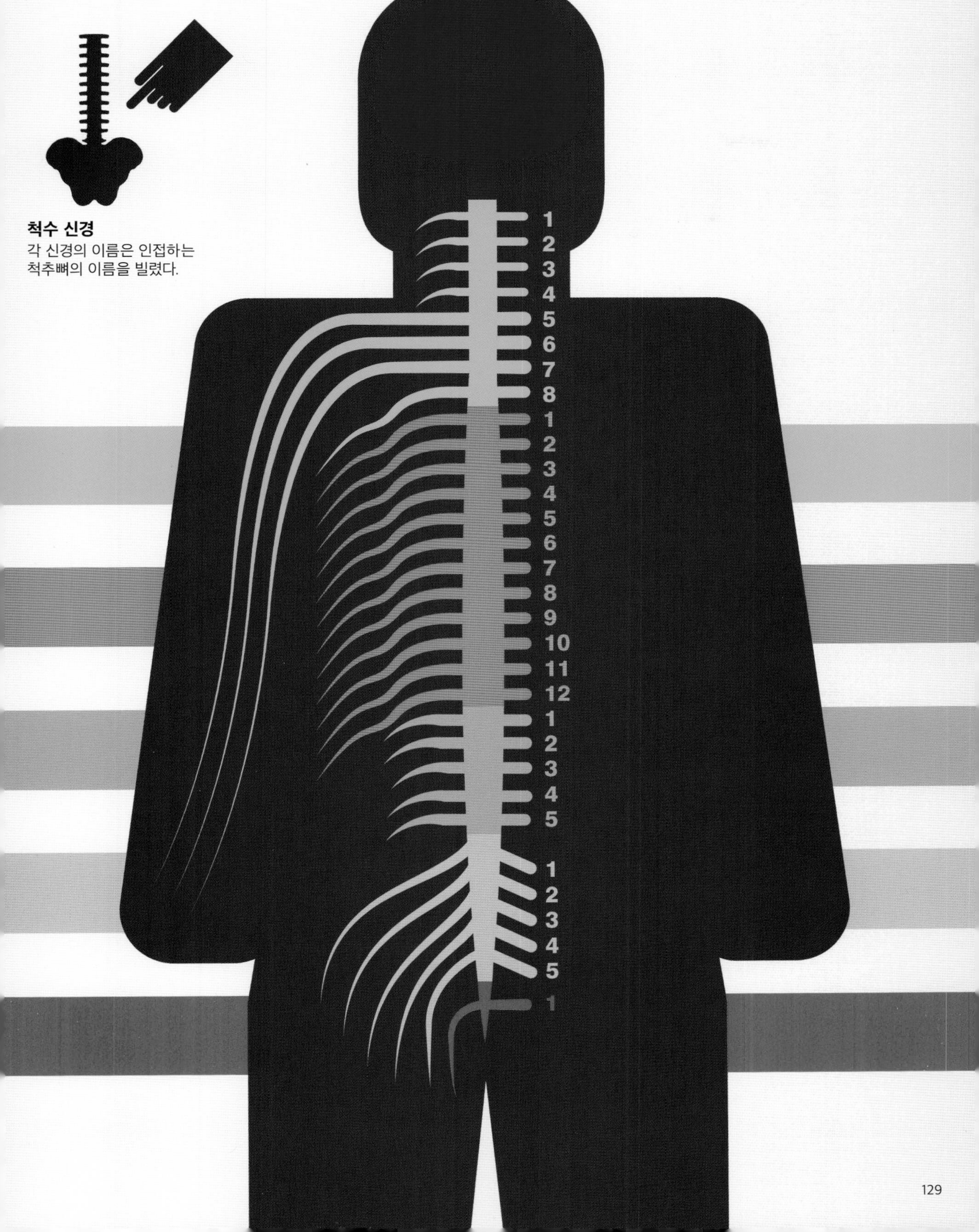
1
2
3
4
5
6
7
8
1
2
3
4
5
6
7
8
9
10
11
12
1
2
3
4
5
1
2
3
4
5
1

척수 신경
각 신경의 이름은 인접하는
척추뼈의 이름을 빌렸다.

반사와 반응

우리의 두뇌가 종종 특별히 중요한 업무, 이를테면 이 책을 읽는다거나 초음속 제트기를 발사하는 것과 같은 일에 집중해야 할 때가 있다. 이 때 방해를 받지 않기 위해 신체의 여러 부위는 '반사'라고 부르는 무의식적인 움직임을 통해 스스로를 방어하며 대응한다. 반사는 신체 접촉과 같은 자극에 반응하여 척수에서 곧바로 근육에 신경 신호를 보내 필요한 동작을 취하게 한다. 이는 평소보다 경로를 훨씬 단축해 이루어지는 것이며, 뇌는 필요하다면 나중에 상황을 파악한다.
이와는 달리 '반응'은 목적을 갖고 빠르게 대응하는 움직임이다. 뇌가 반드시 관여하며 의식적인 경계를 통해 상황을 감지하고 재빨리 판단한 후 신속히 대처하도록 명령을 내린다.

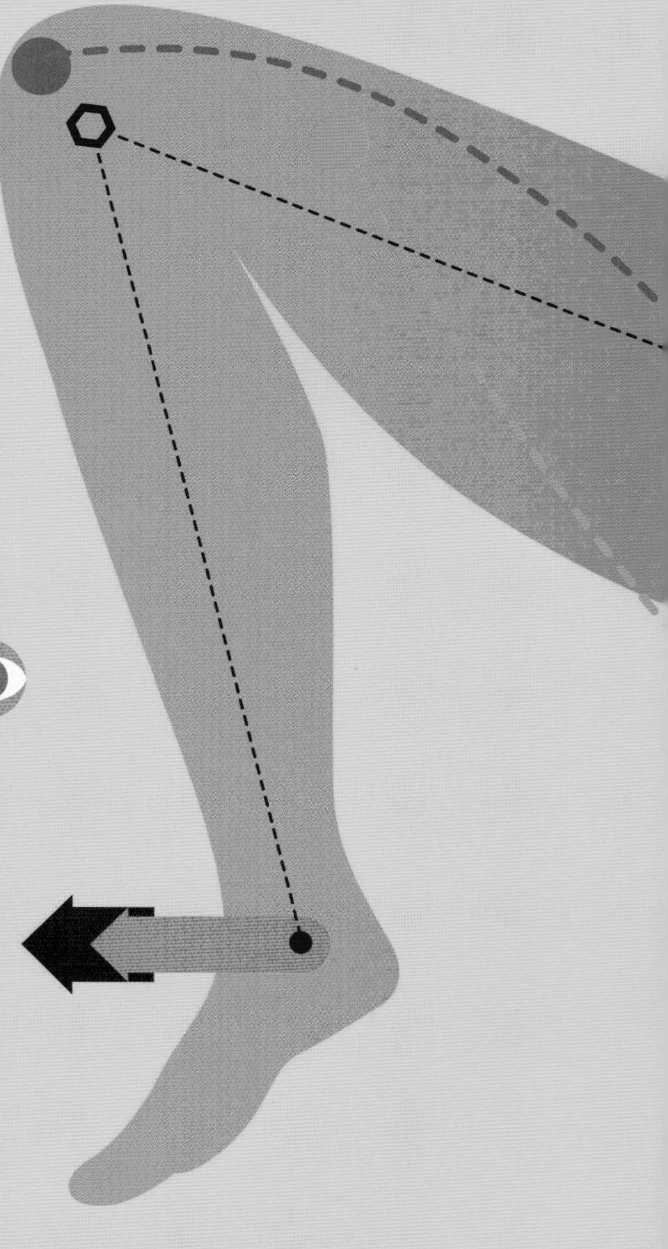

전형적인 반응 시간 (단위: 초)

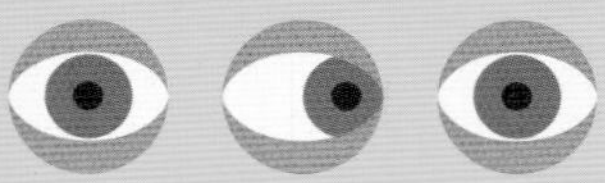

0.05
눈이 옆을 보고 다시 돌아오는 시간

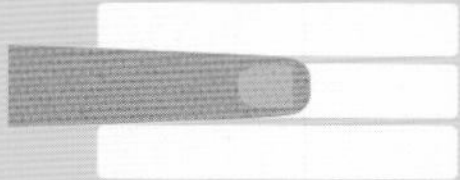

0.1
손가락이 키보드를 한 번 치는 시간

0.2
눈이 깜박거리는 시간

0.3
주먹으로 펀치를 날리는 시간

0.5
발길질 하는 시간

정신의 의식적
자각
뇌의
무의식적
거름망

반사가 일어나는 과정

신체는 갑작스러운 움직임, 낯선 접촉이나 고통과 같은 자극을 감지하고 곧바로 행동을 취하도록 명령한다. 또한 신경 신호는 뇌로도 가는데, 여기에서 이 자극이 의식적 자각의 영역으로 들어갈 만큼 중요한 것인지 무의식적으로 확인하고 거른다.

감각 신경

연결 신경

운동 신경

척수까지 위로 연결됨

다른 것 찾기

3가지 그림 중에서 다른 것 하나를 **0.7**초 안에 찾으시오.

6가지 그림 중에서 다른 것 하나를 **1**초 안에 찾으시오.

부교감신경: 일상적인 서비스

자율신경계의 부교감신경은 일상적인 '하우스키핑(생명을 유지하는 데 필요한 가장 기본적인 관리)'을 수행하며, 대체로 척수를 통해 뇌에서 제어한다. 부교감신경의 작용은 대개 교감신경과 반대된다. 일상에서 교감신경과 부교감신경은 지속해서 서로 균형을 맞춰 나간다.

교감신경: 응급상황!

자율신경계의 교감신경은 호르몬 시스템과 함께 '공포, 투쟁, 도피' 같은 반응행위에 대비해 사용할 에너지와 자기방어 자세를 준비한다.

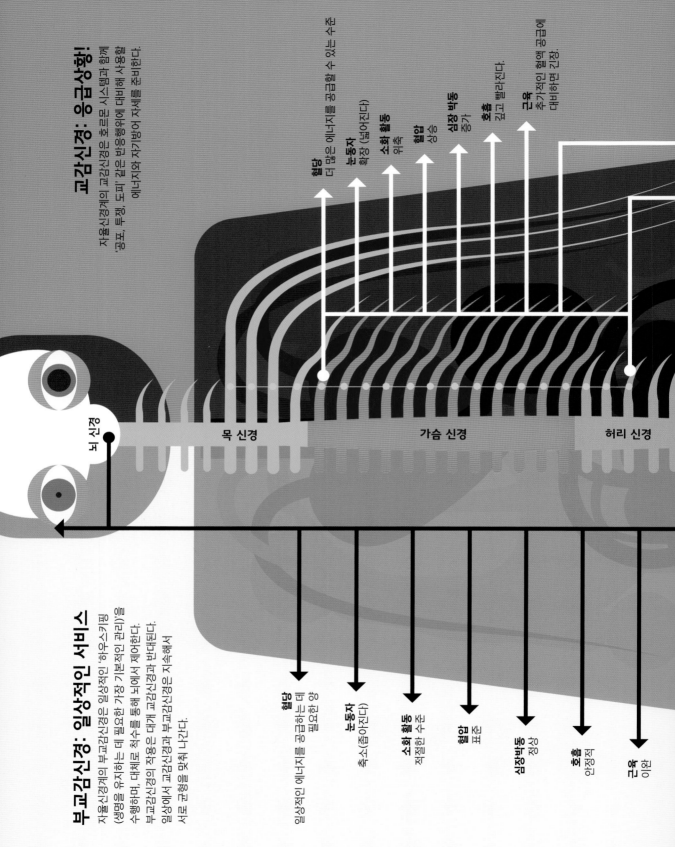

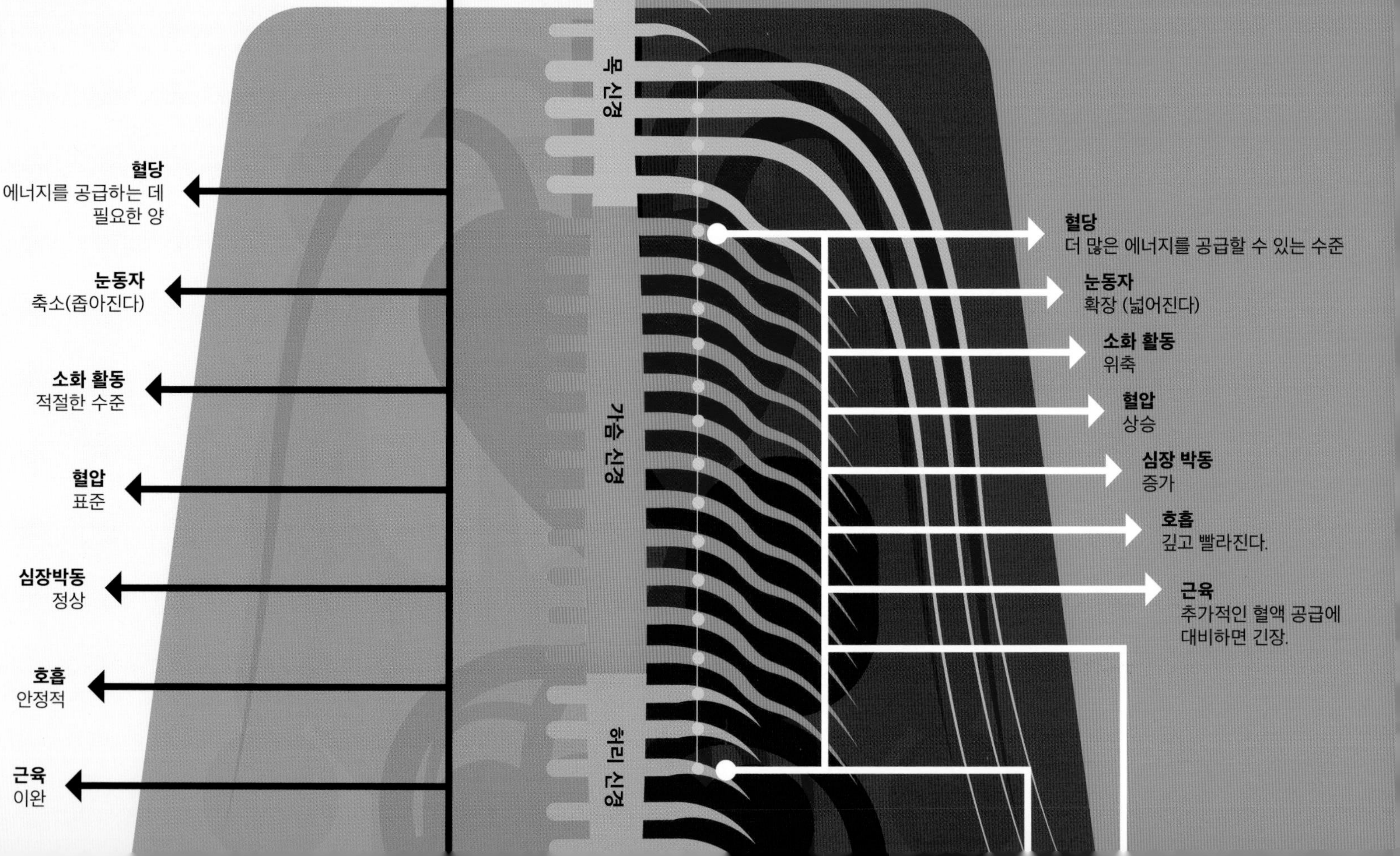

뇌 신경
목 신경
가슴 신경
허리 신경
혈당
일상적인 에너지를 공급하는 데 필요한 양
눈동자
축소(좁아진다)
소화 활동
적절한 수준
혈압
표준
심장박동
정상
호흡
안정적
근육
이완
혈당
더 많은 에너지를 공급할 수 있는 수준
눈동자
확장 (넓어진다)
소화 활동
위축
혈압
상승
심장 박동
증가
호흡
깊고 빨라진다.
근육
추가적인 혈액 공급에 대비하면 긴장.

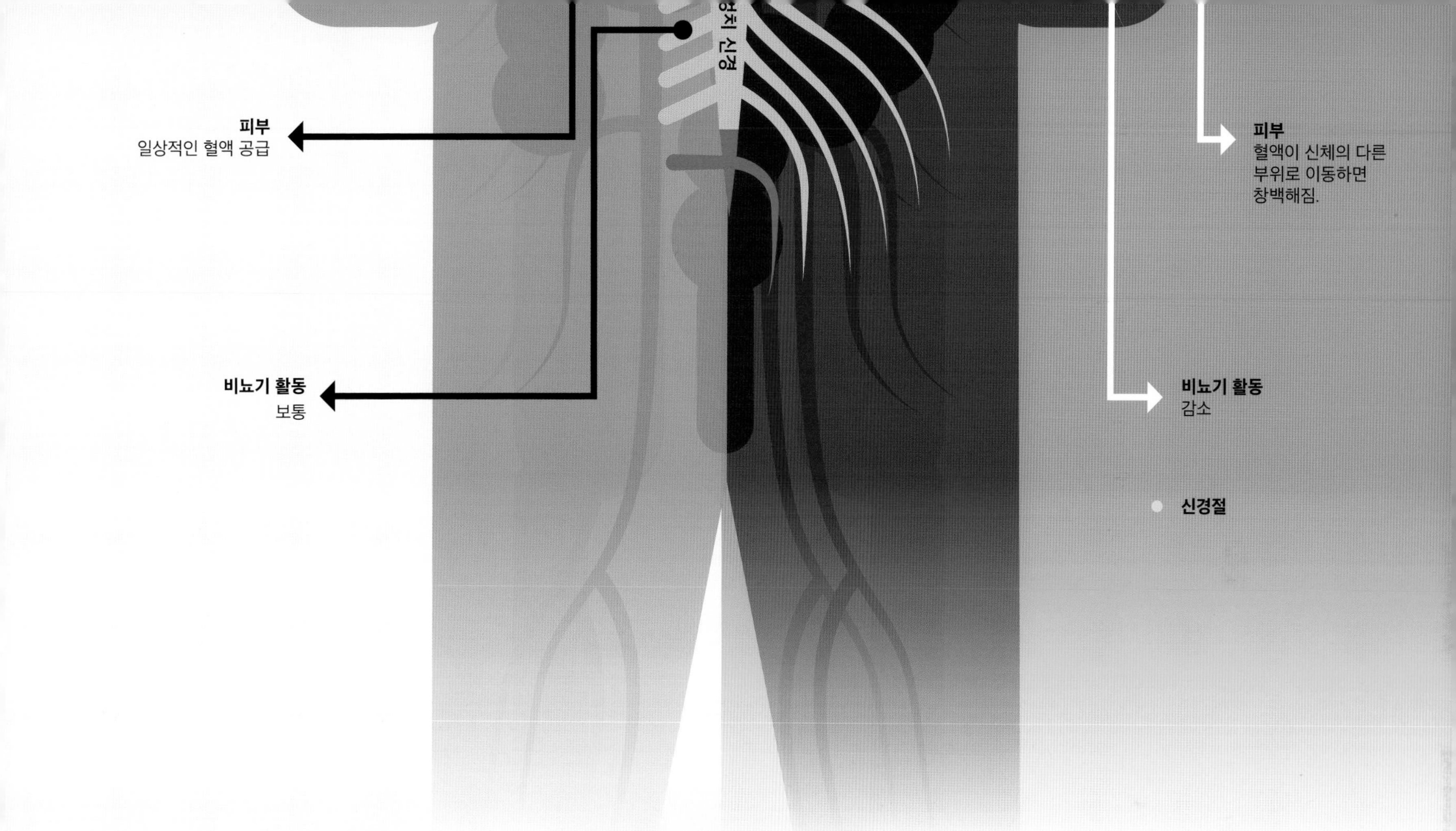
척치 신경
피부
일상적인 혈액 공급
비뇨기 활동
보통
피부
혈액이 신체의 다른 부위로 이동하면 창백해짐.
비뇨기 활동
감소
신경절

자동 운행 장치

인간의 뇌는 정말로 놀라운 기관이다. 그러나 이런 뇌조차도 의식적인 인식 수준을 통과하는 정보를 처리하는 데는 한계가 있다. 따라서 뇌는 소화, 심장 박동, 호흡, 노폐물 수거 등 신체 내부에서 진행되는 작업의 상당 부분을 자율신경계에 떠넘겨 뇌의 지시 없이도 무의식적으로 일어나게 한다. 자율신경계는 말초신경계의 일부로 내부에서 일어나는 일을 무의식 속에서 스스로 조직하며, 문제가 생겼을 때만 사고와 지각의 영역으로 경고를 보낸다.

호르몬의 임무 교대

뇌와 신경의 협력 아래 우리 몸 전체를 좌우하는 두 번째 조정-통제-명령 시스템은 내분비계다. 내분비계는 내분비샘에서 만들어진 호르몬이라는 천연 화학물질에 따라 작동한다. 내분비계는 신경계와 함께 뇌의 하단 앞쪽에 위치한 포도알 크기의 시상하부와 그 밑에 강낭콩 모양으로 달린 뇌하수체로 통합된다. 이렇게 해서 최고 경영자와 최고 운영 책임자는 하나의 꽤 괜찮은 팀을 이룬다.

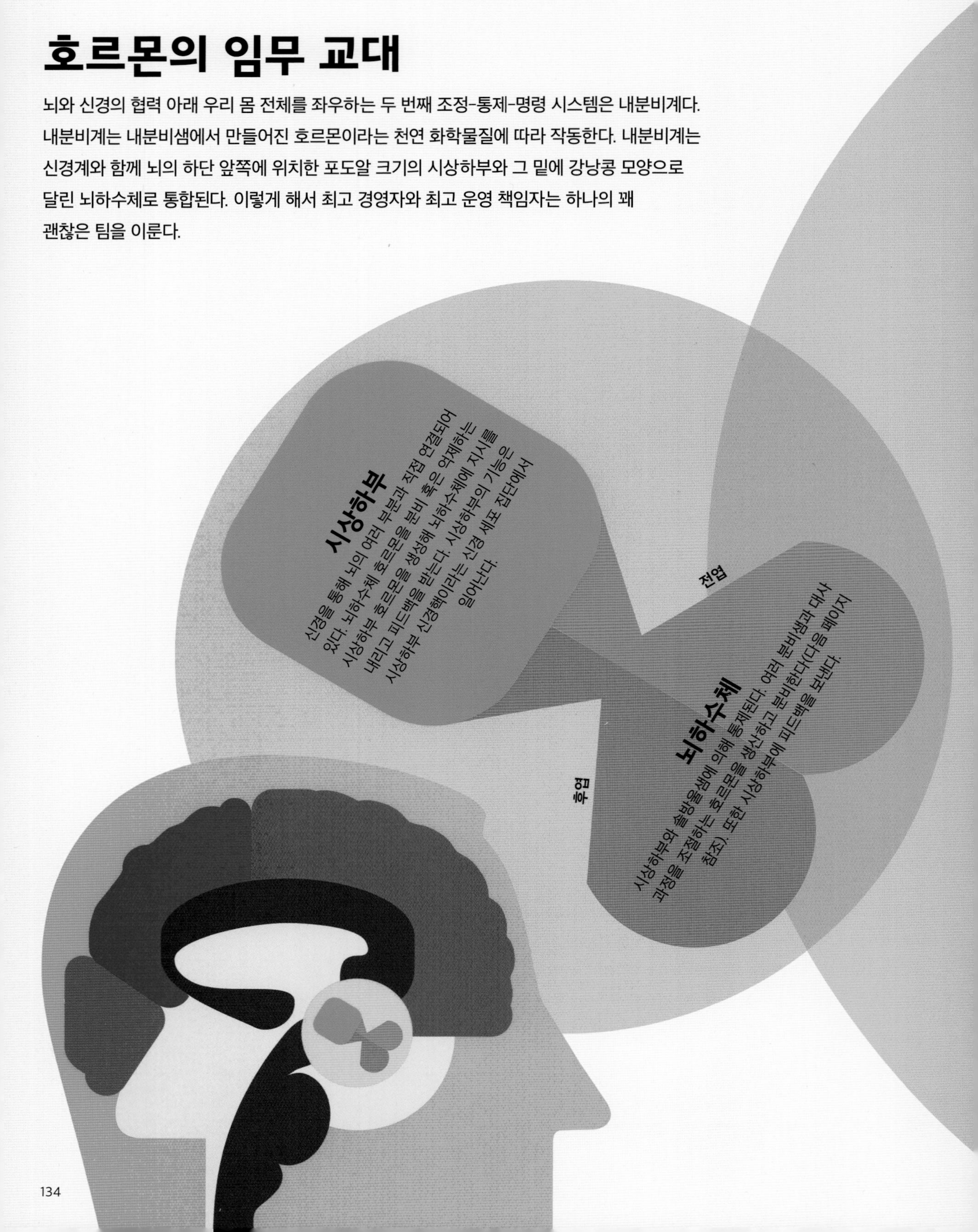

식욕
공포 반응
성장
피부색
생체 리듬 및
생체 시계
소변 생성
전반적인
신진대사,
에너지 사용
임신과 출산
신체 성장
스트레스
통증 완화
모유 생산
성적 행위
체온
혈압,
체내 수분 균형,
소변 생성
스트레스
심장 박동, 혈압
기억
수분 균형,
소변 생성
출산

조이고 풀며, 활력을…

피가 하는 일은 영양분을 공급하고 분배하는 데 그치지 않는다. 피는 호르몬을 몸 전체에 전달하는 거대한 고속도로망 역할을 한다. 호르몬은 혈액을 매개로 한 미세한 화학 물질로 특정 내분비샘에서 분비되어 몸 구석구석으로 이송된다. 하지만 호르몬은 자신의 표적으로 알려진 특정 세포 조직 및 기관에만 영향을 미친다.

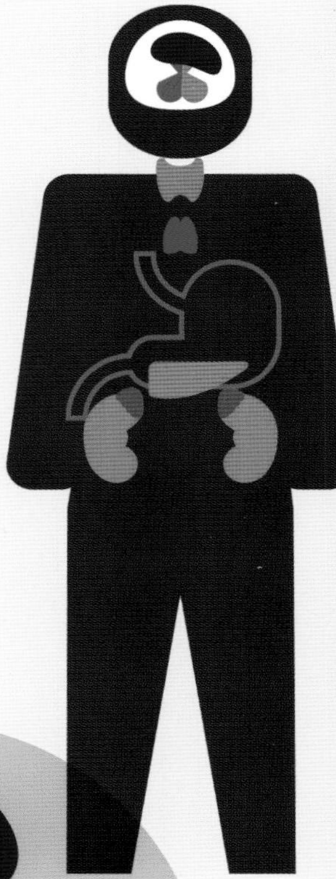

뇌하수체
호르몬 시스템의 우두머리

생산 호르몬
10개 이상의 호르몬 및 기타 유사 물질 (앞 페이지 참조)

표적 기관
세포에서 거대 신체 기관까지 대다수 신체 부위

크기
15 × 10 (밀리미터)

송과체
수면-각성 패턴 조절, 바이오리듬

생산 호르몬
멜라토닌

Targets
신체 대부분, 특히 뇌

크기
9 × 6 (밀리미터)

갑상샘
신진대사 조절, 체내 대사 과정의 속도 조절, 혈중 칼슘 수치 조절

생산 호르몬
티록신, 트리요오드티로닌, 칼시토닌

표적 기관
신체 대부분의 세포

크기
100 × 30 (밀리미터)

부갑상샘
혈중 칼슘 수치 조절

생산 호르몬
부갑상선 호르몬

표적 기관
신체 대부분의 세포

크기
6 × 4 (밀리미터)

췌장(이자)
혈당 조절 (다음 페이지 참조)

생산 호르몬
인슐린, 글루카곤

표적 기관
체내 대부분의 세포

크기
13 × 4 (센티미터)

위
위산 및 기타 소화액 분비

생산 호르몬
가스트린, 콜레사이스토키닌, 세크레틴

표적 기관
위, 췌장, 쓸개

크기
30 × 15 (센티미터)

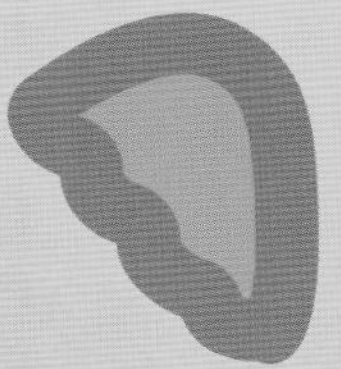

부신 피질
수분과 무기질 수치 조절, 스트레스 반응,
성적 발달 및 성적인 활동

생산 호르몬
알도스테론, 코르티솔, 성호르몬

표적 기관
콩팥과 소화관, 대다수 신체 부위, 생식기

크기
부신 전체 5 × 3 (센티미터)

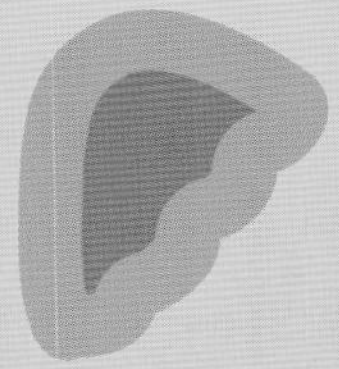

부신 수질
신체가 바로 행동을 취하도록 준비 (공포, 투쟁, 도피)

생산 호르몬
아드레날린 및 유사 호르몬

표적 기관
대다수 신체 기관

크기
부신 전체 5 × 3 (센티미터)

가슴샘
백혈구를 자극하여 질병과 싸우게 한다.

생산 호르몬
타이모신 및 유사 호르몬

표적 기관
백혈구

크기
어릴 때 5 × 5 (센티미터)
성인이 되면서 줄어든다.

콩팥(신장)
수분과 무기질 균형, 혈압, 적혈구 생산

생산 호르몬
레닌(효소), 에리트로포이에틴
(적혈구 형성 인자)

표적 기관
신장 및 혈액 순환, 골수

크기
12 × 6 (센티미터)

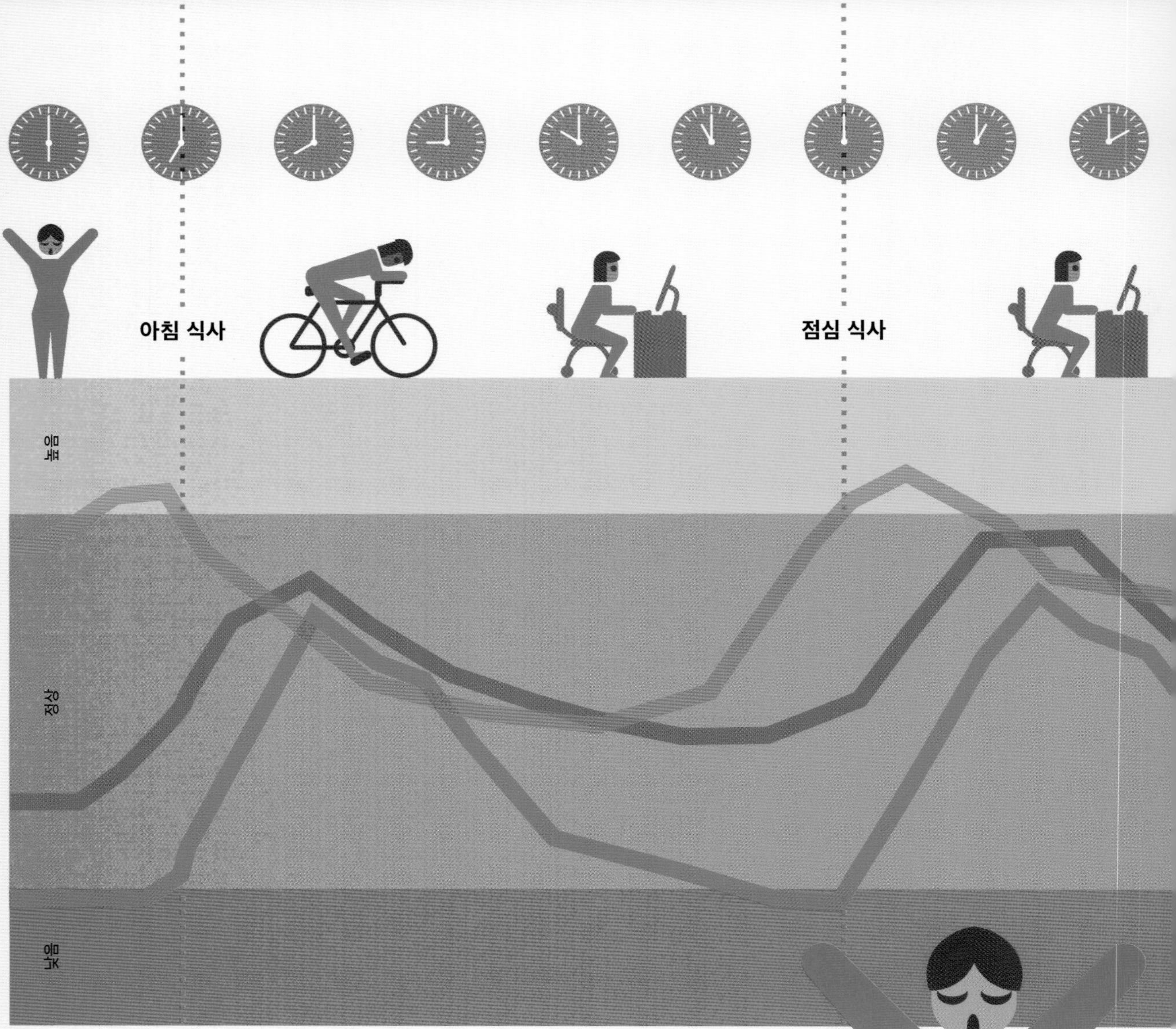

아침 식사
점심 식사
높음
정상
낮음

호르몬의 '밀고 당기기'

호르몬은 매우 세심하게 다뤄야 한다. 몸속을 돌아다니는 양이 1그램에도 미치지 못하지만 신체에 막대한 영향을 끼치기 때문이다. 대다수 호르몬은 '밀고 당기는' 방식으로 조절된다. 즉, 한 호르몬이 표적의 수치를 높이거나 반응 속도를 올리면, 그 호르몬에 대항하는 길항 호르몬은 반대 효과를 나타낸다. 이 페이지에서는 혈당(포도당)의 사례를 보여준다. 포도당은 세포가 살아 있고 일하는 데 필요한 에너지원이다. 췌장의 두 호르몬이 어떻게 혈액 속의 포도당 농도를 일정하게 유지하는지 알아보자.

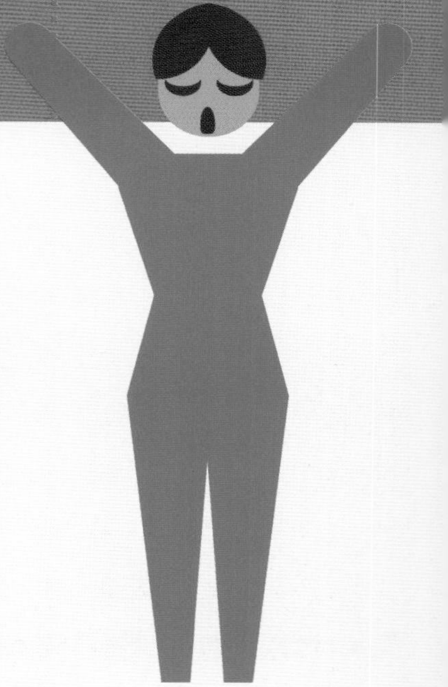

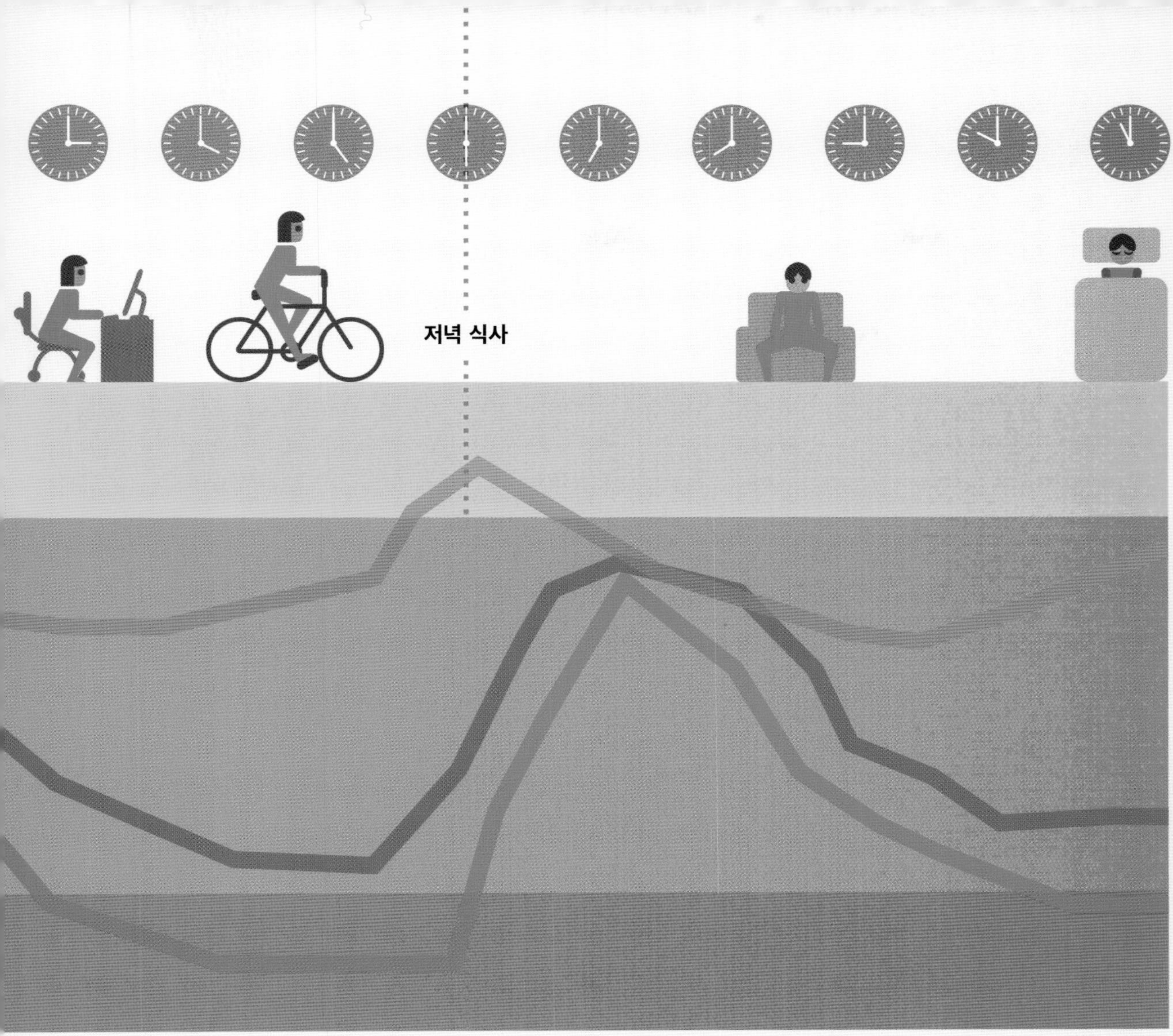

글루카곤
나오는 곳: 작은 섬모양의 췌장 내 알파 세포.
기능: 간이 글리코겐(녹말)을 포도당으로 바꾸도록 지시함으로써 혈액 속의 포도당 농도를 높인다.
수치: 혈당과 인슐린의 수치가 올라가면 약 1~2시간의 시차를 두고 내려간다.

혈당
나오는 곳: 음식 및 음료수, 특히 단 음식 또는 녹말성 음식(탄수화물).
기능: 모든 세포의 대사 과정에 필요한 에너지를 제공한다.
수치: 음식(특히 고탄수화물 식품)을 먹은 후 높아진다. 활동 및 운동하면 떨어진다.

인슐린
나오는 곳: 췌장의 베타 세포.
기능: 세포가 포도당을 흡수하도록 유도하고, 간에서 포도당이 글리코겐으로 전환함으로써 혈액 속의 포도당 농도를 낮춘다.
수치: 포도당의 패턴을 몇 분 차이로 따라간다.

건강을 꿋꿋이 유지하려면

수분과 무기질의 균형은 건강한 신체에 필수적이다. 몸이 먹고 마시고 숨 쉬고 땀 흘리고 운동할 때, 그리고 그 밖의 매 순간에 신체의 균형은 흐트러지기 쉽다. 여러 신체 기관과 호르몬은 신체가 건강한 상태를 유지하도록 서로 협력한다.

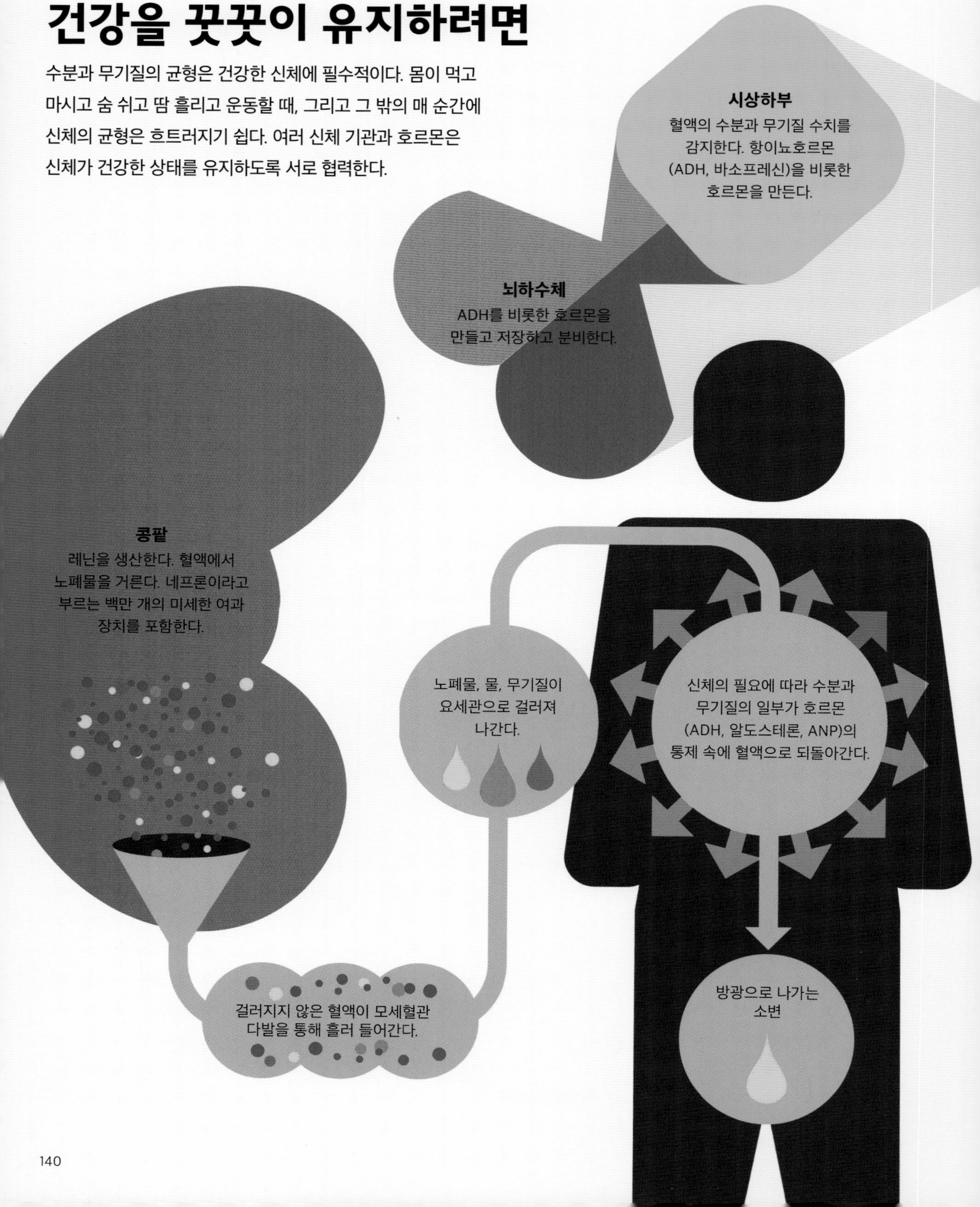

시상하부
혈액의 수분과 무기질 수치를 감지한다. 항이뇨호르몬(ADH, 바소프레신)을 비롯한 호르몬을 만든다.
뇌하수체
ADH를 비롯한 호르몬을 만들고 저장하고 분비한다.
콩팥
레닌을 생산한다. 혈액에서 노폐물을 거른다. 네프론이라고 부르는 백만 개의 미세한 여과 장치를 포함한다.
노폐물, 물, 무기질이 요세관으로 걸러져 나간다.
신체의 필요에 따라 수분과 무기질의 일부가 호르몬(ADH, 알도스테론, ANP)의 통제 속에 혈액으로 되돌아간다.
걸러지지 않은 혈액이 모세혈관 다발을 통해 흘러 들어간다.
방광으로 나가는 소변

혈압이 낮아졌을 때
혈액 속 수분량이 줄어들어 혈압이 떨어졌을 때

뇌하수체가 항이뇨호르몬(ADH, 바소프레신)을 분비한다.

ADH가 콩팥을 표적으로 삼아 소변의 수분을 혈액으로 보낸다.

ADH 역시 혈관을 조여 혈압을 올린다.

콩팥에서 분비한 레닌이 간에서 AT1(앤지오텐신1)을 AT2로 전환한다.

AT2가 혈관을 조여 혈압을 올린다. 그리고 부신을 자극하여 알도스테론을 분비하게 한다.

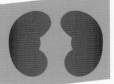

알도스테론이 콩팥에 작용해 소변의 수분을 혈액으로 보낸다.

혈관이 좁아지고 혈액에 수분이 많아진다.

혈압이 상승한다.

심장의 심방(심장의 위쪽에 있는 방)에서 ANP(심방나트륨이뇨펩티드)가 분비된다.

콩팥에 작용하여 소변에서 혈관으로 들여보내는 수분의 양을 줄인다.

콩팥에서 더 적은 물이 혈액으로 들어가 혈액의 부피가 감소한다.

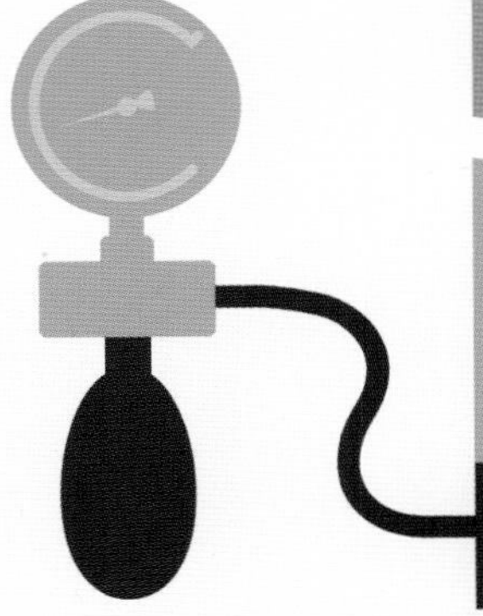

혈압이 낮아진다.

혈압이 높아졌을 때
혈액 속 수분량이 증가하고 혈관이 좁아졌을 때

생각한다. 고로 존재한다

숫자로 보는 뇌

정상적인 두뇌의 크기는 다양하다.(이 책에서는 일반적인 평균치를 사용했음).
그러나 전반적으로 뇌의 크기와 지능 사이에는 연관성이 없는 것으로 보인다. 겉으로는 조용하고 움직이지 않는 것처럼 보이지만, 뇌 속에서는 신경 세포의 전기적 화학 작용이 매우 활발하게 일어난다.
그래서 뇌는 몸 전체에서 에너지에 가장 굶주린 기관이기도 하다.

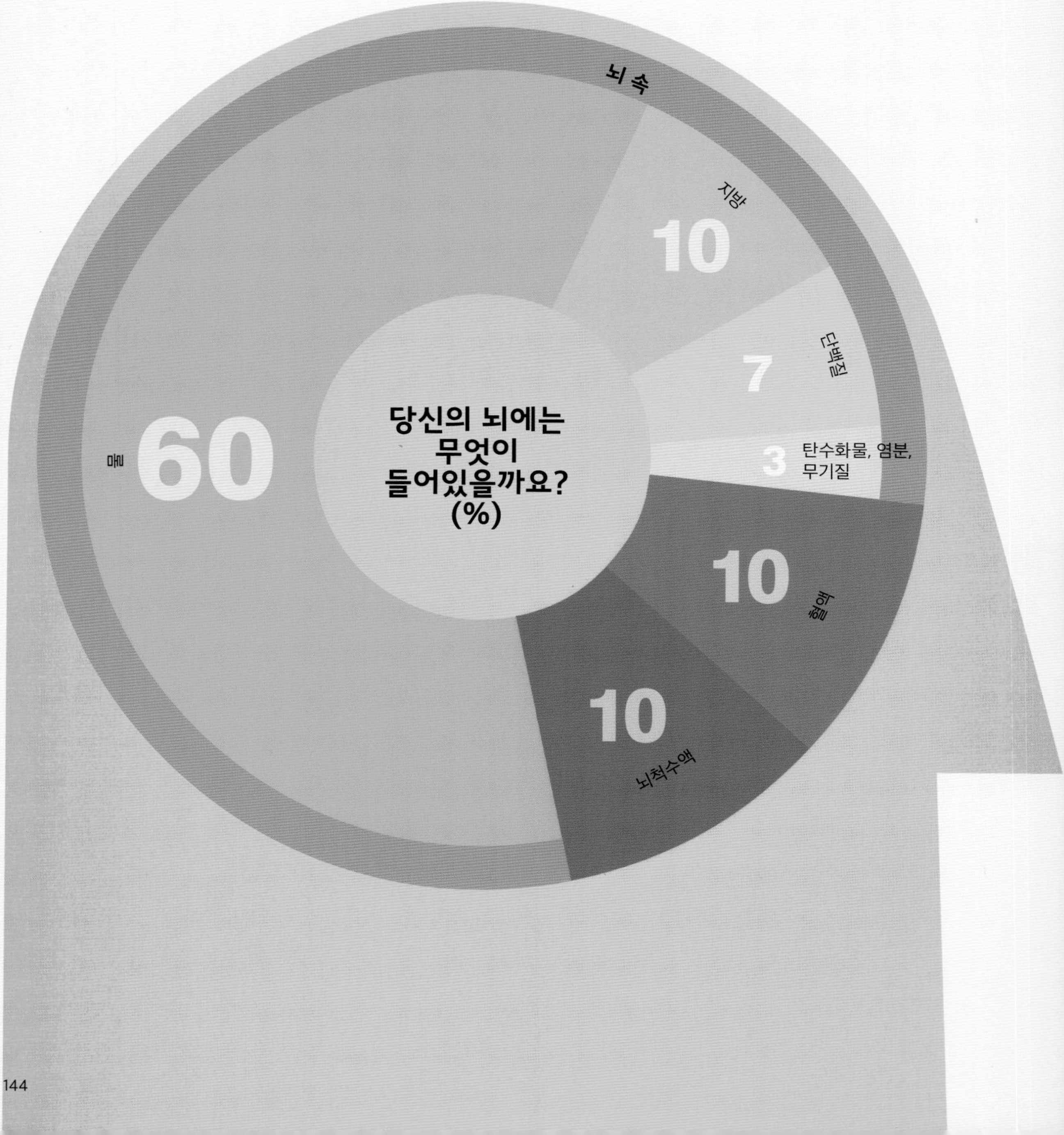

뇌 속
당신의 뇌에는 무엇이 들어있을까요? (%)
물 60
지방 10
단백질 7
3 탄수화물, 염분, 무기질
혈液 10
뇌척수액 10

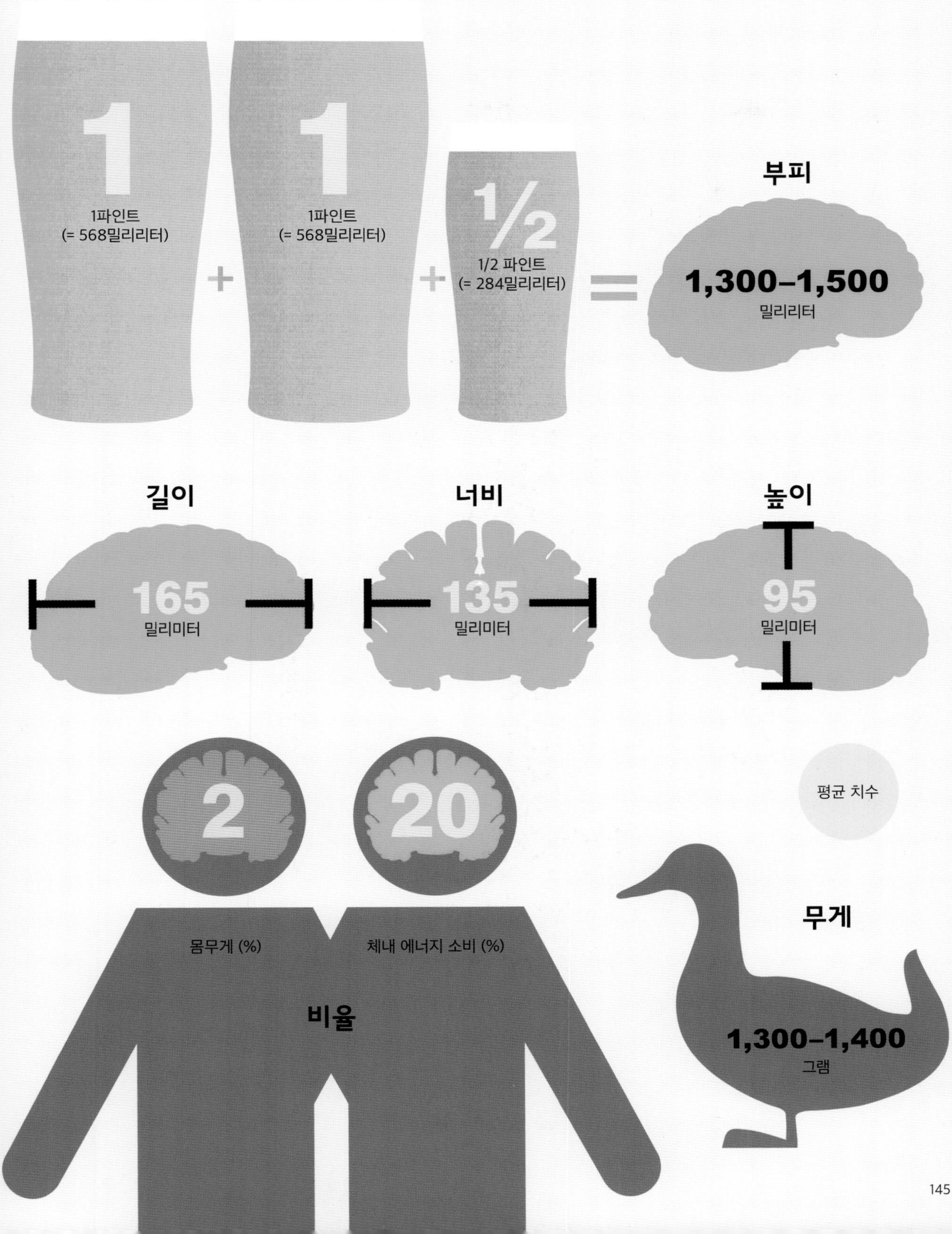
1
1파인트
(= 568밀리리터)
+
1
1파인트
(= 568밀리리터)
+
1/2
1/2 파인트
(= 284밀리리터)
=
부피
1,300–1,500
밀리리터
길이
165
밀리미터
너비
135
밀리미터
높이
95
밀리미터
2
20
몸무게 (%)
체내 에너지 소비 (%)
비율
평균 치수
무게
1,300–1,400
그램

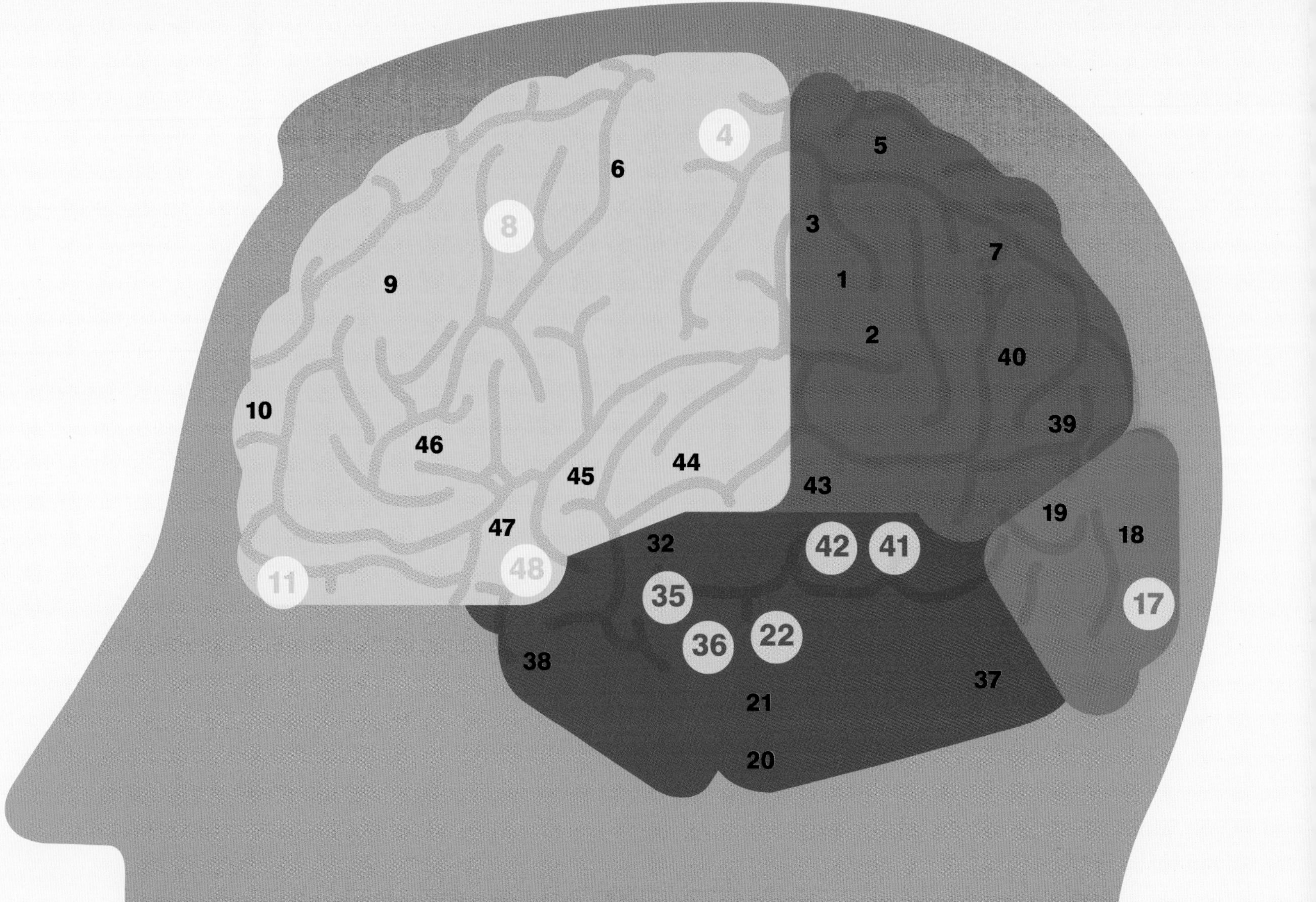

5
3
1
2
7
40
39
43
19
18
17
6
4
8
9
10
46
45
44
47
48
11
32
42
41
35
36
22
38
37
21
20

브로드만의 뇌 지도

대뇌 겉질(대뇌 피질: 뇌의 주름진 표면)을 아주 자세히 들여다보자. 겉질을 이루는 신경 세포는 모두 제각각이다. 모양이나 개수, 크기, 그리고 여섯 층의 조직이 모두 달라 마치 조각보를 보는 것 같다. 이 조각보를 브로드만 영역이라고 부른다. 각 영역은 고유한 숫자로 나타내고 각기 다른 기능을 한다. 브로드만 영역 일부의 기능을 소개한다.

4 운동
일차 운동 겉질
몸을 움직이기 위해 근육의 수축을 명령함.

8 결정
이마앞 겉질 (전전두엽 피질)
의심, 결단, 반신반의의 심리 상태와 연관된 여러 지역.

11 보상
이마앞 겉질 (전전두엽 피질)
결정 내리기, 보상에 대한 평가, 추론, 장기 기억과 연관된 여러 지역.

17 시각
일차 시각 피질
시력과 관련해 눈에서 보내는 메시지가 전달되는 주 종착 지점.

22 언어 능력
단어의 이해
베르니케 영역 (왼쪽), 모호한 상태 (오른쪽)

35, 36 시각 및 기억
관자엽 (측두엽)
눈으로 본 물체를 인지하고 의미를 부여함.

41, 42 청각
일차 청각 겉질
소리와 관련하여 귀에서 보내는 메시지가 전달되는 주 종착 지점.

48 인식
이마앞 겉질 (전전두엽 피질)
기억, 인식, 주의, 집중과 연관된 여러 지역.

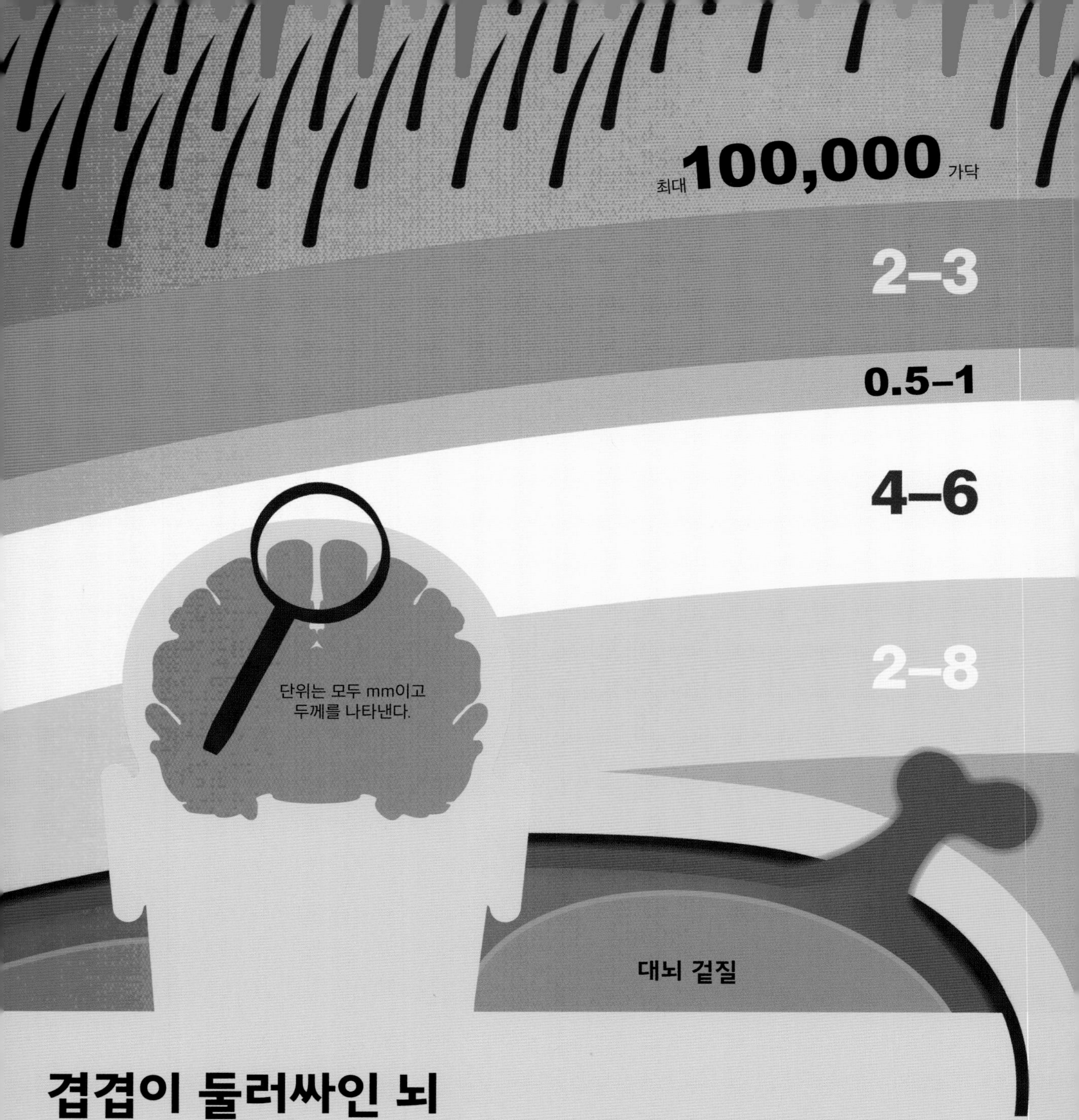

최대 100,000 가닥
2–3
0.5–1
4–6
2–8
단위는 모두 mm이고
두께를 나타낸다.
대뇌 겉질

겹겹이 둘러싸인 뇌

뇌는 가장 소중한 신체 기관으로 여러 겹의 천연 보호층으로 잘 둘러싸여 있다. 이 보호층은 힘과 안전, 완충, 유연성이 섬세하게 맞물려 있다. 보호층의 중심은 경질막, 거미막, 연질막의 세 겹으로 이루어진 뇌척수막이다. 뇌를 보호하고 싶다면 추가로 모자나 안전모를 써도 좋을 것이다.

경질막밑공간(경막하공간)

이 부위는 '잠재적으로' 존재하는 공간이나 다름없다. 경질막이 대체로 거미막에 들러붙어 있고 질병이나 상해 등 문제가 생겼을 때만 분리되기 때문이다.

머리카락

케라틴이 주 성분으로 3~5년마다 스스로 재생된다.

두피

주로 콜라겐, 엘라스틴, 케라틴 단백질로 만들어졌으며, 약 4주마다 스스로 재생된다.

뼈 막

뼈세포 조직을 덮고 있는 질긴 겉 '피부'

머리뼈(두개골)

뇌를 덮고 있는 머리뼈로 8개의 뼈가 단단하게 봉합된 관절로 연결되었다.

뇌척수막(수막)1: 경질막

'강한 어머니'라는 뜻을 가진 이 층은 다른 뇌척수막과 뇌를 포장하는 질기고 강한 겉싸개다. 섬유질이 조밀하게 배열된 판으로 구성되어 혈관과 혈액이 차지하는 다양한 공간(동굴)을 지원한다.

0.1–3

뇌척수막(수막) 2: 거미막

'거미 엄마'라는 뜻의 이 층은 콜라겐 및 기타 결합 조직, 체액 등이 섬세한 스펀지 망을 이루고 있다. 유연한 발포 고무 같은 재질로 완충 역할을 하여 머리에 가해지는 충격을 흡수한다.

0.3–8

거미막밑공간(지주막하공간)

뇌척수액이 흐르며 머리에 가해진 충격을 흡수하는 완충 작용을 한다.

0.1

뇌척수막(수막) 3: 연질막

'부드러운 엄마'라는 뜻을 지닌 이 층의 그물 같은 섬유망이 대뇌 피질을 감싸는 최후의 보호막을 형성하며 뇌의 표면을 따라 그 윤곽을 그대로 드러낸다.

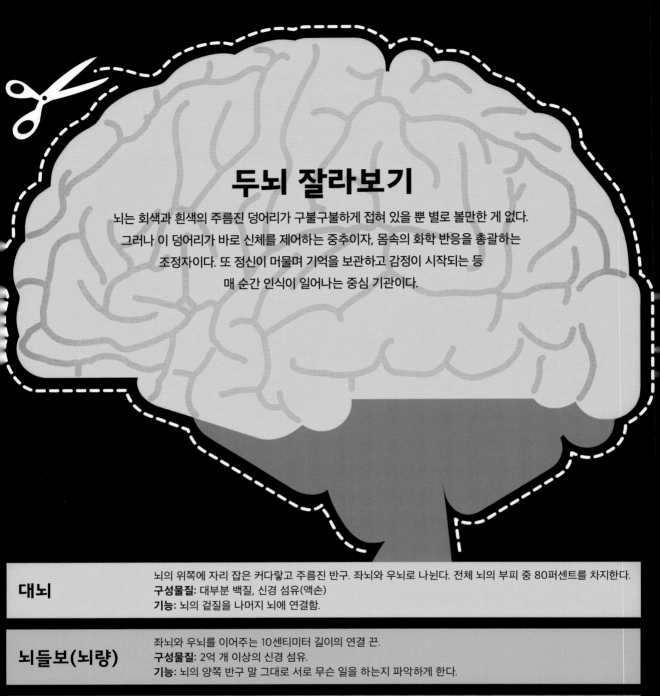

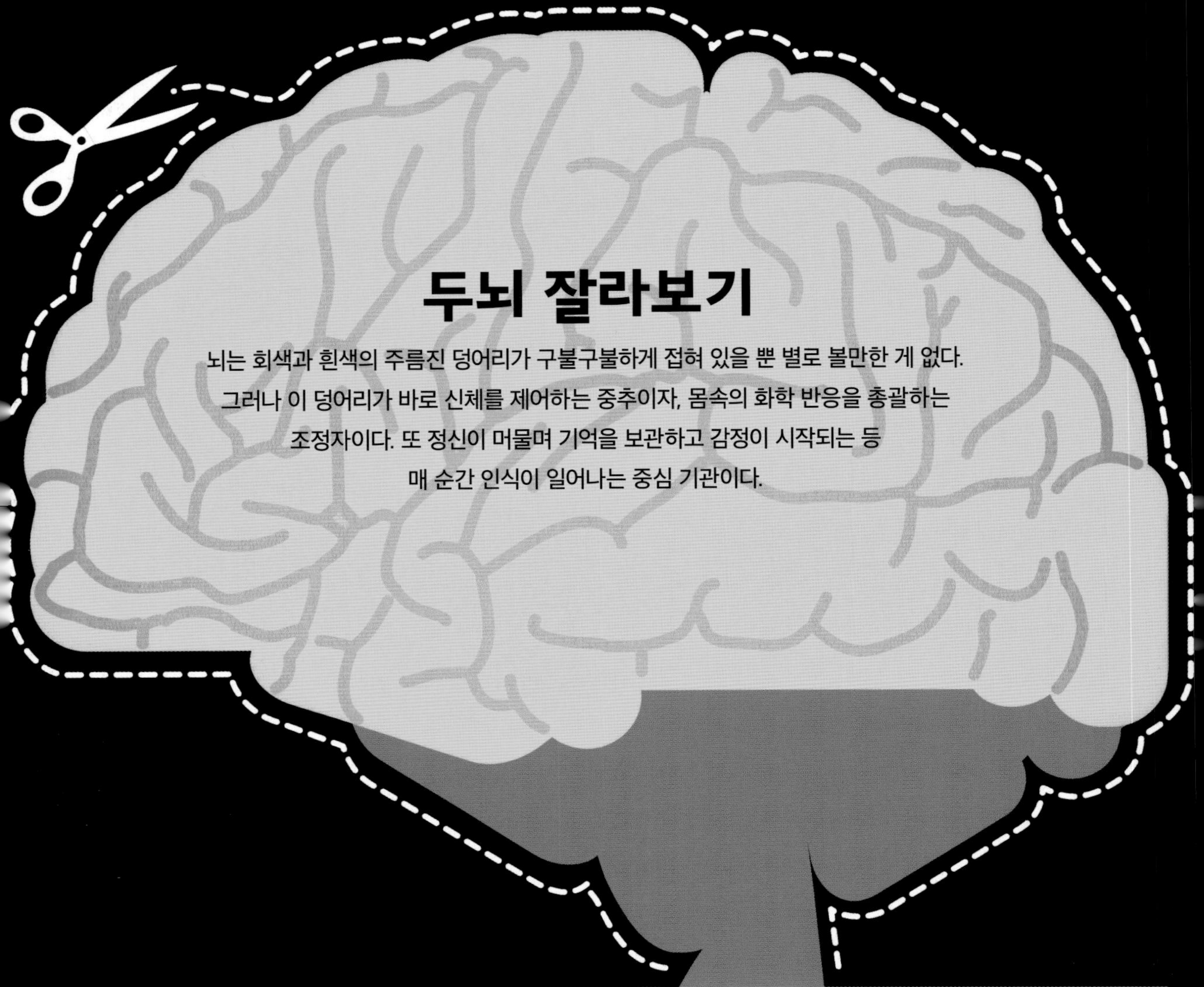

두뇌 잘라보기

뇌는 회색과 흰색의 주름진 덩어리가 구불구불하게 접혀 있을 뿐 별로 볼만한 게 없다. 그러나 이 덩어리가 바로 신체를 제어하는 중추이자, 몸속의 화학 반응을 총괄하는 조정자이다. 또 정신이 머물며 기억을 보관하고 감정이 시작되는 등 매 순간 인식이 일어나는 중심 기관이다.

대뇌

뇌의 위쪽에 자리 잡은 커다랗고 주름진 반구. 좌뇌와 우뇌로 나뉜다. 전체 뇌의 부피 중 80퍼센트를 차지한다.
구성물질: 대부분 백질, 신경 섬유(액손)
기능: 뇌의 겉질을 나머지 뇌에 연결함.

뇌들보(뇌량)

좌뇌와 우뇌를 이어주는 10센티미터 길이의 연결 끈.
구성물질: 2억 개 이상의 신경 섬유.
기능: 뇌의 양쪽 반구 말 그대로 서로 무슨 일을 하는지 파악하게 한다.

중간뇌

전체 뇌의 부피 중 10퍼센트를 차지한다.
구성물질: 신경 세포와 신경 섬유의 혼합.
기능: 신체의 자율신경 및 무의식적인 조절 관리

시상

쌍란 모양의 5~6센티미터 길이의 덩어리.
구성물질: 핵 안에 신경 세포와 신경 섬유가 체계적으로 자리 잡고 있다.
기능: 대뇌 겉질과 의식으로 들어가는 감각을 걸러주는 문지기 역할을 한다.

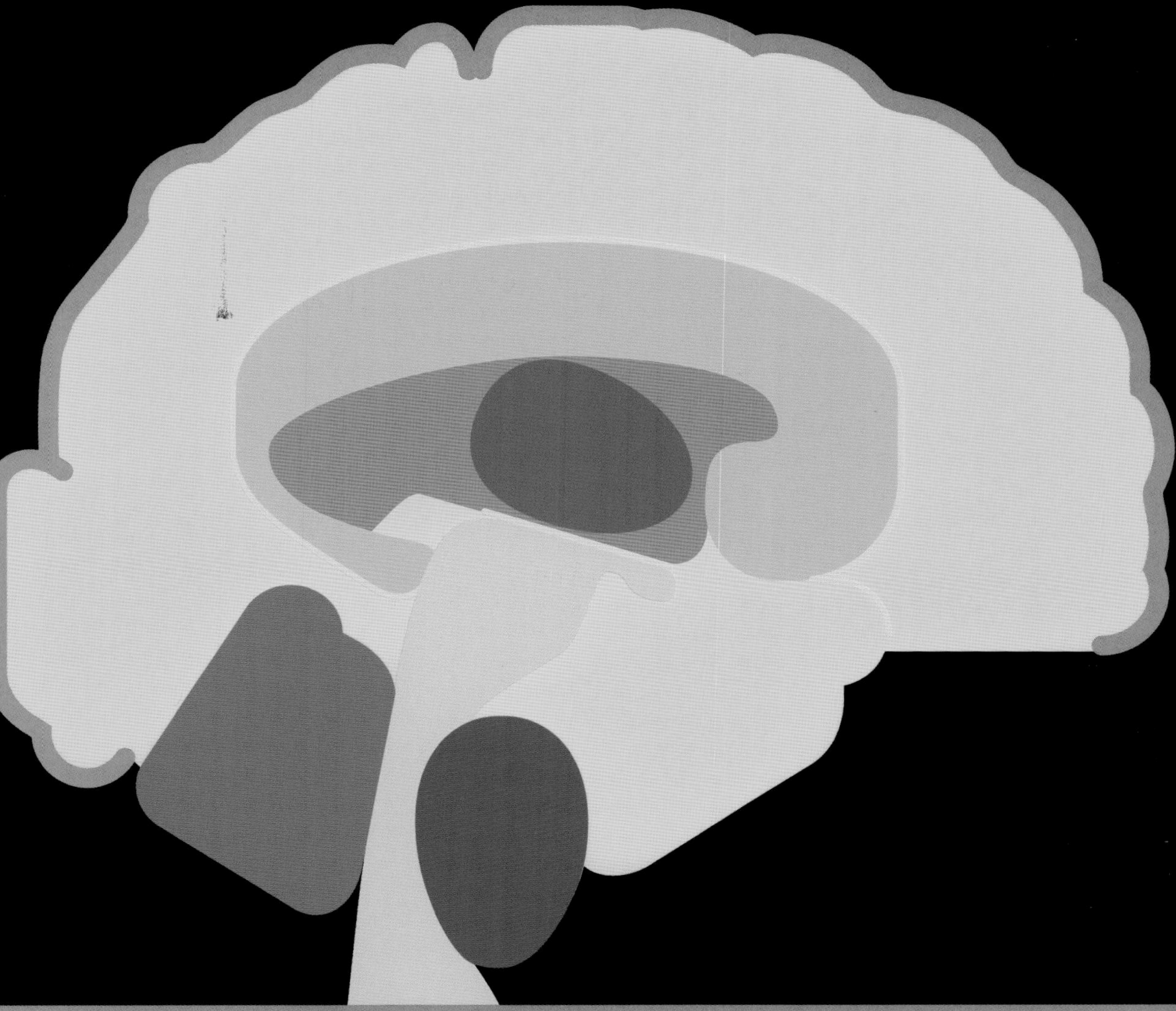

대뇌겉질(대뇌피질)

대뇌를 덮고 있는 회색 물질.
구성물질: 200억 개 이상의 신경 세포(뉴런).
기능: 인식 및 대부분의 의식적 사고가 일어나는 장소.

뇌줄기(뇌간)

뇌의 가장 아랫부분으로 더 밑에 있는 척수와 합쳐진다.
구성물질: 신경 세포와 신경 섬유의 혼합.
기능: 호흡, 심장 박동 (128쪽과 132쪽을 참조) 등 신체의 기본적인 생명 과정을 관할하는 중심.

다리뇌(교뇌)

위에서 바닥까지의 길이 2~3센티미터.
구성물질: 주로 신경 섬유.
기능: 뇌의 위쪽과 아래쪽 부분을 연결한다.

소뇌

전체 뇌의 부피 중 10퍼센트를 차지한다.
구성물질: 500억 개 이상의 신경 섬유.
기능: 운동과 신체 동작의 조정에 관여한다(다음 페이지 참조).

운동앞겉질과 보조운동겉질이 몸을 움직이겠다는 의지를 가지고 '집행 결정'을 내린다. 그러면 신경 메시지가 밖으로 나가 다른 부분으로 전달된다.

운동 중추인 일차운동겉질에는 손가락처럼 고도로 정밀하고 정확하게 움직이는 부위를 전담하는 영역을 표시한 가늘고 긴 인체 지도가 들어 있다.

몸동작 하나도 복잡하다

몸을 움직인다는 것은 아주 간단한 일처럼 보인다. 움직이겠다고 마음만 먹으면 몸이 움직이니까 말이다. 그러나 실제로 몸이 하나의 동작을 하기까지는 뇌의 여러 부분이 메시지를 주고받는다. 특히 운동겉질이라고 부르는 뇌 표면의 길고 좁은 구역과, 뇌 뒤쪽의 소뇌, 중심에 자리 잡은 시상, 뇌 깊숙이 박혀 있는 바닥핵(기저핵) 등이 관여한다. 그다음에는 명령을 담은 메시지가 신경을 따라 뇌에서 근육까지 이동한 후 근육을 수축하고 뼈를 끌어당겨 몸이 움직이게 한다. 아직도 간단해 보이는가?

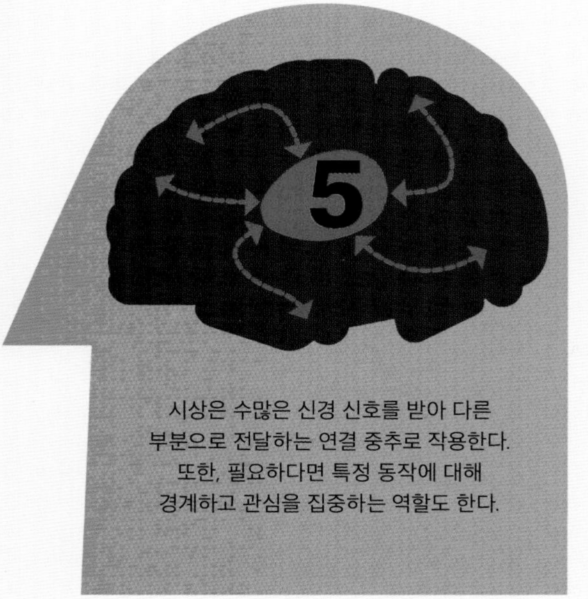

시상은 수많은 신경 신호를 받아 다른 부분으로 전달하는 연결 중추로 작용한다. 또한, 필요하다면 특정 동작에 대해 경계하고 관심을 집중하는 역할도 한다.

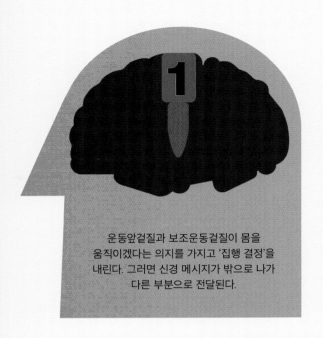

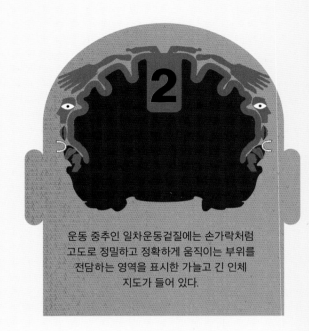

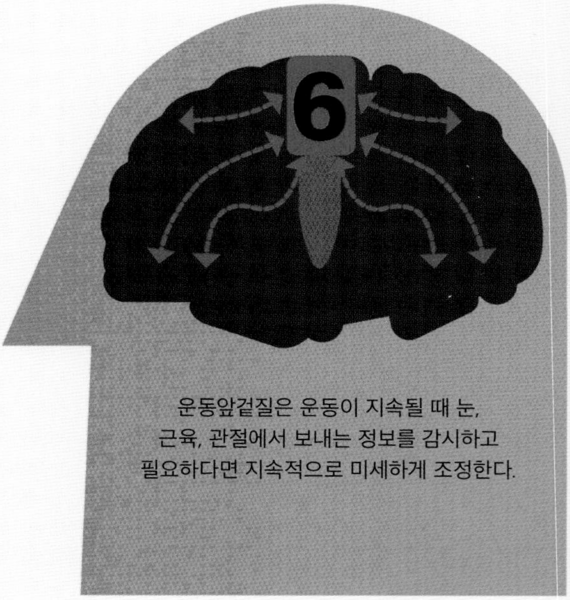

운동앞겉질은 운동이 지속될 때 눈, 근육, 관절에서 보내는 정보를 감시하고 필요하다면 지속적으로 미세하게 조정한다.

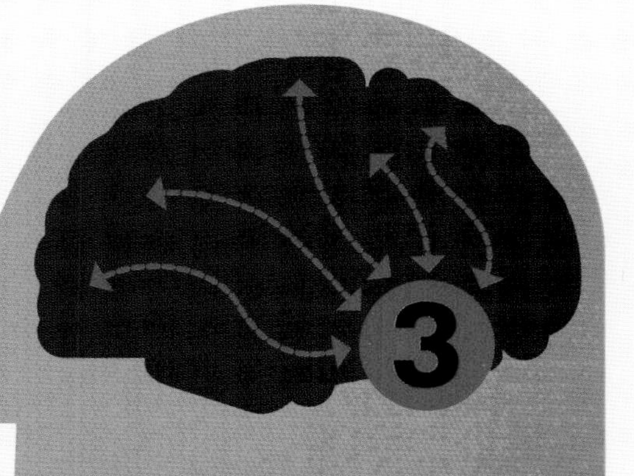

아주 단순한 동작에도 소뇌는 이와 연관된 수많은 근육을 동시에 움직여야 한다. 예를 들어 한 근육이 이완하면 그 근육의 파트너는 반드시 수축하도록 말이다. 이런 과정을 통해 동작이 부드럽고 화롭게 조율된다.

바닥핵(기저핵)은 특히 그 동작법을 익히고 기억하는 일상적인 움직임과 연관된 근육을 조직하고 조정한다.

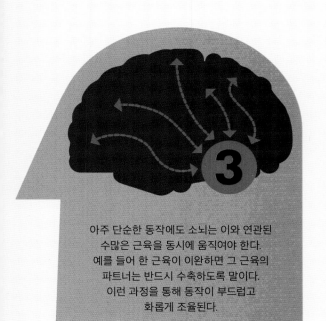

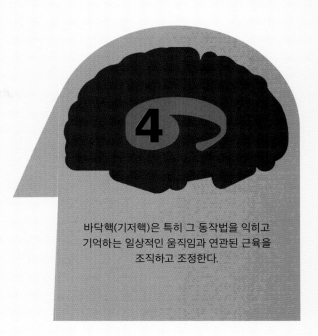

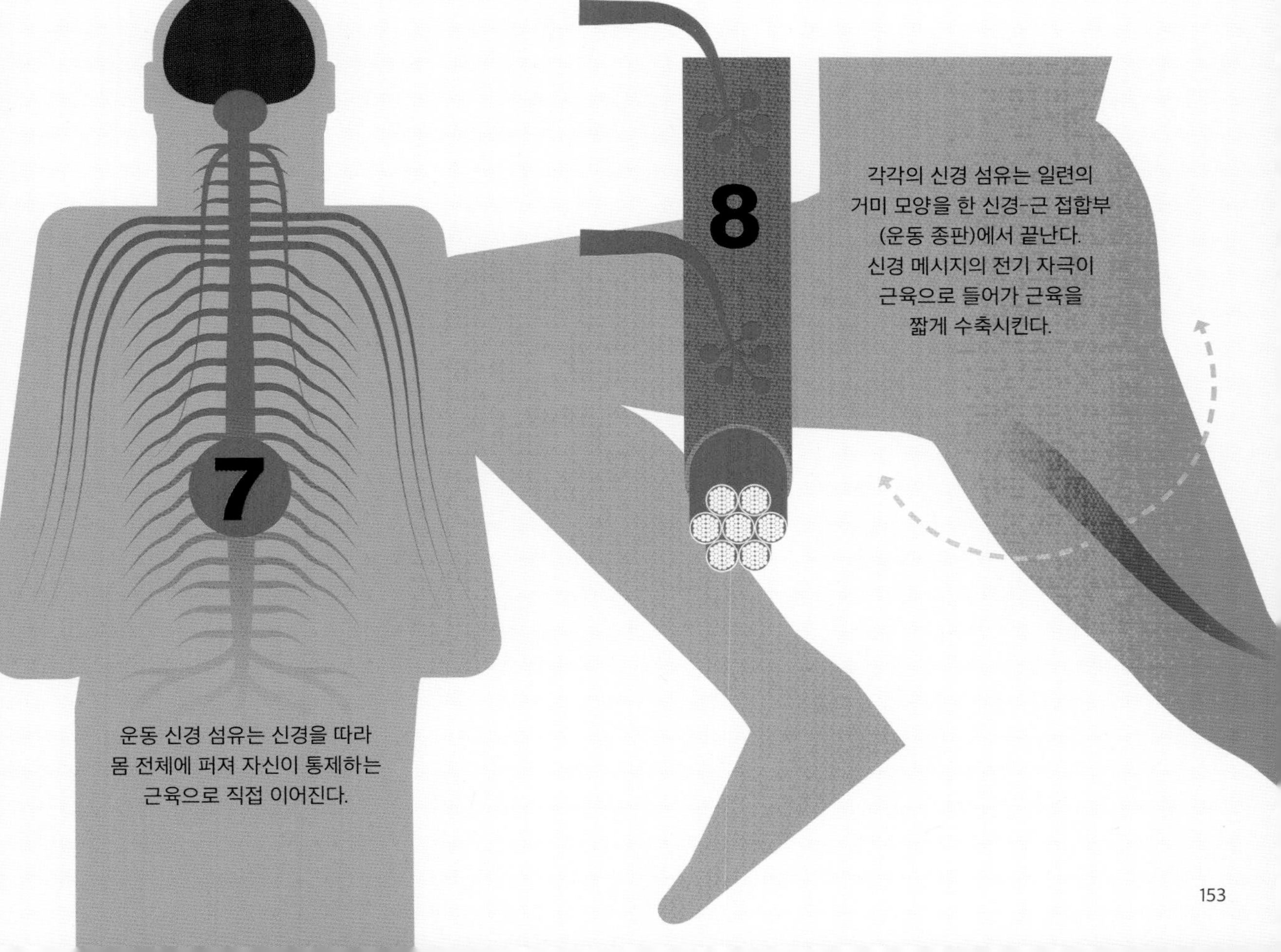

각각의 신경 섬유는 일련의 거미 모양을 한 신경-근 접합부(운동 종판)에서 끝난다. 신경 메시지의 전기 자극이 근육으로 들어가 근육을 짧게 수축시킨다.

운동 신경 섬유는 신경을 따라 몸 전체에 퍼져 자신이 통제하는 근육으로 직접 이어진다.

우뇌와 좌뇌의 별세상

뇌의 좌우 두 반구는 겉으로 보기에 거의 똑같지만 작업 방식과 조절 대상은 같지 않다. 일례로 오른손잡이와 왼손잡이를 보자. 좌뇌와 우뇌의 차이는 뇌가 임무 수행 방법을 배우는 과정에서 결정되기도 하고, 또 뇌의 신경 회로에 얽혀 있기도 하다. 이를 일반적인 용어로 좌우 뇌 기능의 분화라고 부른다. 많은 연구를 통해 좌우 뇌의 차이가 지금까지 알려진 사실보다 훨씬 복잡함이 밝혀지고 있다.

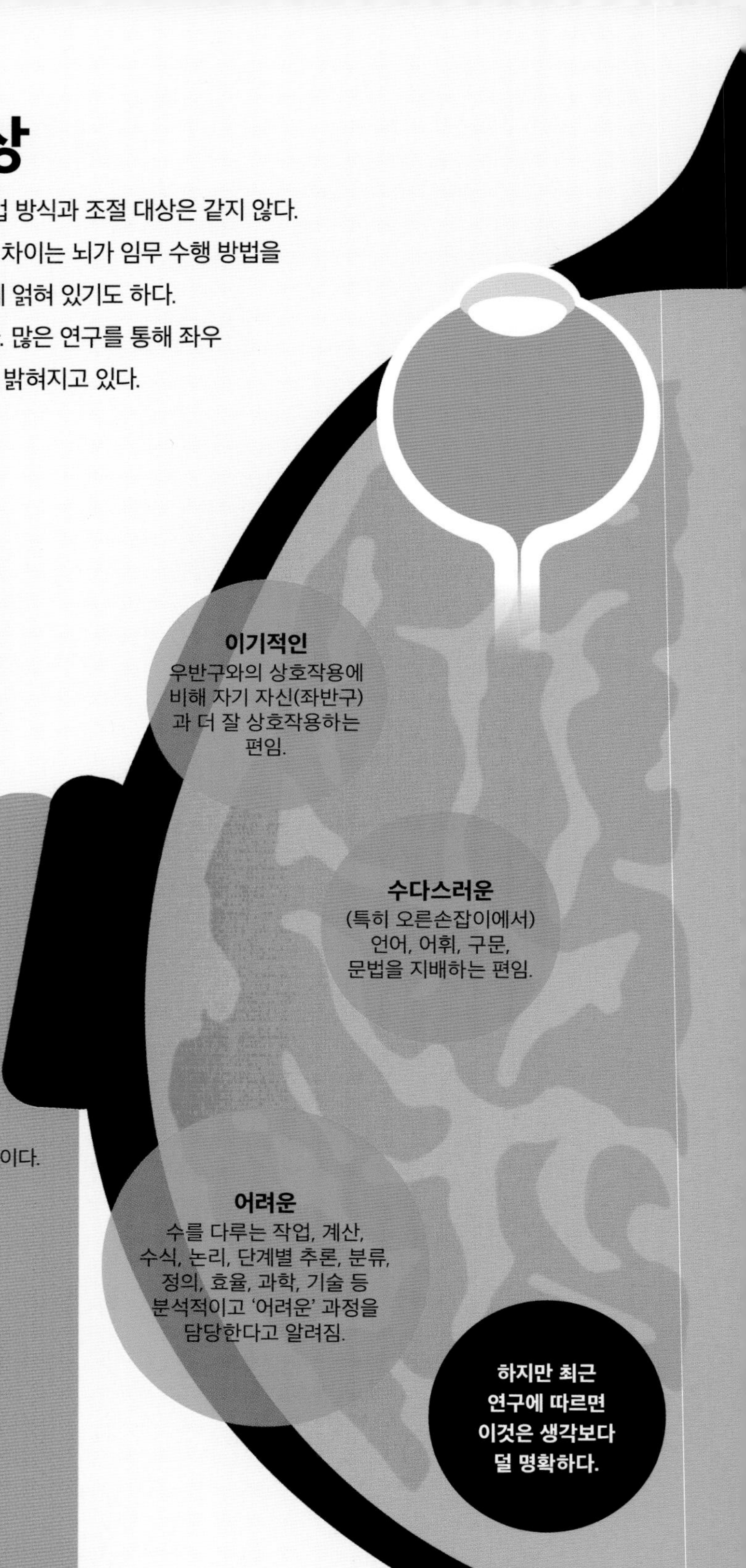
이기적인
우반구와의 상호작용에 비해 자기 자신(좌반구)과 더 잘 상호작용하는 편임.
수다스러운
(특히 오른손잡이에서) 언어, 어휘, 구문, 문법을 지배하는 편임.
어려운
수를 다루는 작업, 계산, 수식, 논리, 단계별 추론, 분류, 정의, 효율, 과학, 기술 등 분석적이고 '어려운' 과정을 담당한다고 알려짐.
하지만 최근 연구에 따르면 이것은 생각보다 덜 명확하다.

매해 8월 13일은 '세계 왼손잡이의 날'이다.

대부분의 인간 공동체에서 평균 10명 중 한 명이 왼손잡이다. 왼손잡이는 특히 양손으로 하는 업무나 섬세한 조작이 필요한 일에 주로 왼손을 사용한다. 그러나 이것은 평균 수치일 뿐 실제로는 4명 중 하나일 수도, 50명에 하나일 수도 있다.

많은 미신에도 불구하고 예술적, 음악적, 창조적인 사람 중에 왼손잡이가 많다는 사실은 근거가 희박하다.

왼손잡이들은 사물을 조작할 때, 오른손잡이가 왼손으로 하는 것보다 오른손으로 더 잘 수행하는 경향이 있다.

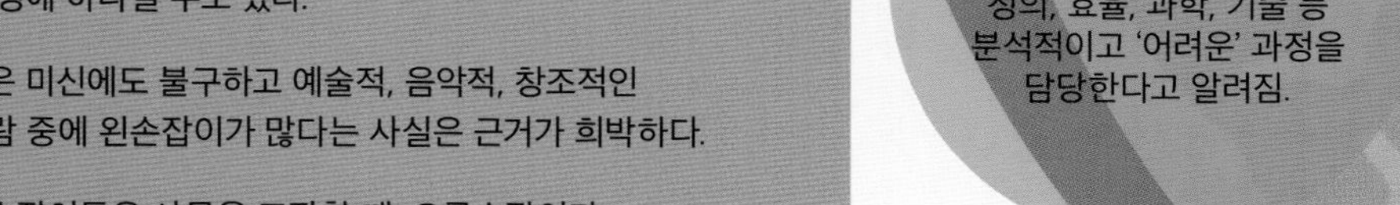

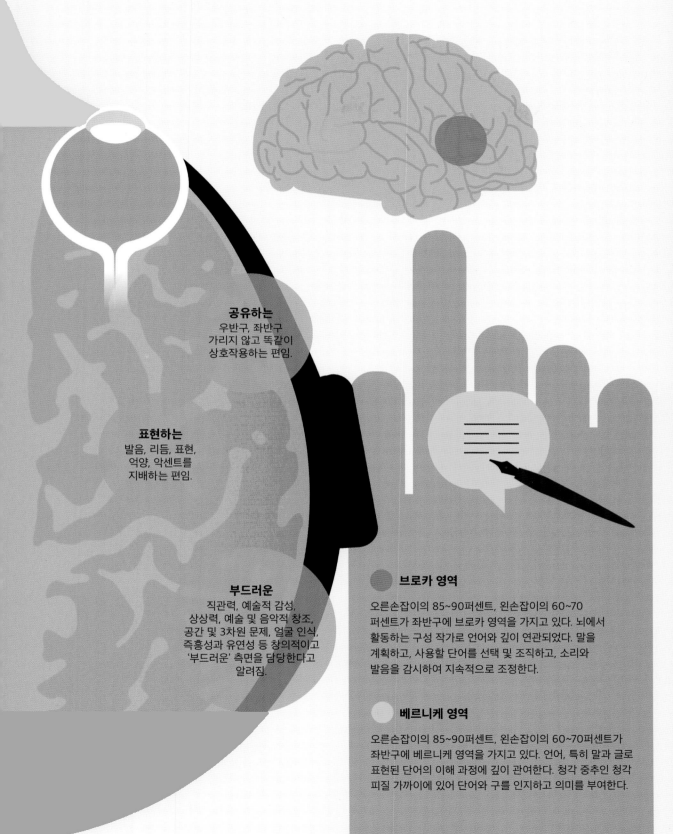

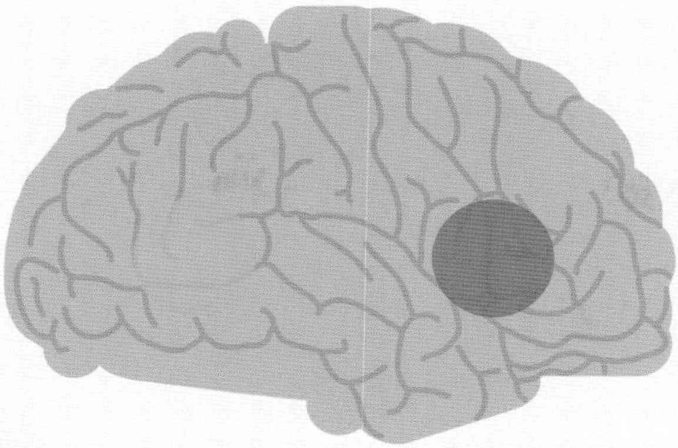

공유하는
우반구, 좌반구
가리지 않고 똑같이
상호작용하는 편임.

표현하는
발음, 리듬, 표현,
억양, 악센트를
지배하는 편임.

부드러운
직관력, 예술적 감성,
상상력, 예술 및 음악적 창조,
공간 및 3차원 문제, 얼굴 인식,
즉흥성과 유연성 등 창의적이고
'부드러운' 측면을 담당한다고
알려짐.

브로카 영역

오른손잡이의 85~90퍼센트, 왼손잡이의 60~70퍼센트가 좌반구에 브로카 영역을 가지고 있다. 뇌에서 활동하는 구성 작가로 언어와 깊이 연관되었다. 말을 계획하고, 사용할 단어를 선택 및 조직하고, 소리와 발음을 감시하여 지속적으로 조정한다.

베르니케 영역

오른손잡이의 85~90퍼센트, 왼손잡이의 60~70퍼센트가 좌반구에 베르니케 영역을 가지고 있다. 언어, 특히 말과 글로 표현된 단어의 이해 과정에 깊이 관여한다. 청각 중추인 청각 피질 가까이에 있어 단어와 구를 인지하고 의미를 부여한다.

둥둥 떠 있는 뇌

뇌가 대체로 질척거리는 옥수수죽 같은 물성임은 모두가 알고 있는 사실이다. 신체의 가장 중요한 이 기관의 약 75퍼센트가 물이며, 이 물은 대부분 세포 안과 세포 사이에서 발견된다. 뇌와는 별개로 기타 두개골을 이루는 내용물도 거의 수분으로 이루어졌다. 여기서 가장 중요한 액체는 혈액, 그리고 신경계 고유의 신비한 물질인 뇌척수액이다. 뇌척수액은 뇌실이라고 부르는 뇌의 방을 느리게 지나가며 순환한다. 왜냐하면, 뇌는 속이 비어 있으니까!

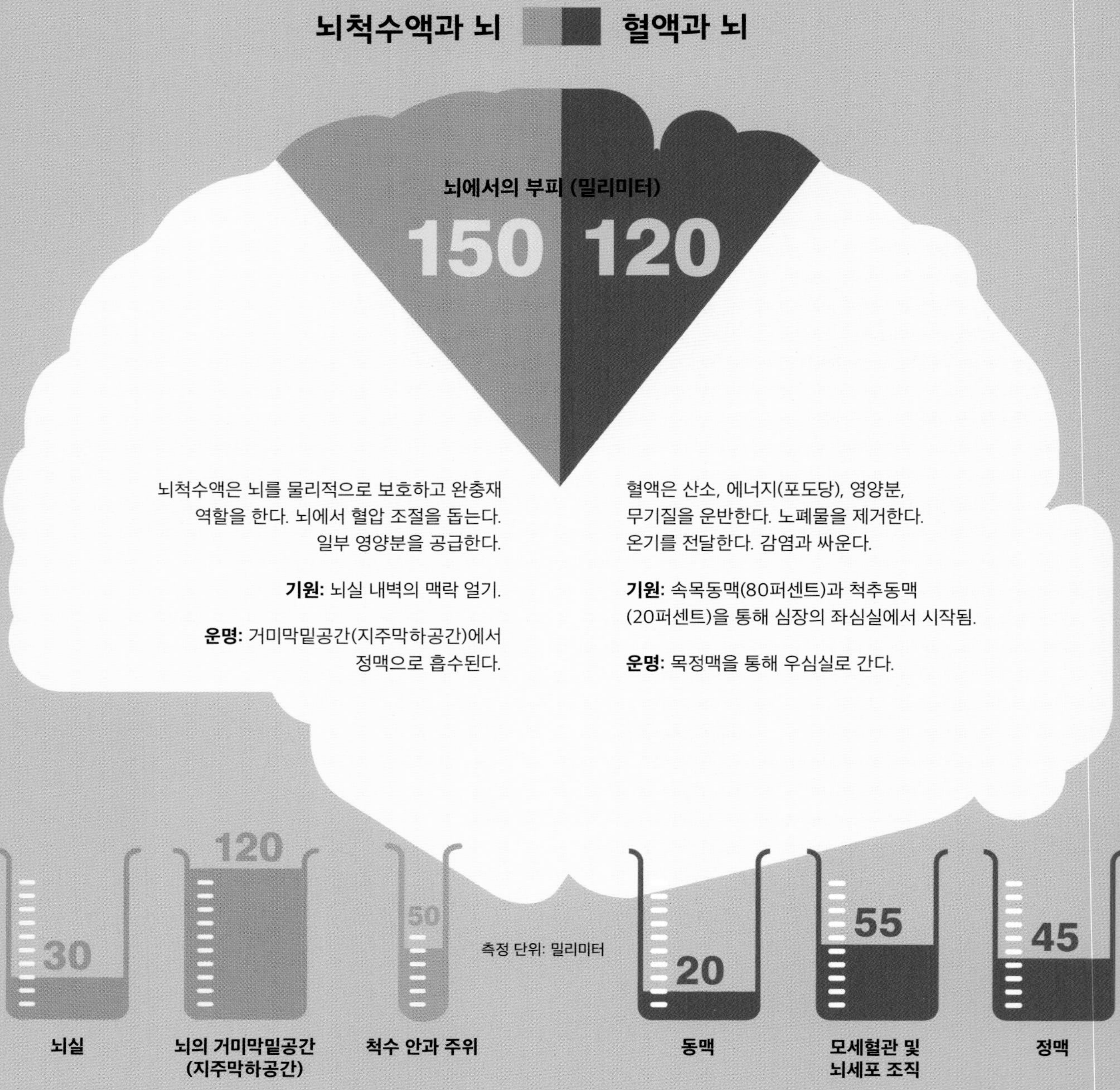

뇌척수액과 뇌
혈액과 뇌
뇌에서의 부피 (밀리미터)
150
120
뇌척수액은 뇌를 물리적으로 보호하고 완충재 역할을 한다. 뇌에서 혈압 조절을 돕는다. 일부 영양분을 공급한다.
기원: 뇌실 내벽의 맥락 얼기.
운명: 거미막밑공간(지주막하공간)에서 정맥으로 흡수된다.
혈액은 산소, 에너지(포도당), 영양분, 무기질을 운반한다. 노폐물을 제거한다. 온기를 전달한다. 감염과 싸운다.
기원: 속목동맥(80퍼센트)과 척추동맥(20퍼센트)을 통해 심장의 좌심실에서 시작됨.
운명: 목정맥을 통해 우심실로 간다.
30
120
50
측정 단위: 밀리미터
20
55
45
뇌실
뇌의 거미막밑공간 (지주막하공간)
척수 안과 주위
동맥
모세혈관 및 뇌세포 조직
정맥

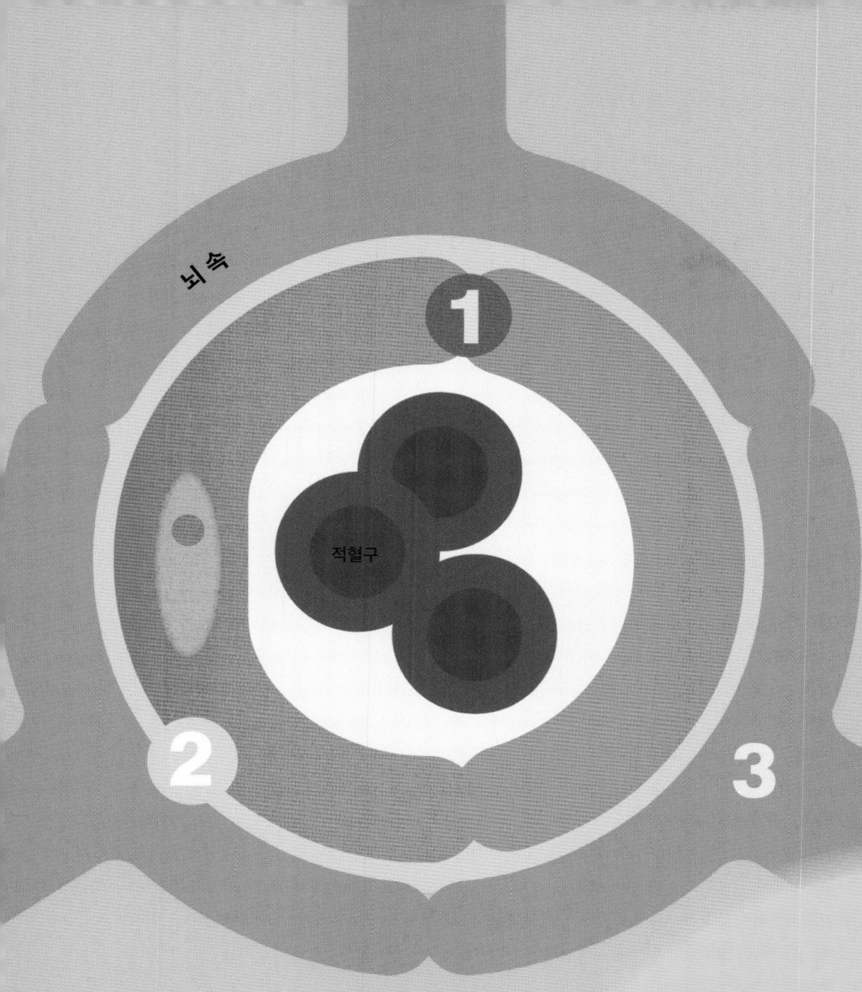
뇌 속
1
적혈구
2
3

3-B

뇌는 혈액 속의 각종 병원균과 독성 물질로부터 특별한 보호를 받는다. 이 보호 장치를 혈액-뇌 장벽(blood-brain barrier), 또는 3-B라고 부른다. 이것은 뇌의 모세혈관, 그리고 몸의 나머지 부분의 일반적인 모세혈관 사이의 세 가지 차이에 기반을 둔다.

1 모세혈관벽을 형성하는 세포와 세포 사이
뇌: 틈이 없음
몸의 나머지: 틈이 있음

2 모세혈관벽 기저막
뇌: 연속적임
몸의 나머지: 틈이 있음

3 모세혈관 주변의 보호 세포
뇌: 보호성 별아교세포
몸의 나머지: 없음

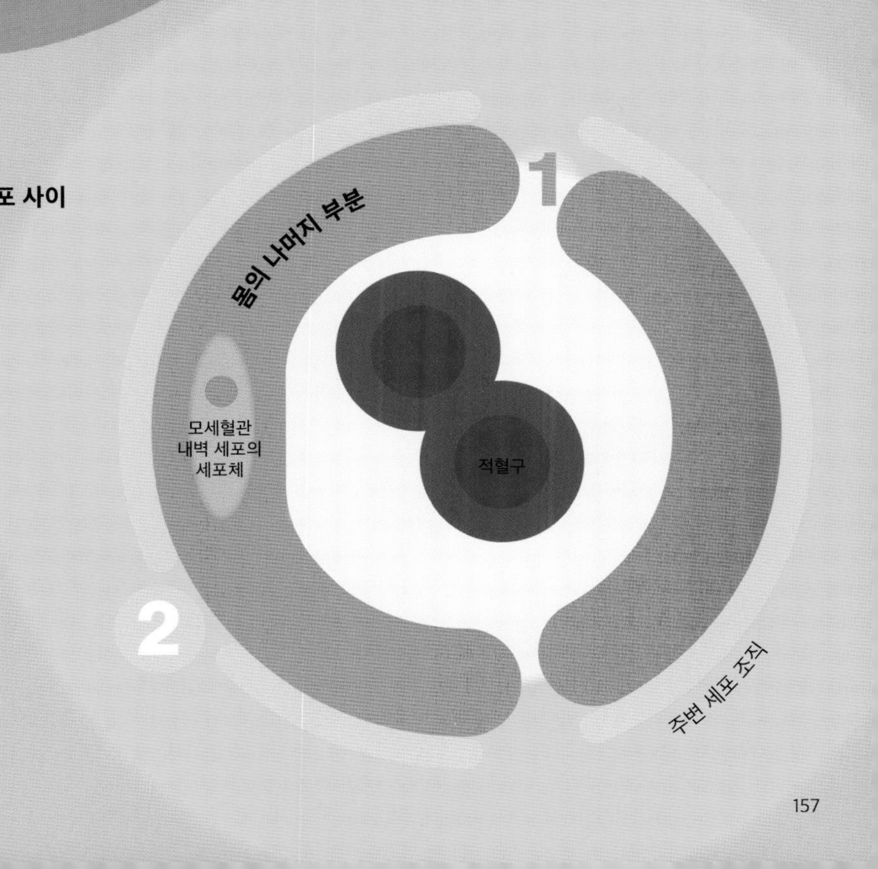
1
몸의 나머지 부분
모세혈관 내벽 세포의 세포체
적혈구
2
주변 세포 조직

머릿속 인터넷, 뉴런

뉴런이라고 부르는 신경 세포의 존재는 뇌라는 미시세계의 특징으로 꼽힌다. 무려 1천억 개가 넘는다. 뇌의 뒤편 아래쪽에 있는 소뇌에 상당 부분이 들어 있고, 대뇌 피질에도 약 200억 개가 존재한다. 그러나 뇌에 뉴런만 있는 것은 아니다. 뉴런은 너무 섬세하고 특화되어 있어 신경아교세포의 도움과 지원을 받아야 한다. 아교 세포('아교'는 풀이라는 뜻)는 약 20대 1의 비율로 신경 세포보다 개수가 많고 뉴런을 단순히 연결하여 붙이는 것 외에도 많은 일을 담당한다. 신경아교세포에는 별아교세포, 희소돌기아교세포, 미세아교세포가 있다.

별아교세포(성상교세포)

신경 세포의 물리적 지지대가 됨은 물론 에너지, 영양분 등 필요한 물질을 제공함으로써 신경 세포를 뒷받침한다. 시냅스를 관리하고 조절한다. 혈액-뇌 장벽을 돕는다. 신경 세포 및 다른 신경아교세포의 수리를 담당한다.

희소돌기아교세포

축삭 돌기의 지방질 껍질인 미엘린 수초를 만든다(152쪽 참조). 신경 세포의 물리적 지지대 역할을 함은 물론 영양분을 제공함으로써 지원한다.

2,500억

미세아교세포

전문적인 '지역 수비대'로 백혈구처럼 침입자, 뇌세포의 손상 부위, 기타 원치 않는 물질을 찾아 제거한다.

민첩한 빠르기

미세아교세포는 (혈액 같은 액체 안에서 운반되는 것을 제외하고) 뇌에서 가장 빠르게 움직이는 세포로 시속 0.1밀리미터로 달린다. 이 속도라면 1센티미터를 움직이는 데 4일이 걸린다. 미세아교세포의 돌기는 두 배나 더 빨리 길어지고 짧아질 수 있다.

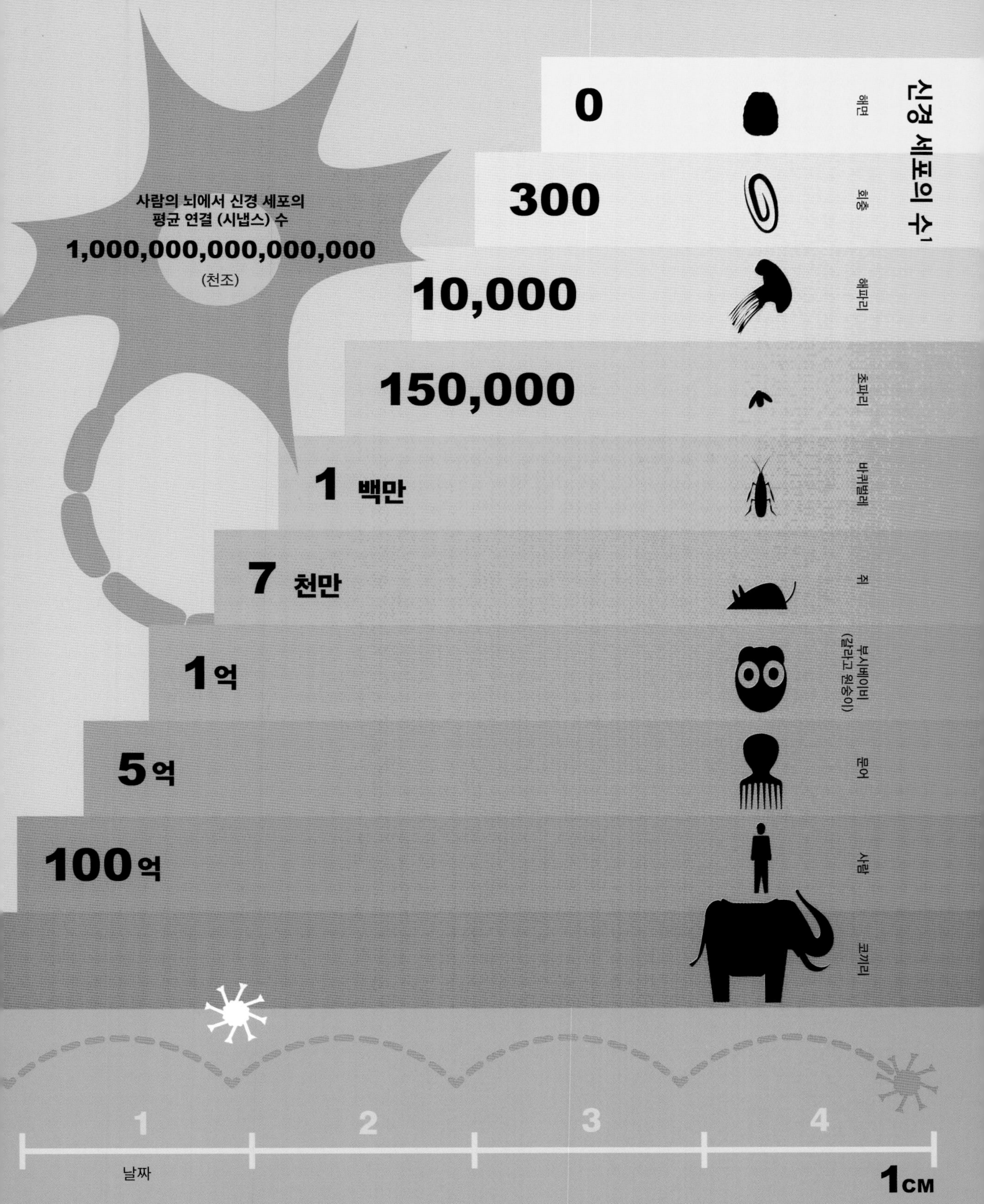

신경 세포의 수[1]
0
해면
300
회충
10,000
해파리
150,000
초파리
1 백만
바퀴벌레
7 천만
쥐
1억
부시베이비 (갈라고 원숭이)
5억
문어
100억
사람
코끼리
사람의 뇌에서 신경 세포의 평균 연결 (시냅스) 수
1,000,000,000,000,000
(천조)
1
2
3
4
날짜
1CM

1 전체 신경계의 신경 세포

소중하고 신비한 아래 뇌

좌우 반구의 거대한 주름진 돔 아래쪽, 작은 소뇌 앞에는 중뇌, 뇌줄기, 그리고 다른 낯선 부위들이 있다. 이들은 몸의 자율 시스템이 원활하게 작동하고, 뇌 위쪽에 자리 잡은 의식 중추와 몸의 나머지 사이에서 정보가 끊임없이 전달되도록 쉬지 않고 일한다. 그 외에도 자신만의 비밀스럽고 신비한 임무를 수행한다.

적색핵('붉은 몸'이라는 뜻)
걷거나 뛸 때 팔을 앞뒤로 흔드는 것과 같은 자율적인 운동에 관여한다.

흑색질('검은 물질'이라는 뜻)
중간뇌의 일부. 운동, 머리-눈 운동 조정, 기쁨과 보상 추구, 중독적 행위 등을 계획하고 실행한다.

중뇌개(중뇌덮개, '지붕'이라는 뜻)
시각과 청각 정보를 처리하고 눈의 움직임에 관여한다.

다리뇌(교뇌, '다리'라는 뜻)
뇌의 윗부분과 아랫부분을 연결하는 고리 역할을 하며 체내에서 일어나는 다양한 과정에 관여한다. 예를 들어 호흡 및 기본적인 반사 작용(삼키기, 소변), 시각 및 기타 주요 감각, 얼굴의 움직임, 수면 및 꿈이 있다.

소뇌 ('작은 뇌'라는 뜻)
운동, 균형, 조정의 중심

숨뇌(연수, '중심, 핵심'이라는 뜻)
아래로 갈수록 좁아지며 척수와 합쳐진다. 심장 박동수, 호흡률, 혈압, 소화 활동, 재채기, 기침, 삼키기, 구토 등 여러 불수의적 과정, 행동, 반사 작용에 관여한다.

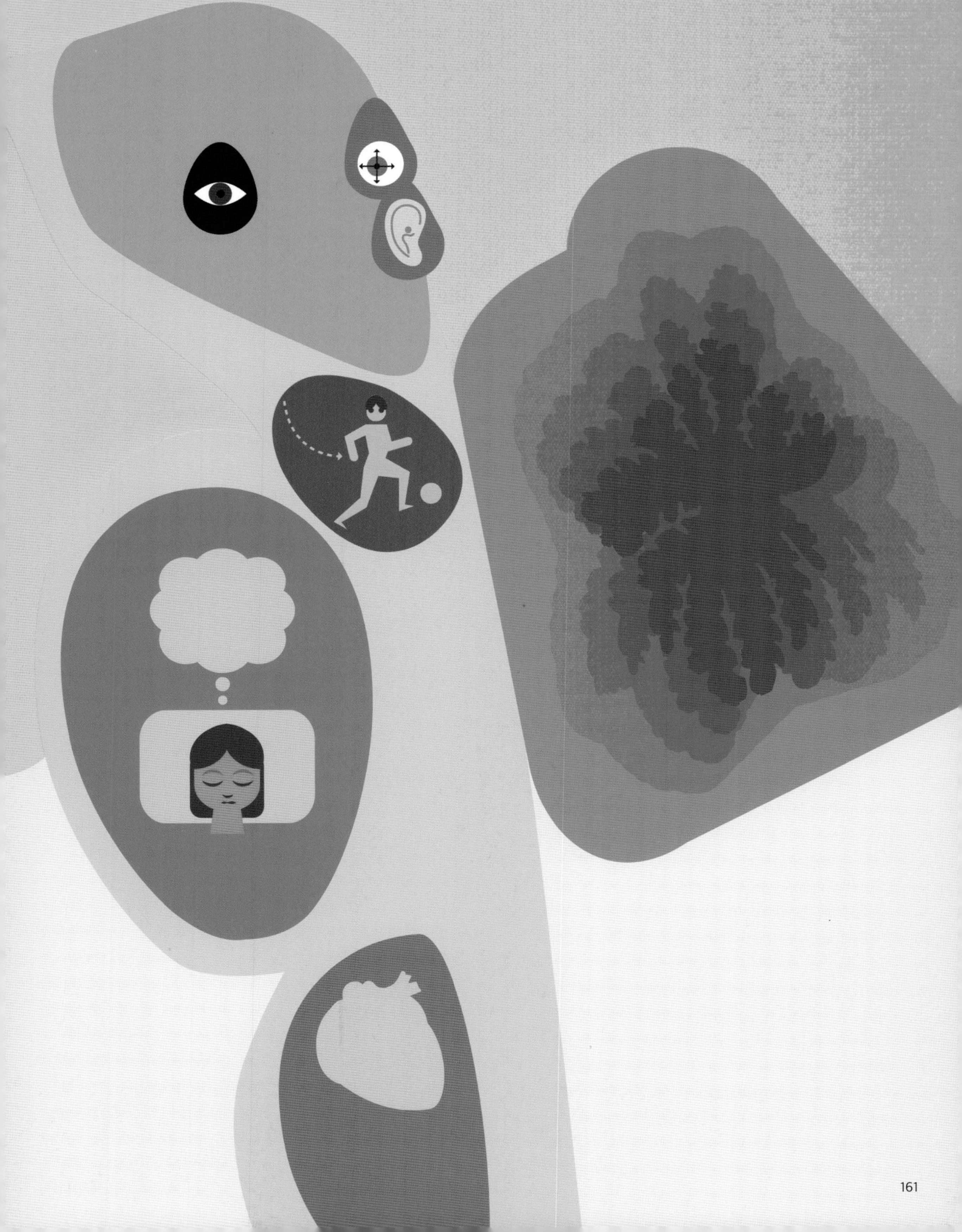

머리가 크면 똑똑하다?

커다란 뇌

일반적으로 몸집이 큰 생물체일수록 뇌의 크기도 크다. 그러나 뇌가 크다고 해서 반드시 더 똑똑한 것은 아니다. 적어도 인간이 말하는 지능의 척도로 따졌을 때 말이다. 향유고래는 체스도 못 두고, 태양계의 행성 이름을 외우지도 못한다. (하지만 그렇게 따진다면, 인간은 향유고래처럼 바닷속 1킬로미터를 휘젓고 다니는 대왕오징어를 사냥하지 못한다.) 단위는 그램.

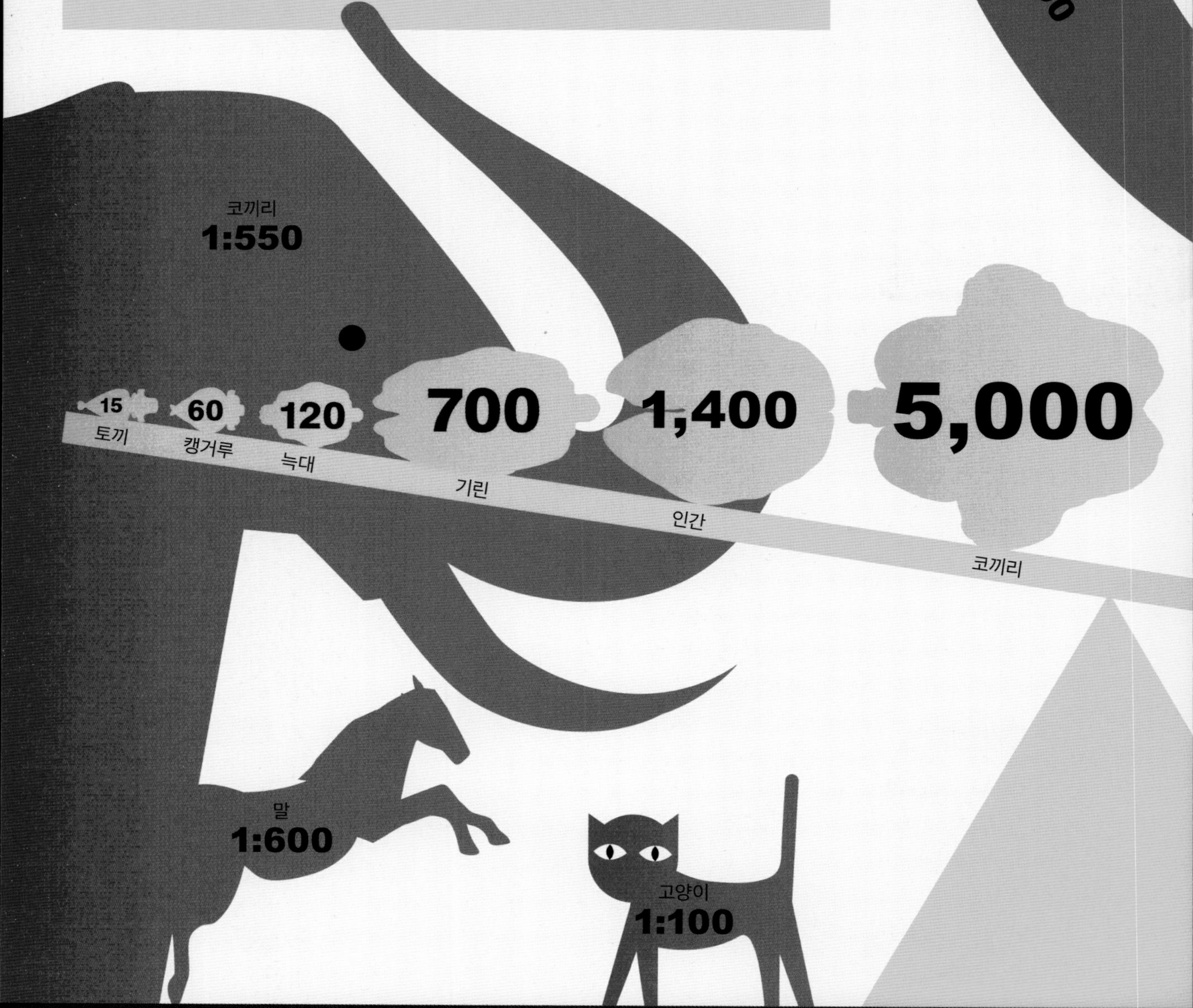
디플로도쿠스 1:100,000
코끼리
1:550
15
토끼
60
캥거루
120
늑대
700
기린
1,400
인간
5,000
코끼리
말
1:600
고양이
1:100

몸집에 비해 커다란 뇌

두뇌 크기와 몸집의 비율은 단순한 뇌의 크기가 아니라 지능과의 연관성을 찾을 수 있는 측정값이다. 몸집에 비교해 뇌의 크기가 큰 동물은 계획, 문제 해결, 새로운 상황에 적응하는 능력 등에서 차이를 보인다. 뇌의 질량 대 몸무게 비.

돌고래
1:100
참새
1:15
상어
1:2,500
나무두더지
1:10
인간
1:40
7,500
향유고래
개미
1:7

공감각의 묘미

뇌는 보통 주요 감각을 분리해서 처리하지만, 때로는 서로 다른 감각을 섞거나 합치기도 한다. 이런 과정은 누구에게나 일어날 수 있다. 예를 들어, 어떤 소리를 듣고 혀에서 특정한 맛이 느껴진다거나, 어떤 냄새를 맡고 마음속에서 오래전 기억이 떠올랐다거나 하는 경험 말이다. 그러나 어떤 사람들은 이러한 감각의 융합을 더 자주 경험한다.
이러한 현상을 공감각이라고 한다. 검은색으로 인쇄된 단어에서 색깔을 느끼고, 모양이 맛을 불러일으키며, 우연한 어떤 접촉이 소리를 자극하는 경우가 그렇다.

공감각자[1]가 느끼는 경험의 조합

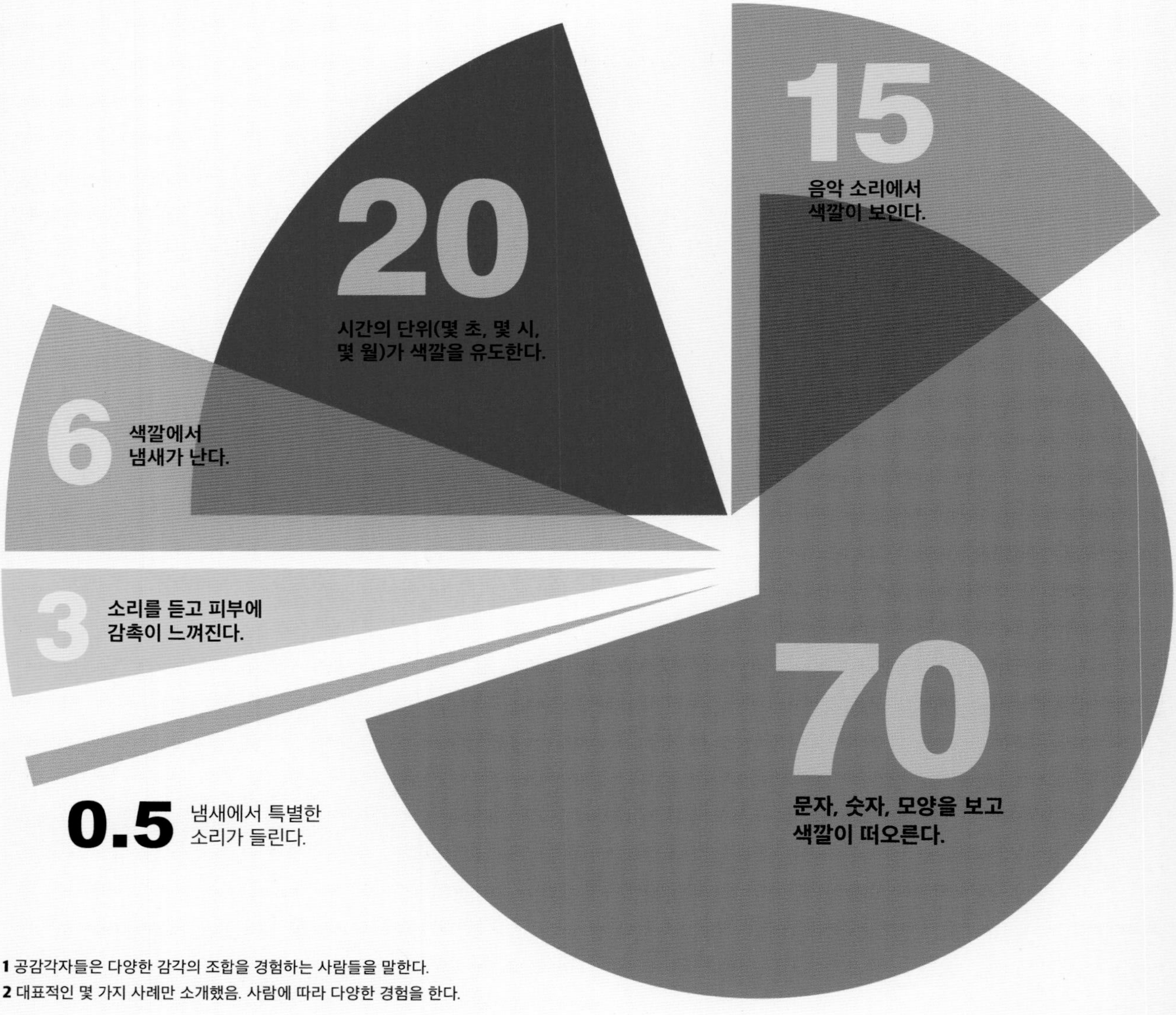
15
음악 소리에서 색깔이 보인다.
20
시간의 단위(몇 초, 몇 시, 몇 월)가 색깔을 유도한다.
6
색깔에서 냄새가 난다.
3
소리를 듣고 피부에 감촉이 느껴진다.
70
문자, 숫자, 모양을 보고 색깔이 떠오른다.
0.5
냄새에서 특별한 소리가 들린다.

1 공감각자들은 다양한 감각의 조합을 경험하는 사람들을 말한다.
2 대표적인 몇 가지 사례만 소개했음. 사람에 따라 다양한 경험을 한다.

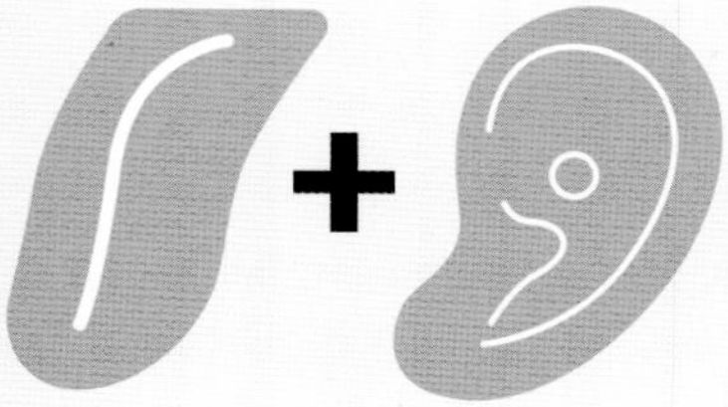

맛과 소리의 조합[2]

어떤 공감각 사례에서는 소리가 입안에서 특정한 맛을 느끼게 한다.

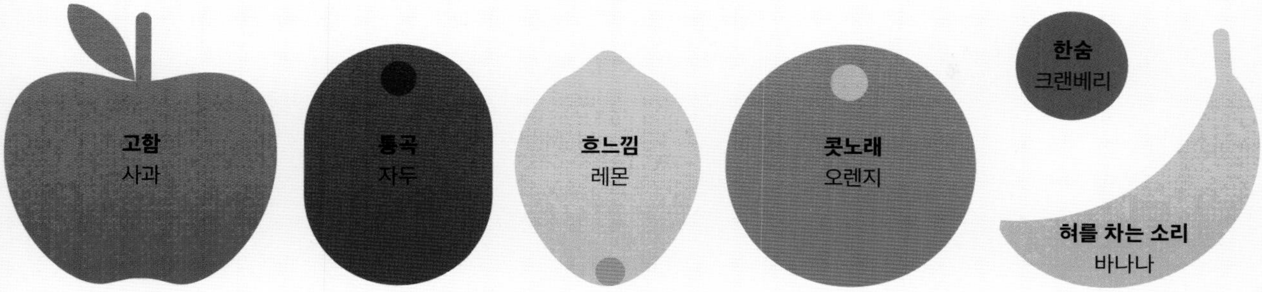
고함
사과
통곡
자두
흐느낌
레몬
콧노래
오렌지
한숨
크랜베리
혀를 차는 소리
바나나

12개월의 색깔[2]

어떤 공감각 사례에서는 특정 달이 색깔과 연관된다.

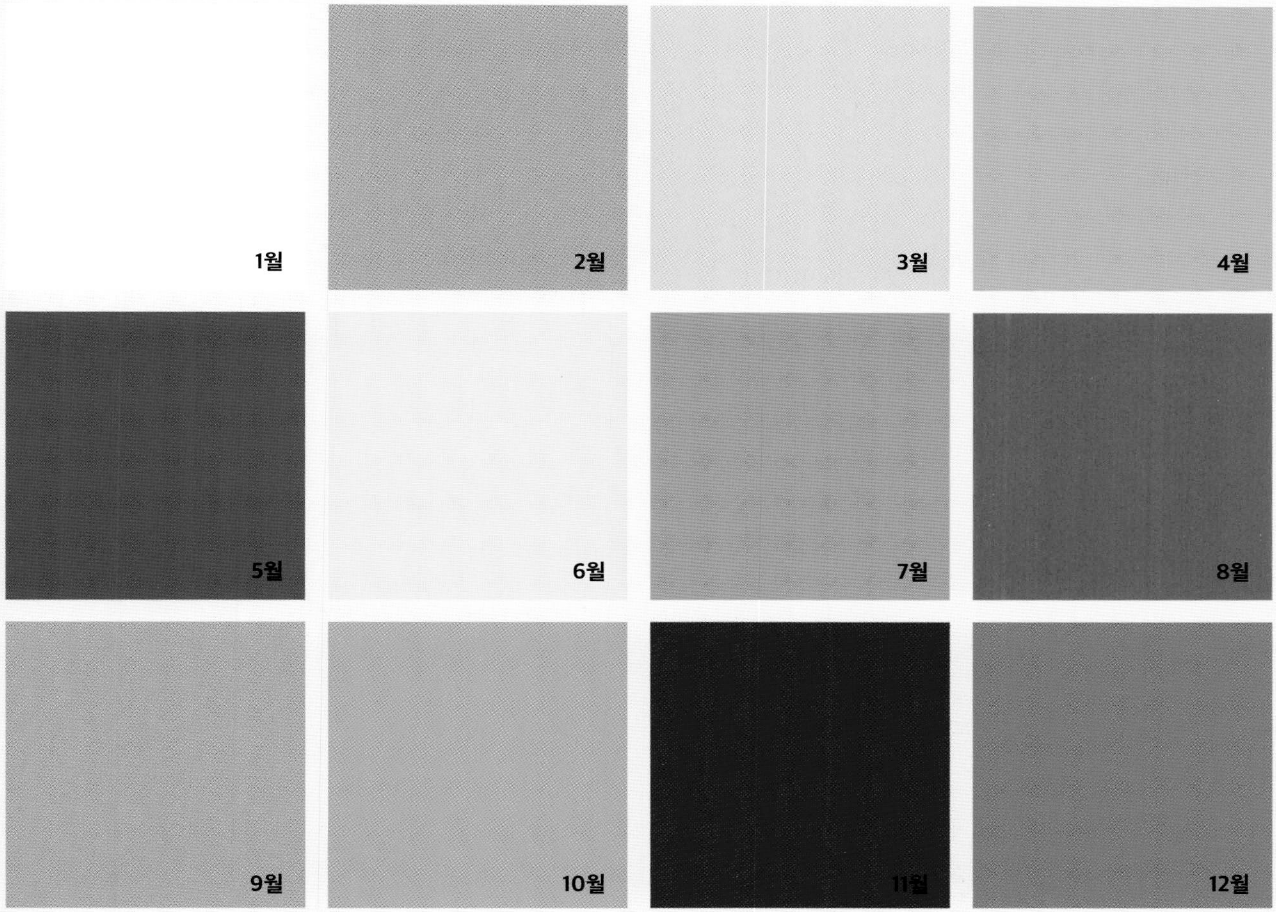
1월
2월
3월
4월
5월
6월
7월
8월
9월
10월
11월
12월

오묘한 기억의 세계

기억은 방대하다. 뇌는 친구의 전화번호를 외우고 《종의 기원》[1]을 누가 썼는지를 알며 각종 정보를 보관할 뿐 아니라, 얼굴, 장면, 소리, 냄새, 촉감, 글쓰기 및 자전거 타기 등의 기술과 움직이는 패턴, 그리고 자신이 겪은 감정과 느낌까지 모두 기억한다. 두뇌와 컴퓨터의 저장 용량을 지나치게 단순히 비교하는 경향이 있지만, 진짜 중요한 것은 '작동 기억'(컴퓨터로 따지면 램[RAM])의 크기와 정보를 저장하고 불러오는 속도이다.

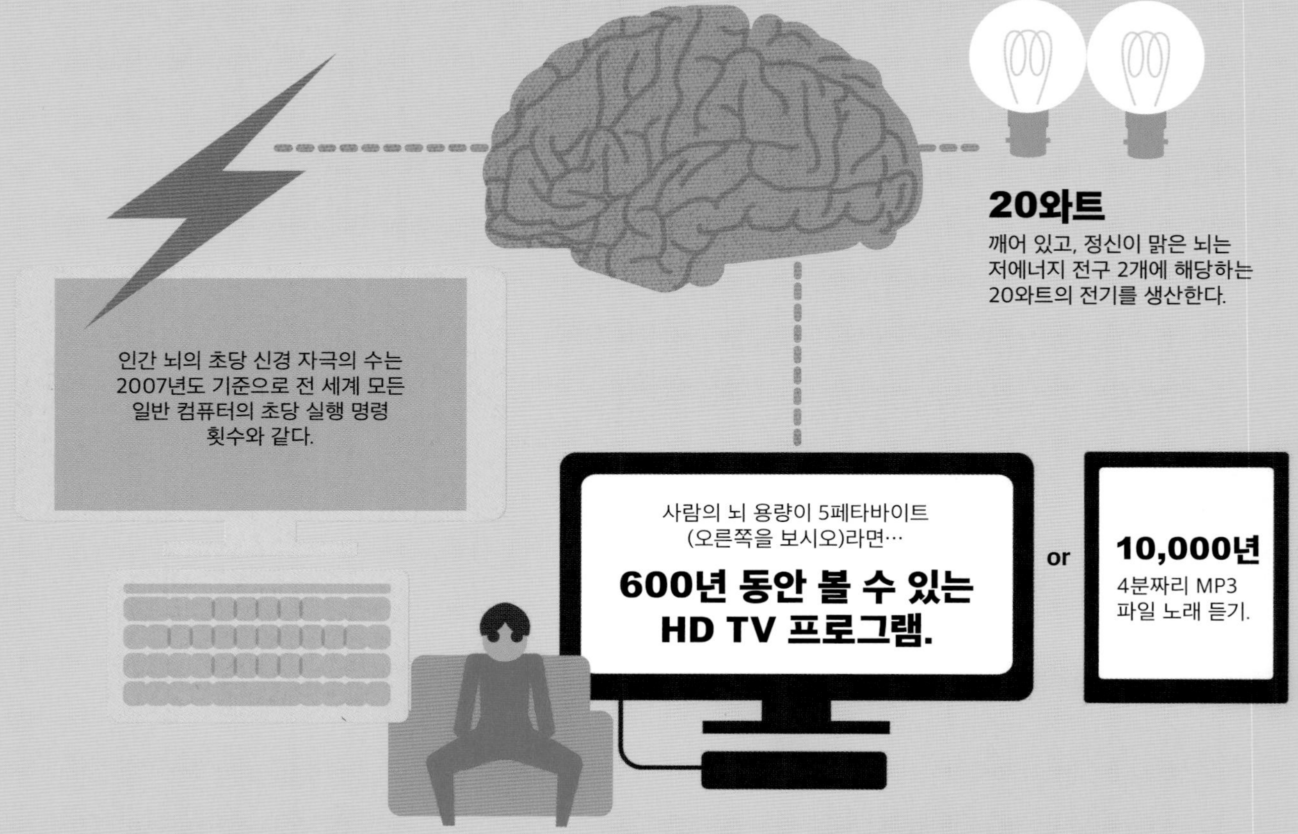

20와트
깨어 있고, 정신이 맑은 뇌는 저에너지 전구 2개에 해당하는 20와트의 전기를 생산한다.
인간 뇌의 초당 신경 자극의 수는 2007년도 기준으로 전 세계 모든 일반 컴퓨터의 초당 실행 명령 횟수와 같다.
사람의 뇌 용량이 5페타바이트 (오른쪽을 보시오)라면…
600년 동안 볼 수 있는 HD TV 프로그램.
or
10,000년
4분짜리 MP3 파일 노래 듣기.

뇌는 도대체 얼마나 빠를까?

컴퓨터의 처리 속도와 성능을 측정하는 방법 중에 플롭스(FLOPS, 초당 부동소수점 연산)가 있다. 1플롭스는 1초당 수학 연산 한 번으로 볼 수 있다. 다음과 같이 생각해보자.

- 뇌는 1억 개의 신경 세포를 가지고 있다.
- 각 신경 세포는 평균 1,000개의 다른 신경 세포와 연결되어 있다.
- 신경 세포 사이의 연결 부위인 시냅스에는 약 20가지의 형태가 있다.
- 뉴런(신경 세포)은 1초당 최대 200번까지 발화한다.

이를 곱하면, 뇌의 처리 속도는 400페타플롭스에 해당한다(1페타플롭스 = 1,000조 플롭스). 이 속도를 슈퍼컴퓨터의 10~50페타플롭스와 비교해보자.

1 찰스 다윈, 1859년에 출간. 기억하길.

얼마나 많은 메모리가?

일상적으로 사용하는 장치 및 기계의 일반적인 저장 용량

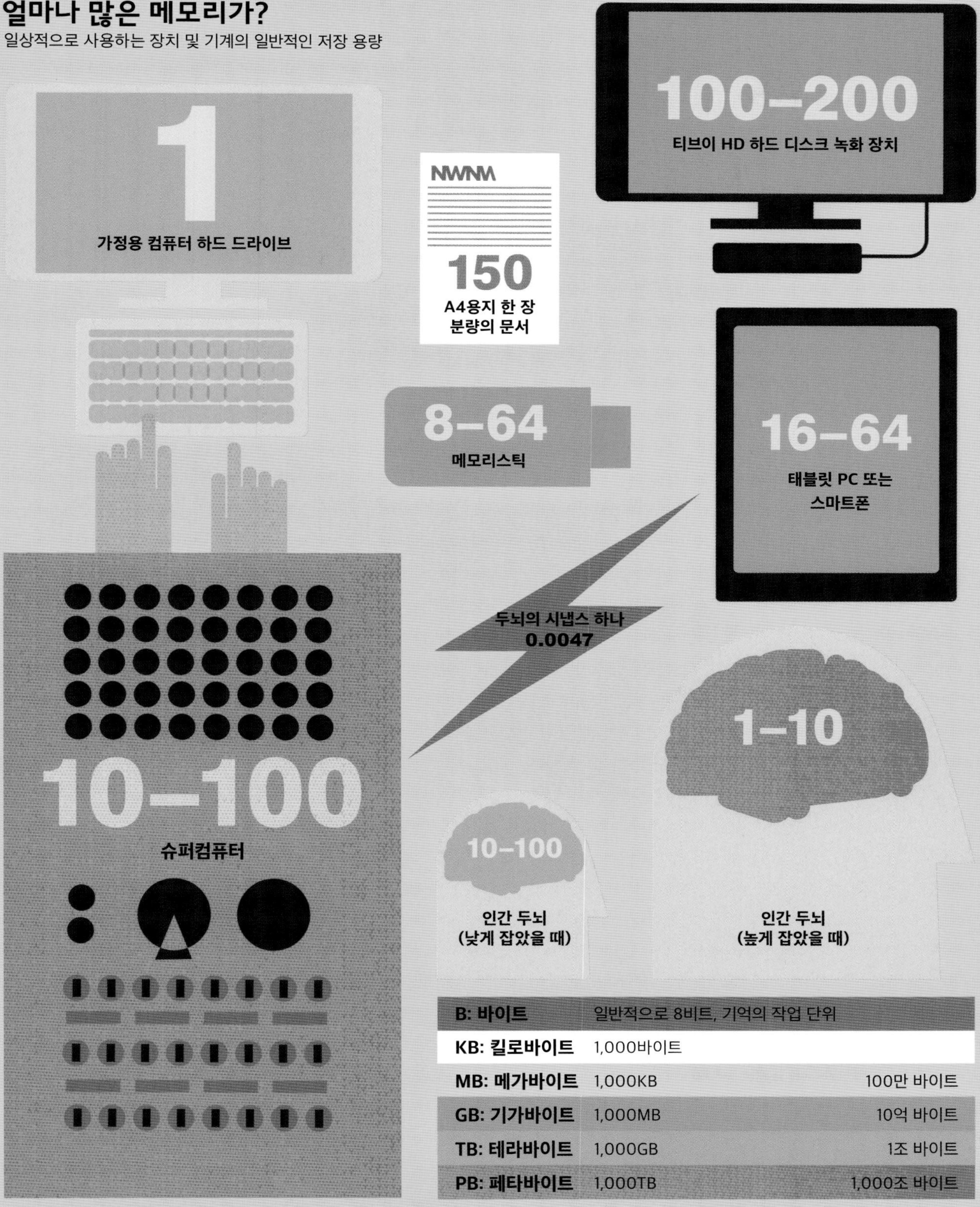

1
가정용 컴퓨터 하드 드라이브
NWNM
150
A4용지 한 장
분량의 문서
100–200
티브이 HD 하드 디스크 녹화 장치
8–64
메모리스틱
16–64
태블릿 PC 또는
스마트폰
두뇌의 시냅스 하나
0.0047
10–100
슈퍼컴퓨터
1–10
10–100
인간 두뇌
(낮게 잡았을 때)
인간 두뇌
(높게 잡았을 때)

B: 바이트	일반적으로 8비트, 기억의 작업 단위	
KB: 킬로바이트	1,000바이트	
MB: 메가바이트	1,000KB	100만 바이트
GB: 기가바이트	1,000MB	10억 바이트
TB: 테라바이트	1,000GB	1조 바이트
PB: 페타바이트	1,000TB	1,000조 바이트

메모리 게임

번거롭긴 하지만, 기억이란 하나로 정해진 형태가 아닌 다양한 모습을 띠고 있으며 뇌 역시 하나의 '기억 중추'가 기억을 통제하는 구조가 아니다. 두뇌의 수많은 부분이 기억의 학습과 저장, 소환 등 여러 측면을 다룬다. 또한, 이 부분은 감정 영역을 포함하는 뇌의 다른 영역과도 얽혀 있다. 그래서 기분과 감정 상태는 피로, 배고픔, 집중을 방해하는 자극, 기타 많은 요인과 더불어 기억에 지대한 영향을 미친다. 세포 수준에서 말하자면 기억은 뇌의 수십억 개 뉴런 사이의 연결 고리와 경로를 만드는 새로운 패턴을 일컫는다.

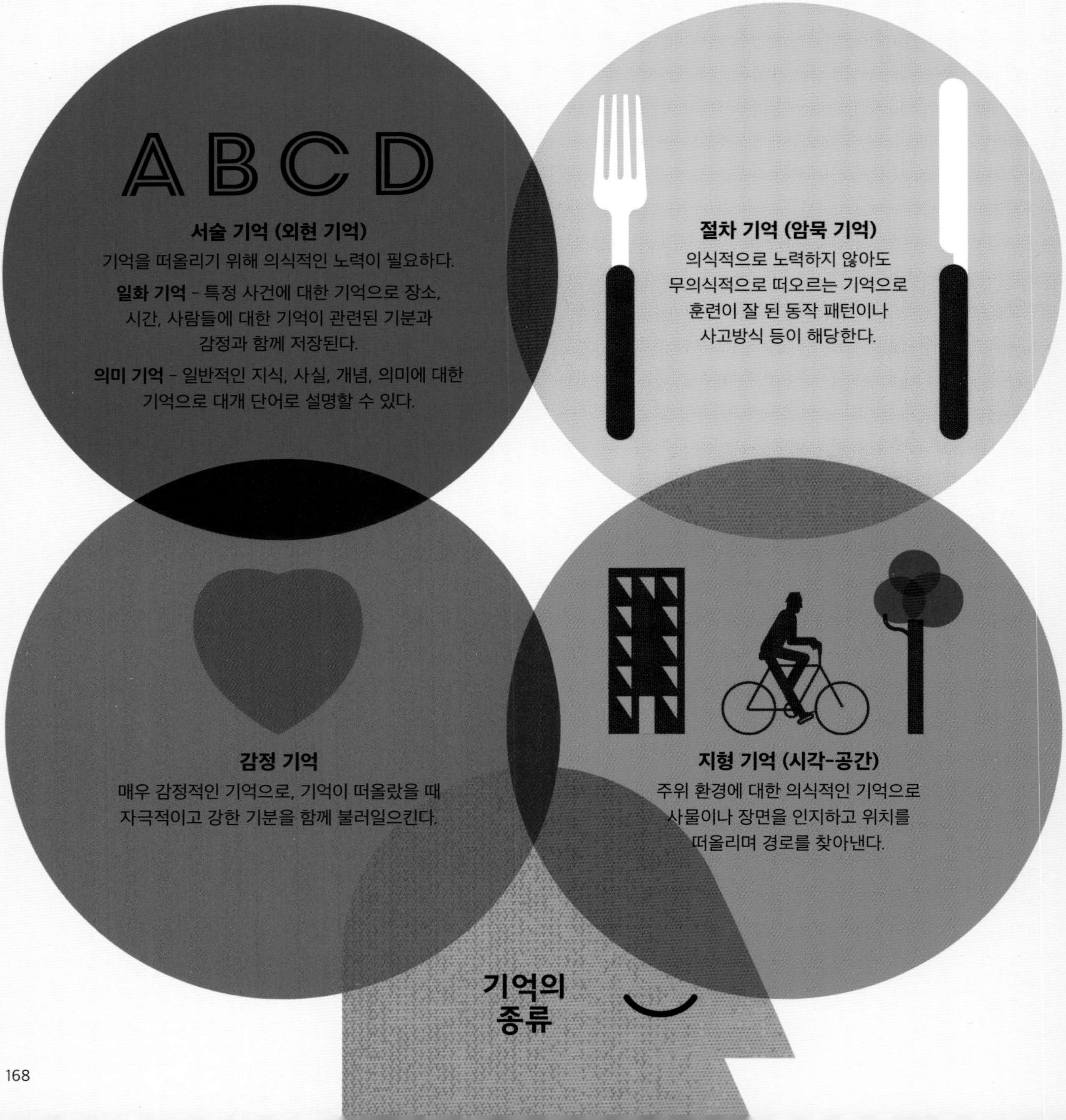
ABCD
서술 기억 (외현 기억)
기억을 떠올리기 위해 의식적인 노력이 필요하다.
일화 기억 - 특정 사건에 대한 기억으로 장소, 시간, 사람들에 대한 기억이 관련된 기분과 감정과 함께 저장된다.
의미 기억 - 일반적인 지식, 사실, 개념, 의미에 대한 기억으로 대개 단어로 설명할 수 있다.
절차 기억 (암묵 기억)
의식적으로 노력하지 않아도 무의식적으로 떠오르는 기억으로 훈련이 잘 된 동작 패턴이나 사고방식 등이 해당한다.
감정 기억
매우 감정적인 기억으로, 기억이 떠올랐을 때 자극적이고 강한 기분을 함께 불러일으킨다.
지형 기억 (시각-공간)
주위 환경에 대한 의식적인 기억으로 사물이나 장면을 인지하고 위치를 떠올리며 경로를 찾아낸다.
기억의 종류

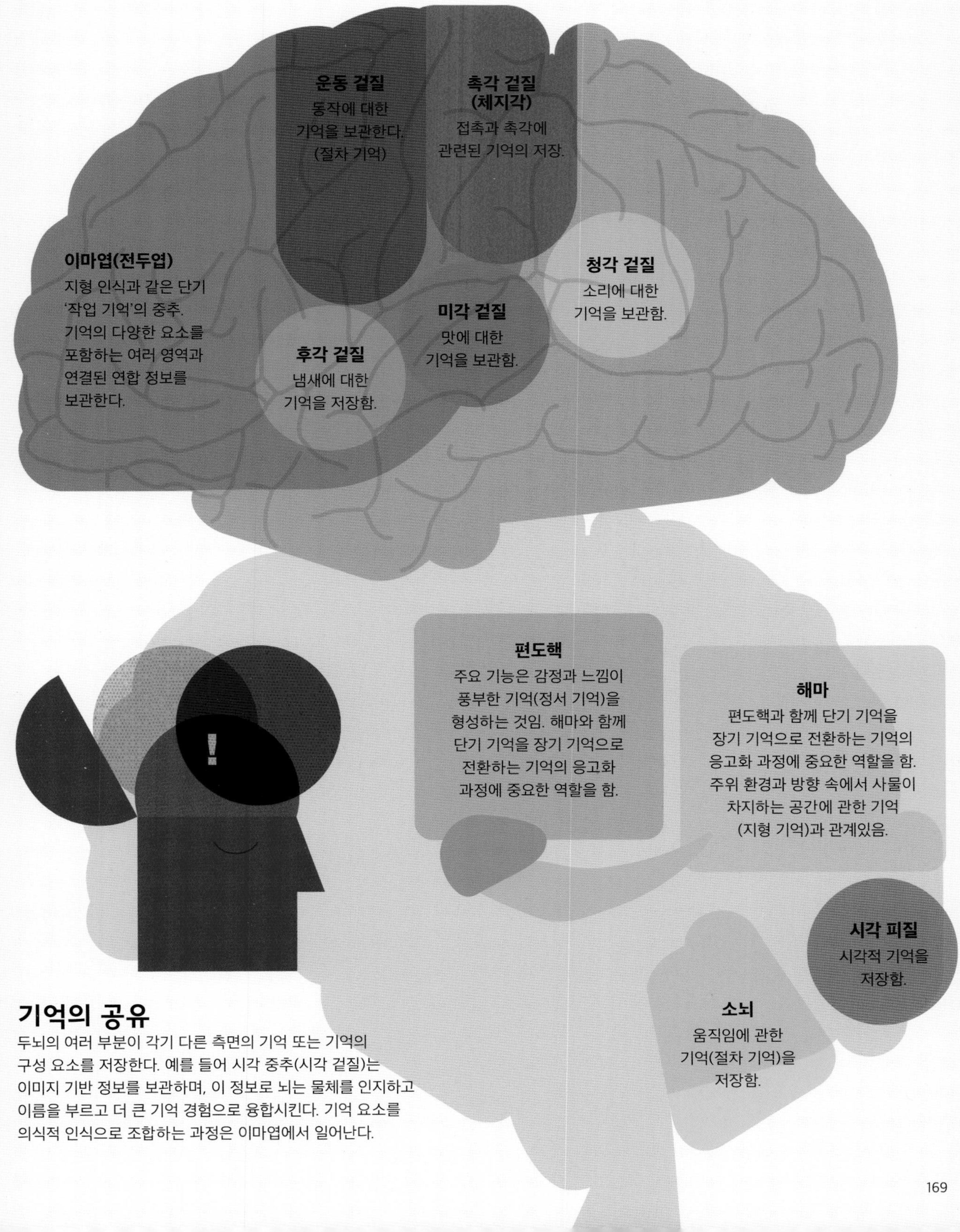
운동 겉질
동작에 대한
기억을 보관한다.
(절차 기억)
촉각 겉질
(체지각)
접촉과 촉각에
관련된 기억의 저장.
이마엽(전두엽)
지형 인식과 같은 단기
'작업 기억'의 중추.
기억의 다양한 요소를
포함하는 여러 영역과
연결된 연합 정보를
보관한다.
후각 겉질
냄새에 대한
기억을 저장함.
미각 겉질
맛에 대한
기억을 보관함.
청각 겉질
소리에 대한
기억을 보관함.
편도핵
주요 기능은 감정과 느낌이
풍부한 기억(정서 기억)을
형성하는 것임. 해마와 함께
단기 기억을 장기 기억으로
전환하는 기억의 응고화
과정에 중요한 역할을 함.
해마
편도핵과 함께 단기 기억을
장기 기억으로 전환하는 기억의
응고화 과정에 중요한 역할을 함.
주위 환경과 방향 속에서 사물이
차지하는 공간에 관한 기억
(지형 기억)과 관계있음.
!
시각 피질
시각적 기억을
저장함.
소뇌
움직임에 관한
기억(절차 기억)을
저장함.

기억의 공유

두뇌의 여러 부분이 각기 다른 측면의 기억 또는 기억의 구성 요소를 저장한다. 예를 들어 시각 중추(시각 겉질)는 이미지 기반 정보를 보관하며, 이 정보로 뇌는 물체를 인지하고 이름을 부르고 더 큰 기억 경험으로 융합시킨다. 기억 요소를 의식적 인식으로 조합하는 과정은 이마엽에서 일어난다.

감정의 원천

“그게 사실이야? 이렇게 끔찍한 비극이!” 몸은 실신, 떨림, 휘청거림, 그리고 흐느낌으로 반응한다. 마음이 심란하면 제대로 생각하거나 분별 있는 결정을 내리기 힘들다.

“아니, 잠깐 기다려봐. 그건 사실이 아니야. 정말 대단한걸!” 몸은 기쁨에 신나서 뛰어오른다. 괴로움의 울부짖음이 기쁨으로 바뀌고 즐거운 눈물이 고통의 눈물을 대신한다. 뇌의 어디에서 이처럼 강력한 감정이 솟아나는 걸까?

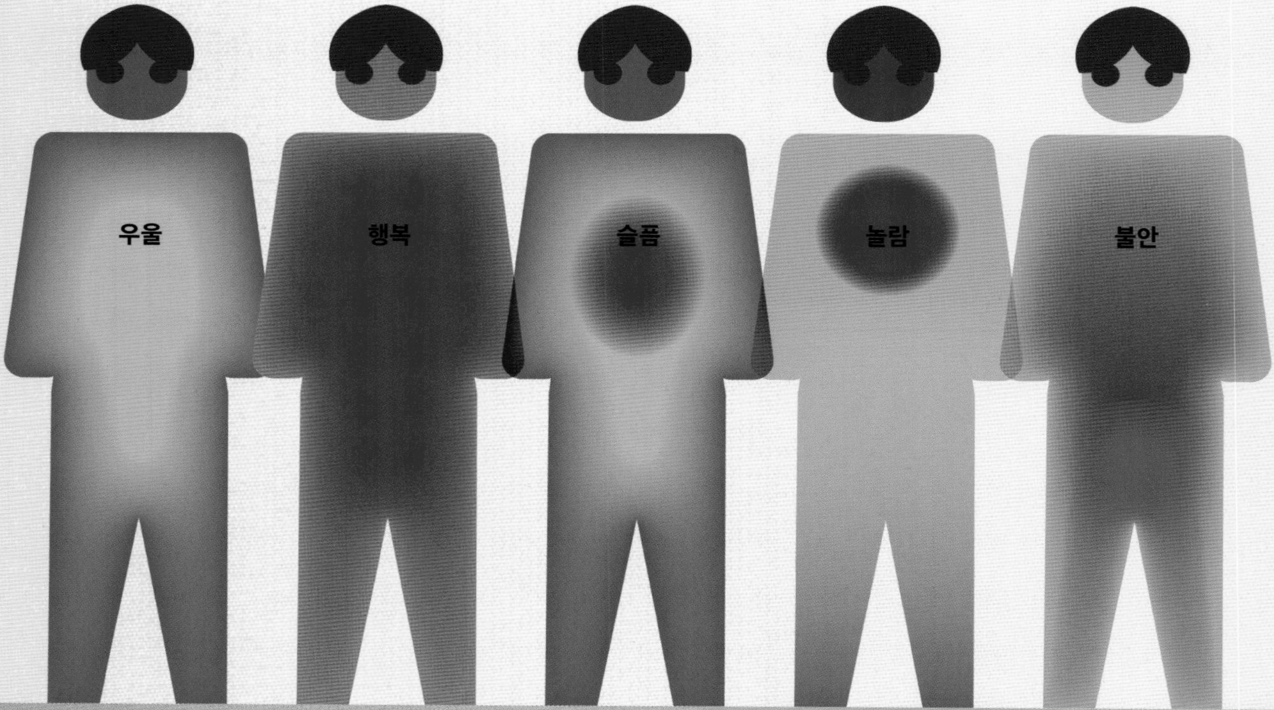

둘레계통(대뇌변연계)

기능에 따라 구분되는 시스템으로 뇌에서 느낌, 기분, 감정에 기여하는 영역이다 (다른 업무도 맡고 있음).

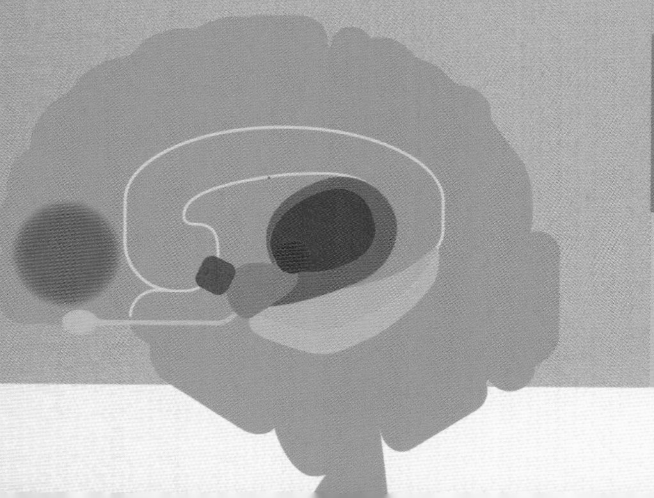

해마

장기 기억을 형성하고 내보낸다(그러나 저장하지는 않는다). 편도핵과 함께 기억과 기억의 소환을 구성하는 감정적인 요소를 돕는다.

편도핵

해마와 함께 기억을 처리하고 소환하는 데 매우 활성화됨. 특히 감정과 연관되어 분 단위로 소환되고, 심지어 상상하기도 함.

후각신경구

후각 메시지를 편도핵, 해마 및 기타 둘레계통의 다른 부위로 직접 보낸다. 그래서 냄새나 향기가 매우 강렬하고 순간적인 감정, 강한 기억을 불러일으키는 것임

어디에서 감정을 느낄까?

사람마다 강한 감정 상태로 인해 영향을 받는 신체 부위의 주관적인 느낌이 있다.
이런 기분은 인체 지도로 표시할 수 있다.

강함, 뜨거움, 빠름, 긍정적임 +

중립

약함, 차가움, 느림, 부정적임 -

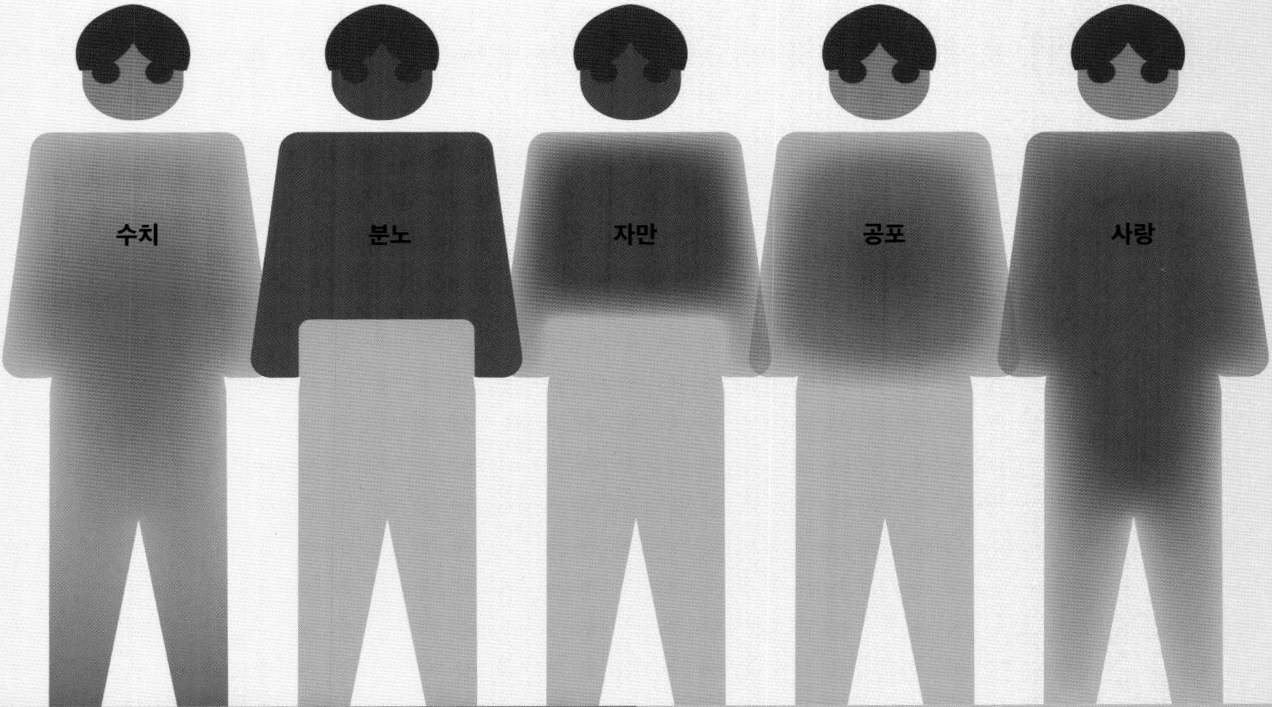

뇌활(뇌궁)

해마, 시상, 유두체의 중간. 기억의 감정적 측면.

해마곁이랑(해마방회)

과거의 장면(장면에 나타나는 사람보다는 물체나 물건) 전체에 대한 기억과 인지, 그리고 그 장면이 불러일으킨 감정적 반응.

유두체

일화의 기억 및 사건(일화)의 처리 (장소, 시간, 사람, 감정)에 관여함.

시상하부

감정을 불러일으킨다기보다 감정의 신체적 표현과 연관된 편이다. 혐오, 불쾌, 제어할 수 없는 웃음과 눈물과 같은 감정 상태와 연관되어 있다.

시상

둘레계통의 다른 부위로 연결되는 중계국이자 분배 중추.

이마엽(전두엽)의 둘레 영역

뇌 표면 중 앞쪽 아래의 안쪽으로 바라보는 구역. 공간 인지 및 방향 감각을 포함한 여러 종류의 기억을 위한 주요 중심지이자 연합 지역. 해마 및 그 연결 지역, 그리고 피질의 나머지 부분 사이로 이송하는 지역.

뇌의 하루

인체 내부에는 시교차상핵(SCN)이라는 생체 시계가 장착되어 있다. 이 시계의 신경 세포는 약 24시간 단위로 움직이는 자체적인 활동 주기를 따른다. 이 활동은 자연 세계에서 연속되는 햇빛과 어둠을 눈이 감지하는 과정에서 바깥세상과 통합되기도 하고 주기가 달라지기도 하면서 시계의 시간을 맞춰 나간다. 시교차상핵은 체온 및 호르몬 수치에서부터 식욕, 소화, 노폐물 배출 및 취침과 기상까지 몸 전반에 걸친 생체 리듬을 제어하고 조정한다.

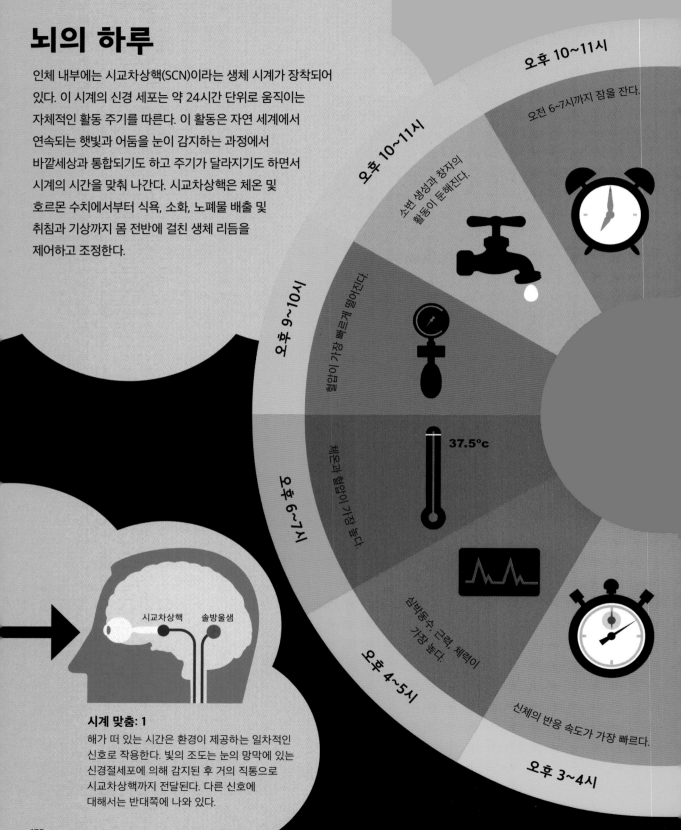

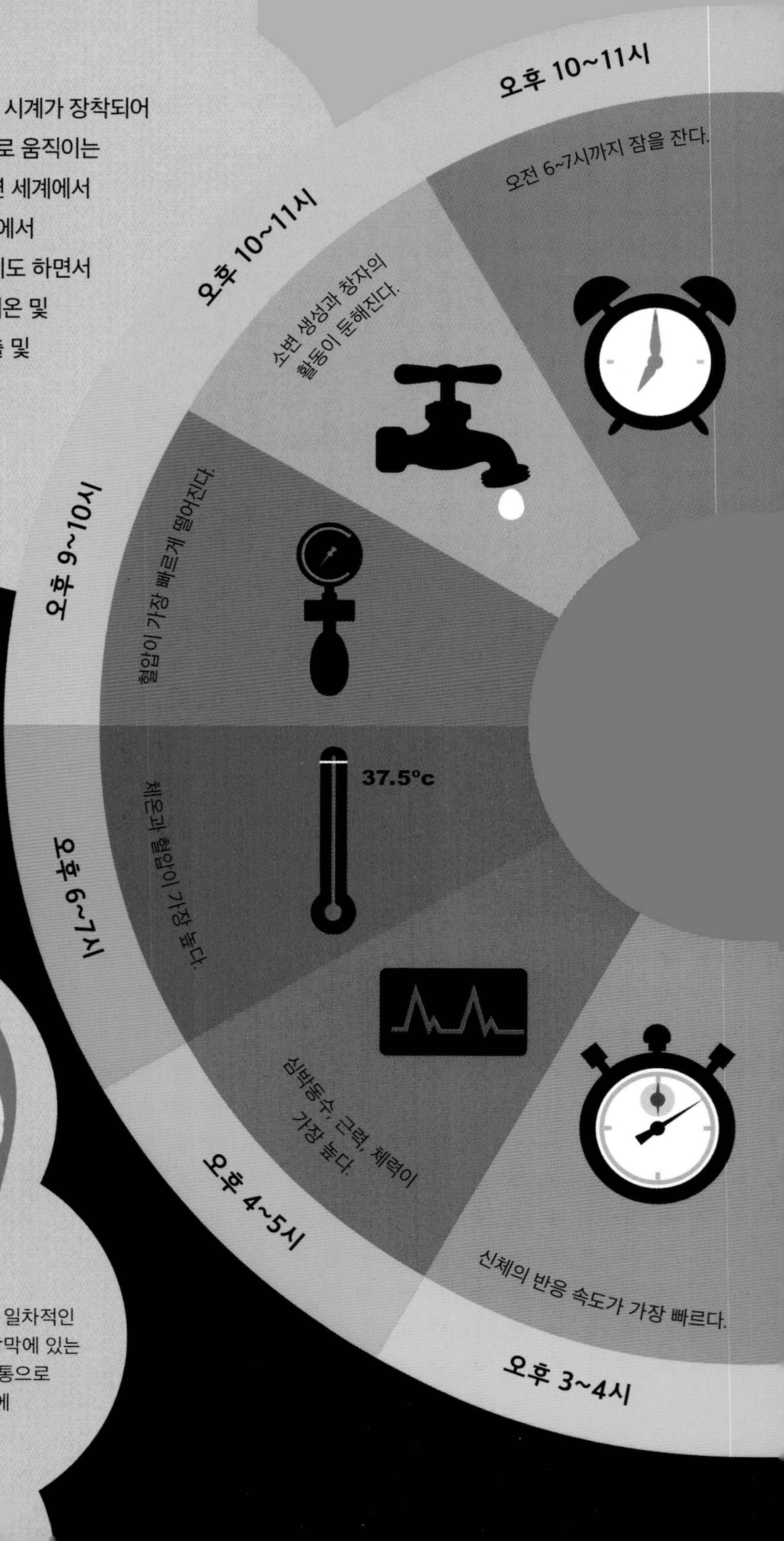

오후 10~11시
오전 6~7시까지 잠을 잔다.
오후 10~11시
소변 생성과 창자의 활동이 둔해진다.
오후 9~10시
혈압이 가장 빠르게 떨어진다.
오후 6~7시
체온과 혈압이 가장 높다.
37.5°c
오후 4~5시
심박동수, 근력, 체력이 가장 높다.
오후 3~4시
신체의 반응 속도가 가장 빠르다.

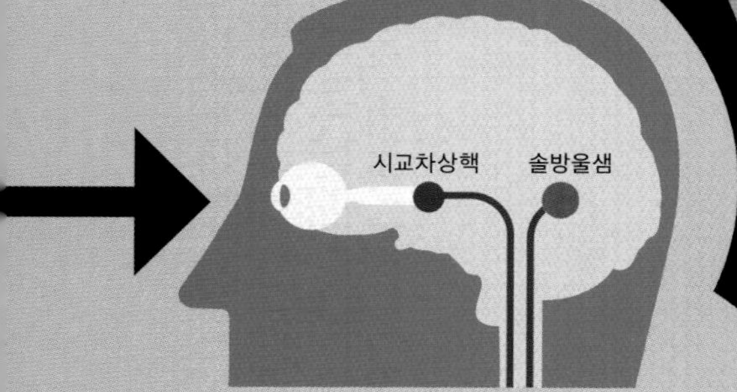

시교차상핵
솔방울샘

시계 맞춤: 1

해가 떠 있는 시간은 환경이 제공하는 일차적인 신호로 작용한다. 빛의 조도는 눈의 망막에 있는 신경절세포에 의해 감지된 후 거의 직통으로 시교차상핵까지 전달된다. 다른 신호에 대해서는 반대쪽에 나와 있다.

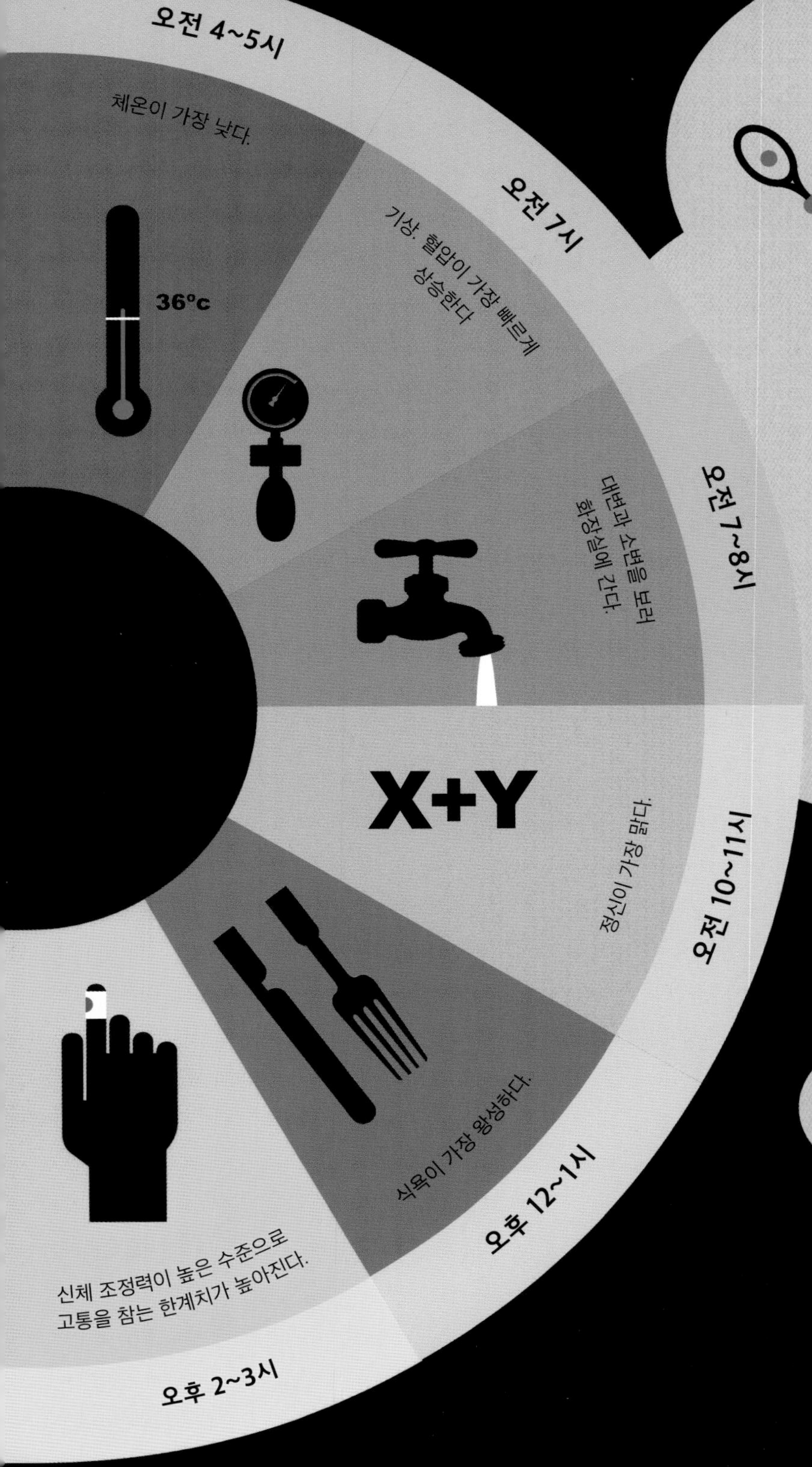
오전 4~5시
체온이 가장 낮다.
36°c
오전 7시
기상: 혈압이 가장 빠르게 상승한다
오전 7~8시
대변과 소변을 보러 화장실에 간다.
오전 10~11시
X+Y
정신이 가장 맑다.
오후 12~1시
식욕이 가장 왕성하다.
오후 2~3시
신체 조정력이 높은 수준으로 고통을 참는 한계치가 높아진다.

시계 맞춤: 2

주위 환경의 온도는 또 다른 외부 변화이며 피부가 감지한다. 음식 섭취와 식사 시간은 팔결핵(PBN)을 비롯한 다양한 두뇌 부위에서 감시한다. 스트레스는 스트레스 호르몬인 코르티솔의 수치를 높인다. 운동은 체온 및 심장 박동수와 호흡률을 증가시킨다.

하루의 신체 리듬은 24시간 주기로 돌아가는 생체 시계에 따라 움직이며 많은 호르몬과 내분비계, 특히 솔방울샘(송과체)이 관여한다.

당신이 잠든 사이에

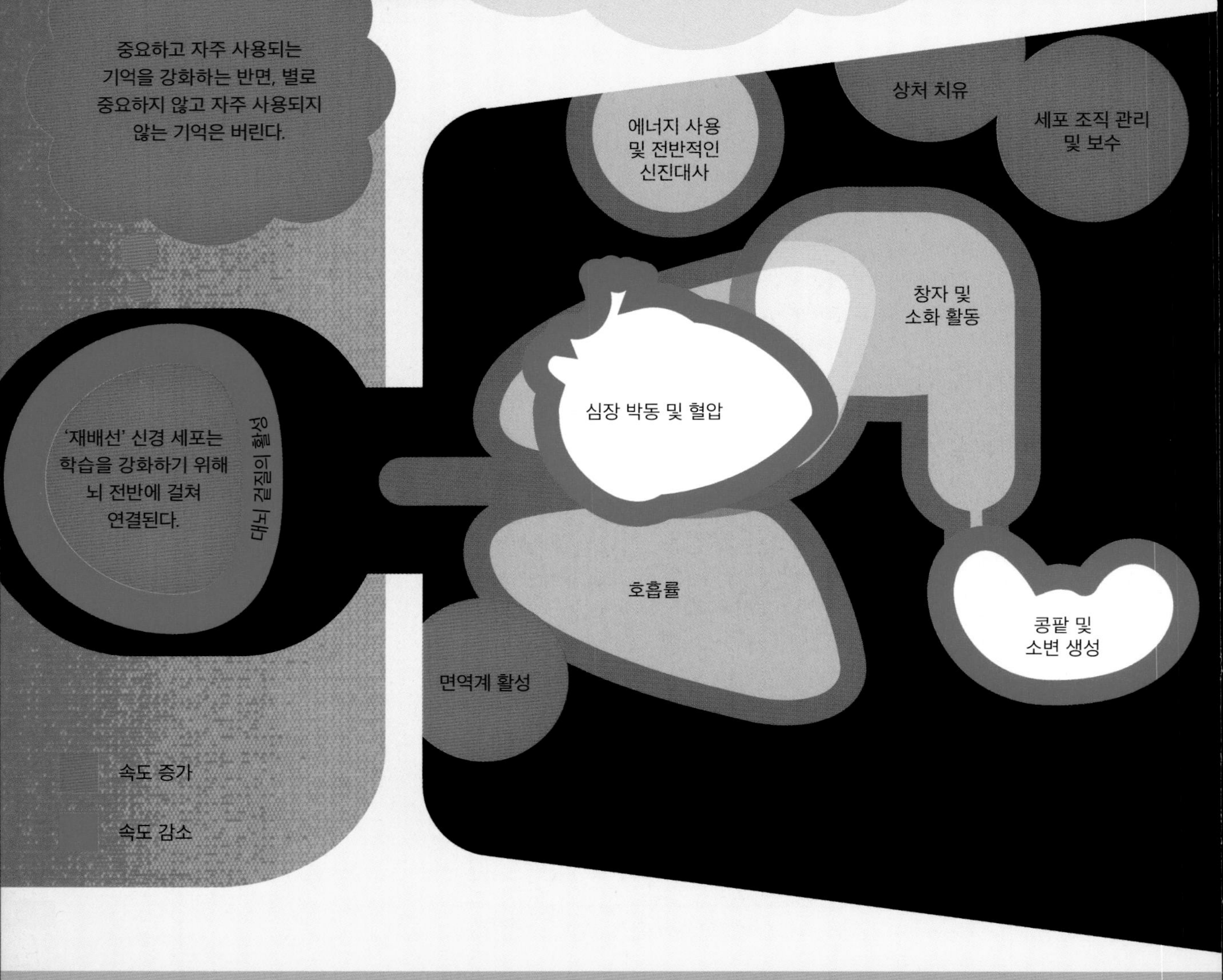
중요하고 자주 사용되는 기억을 강화하는 반면, 별로 중요하지 않고 자주 사용되지 않는 기억은 버린다.
'재배선' 신경 세포는 학습을 강화하기 위해 뇌 전반에 걸쳐 연결된다.
대뇌 겉질의 활성
에너지 사용 및 전반적인 신진대사
상처 치유
세포 조직 관리 및 보수
창자 및 소화 활동
심장 박동 및 혈압
호흡률
콩팥 및 소변 생성
면역계 활성
속도 증가
속도 감소

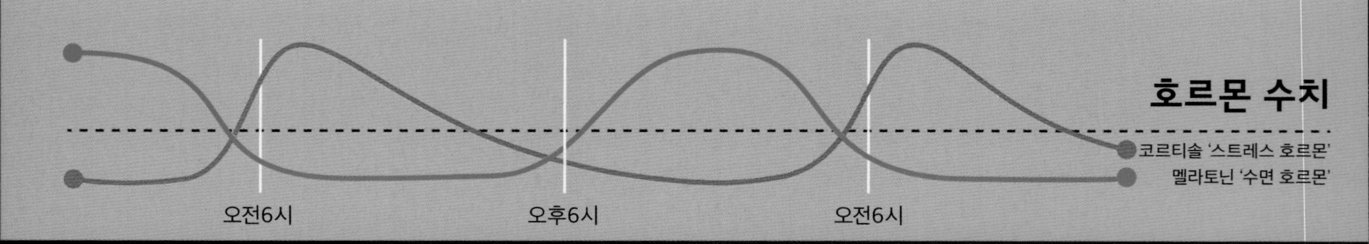
호르몬 수치
코르티솔 '스트레스 호르몬'
멜라토닌 '수면 호르몬'
오전6시
오후6시
오전6시

우리는 잠을 자는 데 인생의 3분의 1을 사용한다. 이는 뇌의 솔방울샘(송과샘)에서 나오는 멜라토닌 때문이다. 수면은 가볍고 얕은 잠에서 깊은 잠까지 단계적으로 일어난다. 여기에 꿈을 꾸는 렘(REM) 수면 단계가 추가된다. 뇌전도는 뇌에서 일어나는 전기 활동을 기록하고 신경 신호의 수, 장소, 패턴을 추적하는 기술이다. 수면의 각 단계와 주요 정신 작용은 고유한 뇌전도 흔적을 남긴다. 모든 것을 종합해보면 뇌는 수면 중에도 쉬지 않을 뿐 아니라 오히려 기억을 처리하느라 더 바쁘다. 반면 생명 유지에 필요한 심장, 폐, 창자, 콩팥 등은 우리가 잠든 시간에 편히 쉰다. 면역계와 세포 조직 유지 관리 시스템은 역량을 강화하며 서둘러 임무를 수행한다.

수면의 단계

1 얕은 수면

신체: 근육, 특히 눈, 얼굴, 팔다리 근육이 씰룩거린다.

뇌전도: 세타파

5-10

2 중간 수면

신체: 점차 이완하고 안정된다.

뇌전도: 수면방추파, K 복합파

45-50

3 깊은 수면

신체: 모든 신체 활동과 움직임이 최저 상태임.

뇌전도: 델타파 (느린파 수면)

15–25

4 렘수면

신체: 눈을 감은 채로 안구가 빠르게 움직인다. 신체 활동과 움직임이 불규칙하다. 예) 경련

뇌전도: 알파파와 세타파

15–20

총 수면 시간에서 차지하는 비율 (퍼센트)
(성인 기준, 어릴수록 시간이 늘어남)

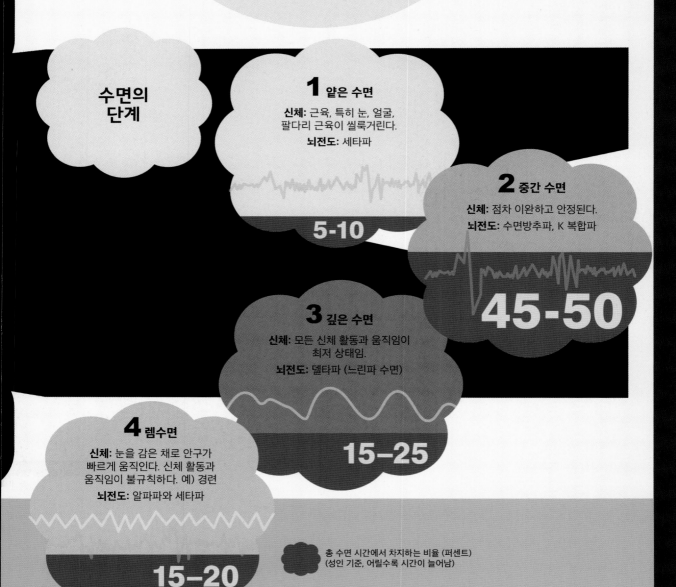

렘수면의 필요성

필요한 수면 시간은 개인에 따라 천차만별이다.
그러나 충분한 렘수면은 건강을 위해 특히 중요하다.

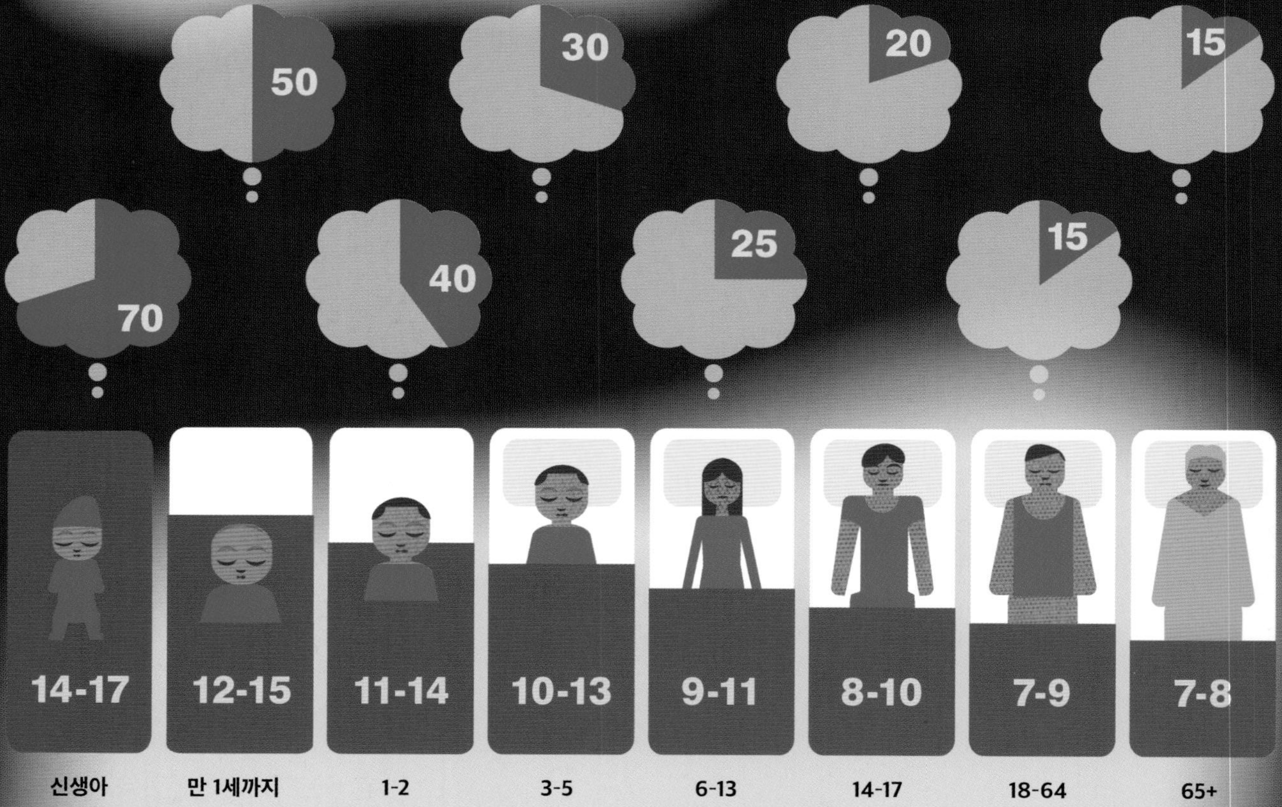

50
30
20
15
70
40
25
15
14-17
12-15
11-14
10-13
9-11
8-10
7-9
7-8
신생아
만 1세까지
1-2
3-5
6-13
14-17
18-64
65+

꿈속에서

수면 테스트 중, 뇌파 및 기타 신체 기능을 확인하기 위해 몸에 전선을 연결한 뒤 렘(REM) 수면 중인 피험자를 깨우면 대개 꿈을 꾸고 있었다고 말한다. 꿈은 사람을 안심시키기도 하고, 기이한 경험도 하게 하며, 불안하게도 하고 악몽을 선사하기도 한다. 뇌파 검사 및 스캔을 통해 뇌의 어느 부위가 꿈과 관련 있는지 알 수 있다. 그러나 꿈을 제대로 해석하기까지 과학이 갈 길은 아직 멀다.

권장 수면 시간[1]
렘수면 비율 (%)

1 '미국 수면 재단' 가이드라인

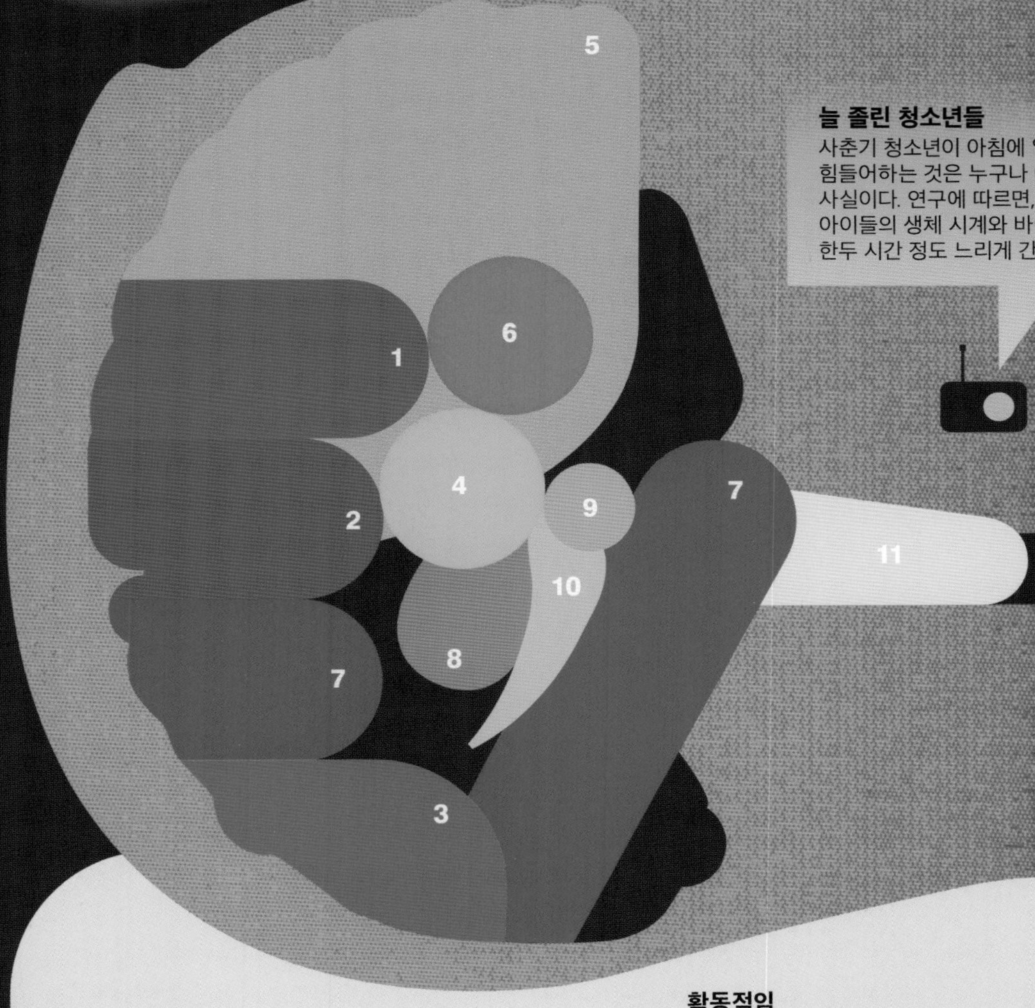

늘 졸린 청소년들
사춘기 청소년이 아침에 일어나기 힘들어하는 것은 누구나 아는 사실이다. 연구에 따르면, 10대 아이들의 생체 시계와 바이오리듬은 한두 시간 정도 느리게 간다.

한가함

1 **운동 중추**
2 **지각 중추**
3 **일차 시각 겉질**
4 **청각 중추**
5 **이마엽(전두엽):** 의식적인 입력을 줄인다.

활동적임

6 **후각 중추:** 강한 냄새가 꿈꾸는 중인 사람을 깨울 수 있다.
7 **시각 연합 영역:** 꿈의 이미지화.
8 **시상:** 겉질로 입력되는 많은 감각을 걸러낸다.
9 **편도핵:** 기억과 감정을 연결한다.
10 **해마:** 꿈꾸는 중에 일어나는 단기적인 기억 상실.
11 **숨뇌(연수):** 기본적인 생명 유지 활동.

태어나고, 자라고, 소멸하고

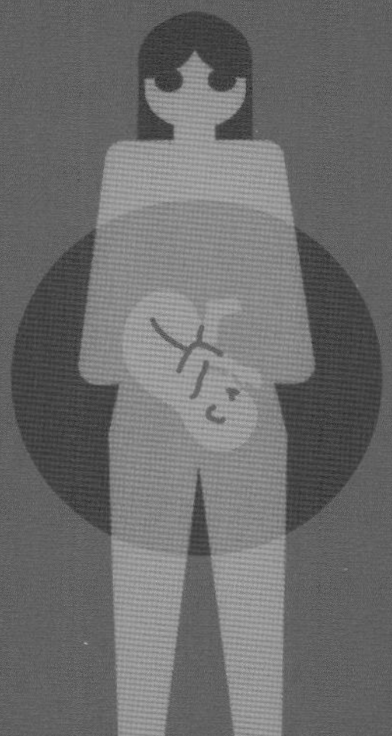

생명의 한 가지 법칙은, '모든 세포는 (세포 분열 또는 체세포 분열을 통해) 세포에서 나온다'는 것이다. 새로운 생명 역시 마찬가지지만 좀 더 복잡한 과정을 거친다. 몸속의 모든 세포는 각각 두 세트의 유전 물질을 가지고 있다. 아기는 난세포와 정세포에서 만들어진다. 그런데 만일 난세포와 정세포가 각각 두 세트의 유전 물질을 가지고 있다면 난세포와 정세포가 합쳐져 만들어진 아기는 총 4세트를 가지게 될 것이다. 따라서 아기가 정상적인 두 세트만 가지려면 2개의 세트는 반으로 쪼개져야 한다. 이 과정은 난자와 정자를 만들 때 특별한 종류의 세포 분열인 감수분열을 통해 이루어진다.

남성 생식 세포의 생성

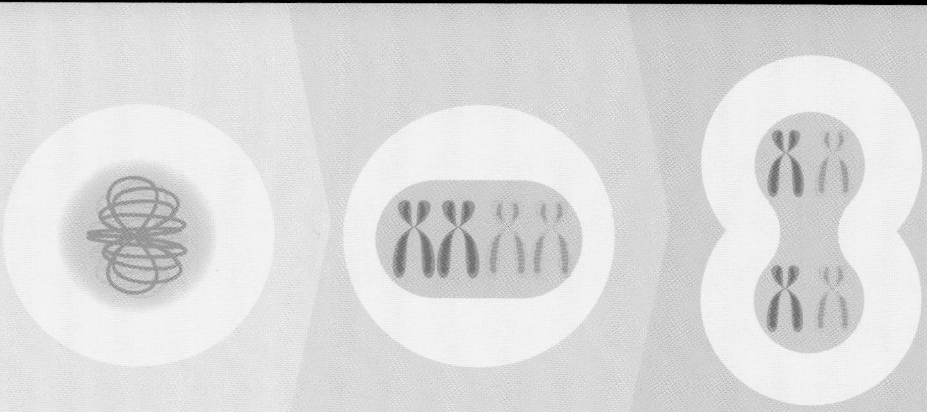

간기
염색체 쌍을 이루는 DNA가 복제된 결과 23쌍의 염색체가 두 세트 생긴다.

전기 / 중기 1
염색체가 눈에 보인다. 어떤 염색체에서는 일부 구역에서 파트너(상동염색체)와 교환(교차)이 일어나 새로운 유전적 변이를 도입한다. 핵막이 허물어진다. 염색체가 세포의 중앙(적도면)에 정렬한다.

후기 / 말기 1
염색체 쌍이 분리되어 각각 하나씩 새로운 세포로 이동한다. 딸세포에서 핵막이 다시 형성된다. 원래의 세포가 둘로 나누어져 각각 염색체 쌍 중 하나씩 가지게 된다.

여성 생식 세포의 생성

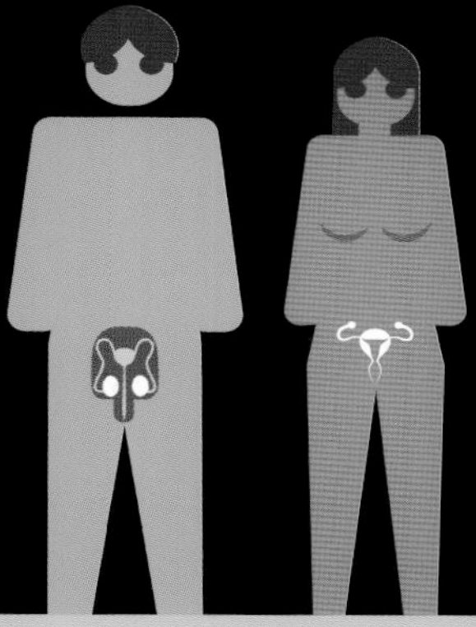

남성의 생식 세포는 정자라고 부르며 23개의 염색체를 가지고 있다. 이는 새로운 개체가 시작되는 첫 번째 세포인 수정란(접합체)을 형성하는 데 필요한 개수의 절반이다.

여성의 생식 세포는 난자라고 부르며 23개의 염색체를 가지고 있다. 이는 새로운 개체가 시작되는 첫 번째 세포인 수정란(접합체)을 형성하는 데 필요한 개수의 절반이다.

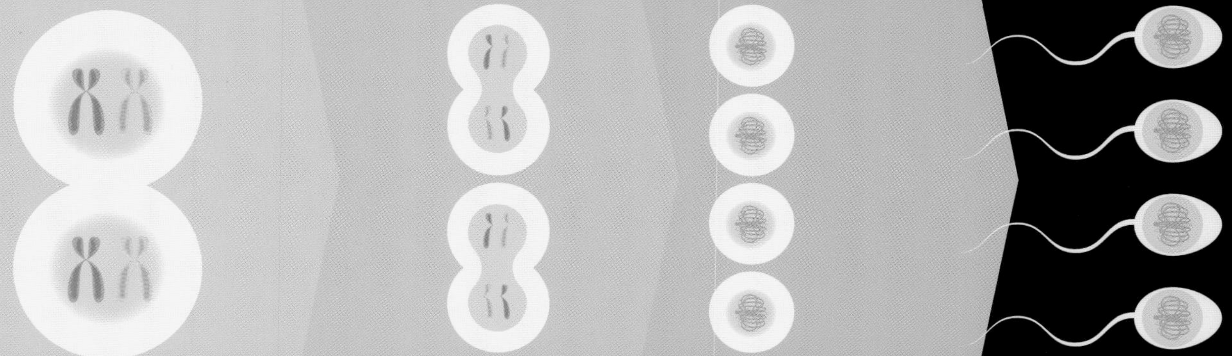

전기 / 중기 2

핵막이 허물어진다.
염색체가 세포의 중앙(적도면)에 아무렇게나 배열된다.

후기 / 말기 2

각 염색체의 염색분체가 분리하여 각각 하나씩 새로운 세포로 나누어진다. 딸세포에 핵막이 다시 형성된다.

원래의 세포 하나가 4개의 세포로 분열하면서 각각 염색분체 1개씩 가진다.

남성의 경우 하나의 세포가 4개의 정자를 만든다.
여성의 경우 하나의 세포가 1개의 난자와 3개의 극체를 만든다 (‘여분’의 염색체를 포함한다).

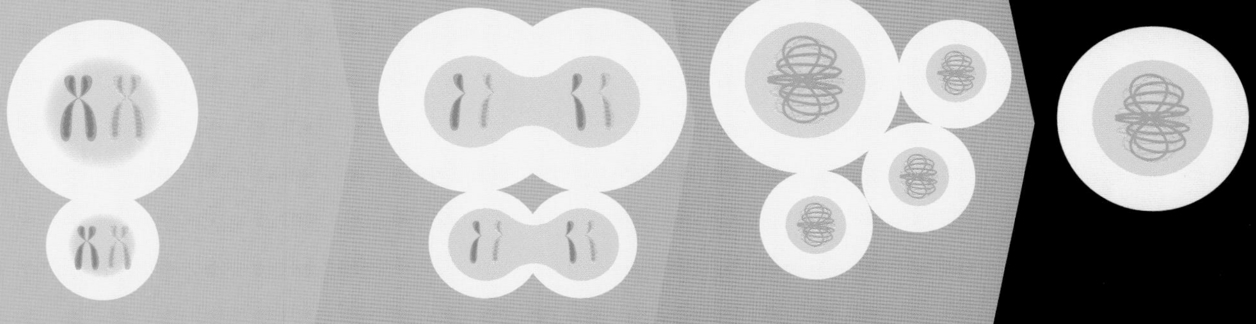

난자 만들기

성세포인 난자와 정자가 만나 새로운 생명이 시작될 때, 각각 아기에게 똑같은 양의 유전자를 물려준다. 각 성세포에는 한 줄의 긴 DNA 가닥으로 이루어진 23개의 염색체가 들어 있다. 성숙한 성세포의 생산 과정은 남녀가 크게 다르다. 여성은 사춘기 무렵에 시작해 매달 주기적으로 28일마다 한 번씩 성숙한 난자가 만들어지고 폐경기가 되면 끝이 난다. 이와는 대조적으로 정자는 계속 생성하다 나이가 들면서 서서히 감소한다.

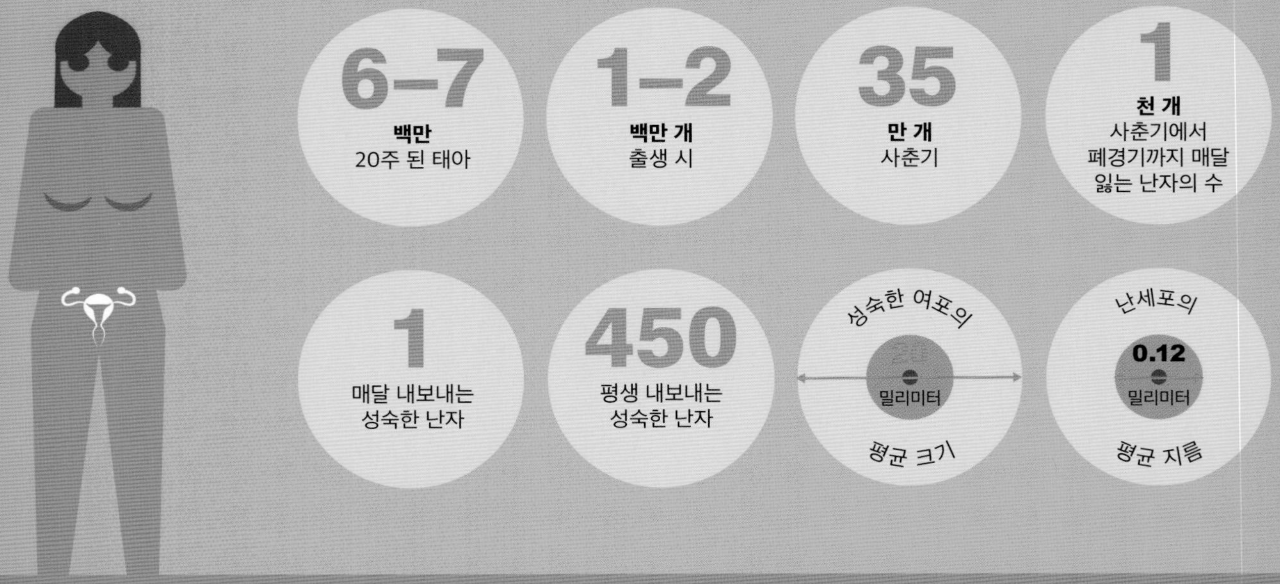
6–7
백만
20주 된 태아
1–2
백만 개
출생 시
35
만 개
사춘기
1
천 개
사춘기에서
폐경기까지 매달
잃는 난자의 수
1
매달 내보내는
성숙한 난자
450
평생 내보내는
성숙한 난자
성숙한 여포의
20
밀리미터
평균 크기
난세포의
0.12
밀리미터
평균 지름

여성의 생식 주기

여성의 생식 주기는 FSH(난포자극호르몬), LH(황체형성호르몬), 에스트로겐, 프로게스테론(황체호르몬)을 비롯한 여러 호르몬에 의해 조정된다.

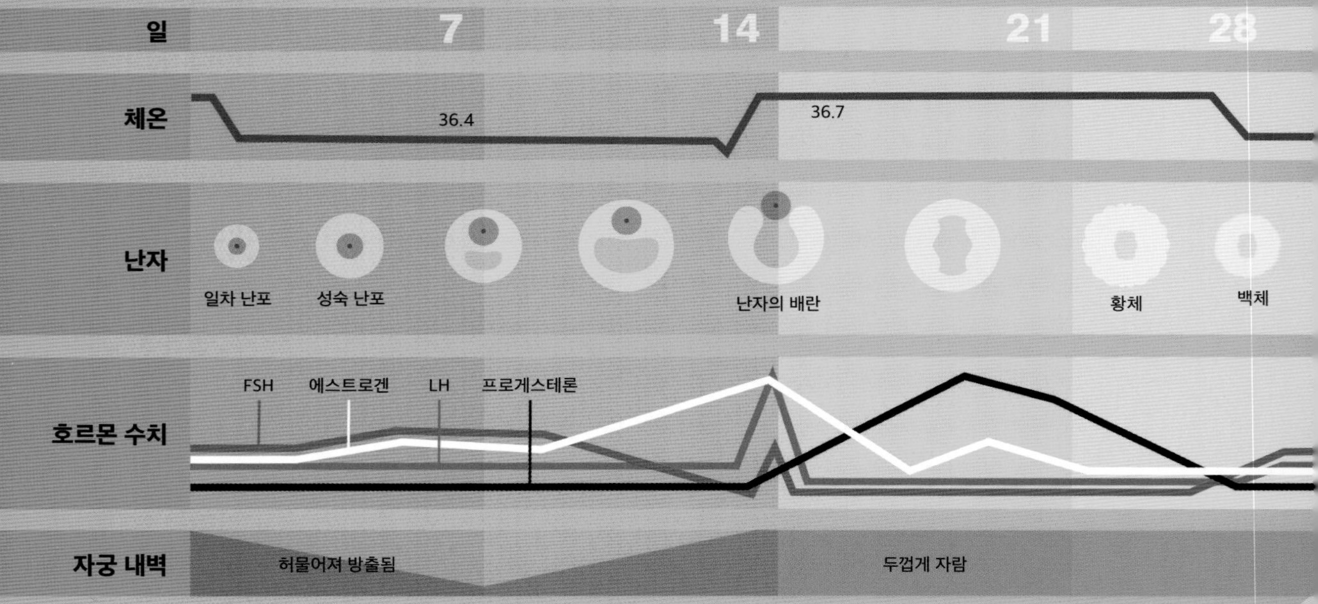
일
7
14
21
28
체온
36.4
36.7
난자
일차 난포
성숙 난포
난자의 배란
황체
백체
호르몬 수치
FSH
에스트로겐
LH
프로게스테론
자궁 내벽
허물어져 방출됨
두껍게 자람

정자 만들기

남성의 성세포인 정자는 지속적으로 생산되며 수도 대단히 많다. 매일 고환 안에서 수백만 개의 세포가 생겨나 자라날 정도이다. 본격적인 정자 생산은 사춘기 즈음에 시작해 매일 매 순간 이루어지며, 노년이 되면 서서히 줄어든다. 그러나 70대와 80대의 남성도 자연스럽게 아이의 아빠가 될 수 있다.

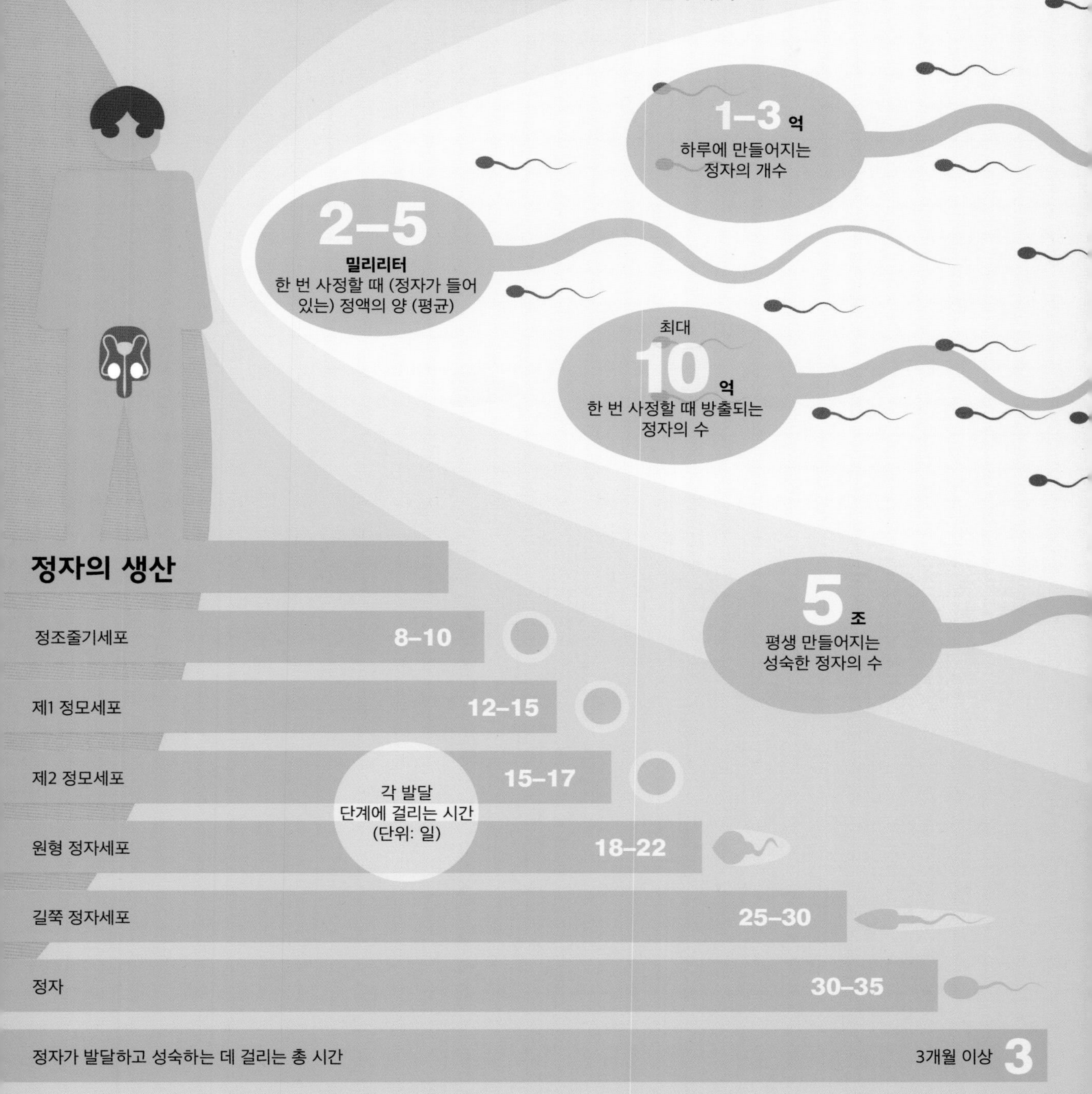

1–3 억
하루에 만들어지는 정자의 개수
2–5 밀리리터
한 번 사정할 때 (정자가 들어 있는) 정액의 양 (평균)
최대 10 억
한 번 사정할 때 방출되는 정자의 수
5 조
평생 만들어지는 성숙한 정자의 수
정자의 생산
정조줄기세포 8–10
제1 정모세포 12–15
제2 정모세포 15–17
원형 정자세포 18–22
길쭉 정자세포 25–30
정자 30–35
각 발달 단계에 걸리는 시간 (단위: 일)
정자가 발달하고 성숙하는 데 걸리는 총 시간
3개월 이상 3

새로운 생명이 태어나는 순간

난세포와 정세포가 만나 새로운 생명이 시작되는 순간을 수정 또는 잉태, 혹은 배우자 접합이라고 부른다. 대개 난자를 방출하는 난소에 연결된 나팔관(난관)에서 수정되어 앞으로 아기가 자랄 자궁으로 옮겨 간다. 수정에 성공한 정자는 백만 분의 일이 아니라 십억 분의 일의 확률을 통과한 것이다. 단 하나를 빼고 나머지 거의 모든 정자가 난자에 도달하지 못한다. 일단 정자와 난자가 접촉에 성공하면 난자는 다른 정자와의 만남을 거부한다. 정자와 난자가 만남과 동시에 놀라운 속도로 성장과 발달이 이어져 9개월 후면 주름진 작은 인간의 울부짖음을 들을 수 있다.

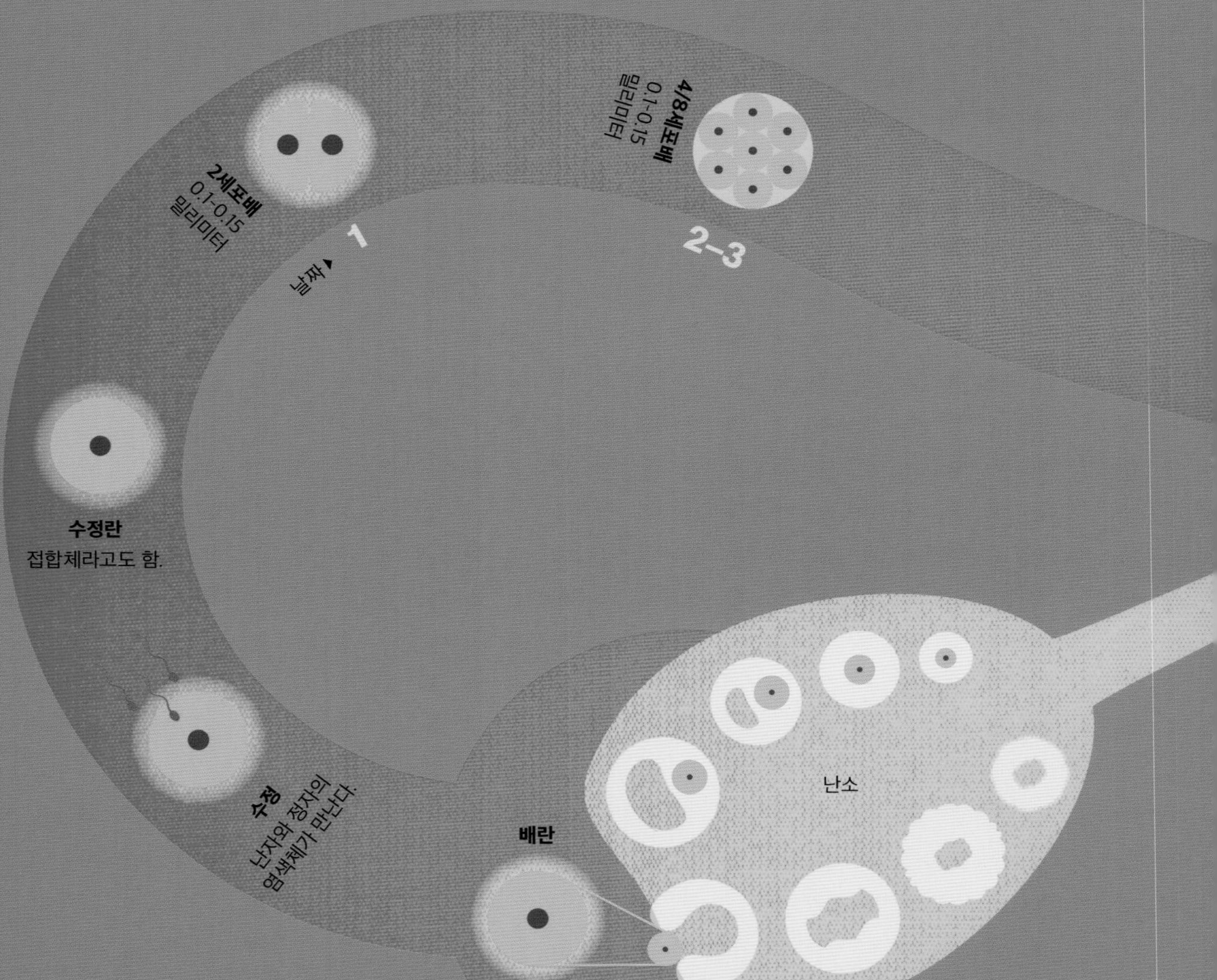

4/8세포배
0.1~0.15 밀리미터
2세포배
0.1~0.15 밀리미터
1
2~3
날짜 ▶
수정란
접합체라고도 함.
수정
난자와 정자의 염색체가 만난다.
배란
난소

수정의 단계

1. 불과 수백 마리의 정자만이 난자까지 도달한다.
2. 많은 정자가 접촉을 시도한다.
3. 정자의 모자(첨체)에서 난자의 투명대(젤리층)와 난황막을 분해하는 효소를 분비한다.
4. 정자 한 마리의 머리가 난황막과 융합한다.
5. 정자의 핵 속 염색체가 난자를 뚫고 들어간다.
6. 다른 정자가 융합되는 것을 방지하기 위해 투명층과 난황막이 질겨진다.
7. 정자와 난자의 염색체가 합치면 수정된 난자는 첫 번째 분열을 준비한다.

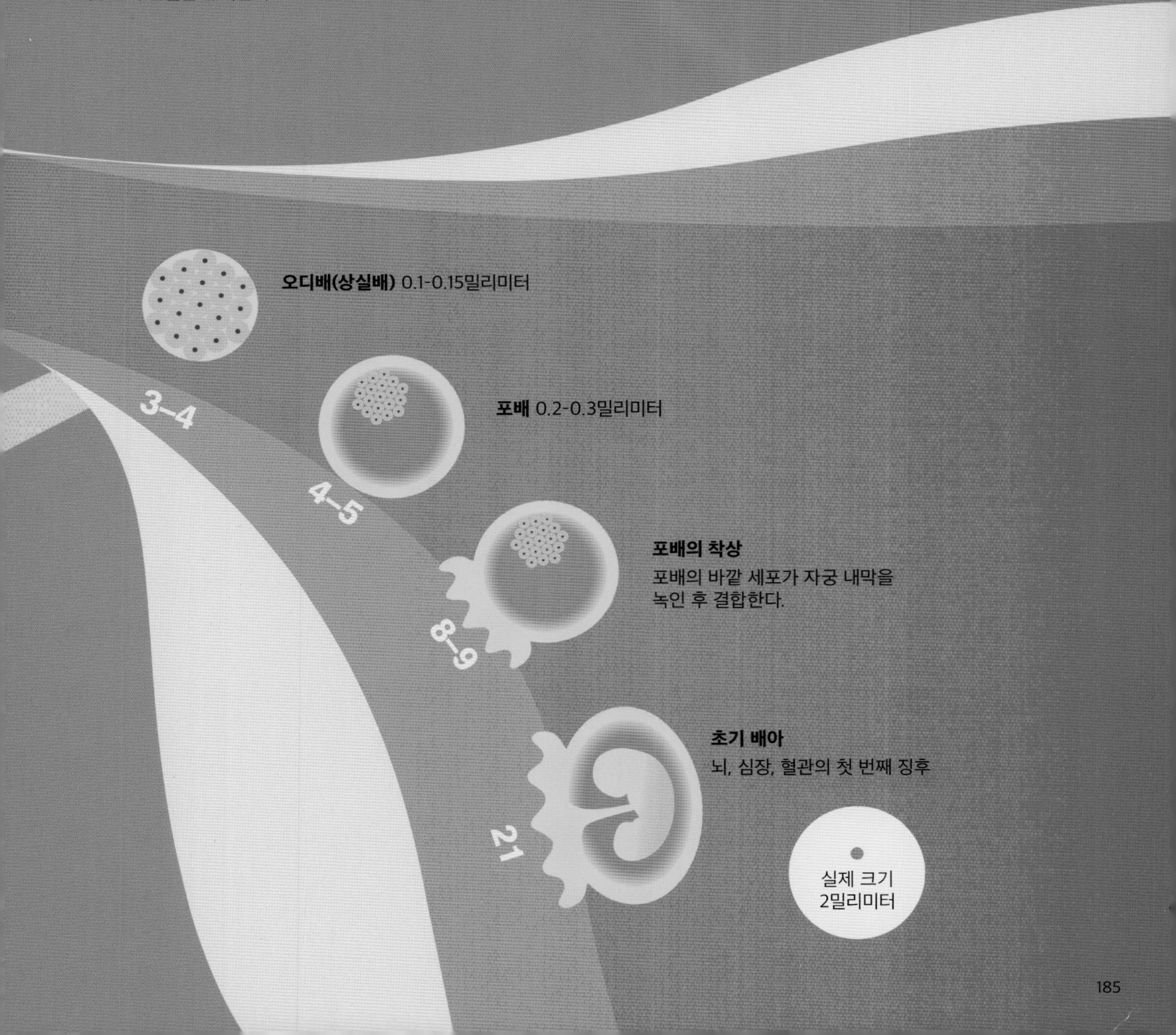
오디배(상실배) 0.1-0.15밀리미터
3–4
포배 0.2-0.3밀리미터
4–5
포배의 착상
포배의 바깥 세포가 자궁 내막을
녹인 후 결합한다.
8–9
초기 배아
뇌, 심장, 혈관의 첫 번째 징후
21
실제 크기
2밀리미터

임신과 출산

아기는 자궁이라는 매우 특별한 곳에서 자란다. 그러나 자궁 안이라고 해서 늘 조용하고 고요하고 평화로운 것은 아니다. 엄마의 심장이 쿵쿵대고, 엄마의 피가 주변 동맥을 빠르게 통과하는 소리가 들린다. 밝은 빛은 피부를 거쳐 자궁벽까지 다가온다. 그래서 갑작스럽게 큰 소리가 나면 아기가 깜짝 놀라 주먹질과 발길질을 하게 된다. 아기가 자랄수록 공간은 비좁아진다. 그래서 엄마가 몸을 움직일 때면 아기가 짓눌리고 찌부러지기도 한다.

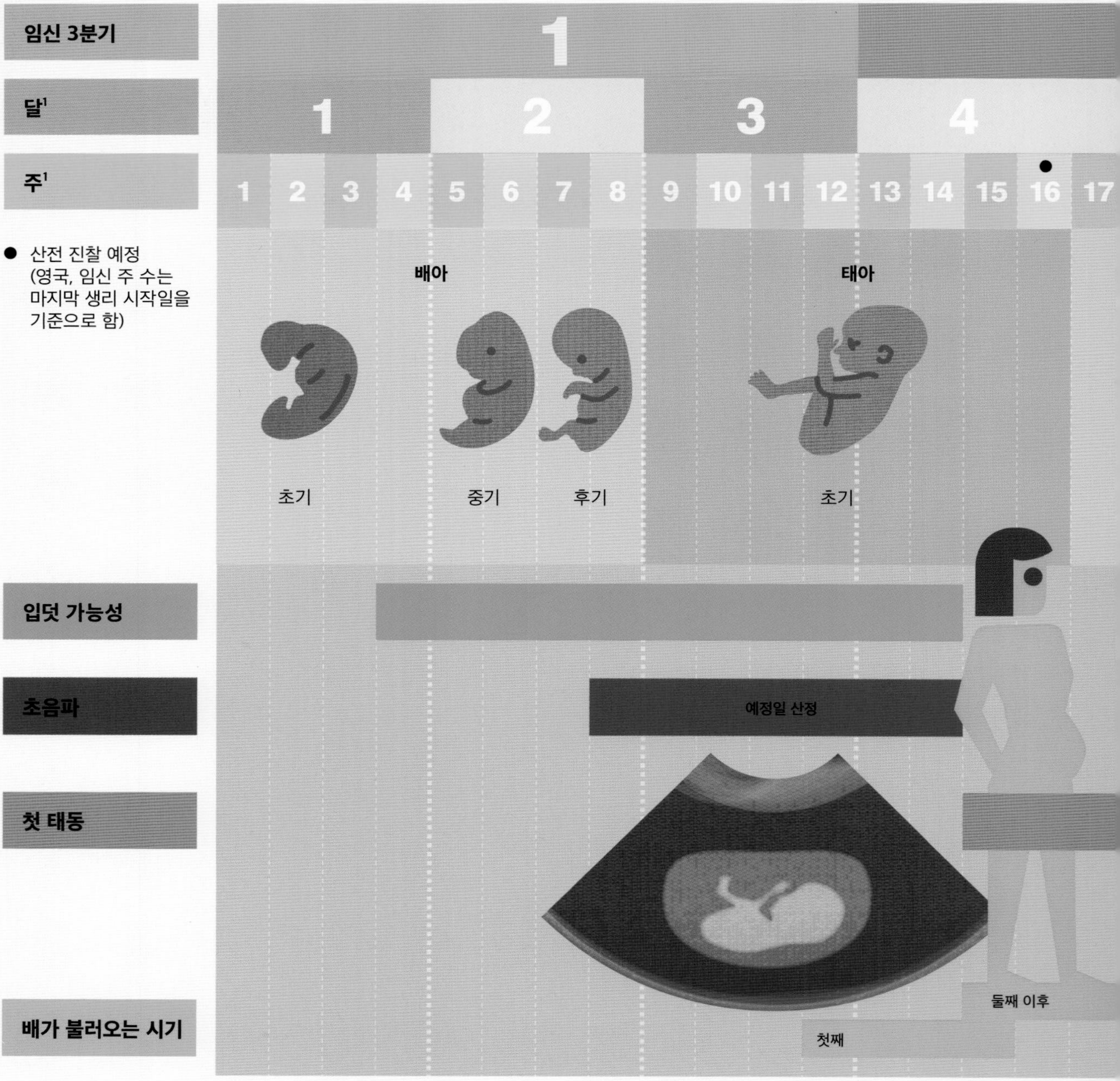

임신 3분기
1
달[1]
1
2
3
4
주[1]
1 2 3 4 5 6 7 8 9 10 11 12 13 14 15 16 17
● 산전 진찰 예정 (영국, 임신 주 수는 마지막 생리 시작일을 기준으로 함)
배아
태아
초기
중기
후기
초기
입덧 가능성
초음파
예정일 산정
첫 태동
둘째 이후
첫째
배가 불러오는 시기

1 정자가 난자를 만나 수정이 이루어진 잉태의 순간부터 계산함. 이보다 2주 앞서 엄마의 마지막 월경이 시작한 날부터 계산하는 경우는 임신 기간이 총 40주가 된다.

임신 테스트의 정확성

임신 테스트는 수정 후 약 6일 뒤에 엄마의 소변에서 hCG 호르몬(사람융모성성선자극호르몬)을감지한다.

정확도, %	60	90	97
수정 후 날짜	10	14	18

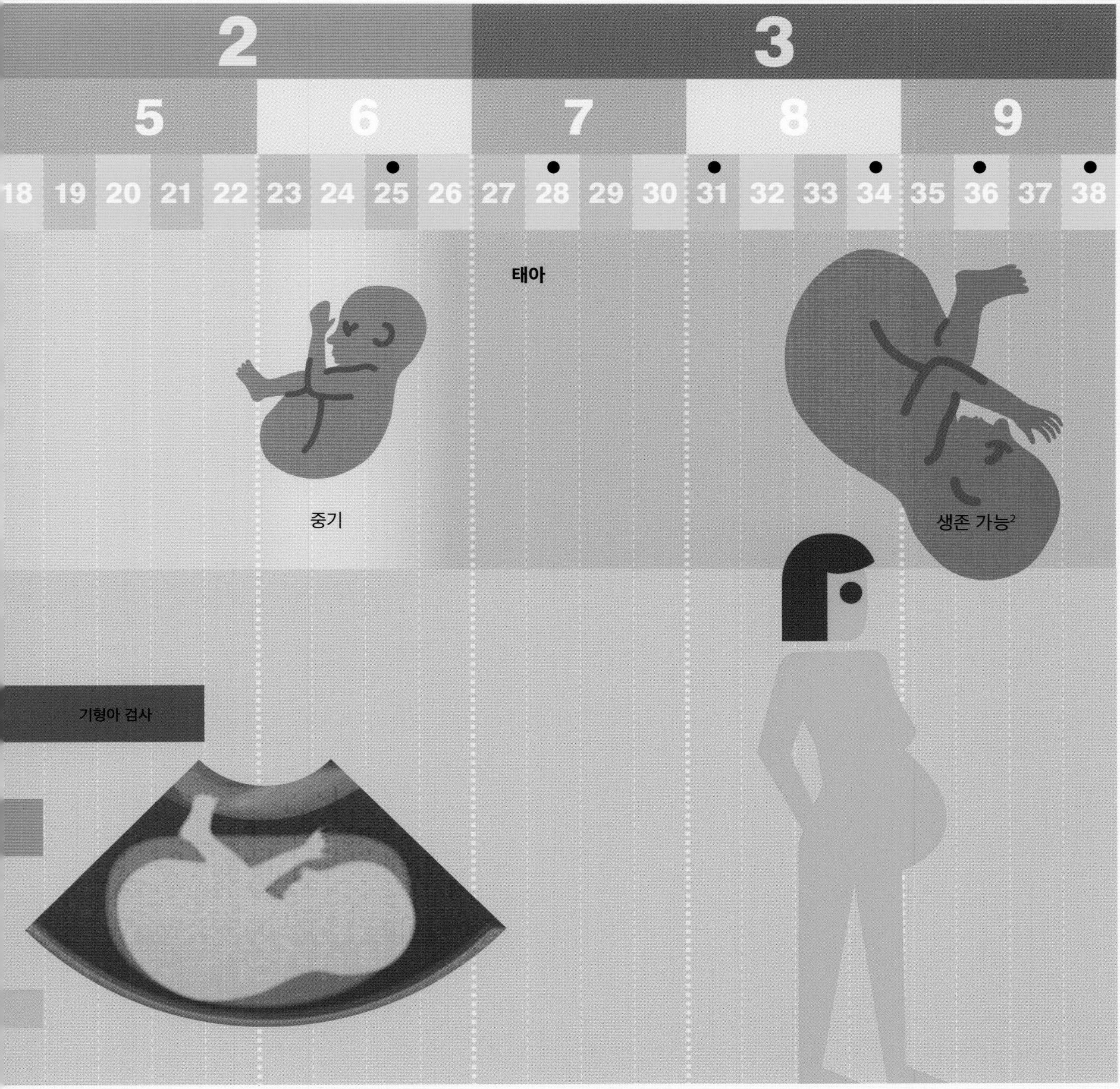

2 생존력과 출생전후기(주산기)는, 예를 들어 신생아 관리 개선과 특정 발달 단계에서 태어났을 때 살아남을 수 있는 아기의 비율 등에 따라 다양한 방식으로 정의된다.

자궁 속 9개월 성장기

아기는 세상에 태어날 때까지 9개월 동안 매 순간 증식하고, 움직이고, 분화한다. 배아를 구성하는 몇 백 개의 세포는 수천 개, 수백만 개로 증가한다. 또한 꿈틀대고 이동하며, 주름과 덩어리, 판을 형성하여 점차 신체 기관의 형태를 띠게 된다. 그리고 분화한다. 즉 초기 단계의 줄기세포가 뼈, 근육, 신경, 혈액 세포 등 몸을 유지하는데 필요한 다양한 종류의 세포로 바뀐다.

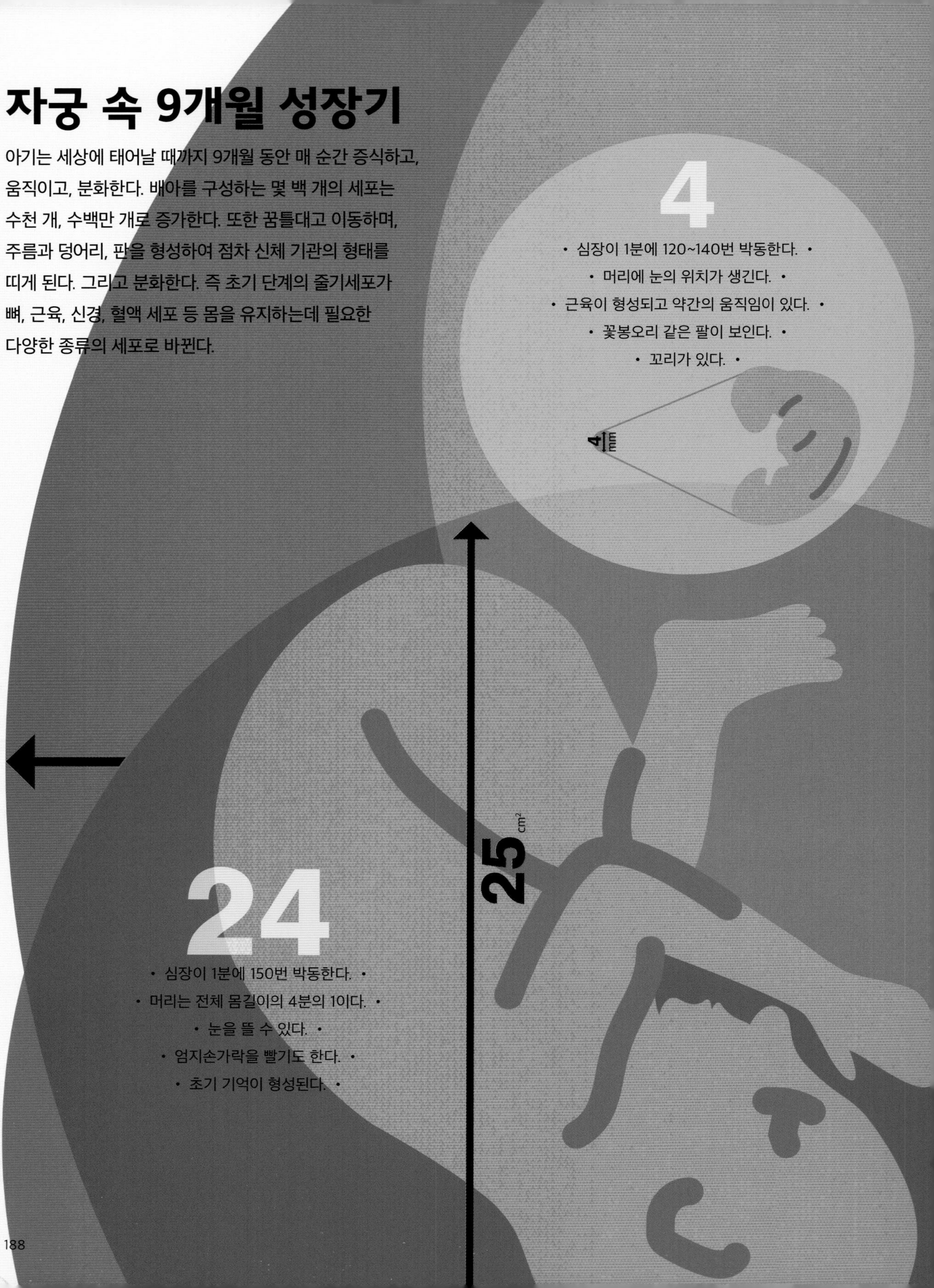

4
• 심장이 1분에 120~140번 박동한다. •
• 머리에 눈의 위치가 생긴다. •
• 근육이 형성되고 약간의 움직임이 있다. •
• 꽃봉오리 같은 팔이 보인다. •
• 꼬리가 있다. •
4mm
25cm²
24
• 심장이 1분에 150번 박동한다. •
• 머리는 전체 몸길이의 4분의 1이다. •
• 눈을 뜰 수 있다. •
• 엄지손가락을 빨기도 한다. •
• 초기 기억이 형성된다. •

주 수[1]

8

• 얼굴의 특징을 알아볼 수 있다. •

• 머리가 몸통만큼이나 크다. •

• 손가락과 발가락이 형성된다. •

• 꼬리가 오그라든다. •

• 배아에서 태아로 명칭이 바뀐다. •

15 mm

16

• 사람의 얼굴로 보인다. •

• 모든 기관이 형성된다. •

• 턱에 젖니의 봉오리가 나타난다. •

• 연골 형태이긴 하지만 모든 뼈의 형태가 나타난다. •

• 피부 밑에 지방이 쌓이기 시작한다. •

60 mm

45–48 cm

36

• 솜털이 떨어진다. •

• 손톱과 발톱이 각각 손가락과 발가락보다 길게 자라는 경우도 있다 •

• 기침과 딸꾹질을 자주 한다. •

• 아기가 태어날 준비가 되었다. •

• 체중이 3킬로그램 이상이다. •

1 표시된 시간은 잉태한 시점, 즉 정자가 난자를 만나 수정이 된 시점부터 계산하였다. 때로 타임라인을 엄마의 마지막 월경이 시작한 날로부터 계산하는 경우가 있는데, 이때는 총 임신 주 수가 40주이다.

2 태아는 대개 구부러진 자세를 취하므로, 배아 및 태아의 길이는 보통 머리엉덩길이, 즉 정수리에서 엉덩이의 바닥까지 잰다.

Happy birthday to you!

아기를 낳는 데 걸리는 시간은 1시간 미만에서 24시간 이상까지 다양하다. 이 시간은 대개 둘째를 낳을 때는 30~40퍼센트, 그리고 셋째부터는 추가로 10~20퍼센트 줄어든다. 선진국에서 출산 통계를 보면, 유도분만이나 제왕절개를 포함해 인위적인 분만이 후진국에 비해 흔하다. 이는 평일보다 일요일에 태어나는 아기가 적고, 아기의 출산이 가장 적은 날짜는 12월 25일이 되었다는 사실을 의미하기도 한다.

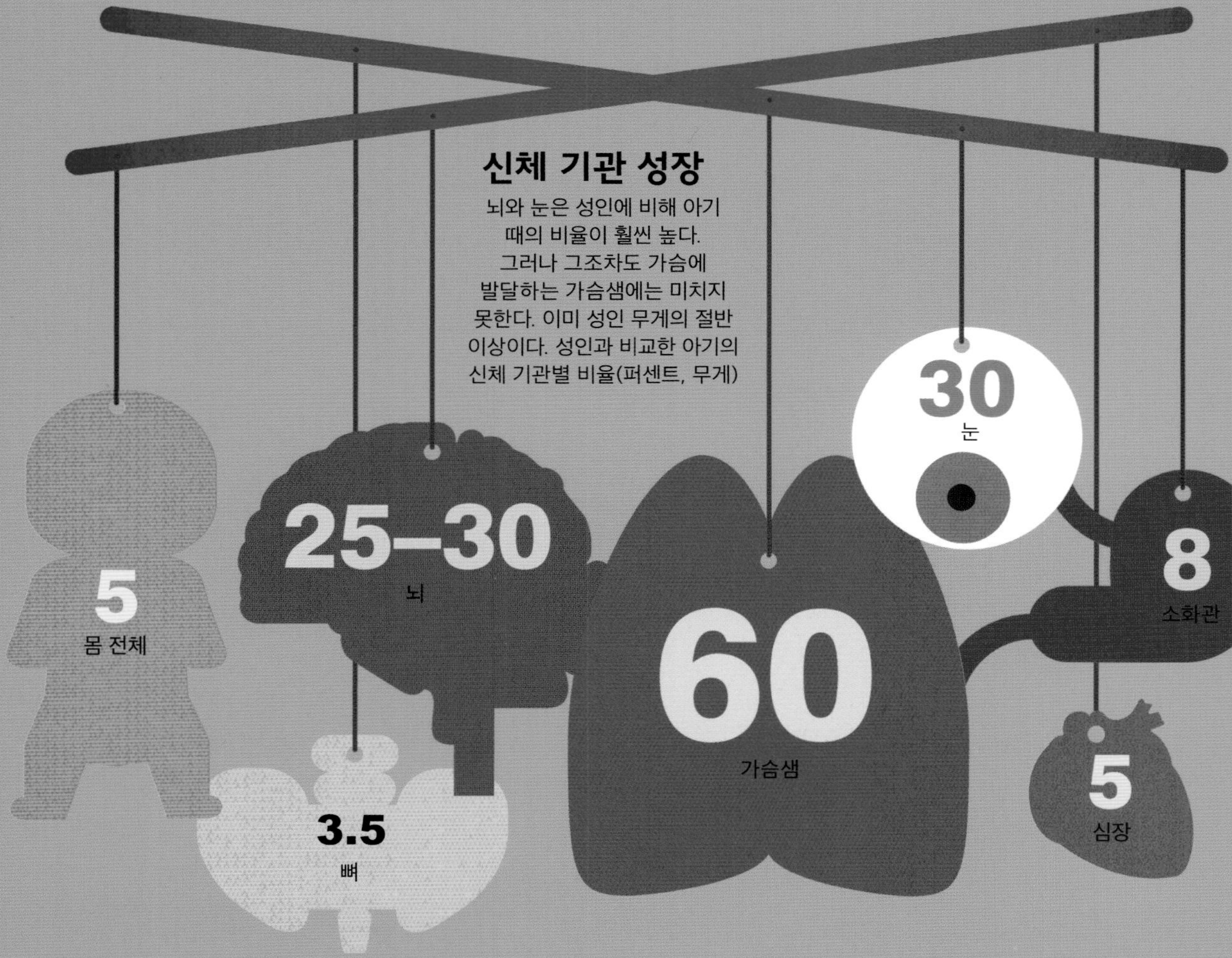
5
몸 전체
25–30
뇌
3.5
뼈
60
가슴샘
30
눈
8
소화관
5
심장

신체 기관 성장

뇌와 눈은 성인에 비해 아기 때의 비율이 훨씬 높다. 그러나 그조차도 가슴에 발달하는 가슴샘에는 미치지 못한다. 이미 성인 무게의 절반 이상이다. 성인과 비교한 아기의 신체 기관별 비율(퍼센트, 무게)

출산의 진행 (초산인 경우)

전체 과정이 평균 12~14시간 걸린다. 둘째나 셋째인 경우 분만 시간은 6~8시간으로 짧아진다.

제1기: 초기 자궁 수축이 강도와 빈도 면에서 모두 지속적으로 증가한다.

제2기: 활성기

평균 신생아의 이모저모

모든 아기는 특별하다. 특히 그 부모와 가족에게는 말이다. 다음은 서구 유럽, 북아메리카, 이와 유사한 조건의 선진국에서 만삭에 자연분만으로 태어난 아기를 대상으로 통계 처리하여 만들어 낸 상상 속의 평균 신생아 모습이다.

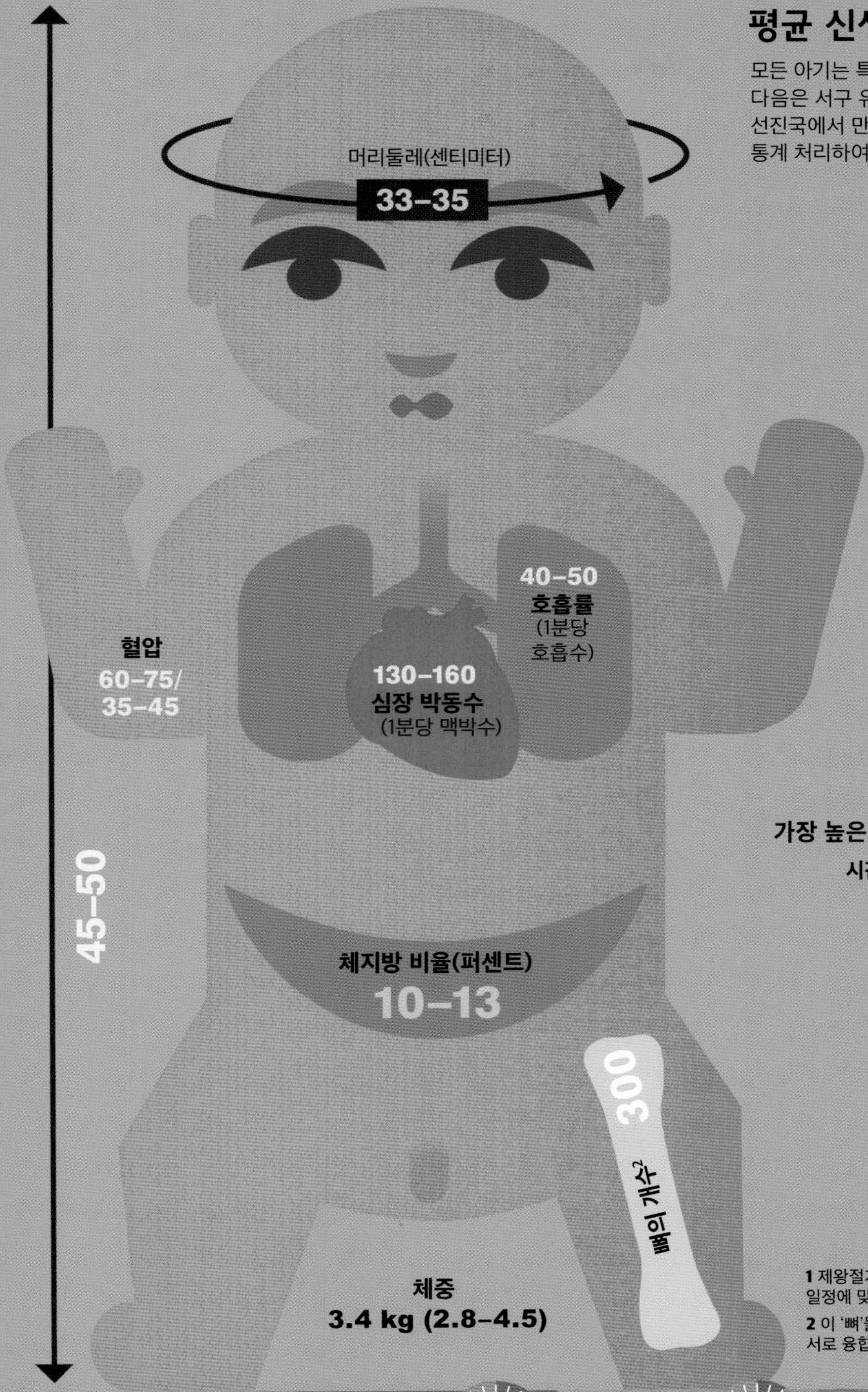

머리둘레(센티미터)
33–35
45–50
혈압
60–75/
35–45
40–50
호흡률
(1분당
호흡수)
130–160
심장 박동수
(1분당 맥박수)
체지방 비율(퍼센트)
10–13
300
뼈의 개수²
체중
3.4 kg (2.8–4.5)

치아

2,500명 중의 1명꼴로 치아가 있음.

혈액
부피
300
밀리리터
혈액형 O Rh+

가장 높은 빈도의 출산¹

시간: 새벽 2~4시

요일: 목요일

월: 9월

02.58

성별의 확률(퍼센트)

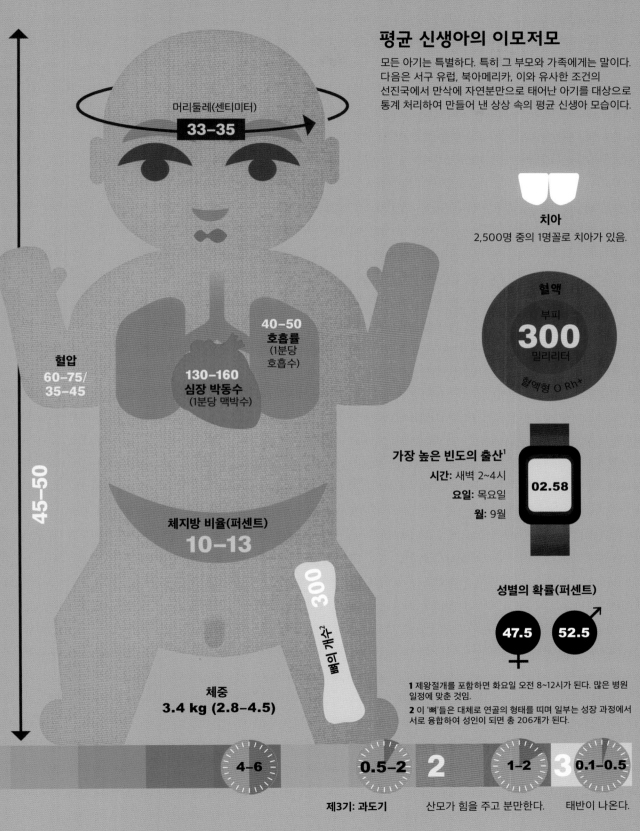

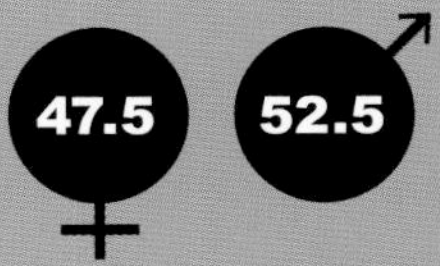

47.5
52.5

1 제왕절개를 포함하면 화요일 오전 8~12시가 된다. 많은 병원 일정에 맞춘 것임.

2 이 '뼈'들은 대체로 연골의 형태를 띠며 일부는 성장 과정에서 서로 융합하여 성인이 되면 총 206개가 된다.

4–6
0.5–2
2
1–2
3
0.1–0.5

제3기: 과도기 산모가 힘을 주고 분만한다. 태반이 나온다.

옹알이에서 사람으로 '우뚝' 서기

아기와 어린이는 모두 다른 속도로 자라고 발달한다. 어느 한 능력 또는 기술이 남들보다 일찍 발달했다고 해서 다른 능력도 그럴 것이라는 것은 억측이다. 아기든 어린이든 그 자신의 지금 능력이 일정한 경지의 수준을 가늠하는 정확한 기준이 될 수는 없다. 시작은 늦더라도 뒤에 더 빨리 가는 아이가 있는가 하면, 그 반대도 있다. 어떤 아이들의 경우는 발달의 순서나 방식이 남과 전혀 다르기도 하다. 아이들의 성장 및 발달 이정표를 보고 괜스레 걱정하는 부모들이 있다. 안심하라는 뜻에서 말하자면, 대다수의 어린이는 앞서거니 뒤서거니 해도 결국 가야 할 곳에 가게 마련이다.

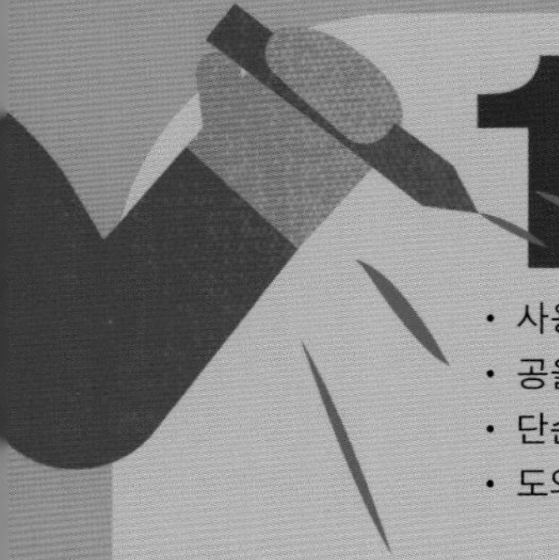

15

- 사용하는 단어의 개수가 4~8개로 늘어난다.
- 공을 가지고 논다.
- 단순한 선을 긋는다.
- 도와주면 뒤로 걷기도 한다.

12

- 다른 사람의 움직임을 흉내 낸다.
- 몸동작을 통해 원하는 것을 표현한다.
- 단어 몇 개를 말할 수 있다.
- 몇 걸음씩 걷는다.

18

- 혼자서 책을 '읽는다.'
- 단어를 조합해 구절을 만들기 시작한다.
- 의미를 담아 끄적거린다.
- 단순한 장난감을 쌓아 탑을 세운다.

21

- 어른의 지도 아래 계단을 오른다.
- 그림을 보고 고양이, 개 등의 이름을 말한다.
- 공을 발로 찬다.
- 2~3개의 단어로 된 짧은 구절을 만든다.

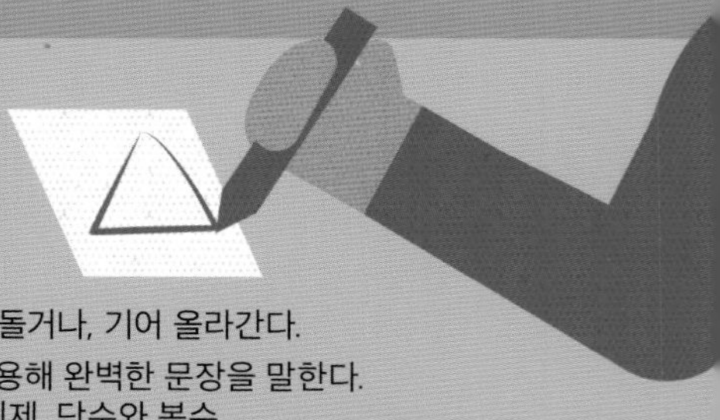

5

- 깡충깡충 뛰거나, 돌거나, 기어 올라간다.
- 다양한 동사를 사용해 완벽한 문장을 말한다.
  예) 미래와 과거 시제, 단수와 복수
- 동그라미나 삼각형 같은 단순한 모양을 따라 그린다.

2

- 가르랑 소리를 내거나 옹알이를 한다.
- 목을 잠깐 가눌 수 있다.
- 움직이는 물체를 따라 시선이 움직인다.
- 외부 자극에 반응하여 미소를 짓는다.

4

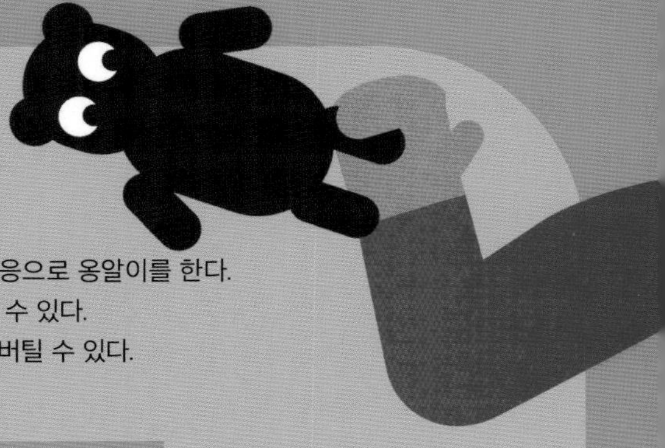

- 상대의 말에 대한 반응으로 옹알이를 한다.
- 오랜 시간 목을 가눌 수 있다.
- 다리에 체중을 싣고 버틸 수 있다.
- 물체를 잡는다.

Months

6

- 소리를 향해 목을 돌린다.
- 양방향으로 몸을 굴린다.
- 물건에 손을 뻗거나 입으로 가져간다.
- 뒤에 기대지 않아도 앉아 있을 수 있다.

9

- 음절을 조합하여 단어를 나타내는 소리를 낸다.
- 붙잡고 서 있는다.
- 물건을 치거나 떨어뜨리거나 던진다.
- '엄마'에 가까운 소리를 내는 경우도 있다.

2

- 인형이나 동물 장난감의 신체 부위를 말할 수 있다.
- 자신에 관해 이야기하기 시작한다.
- 물체를 분류하여 정렬한다.
- 뛰어오르기도 한다.

2.5

- 도움을 받아 양치질한다.
- 의도적으로 각도를 가진 선을 긋는다.
- 간단한 옷은 혼자 입을 수 있다.
- 잠깐 한 발로 서 있을 수 있다.

Years

3

- 몇 초간 한 발로 설 수 있다.
- 4~6개의 단어를 조합해 문장을 만든다.
- 뛰기, 점프하기, 구르기 등의 행동을 나타내는 단어를 말한다.
- 낮에는 기저귀를 뗀다.

4

- 수의 기본을 이해한다.
- 던지는 공을 받을 수 있다.
- 스스로 음식을 잘라 먹을 수 있다.
- 그림을 그릴 때 글씨를 흉내 내기 시작한다.

우리는 누구나 특별하다

아기가 자라 어린이, 청소년, 청년으로 커 가는 과정은 실로 매우 놀랍다. 갓 태어났을 때와 비교하면, 키는 3~4배, 몸무게는 최대 20배 이상 증가한다. 그러나 신체 부위의 상대적인 크기는 신생아와 성인의 비율이 매우 다르다. 성장 속도 역시 크게 달라진다.

성장률 그래프

백분위수의 50번째 있는 아이는 같은 연령의 어린이 100명 중 절반이 자신보다 키가 더 크거나 체중이 더 나가며, 나머지 절반은 더 작거나 가벼울 것이라는 뜻이다. 이와 비슷하게, 90번째에 있는 아이는 10퍼센트가 자신보다 크거나 무겁고, 나머지 90퍼센트는 더 작거나 가볍다고 해석할 수 있다

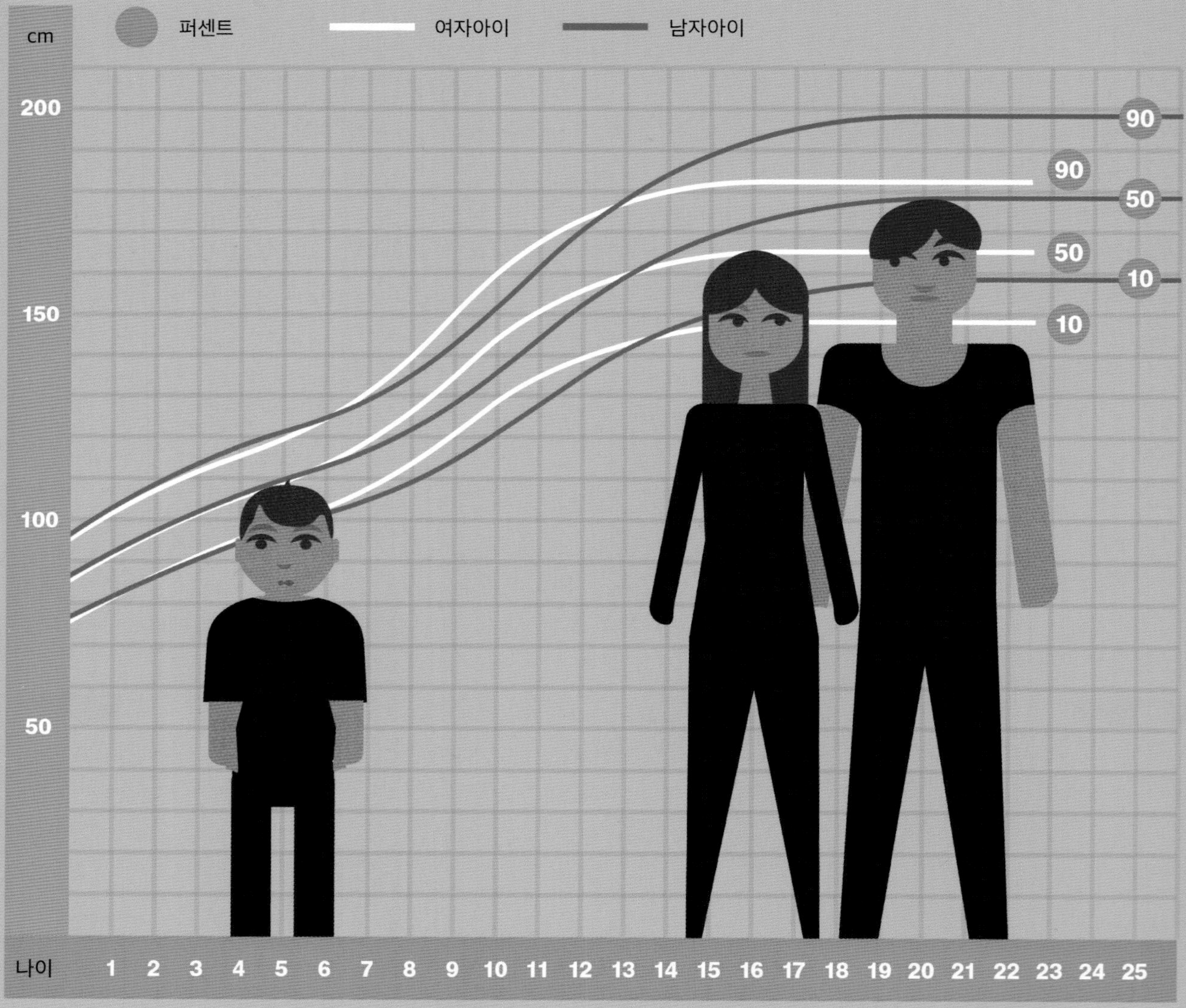

성장률

엄마 뱃속에서, 그리고 출생 후 첫 몇 개월만큼 인간의 몸이 빨리 자라는 시기는 없다. 아동기를 거치며 성장 속도가 점차 안정을 찾다가 사춘기 몇 년 동안 다시 증가한다. 성인이 되면서 성장 속도는 0으로 떨어지고 노년을 향하며 마이너스가 된다.

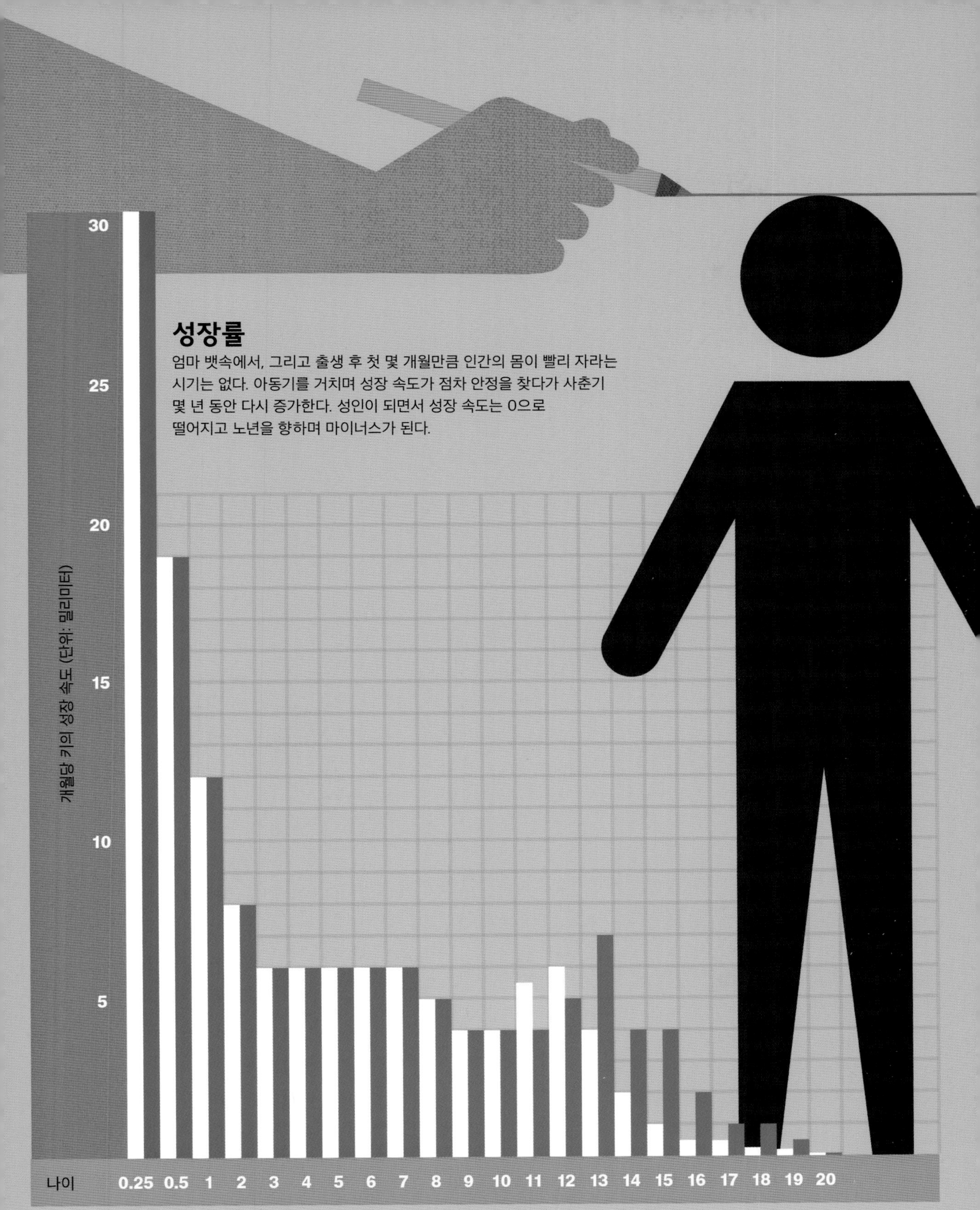

30
25
20
15
10
5
개월당 키의 성장 속도 (단위: 밀리미터)
나이
0.25 0.5 1 2 3 4 5 6 7 8 9 10 11 12 13 14 15 16 17 18 19 20

사람은 몇 살까지 살까?

기대 수명은 복잡하다. 보통 특정 시기의 인구를 대상으로 추정해 수명을 수치로 보여준다. 성별과 연령에 따라 분류한 수치를 보면, 여성이 남성보다 더 오래 살며, 어린이에서 노인까지 수명이 다양하게 나타난다. 특정 날짜에 태어난 아기들의 수명을 예측하는 경우도 있다. 어떤 수치든 간에, 전반적으로 기대 수명은 점차 늘어나는 추세다.
물론, 사는 지역과 지금까지 앓은 병의 종류와 치료 결과, 그리고 경제력 등이 기대 수명을 결정하는 중요한 요소가 된다.

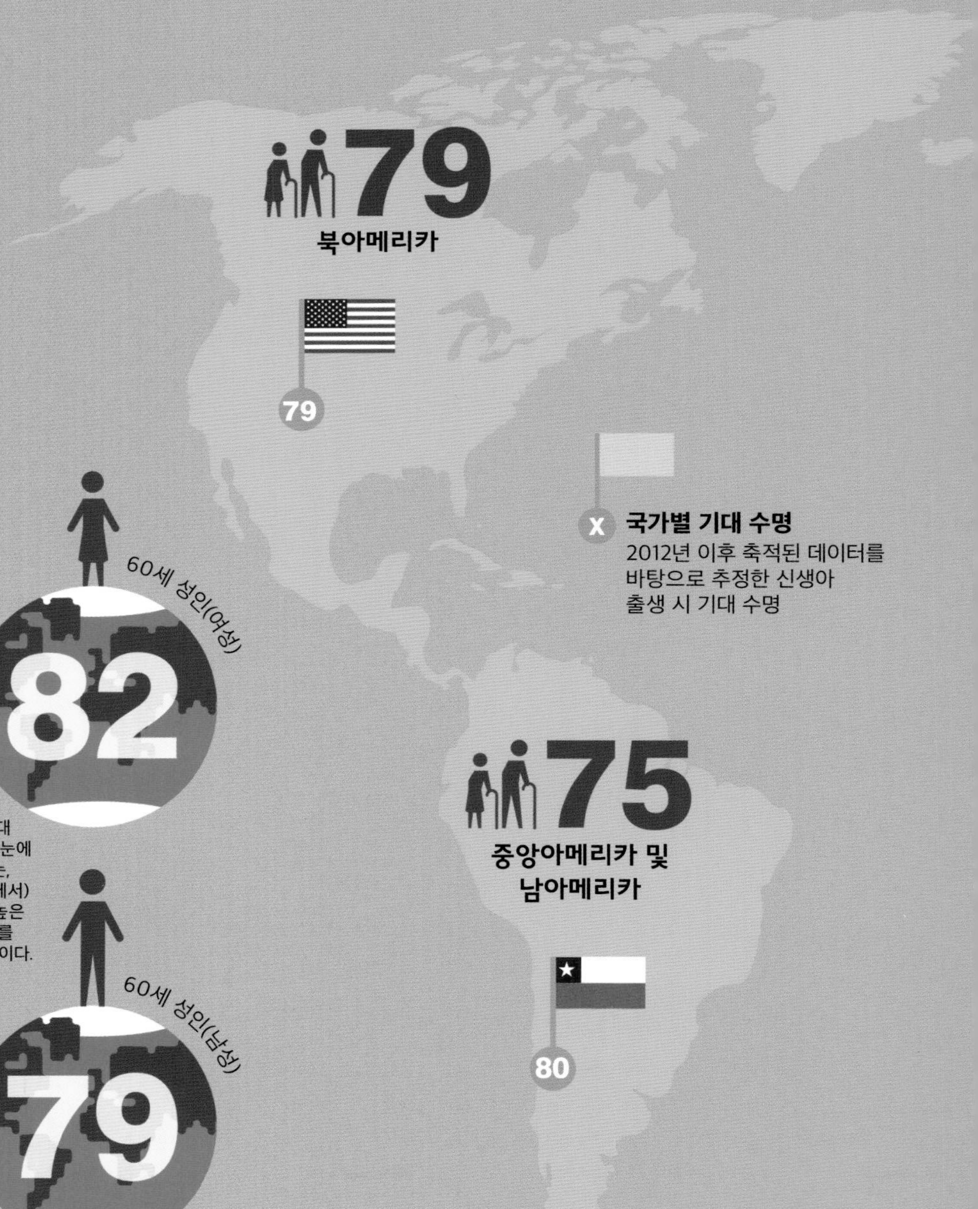
79
북아메리카
79
x 국가별 기대 수명
2012년 이후 축적된 데이터를 바탕으로 추정한 신생아 출생 시 기대 수명
75
중앙아메리카 및 남아메리카
80

전 세계 평균 기대 수명

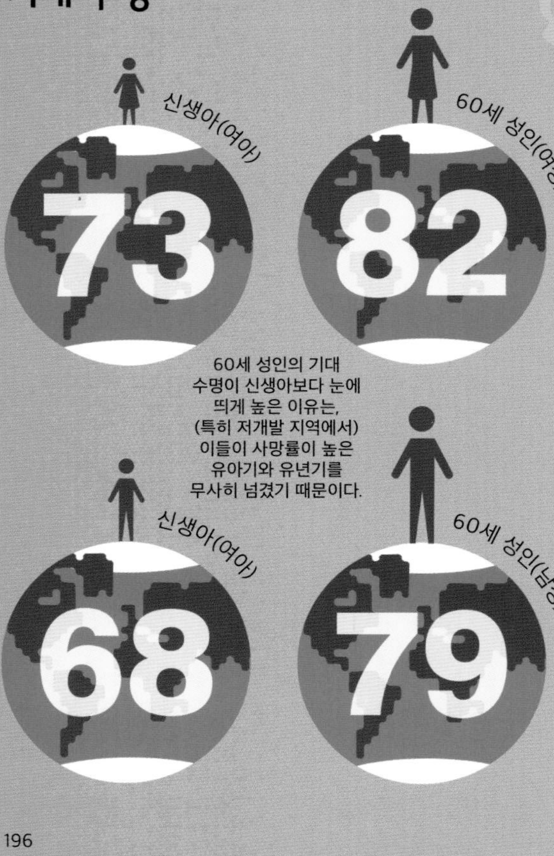
신생아(여아)
73
60세 성인(여성)
82
60세 성인의 기대 수명이 신생아보다 눈에 띄게 높은 이유는, (특히 저개발 지역에서) 이들이 사망률이 높은 유아기와 유년기를 무사히 넘겼기 때문이다.
신생아(여아)
68
60세 성인(남성)
79

기대 수명의 변화

이 그래프는 영국의 통계치를 나타내지만, 서구 유럽 및 다른 선진국에서도 비슷하게 나타난다.

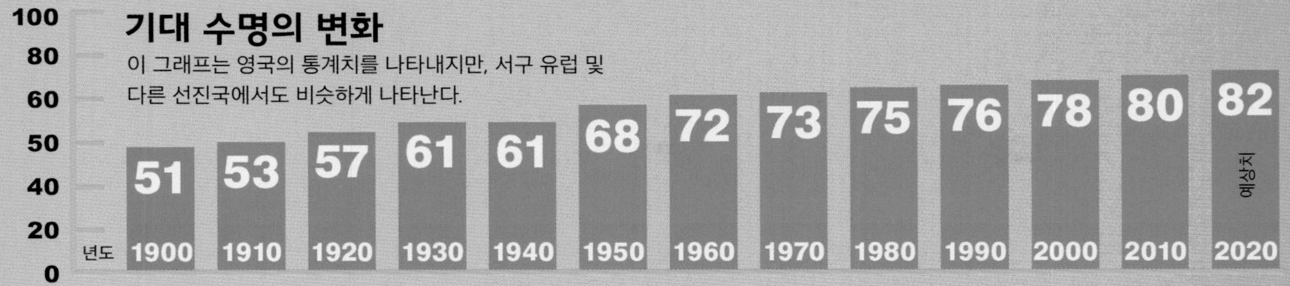

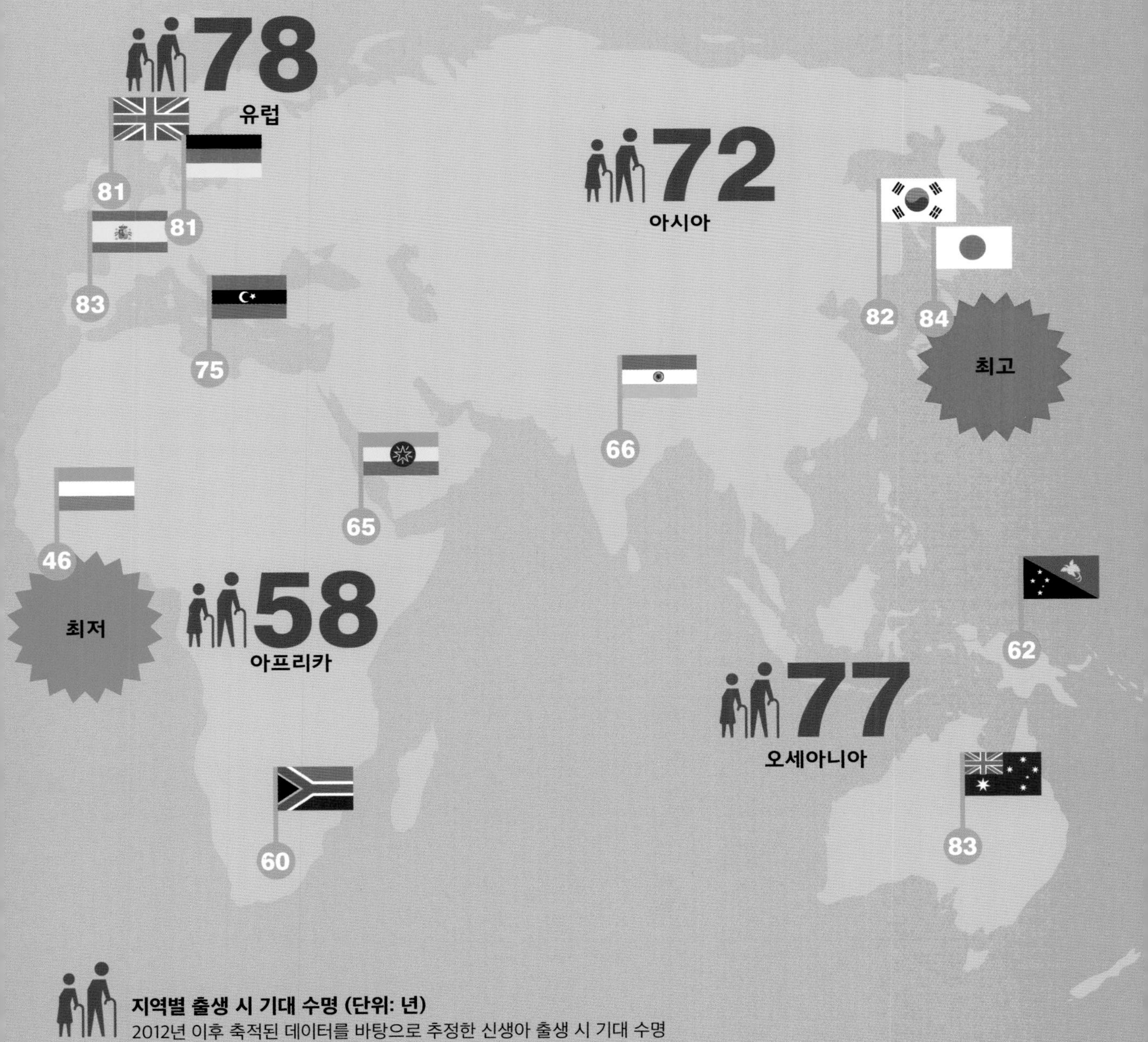

지역별 출생 시 기대 수명 (단위: 년)

2012년 이후 축적된 데이터를 바탕으로 추정한 신생아 출생 시 기대 수명

오늘도 수많은 생명이 태어난다

세계적으로 1분마다 255명의 아기가 태어난다. 다시 말해 1초당 4명이 넘는다. 그러나 이 수치가 세계 인구 증가율은 아니다. 1분당 105명의 사망률을 고려하지 않았기 때문이다. 총체적으로 따져보면, 세상에는 1분마다 150명씩, 하루에 21만 명씩 인구가 늘어난다. 21만 명은 웬만한 대도시의 인구다. 이 수치는 대단히 큰 것 같지만, 몇십 년 전 인구 증가에 비하면 되레 적은 것이다.

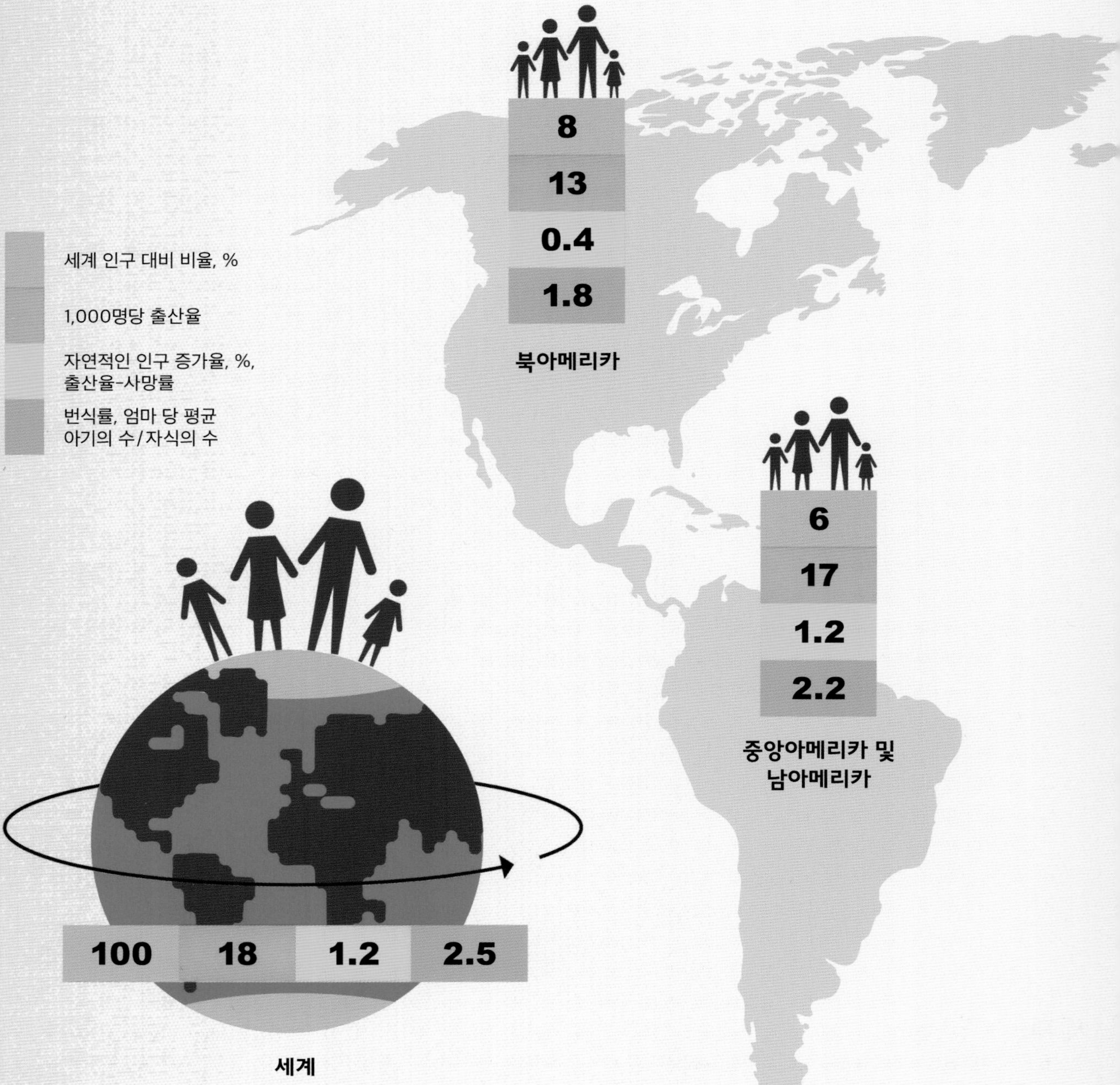

세계 인구 대비 비율, %
1,000명당 출산율
자연적인 인구 증가율, %,
출산율-사망률
번식률, 엄마 당 평균
아기의 수/자식의 수
8
13
0.4
1.8
북아메리카
6
17
1.2
2.2
중앙아메리카 및
남아메리카
100
18
1.2
2.5
세계

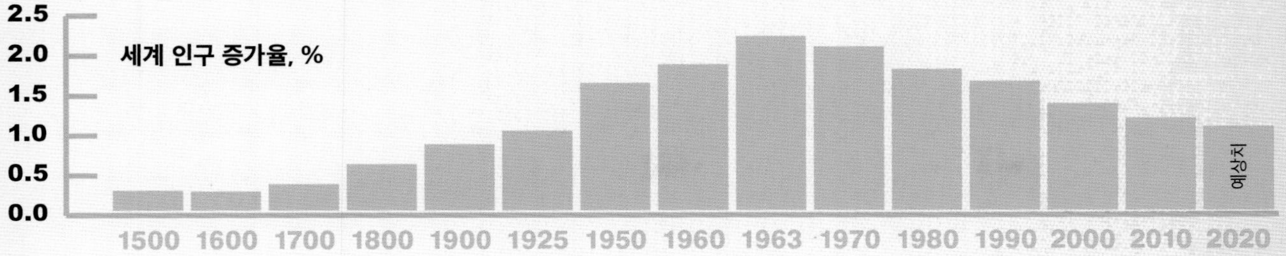

전 세계 인구 증가율, %

지구에 새로운 인간이 탄생하는 속도는 1960년대 초반에 정점에 도달했다. 최근 몇 년간 출생한 아기의 수는 1년에 약 1억 3,000~1억 3,500만 명으로 상당히 일정하게 유지되었다. 그러나 전체 인구수는 매해 늘어나기 때문에 인구 증가율은 떨어지는 셈이다.

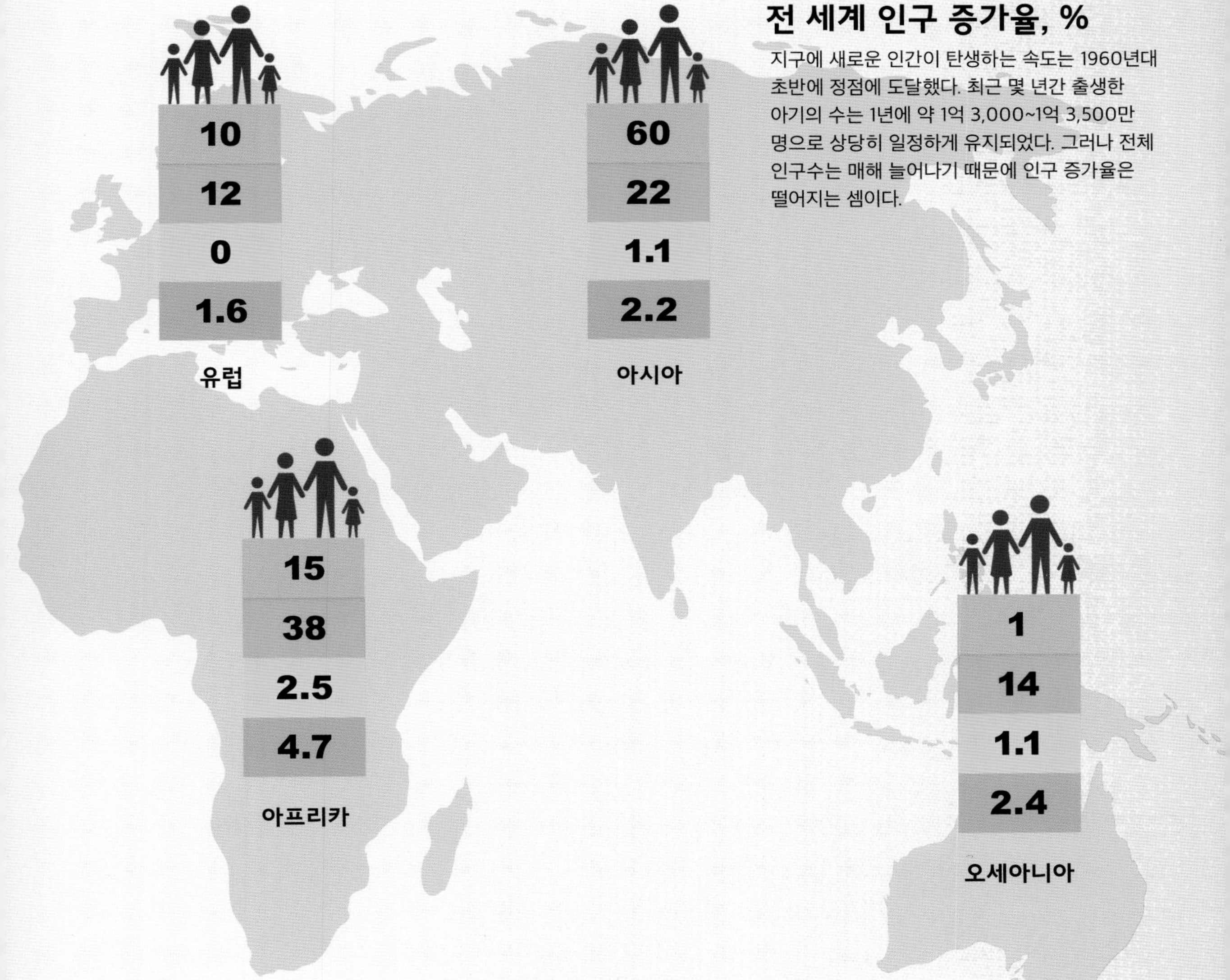

세계의 아기들

출산율은 지역의 관습과 전통은 물론 종교, 경제적 여건, 1가족 1자녀와 같은 정부 시책 등 여러 요인에 영향을 받는다.

세계의 인구

지금까지 지구에 발을 디딘 사람 16명 중 한 명이 오늘도 살아 있다. 비록 지금까지 증가한 인구 전체와 비교하면 성장률은 감소했지만, 출산 횟수를 따져보면 인구는 꾸준히 증가하고 있다. 과연 인구는 한계에 도달할 때까지 늘어날까? 사람들은 지구가 더 감당할 수 없을 만큼 인구가 이미 늘어났고 말한다. 인간의 독창적인 능력에 따라 농업과 기술이 발달해 일시적인 해결책을 찾을 수도 있지만, 종국에는 인구가 성장을 멈출 것이라는 게 중론이다.

세계 인구

세계의 인구는 역사 속에서 몇 차례 일시적으로 하락한 것을 제외하고 꾸준히 증가해왔다. 그리고 더 빨리 늘어나고 있다

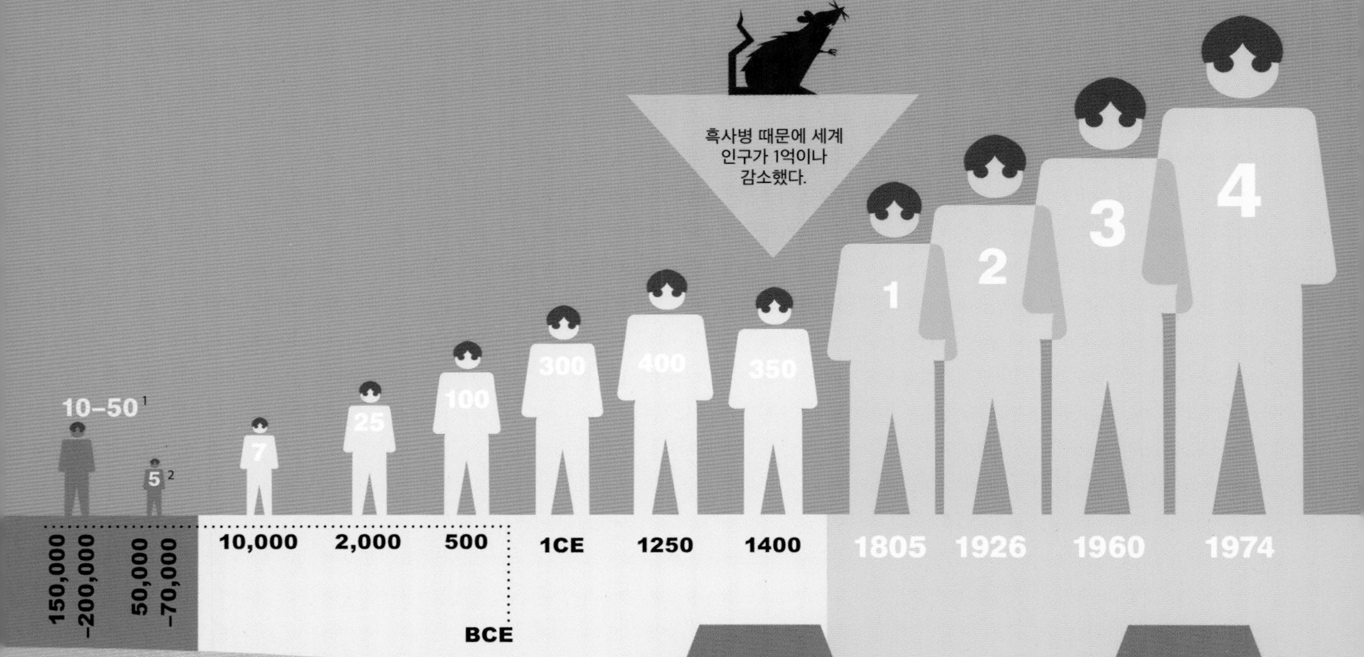

흑사병 때문에 세계 인구가 1억이나 감소했다.
10–50 1
5 2
7
25
100
300
400
350
1
2
3
4
150,000 –200,000
50,000 –70,000
10,000
2,000
500
BCE
1CE
1250
1400
1805
1926
1960
1974

주요 사망 원인

전 세계 (최근 몇 년), 매년 사망자 수 (단위: 백만)

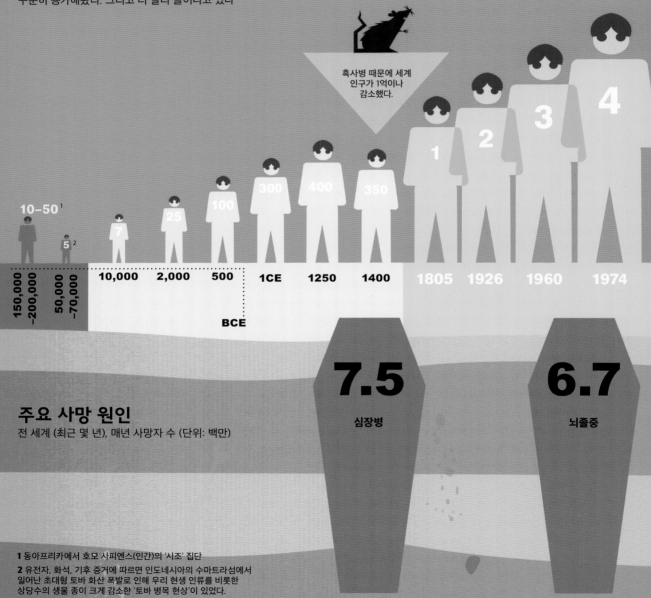

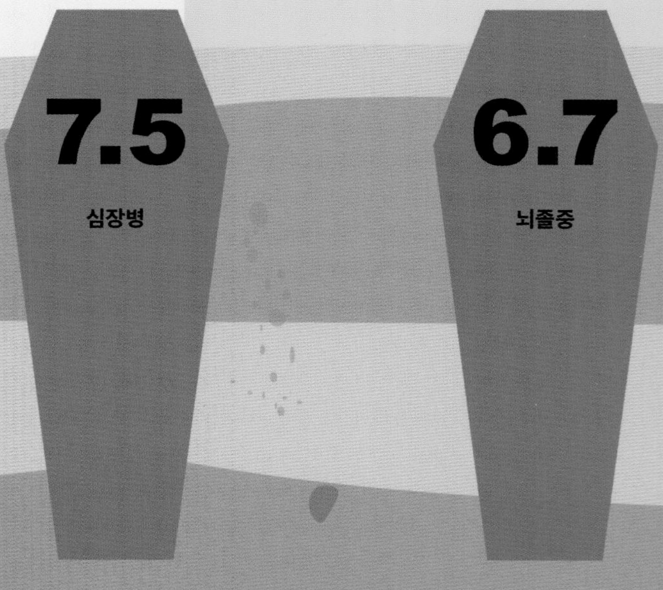

7.5
심장병
6.7
뇌졸중

1 동아프리카에서 호모 사피엔스(인간)의 '시조' 집단

2 유전자, 화석, 기후 증거에 따르면 인도네시아의 수마트라섬에서 일어난 초대형 토바 화산 폭발로 인해 우리 현생 인류를 비롯한 상당수의 생물 종이 크게 감소한 '토바 병목 현상'이 있었다.

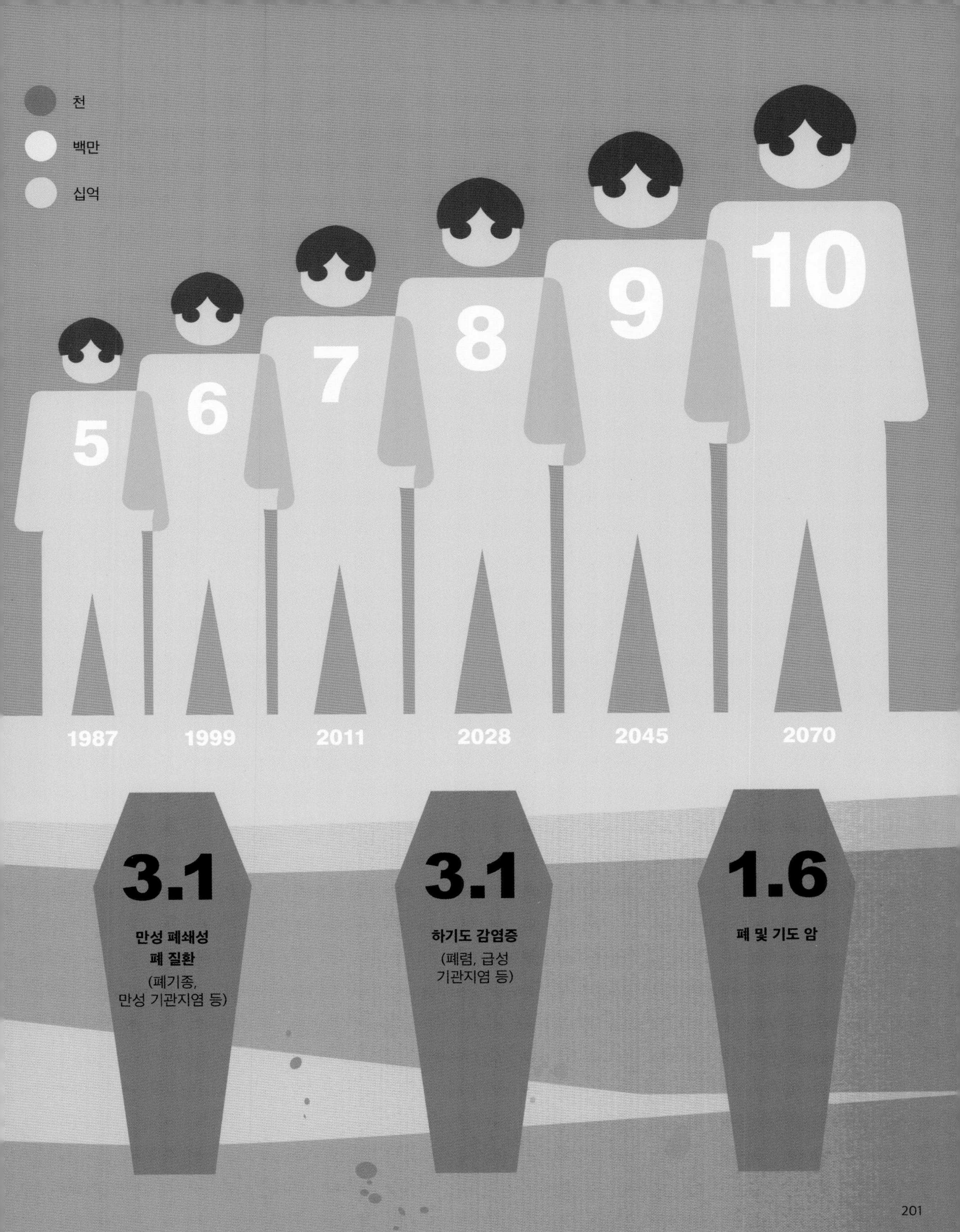

천
백만
십억
5
6
7
8
9
10
1987
1999
2011
2028
2045
2070
3.1
만성 폐쇄성 폐 질환
(폐기종, 만성 기관지염 등)
3.1
하기도 감염증
(폐렴, 급성 기관지염 등)
1.6
폐 및 기도 암

생명 연장의 꿈

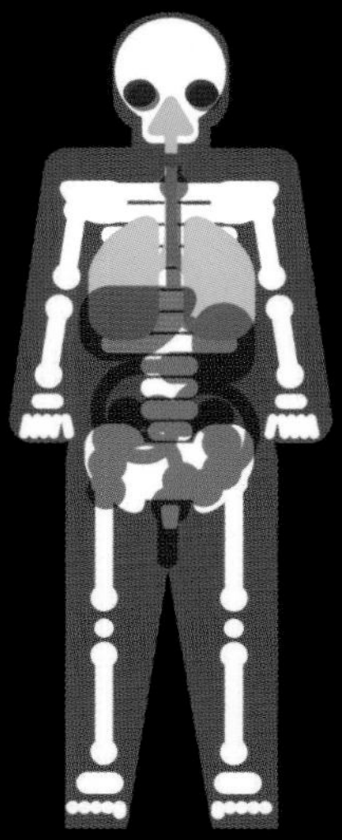

질병은 왜 생겨나는가?

세계 보건 기구에 따르면, '건강이란 신체적, 정신적, 사회적으로 완벽히 안녕한 상태이며, 단순히 질병에 걸리지 않았거나 병약하지 않다고 해서 건강한 것은 아니다.' 질병에는 여러 범주가 있으며 원인은 중복되기도 한다. 질병의 원인은 다음과 같이 크게 분류할 수 있다.

생활 습관 및 환경

운동 부족은 특히 심장병, 뇌졸중, 당뇨병, 암, 우울증의 원인이 된다.

흡연은 건강을 해치는 커다란 원인이다.

환경적 원인으로는 독성 물질의 흡입 및 접촉, 열악한 위생 조건에서 발생하는 감염, 지나친 소음, 교대 근무 근로자의 불규칙한 일상, 어려운 사회적 여건이 있다.

정신적 문제에는 스트레스, 불안, 우울이 있다.

종양 및 암

세포가 제멋대로 분열할 때 혹이나 종양이 생긴다.

양성종양은 스스로 제어가 가능하나, 악성종양이나 암은 몸에 퍼지거나 전이된다.

암을 유발하는 원인은 발암 물질(예: 흡연), 방사선(강한 햇빛, 엑스선), 병원균, 부실한 식단 등 다양하다.

면역계 및 알레르기

신체의 면역 방어 시스템이 자신의 세포와 세포 조직을 잘못 공격하는 증상은 자가 면역으로 알려져 있다. 자가 면역 질환은 여러 많은 질병의 구성 요소 또는 일부이다.

자가 면역 질환의 예는 꽃가루 알레르기와 식품 알레르기부터 제1형 당뇨까지 범위가 다양하다.

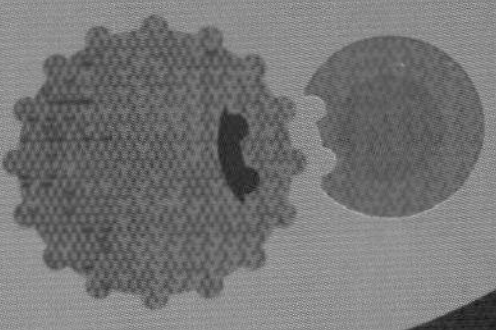

감염

병원균이나 기생충에 의해 발생한다.

주요 병원균으로 세균, 바이러스, 원생생물이 있다.

감염성 질병에는 종기 및 라임병(세균), 일반적인 감기 및 에볼라(바이러스), 말라리아 및 수면병(원생동물)이 있다.

감염성 기생충에는 신체 내부에 거주하는 회충, 촌충 및 흡충이 있고, 신체 바깥에 존재하는 벼룩, 이, 진드기 등이 있다.

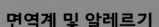

사고 및 외상

사고 및 고의적 폭력에 의한 외상 및 부상.
가정, 여행, 직장, 여가 생활 중 어디서나 일어날 수 있다.
장기간 지속하는 결과를 낳는다.

퇴화

세포 및 체내 시스템 수준에서 일어나는 점진적인 노화와 부실한 교체로 인해 발생한다.

퇴행성 질환에는 뼈 관절염, 알츠하이머병(치매), 황반변성(시력 감퇴) 등이 있다.

영양

건강하지 않은 또는 과도한 식단은 비만 및 여러 질병에 영향을 줄 수 있으며, 특정 질환의 직접적인 원인이 되기도 한다.

영양실조는 비타민 결핍과 같은 건강상의 문제를 일으킬 수 있다.

비위생적인 조리 환경 및 식재료 준비는 식중독을 일으킬 수 있다.

술을 과하게 마시는 것처럼 특정 식품에 대한 과한 **탐닉**은 많은 건강상의 문제와 연결된다.

신진대사

신체의 복잡한 화학 반응 과정에 발생한 문제.

포르피린증, 에시도시스(산과다증), 혈색소증 등 식사와 관련된 문제뿐 아니라 유전 및 환경적 질환까지 다양한 질병을 일으킨다.

유전과 유전자

결함이 있는 유전자는 부모에게서 물려받거나, 돌연변이에 의해 체내에서 저절로 만들어진다.

겸상 적혈구 빈혈, 낭포성 섬유증을 비롯한 어떤 질병은 상대적으로 단순한 방식으로 유전된다.

그러나 유방암이나 조현병을 포함한 많은 질병은 유전 요소나 유전적 경향성이 차지하는 역할이 다소 모호하다.

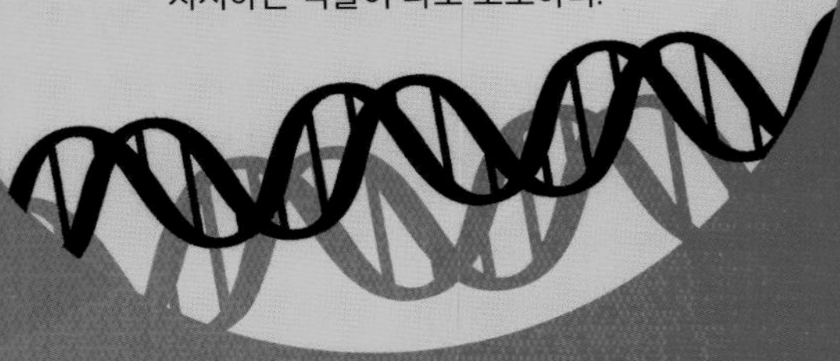

어디가 아파서 오셨습니까?

병을 진단한다면, 이는 곧 몸이 아픈 원인을 찾아 병의 성질을 규명하는 것이다. 모든 의사가 환자를 진단하기는 하지만, 특정 부위나 특정 질환을 전문적으로 다루는 의사도 있다. 병의 진단이란 부분적으로 원인과 결과를 찾아내 합리적으로 추론하고, 그에 따라 선택과 배제를 하는 과학의 성격을 띠고 있다고 의사들은 말한다. 그러면서 의문과 직감에 의존하는 예술의 측면을 드러내기도 한다.

배가 아플 때

사람의 배는 여러 부위와 기관으로 꽉 차 있다. 통증 지점을 정확히 알면 그 원인을 찾고 진단을 내리는 데 도움이 된다. 또한, 정확한 진단을 내리려면 통증을 구체적으로 설명할 필요가 있다. 이를테면 묵직한지 날카로운지, 지속적인지 간헐적인지, 타는 듯한 통증인지 찌르는 통증인지, 그리고 특정 음식을 먹었거나 특정 자세를 취했을 때 더 아픈지 등이 이에 해당한다. 병을 제대로 진단하기 위해 상체를 사분면으로 나누어 통증이 있는 정확한 지점을 지적할 수 있다.

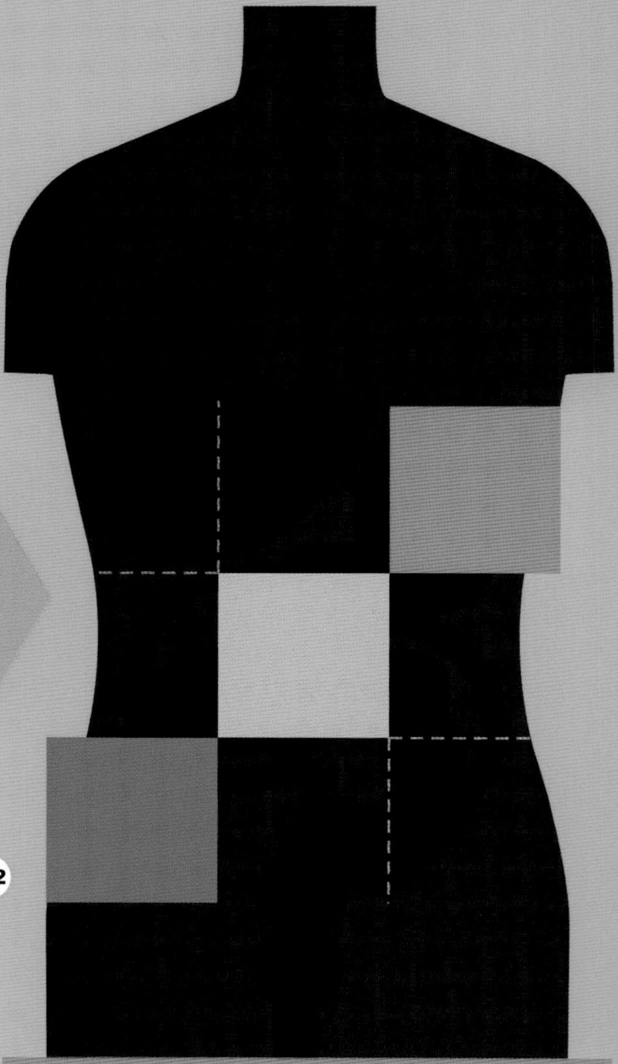

왼쪽 갈비뼈 밑 부위

- 비장 농양, 비대, 파열
- 왼허파 및 심장 질환 가능성

배꼽 부위

- 작은창자, 메켈곁주머니(메켈게실)
- 림프샘, 림프종
- 막창자꼬리염(충수염) 초기

오른쪽 아랫배 부위

- 막창자꼬리, 막창자꼬리염(충수염)
- 큰창자, 크론병
- 난소 낭종, 난소 감염 • 탈장

병원 가기

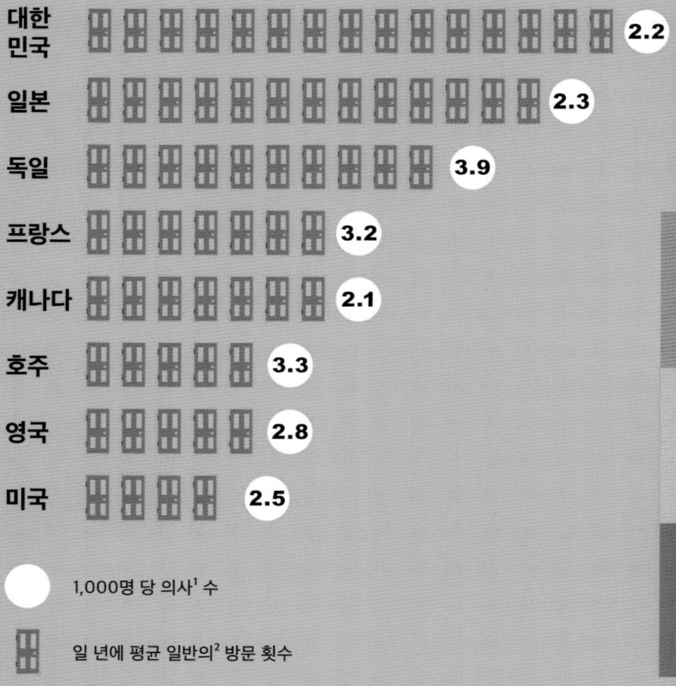
대한민국 2.2
일본 2.3
독일 3.9
프랑스 3.2
캐나다 2.1
호주 3.3
영국 2.8
미국 2.5
1,000명 당 의사¹ 수
일 년에 평균 일반의² 방문 횟수

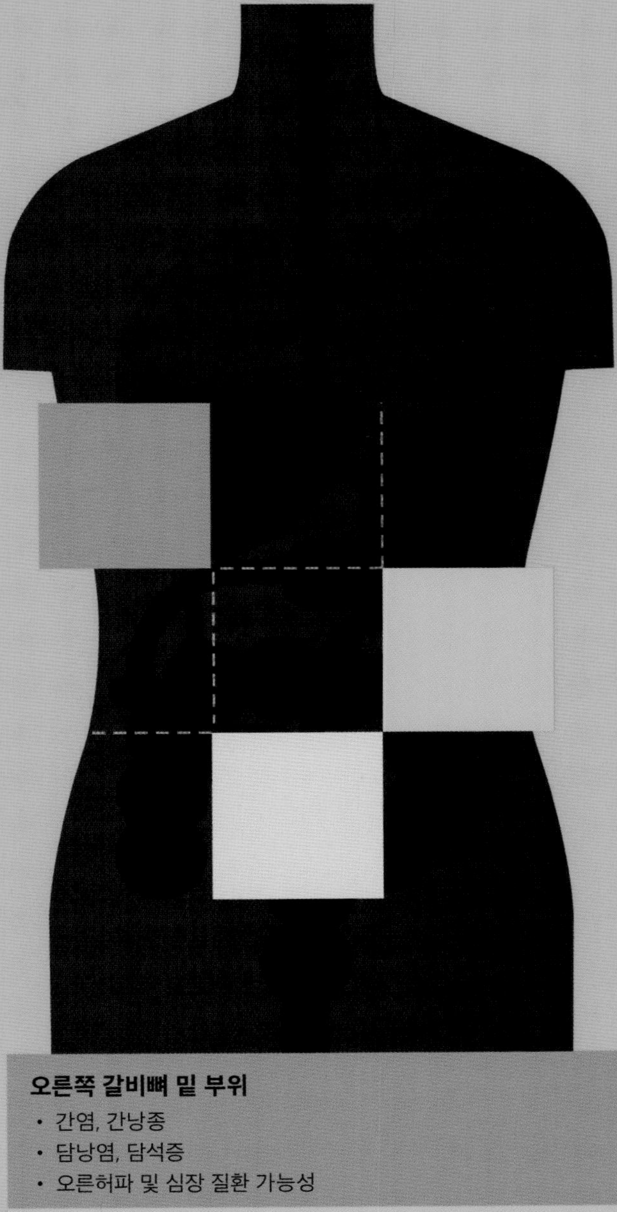

명치 부위
- 식도염, 식도 협착
- 위염, 위궤양, 가스, 식중독
- 췌장염

오른쪽 허리 부위
- 오른쪽 콩팥 염증 및 감염 (신우신염)
- 요관 결석 (신장 결석이 요관을 막음)

왼쪽 아랫배 부위
- 큰창자 궤양성 대장염, 게실염, 변비
- 난소 낭종, 염증 및 감염
- 탈장

오른쪽 갈비뼈 밑 부위
- 간염, 간낭종
- 담낭염, 담석증
- 오른허파 및 심장 질환 가능성

왼쪽 허리 부위
- 왼쪽 콩팥 염증 및 감염 (신우신염)
- 요관 결석 (신장 결석이 요관을 막음)

아랫배 부위
- 방광염, 요로 결석, 요폐

1 공식적으로 자격을 취득한 모든 의사
2 공식적으로 자격을 취득한 모든 1차 진료 의사. 노인 인구의 비율이 높은 국가일수록 방문 확률이 높다.

의학 기술의 발전

외과적 처치 없이 진단하는 의료 영상 기술이 1895년 엑스레이가 발명되면서 새롭고 놀라운 의료의 장을 열었다. 곧이어 1901년에는 심장의 전기 파동을 측정하는 심전도(ECG)가 개발되었다. 오늘날에는 엑스레이를 비롯한 10여 종류의 스캔 방식을 통해 클립을 삼킨 것에서부터 좁아진 혈관 또는 종양까지 신체에서 일어나는 각종 문제를 진단한다. 심전도의 원리는 뇌와 눈, 그 밖의 신체 기관으로 확대 적용되었다.

방사선 노출

엑스레이가 발견됨과 거의 동시에 그 해로운 효과에 대해서도 잘 알려졌다. 따라서 대부분 지역에서 환자(및 주기적으로 노출되는 직원)가 받는 엑스레이 방사선 피폭량을 제한한다.

μSv = 마이크로시버트, 방사능 측정 단위

0.1-1 공항 검색대
3,000 평균 환경 노출량
20,000-30,000 전신 CT 검사

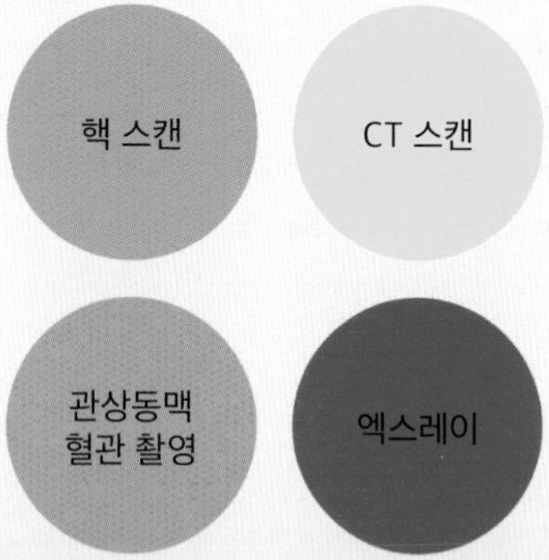

핵 스캔
CT 스캔
관상동맥 혈관 촬영
엑스레이

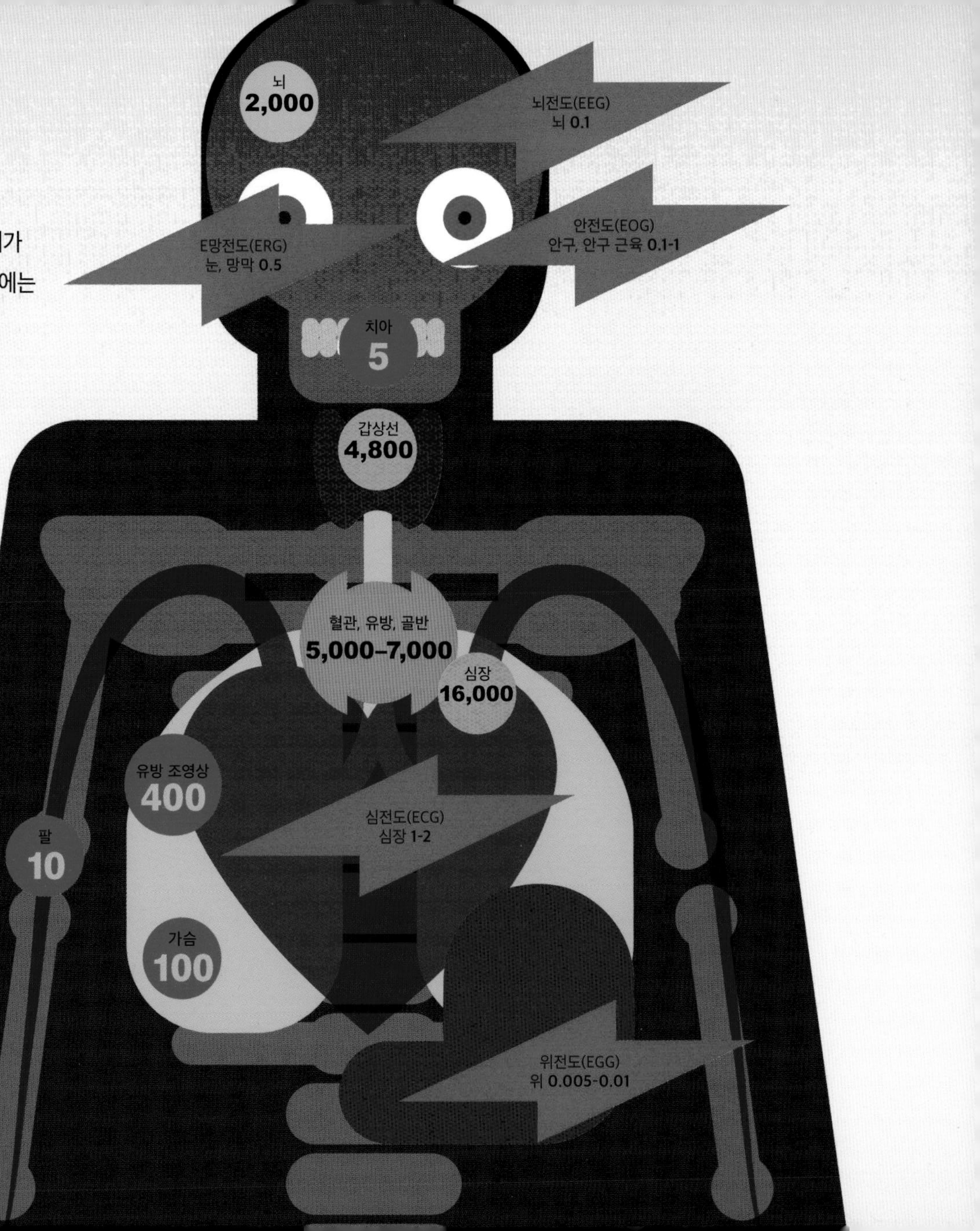

뇌 2,000
뇌전도(EEG) 뇌 0.1
안전도(EOG) 안구, 안구 근육 0.1-1
E망전도(ERG) 눈, 망막 0.5
치아 5
갑상선 4,800
혈관, 유방, 골반 5,000–7,000
심장 16,000
유방 조영상 400
심전도(ECG) 심장 1-2
팔 10
가슴 100
위전도(EGG) 위 0.005-0.01

전기 자극

신체의 표면에 붙인 감지기가 뇌, 신경, 심장 및 기타 신체 부위에서 자연적으로 발산하는 미세한 전기 자극을 감지한다.

전형적인 전압 mV[1, 2]

초음파

주파수가 너무 높아 사람의 귀로 들을 수 없는 음파를 초음파라고 부른다. 초음파를 조정하여 신체 부위의 이미지를 보여줄 수 있다.

1 kHz = kilohertz = 1초에 1,000 음파

10 인간이 들을 수 있는 소리의 상한치, 노인
20 인간이 들을 수 있는 소리의 상한치, 젊은이
60 개가 들을 수 있는 소리의 상한치
200 박쥐가 들을 수 있는 소리의 상한치
2,500-15,000 초음파 의료 장비

전형적인 주파수 kHz

자기 공명 영상(MRI)

자기 공명 영상은 자력이 대단히 강한 자석을 이용해 체내의 원자를 정렬시킨다.

테슬라는 자기력, 또는 기술적인 용어로는 '자속 밀도'의 단위로 제곱미터당 1웨버에 해당한다(1암페어당 1초 제곱당 1킬로그램).

0.00005 지구의 자연적인 자기장
0.005 냉장고 자석
1 고철처리장의 재활용 자석
1.5-3 전형적인 MRI 장비(인간)
7-15 고출력 MRI 장비(동물)
50+ 연구용 자석

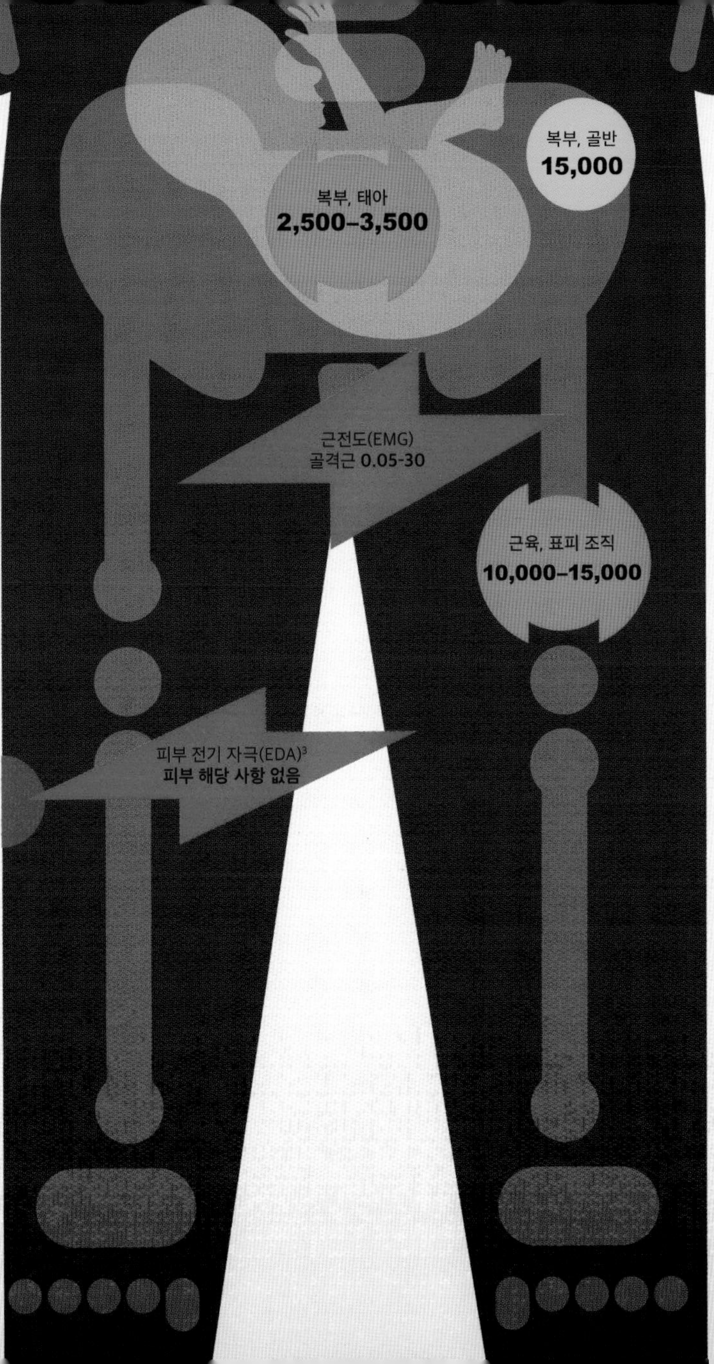

복부, 골반
15,000
복부, 태아
2,500–3,500
근전도(EMG)
골격근 0.05-30
근육, 표피 조직
10,000–15,000
피부 전기 자극(EDA)3
피부 해당 사항 없음

비침습성 신체 영상 기술의 발전

- 엑스레이 1895
- 조영제를 사용한 엑스레이 1896
- 심전도 1901
- 초음파 1949
- CT 컴퓨터 단층 촬영기 1972
- PET 양성자 방사 단층 촬영 1973
- MRI 1977

1 mV = 밀리볼트 = 0.001볼트, 또는 1볼트의 1,000분의 1

2 많은 장치가 생산되는 전압이 아닌 전압의 변화를 측정한다.

3 피부 전기 반응(GSR)을 포함한다. '거짓말 탐지기'에서 사용되는 것처럼 피부가 생산하는 전기의 양이 아닌 피부의 전기 전도 정도를 측정한다.

수술

물리적으로 신체를 조작하고 변경하는 과정을 수술이라고 한다. 수술은 더 이상 의사의 '메스'에만 의존하지 않고 주사, 화학 물질, 레이저 등 여러 가지 처치 방법을 동원한다. 수술하는 비율은 건강과 의료의 기준에 따라 세계적으로 크게 차이가 나고, 어느 정도까지는 국가 구성원의 전반적인 건강과 연령 구조를 반영한다. 예를 들어 지방흡입술(지방 제거술)은 부유한 나라에서 가장 많이 시행된다. 반면, 백내장 수술은 상대적으로 노령 국가에서 더 흔하다.

얼마나 많은 사람이 수술을 받는가?

한 해에 한 번 이상의 수술을 받은 사람의 비율

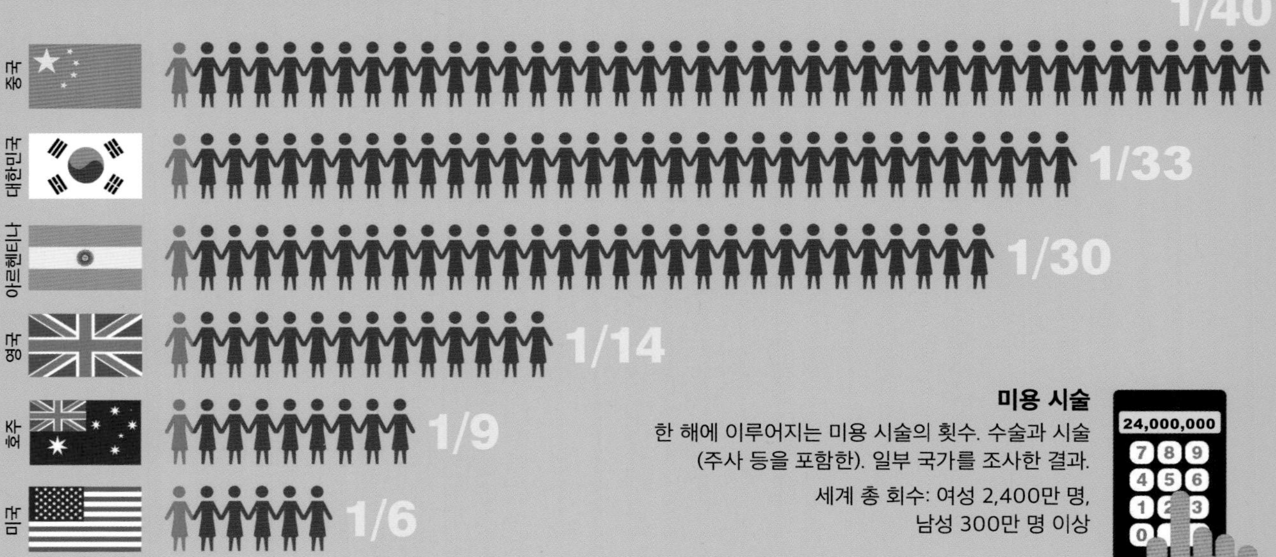
1/40
중국
대한민국
1/33
아르헨티나
1/30
영국
1/14
호주
1/9
미국
1/6

미용 시술

한 해에 이루어지는 미용 시술의 횟수. 수술과 시술(주사 등을 포함한). 일부 국가를 조사한 결과.

세계 총 회수: 여성 2,400만 명, 남성 300만 명 이상

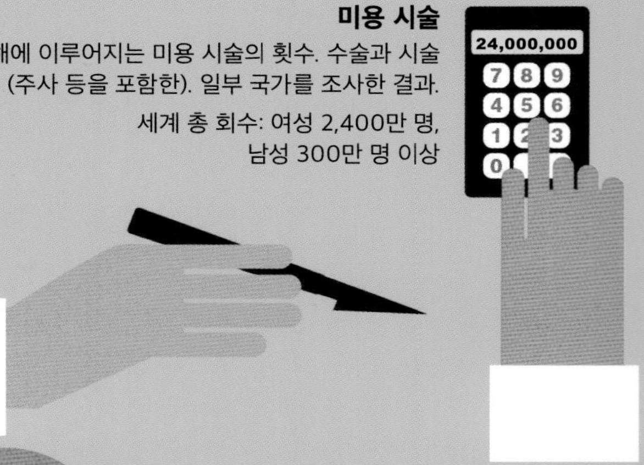
24,000,000

5대 성형 수술 (단위, 퍼센트)

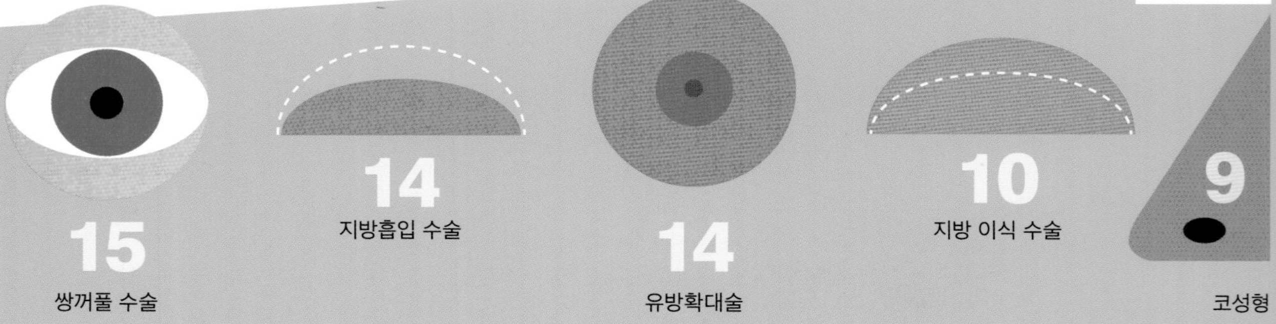
15
쌍꺼풀 수술
14
지방흡입 수술
14
유방확대술
10
지방 이식 수술
9
코성형

전체 외과의 대상 각 외과 전공 비율 (영국)

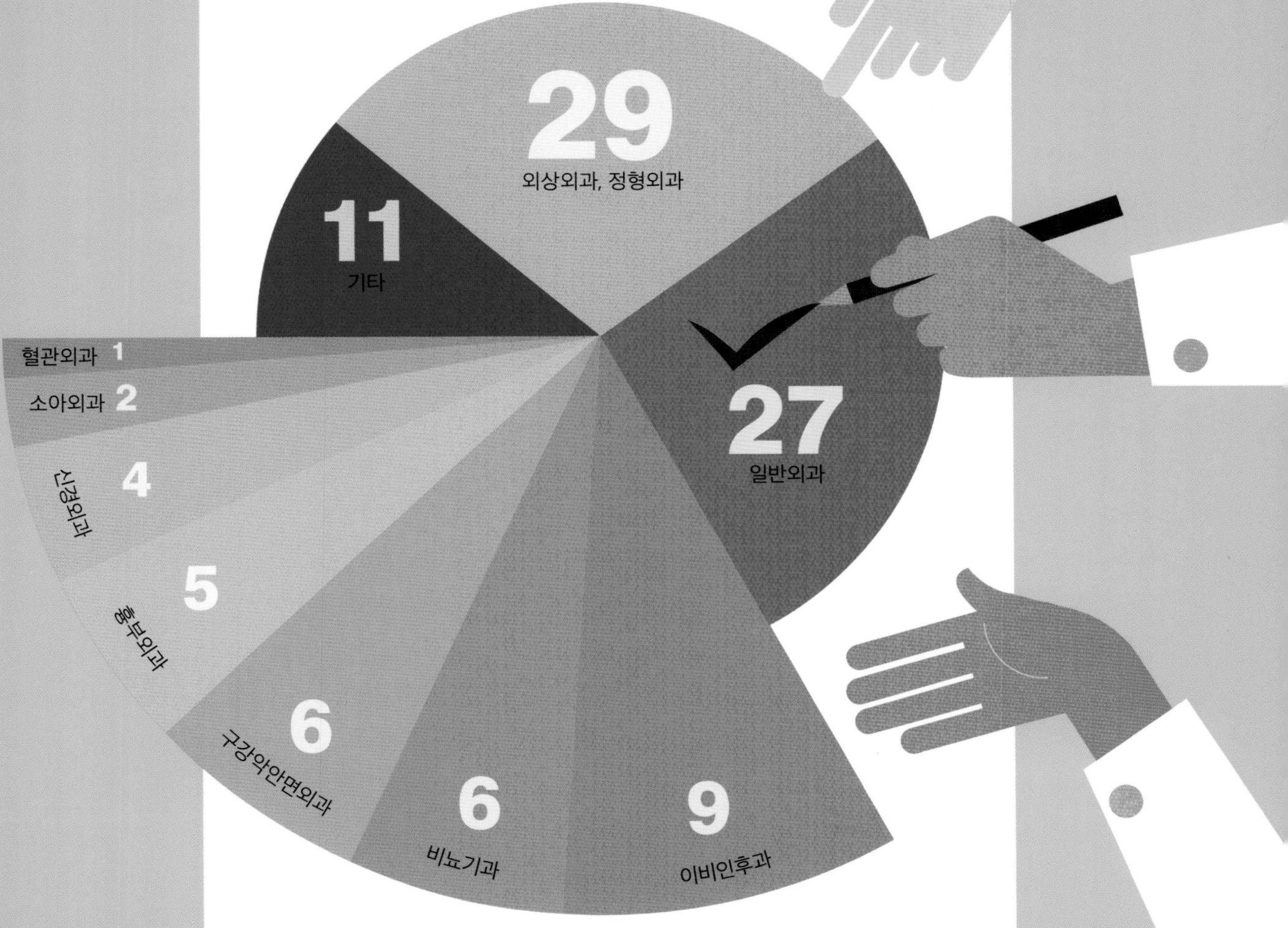
29
외상외과, 정형외과
11
기타
27
일반외과
혈관외과 1
소아외과 2
신경외과 4
흉부외과 5
구강악안면외과 6
비뇨기과 6
이비인후과 9

백내장 수술

백내장 제거술은 가장 삶의 질을 높이고 비용 대비 효과가 뛰어난 수술이다. 세계적으로 행해지는 백내장 제거술의 추정치 (단위: 만)

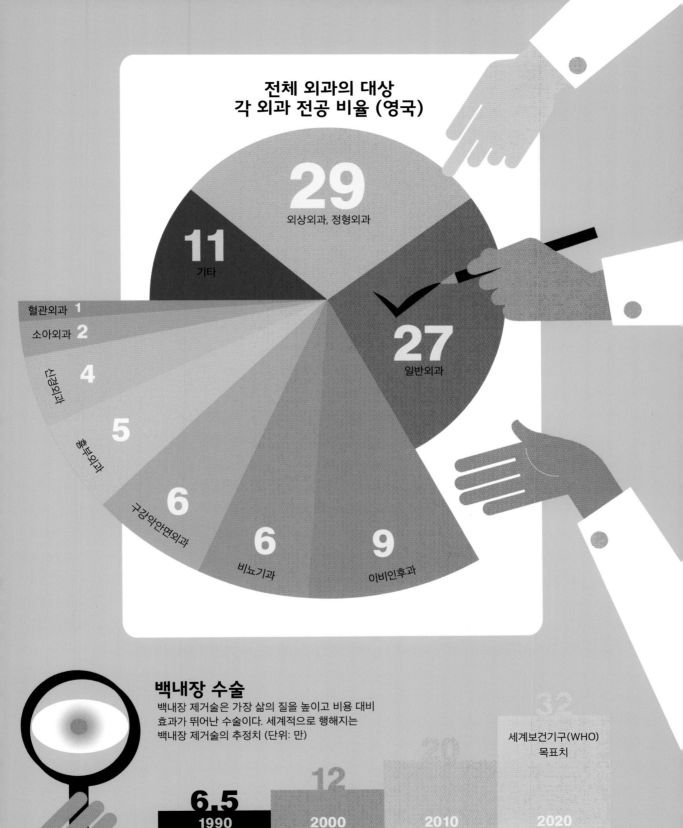

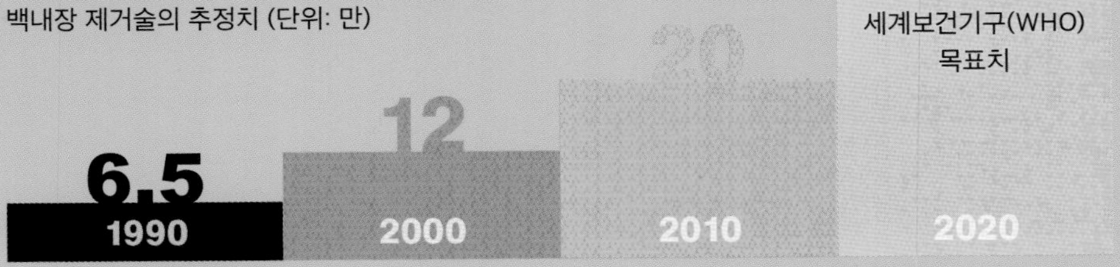

맞춤형 약물시대를 기원하며

보편적인 음식과 음료수를 제외하고 몸에 변화를 야기한다면 무엇이든 약물로 볼 수 있다. 약물의 범위는 생명을 구하는 항생제와 혈전 용해제부터 목숨을 위협하는 마약까지 다양하다. 매년 세계에서 수많은 의약품이 허가를 받고 있고, 약물의 소비 역시 빠르게 증가하는 추세다. 질병과 유전학에 관한 이해가 깊어지고, 주문 제작 약품이 새롭게 개발되고 있을 뿐 아니라 더 빠르고 싸게 조제되고 있다. 가까운 미래에 맞춤형 약물 시대가 도래할 것으로 예상된다.

처방 약 및 의약품 분류

세계적으로 가장 흔히 처방되는 7가지 약물.
일반명 (화학명), 계열 또는 치료 작용에 따라 분류했다.

하이드로콘
진통제(마약성), 기침 억제제
(흔히 아세트아미노펜,
이부프로펜과 함께 처방됨)

레보티록신
갑상선 기능 저하증

고혈압 치료제, ACE 억제제 (엔지오텐신 전환효소 억제제), 칼슘통로차단제
고혈압을 낮춘다. 심장 질환.

스타틴 계열
LDL, 소위 '나쁜' 콜레스테롤 저하제

오메프라졸 계열
위산 역류, 소화기 궤양 및 출혈

메트포르민
경구용 당뇨병 치료제

아지트로마이신
(유사 약물로 아목시실린)
세균성 질환에 대한 항생제

세상을 바꾼 의약품

1805

모르핀

효과적인 진통제.
중독을 막기 위해 엄격한
통제 아래 사용된다.

1830s

아스피린

진통제, 항혈전제, 소염제.
그 외에 새로운 효과가
입증되고 있다.

1909

아르스페나민
(상표명 살바르산)

매독 치료제. '마법의 탄환' 화학 요법의
최초 사례.

세계적인 처방 약 소비
(미국 달러, 단위: 십억)

2008	840
2010	885
2012	935
2014	1,000
2016	1,100 (추정치)
2018	1,250 (추정치)
2020	1,420 (추정치)

처방 약의 상표명

세계적으로 가장 많이 판매되는 7가지 처방 약의 상표 또는 상품명 (괄호 안은 일반명 또는 화학명). 2012년 이후의 평균치.

리피토(아토르바스타틴)
LDL 콜레스테롤 감소.

넥시움(에스오메프라졸)
위산 역류 및 기타 관련 질환.

플라빅스 (클로피도그렐)
뇌졸중, 심장마비 등. '혈액 응고 방지제 (항혈전제)'

세로켈(쿠에티아핀)
조현병, 양극성 장애 (조울병), 심각한 우울증과 같은 정신 질환 및 기타 관련 질환.

싱귤레어 (몬테루카스트)
천식, 알레르기 및 기타 관련 질환.

아빌리파이(아리피프라졸)
조현병, 양극성 장애 (조울병), 심각한 우울증과 같은 정신 질환 및 기타 관련 질환.

애드베어(살메테롤 및 플루티카손)
천식, 만성 폐쇄성 폐질환 (COPD) 및 기타 관련 질환.

1921
인슐린
최초의 호르몬 치료제. 대단히 성공적인 당뇨병 치료제

1927
페니실린
최초의 항생제. 제2차 세계대전 말기에 대량 생산되었다.

1951
클로르프로마진, 할로페리돌과 같은 항정신병약은 조현병 및 기타 정신 질환을 다스리는 데 도움이 된다.

1962
프로세미드
심장 질환, 심부전, 고혈압 치료제 (디곡신을 대체함).

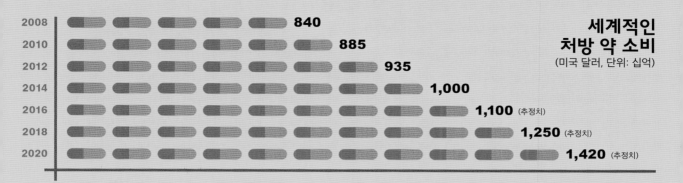

암과의 전쟁

신체의 온갖 부위에 발생하는 암은 무려 200가지 이상 존재한다. 암이란 기본적으로 세포가 돌연변이하면서 발생한다. 암세포는 지정된 룰을 벗어나 제멋대로 증식한다. 신체의 다른 부위로 전이되어 악성 혹은 암성 혹이나 종양이 된다. 그러나 최근 몇 십 년간 암에 걸린 수많은 사람들의 생존율이 크게 높아졌다.

세계적인 암 발병

최근 몇 년에만 1년에 1,400만 명이 암으로 진단받았으며 이는 1분에 27명꼴이다. 또한 1년에 800만 명이 암으로 사망하는데 이는 1분에 16명이 암으로 죽는 셈이다.

10

세계에서 가장 흔한 10대 암

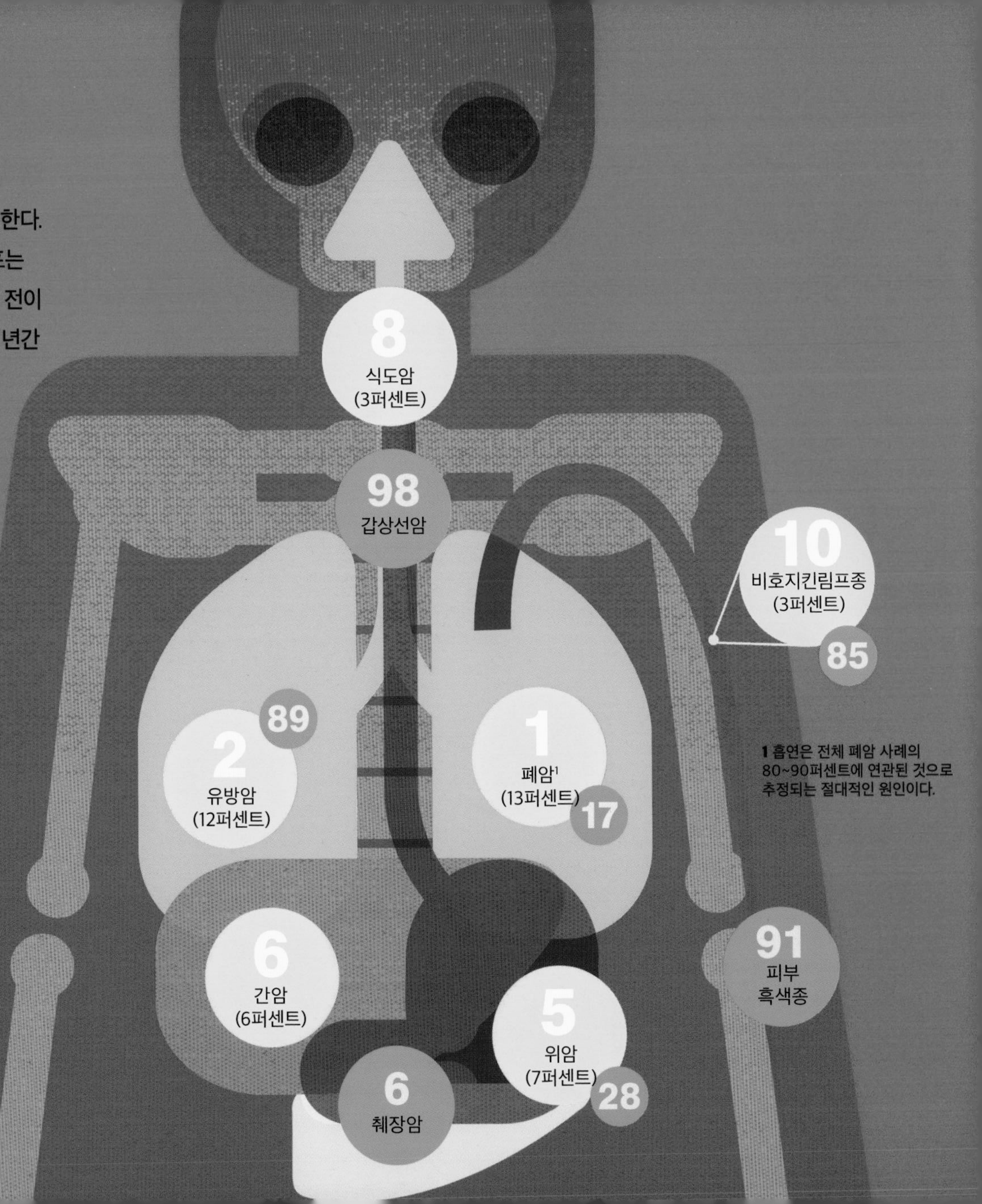

1 흡연은 전체 폐암 사례의 80~90퍼센트에 연관된 것으로 추정되는 절대적인 원인이다.

생존율 %

해당 암의 5년 생존율, 즉 암의 진단 및 치료 후 5년이 경과된 시점에 생존자의 비율 (미국)

7
자궁암, 자궁경부암 (4퍼센트)
83
자궁암
68
자궁경부암
99
4
전립선암 (8퍼센트)
9
방광암 (3퍼센트)
95
고환암
3
결장암, 직장 (10퍼센트)
65

국가별 암 발병률

진단의 연령 표준화 비율. 올바른 비교를 위해 해당 국가의 연령대가 아닌 표준 연령 구조에 따라 조정됨. 한 해에 10만 명당 발생 인구수.

338	덴마크	284	독일
325	프랑스	273	영국
321	벨기에	256	핀란드
318	미국	234	불가리아
307	아일랜드	229	대한민국

암 생존율

비흑색종 피부암을 제외한 모든 암 (영국)

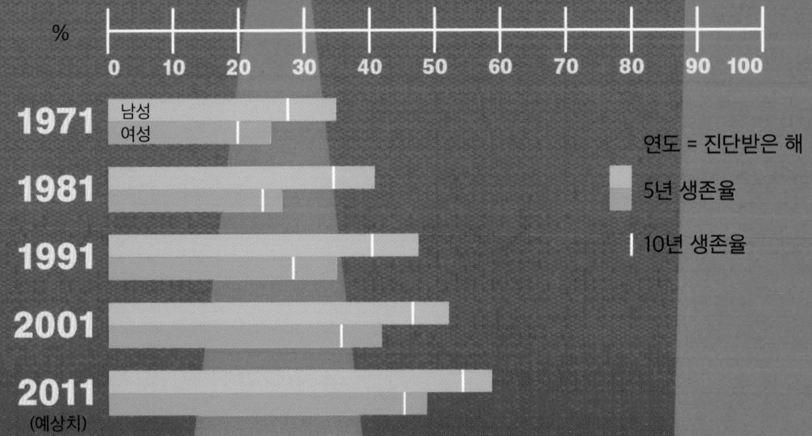

장기 이식

인공 기관은 진짜처럼 보이고 진짜처럼 작동하게끔 인위적으로 만들어진 신체이다. 의족이나 틀니(의치)처럼 입고 벗을 수 있는 장치도 있고, 심박 조율기처럼 수술에 의해 몸 안에 삽입 또는 이식된 장치도 있다. 이식은 (대개 다른 사람에게서) 실제 살아 있는 신체 부위를 옮겨 넣는 것이다. 의학기술이 발달해도 대체로 장기 이식 수요가 공급을 앞지르는 까닭에 언제 어디서나 장기를 기다리는 대기자는 많을 수밖에 없다.

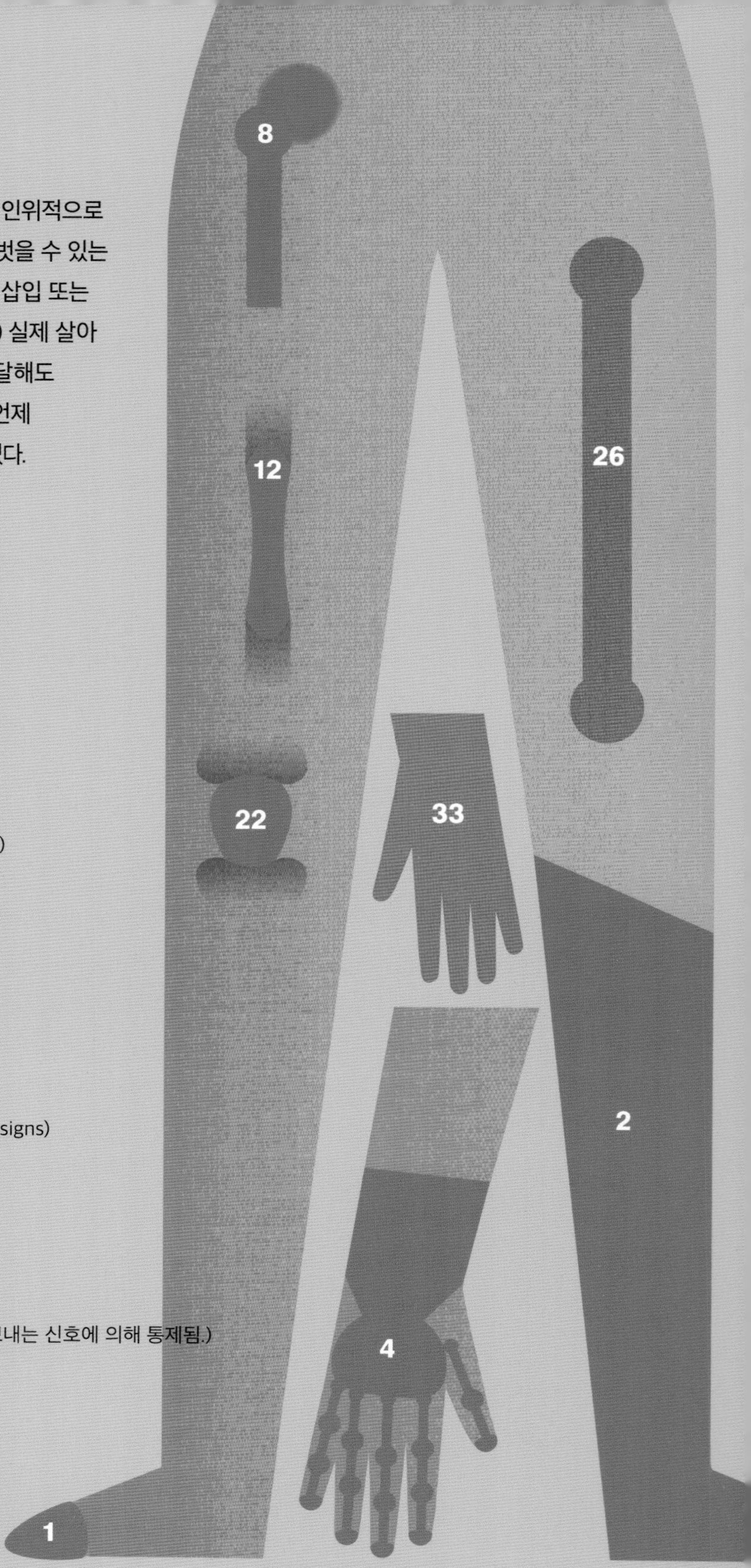

1 **기원전 1,000년** 인공 발가락 (이집트 미라)
2 **기원전 300년** 의족 (가장 오래 살아남음)
3 **기원전 700년** 의치 (로마 시대 이전)
4 **1500년대** 손 (기계적으로 연결된 팔, 움직이는 관절)
5 **1790년** 의치 (전체 세트를 확보함)
6 **1901년** 혈액 (혈액형에 따른 수혈)
7 **1905년** 눈의 각막
8 **1940년** 인공 고관절 (1960년대에 훨씬 발전함)
9 **1943년** 신장 투석용 기기 (고정)
10 **1950년대** 어깨 인공 관절 (모듈식 설계)
11 **1952년** 기계식 인공 판막 (ball-and-cage / flap designs)
12 **1953년** 인공 혈관 (합성 재질)
13 **1954년** 콩팥
14 **1955년** 심장 판막
15 **1958년** 심장 박동 조절기 이식
16 **1960년대** 생체 공학 의족 및 의수 (절단 부위에서 보내는 신호에 의해 통제됨.)
17 **1962년** 인공 유방 이식 (실리콘)
18 **1963년** 폐
19 **1966년** 이자(췌장)
20 **1967년** 간
21 **1967년** 심장

22 **1968년** 인공 무릎 (실질적인 내구성)

23 **1968년** 복합 장기

24 **1970년대** 치아 이식 (영구적, 현대적)

25 **1972년** 달팽이관 이식 (최초로 실질적인 이익을 준 사례)

26 **1973년** 골수

27 **1978년** 휴대용 신장 투석기 (외래 투석)

28 **1981년** 인공 심폐 장치

29 **1982년** 인공 심장 (자빅 7형)

30 **1988년** 작은창자

31 **1993년** 이자의 섬세포 (당뇨)

32 **1996년** 인공 피부막 (화상 부위)

33 **1998년** 손

34 **2005년** 안면 부분 이식

35 **2008년** 인공 기관[기도] (조직 공학적)

36 **2010년** 안면 전체 이식

37 **2011년** 망막 이식 (최초로 실질적인 이익을 준 사례)

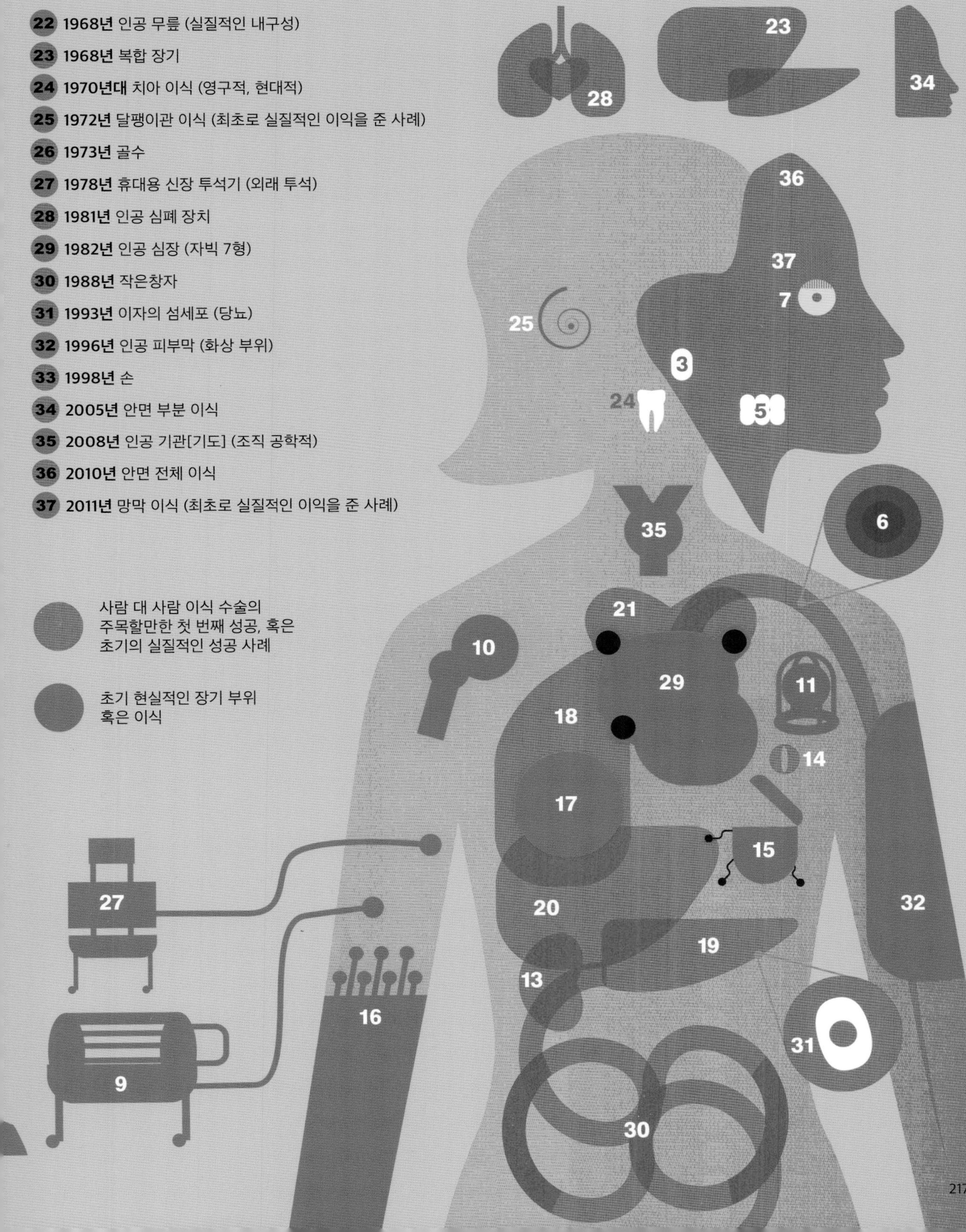

임신과 의학

아기를 낳으려고 시도한 지 약 일 년이면 10쌍의 커플 중 8쌍이 임신한다(약 45세까지 여성 기준).
나머지 2쌍은 병원에서 상담을 받거나, 1~2년 후에는 의학적 도움을 받아 난임 치료 또는 보조생식술을 시도한다.
물론 이와 반대로 임신을 막으려는 여러 형태의 피임법도 있다.

난임 치료 / 보조생식술

성공률을 명확히 정의하기는 어렵다. 미래에 사용하기 위해 난자와 정자를 '은행에 보관'하는 치료법도 있기 때문이다. 또한, 나이나 호르몬 측면에서의 건강, 의료진의 전문성 등 여러 요인이 얽혀 있다. 난임 치료를 시도하는 여성 중 평균 30~50퍼센트가 3년 안에 아기를 가진다.

임신 촉진제

호르몬 주기와 배란을 자극 및 조절하여 난소에서 성숙한 난자를 배출하게 한다. 동일한 치료에서 남성은 테스토스테론이 관여한다.

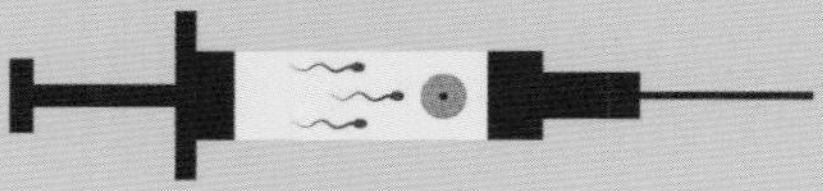

나팔관 인공수정 (GIFT)

초기 단계는 체외 수정과 비슷하다. 건강한 난자와 정자를 나팔관(난관)에 이식한다.

인공 수정 (AI) / 제3자 인공 수정 (DI) / 자궁 내 인공 수정 (IUI)

임신 확률을 높이기 위해 처리된 배우자의 정자, 혹은 제3자의 정자를 배란기에 자궁 경부 혹은 자궁에 넣는다.

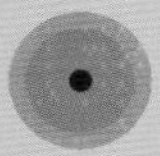

나팔관 수정란 이식(ZIFT)

초기 단계는 체외 수정과 비슷하다. 수정된 난자 또는 초기 배아(접합자)를 나팔관(난관)에 이식한다.

수술

예를 들어 나팔관이 좁아졌거나 막혔을 때, 여성에게서 자궁 근종 또는 기타 자궁에서 일어나는 문제, 남성의 고환이나 정세관 문제를 치료하려는 방법.

대리모

여성 배우자의, 또는 제3자에게서 공여받은 난자, 그리고 남성 배우자의, 또는 제3자에게서 공여받은 정자를 이용해 인공수정, 체외 수정 등의 다양한 방식으로 임신할 수 있다. 경우에 따라서 배우자가 아닌 다른 여성, 즉 대리모가 임신을 대신하는 경우도 있다.

피임

다양한 피임법의 효율. 이론적인 피임률이 아닌 전형적인 일상에서의 효율을 나타낸다.
그림은 100명의 여성 중 1년 안에 임신한 수치를 나타낸다.

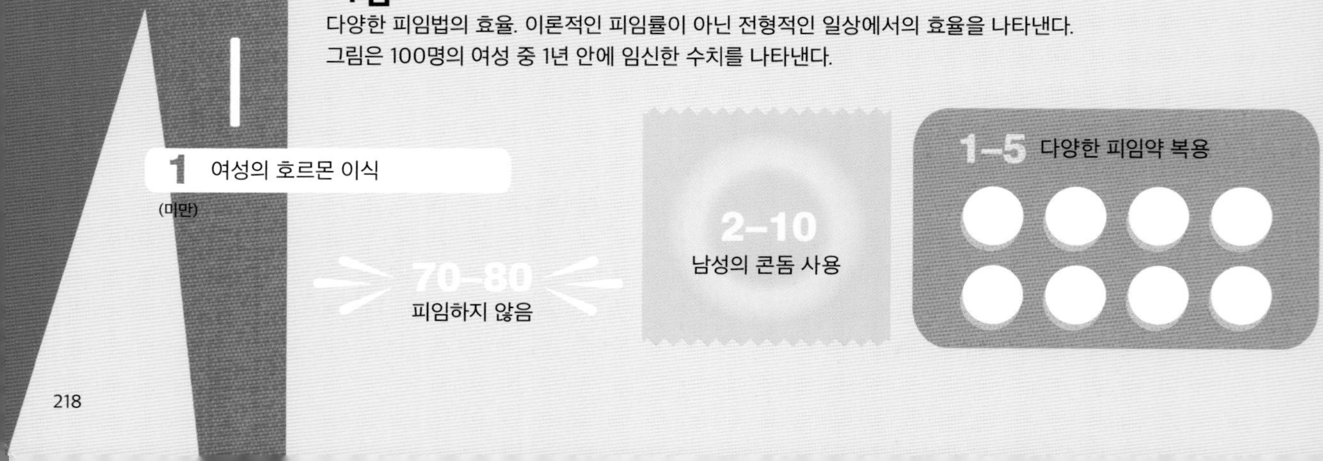
1 여성의 호르몬 이식
(미만)
70–80
피임하지 않음
2–10
남성의 콘돔 사용
1–5 다양한 피임약 복용

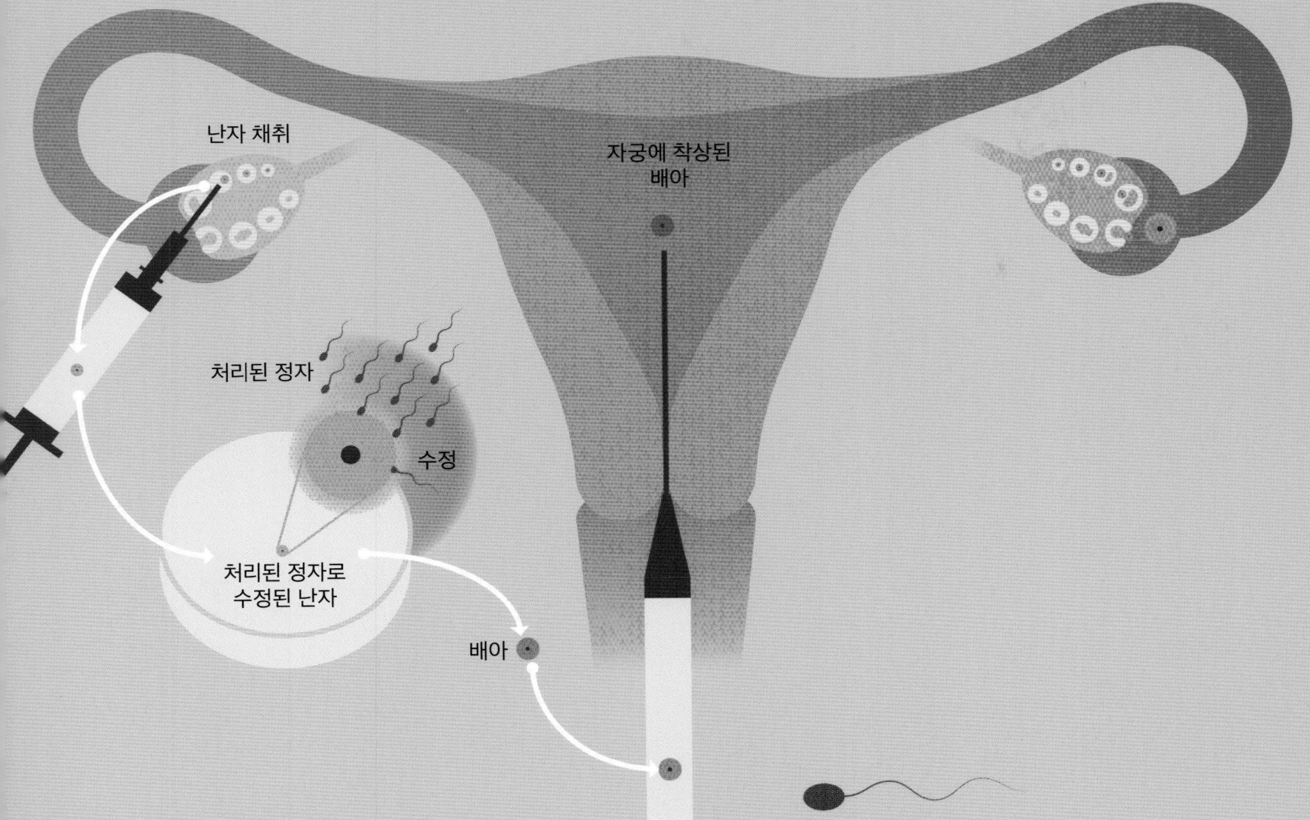

난자 채취
자궁에 착상된 배아
처리된 정자
수정
처리된 정자로 수정된 난자
배아

체외 수정 (IVF, 시험관 아기)

(대개 배란 유도에 의해 얻어진) 성숙한 난자, 그리고 정자를 여성의 몸 밖에서 혼합한 후 어느 정도 운에 의해 수정되도록 놔둔다. 수정이 되면 매우 초기의 배아를 자궁에 이식한다.

세포질 내 정자 주입술 (ICSI)

체외 수정과 같으나 정자 하나를 선택하여 난자의 세포질에 직접 주입한다. 정자 생산이나 건강에 문제가 있는 경우 유용하다.

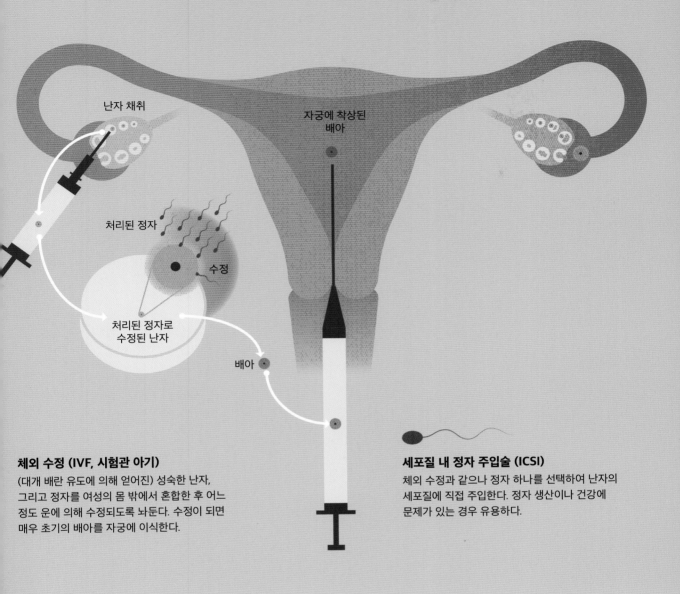

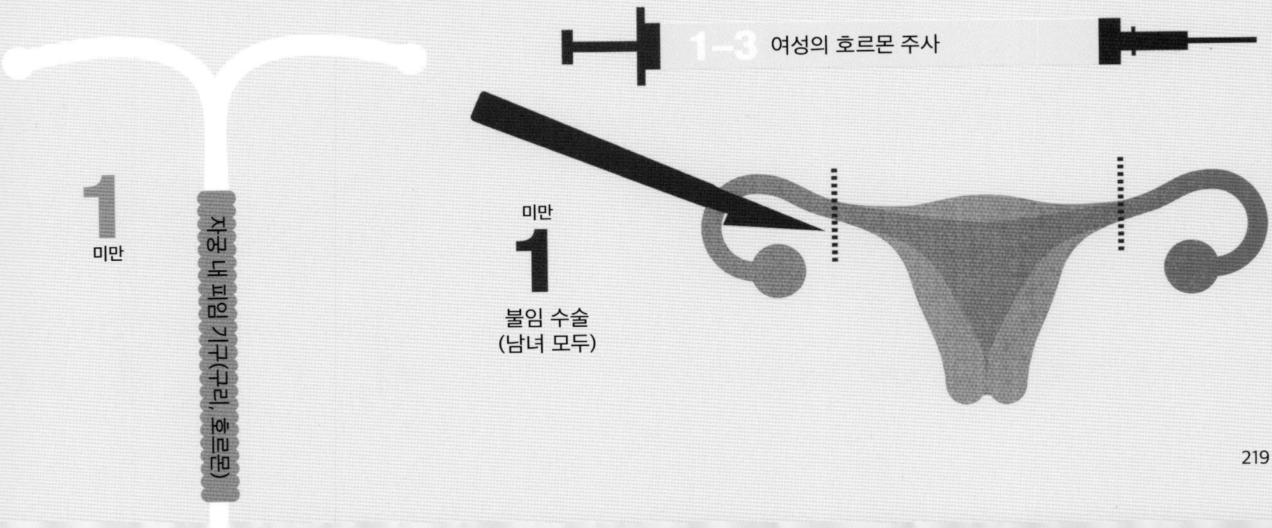

1–3 여성의 호르몬 주사
1 미만
자궁 내 피임 기구(구리, 호르몬)
미만 1
불임 수술 (남녀 모두)

건강하고 행복하게 사는 법

지난 수십 년간 건강, 행복, 복지의 수준을 측정하는 데 큰 발전이 있었다. 이는 부분적으로 정부, 사회복지사, 의료진 및 기타 많은 분야의 인력들이 합심하여 이처럼 까다로운 개념을 평가하느라 무진 애를 쓴 덕분이다. 여기에는 어떤 요인을 포함시켜야 하는가? 가장 중요한 것은 무엇인가? 어떤 식으로 질문을 던질 것인가? 이런 문제들을 놓고 합의점을 찾아내 지수를 측정하고, 장시간에 걸쳐 그 추이를 살펴가며, 오늘날 지역별이나 나라별로 비교할 수 있기에 이르렀다.

하위 5

상위 5

행복 지수

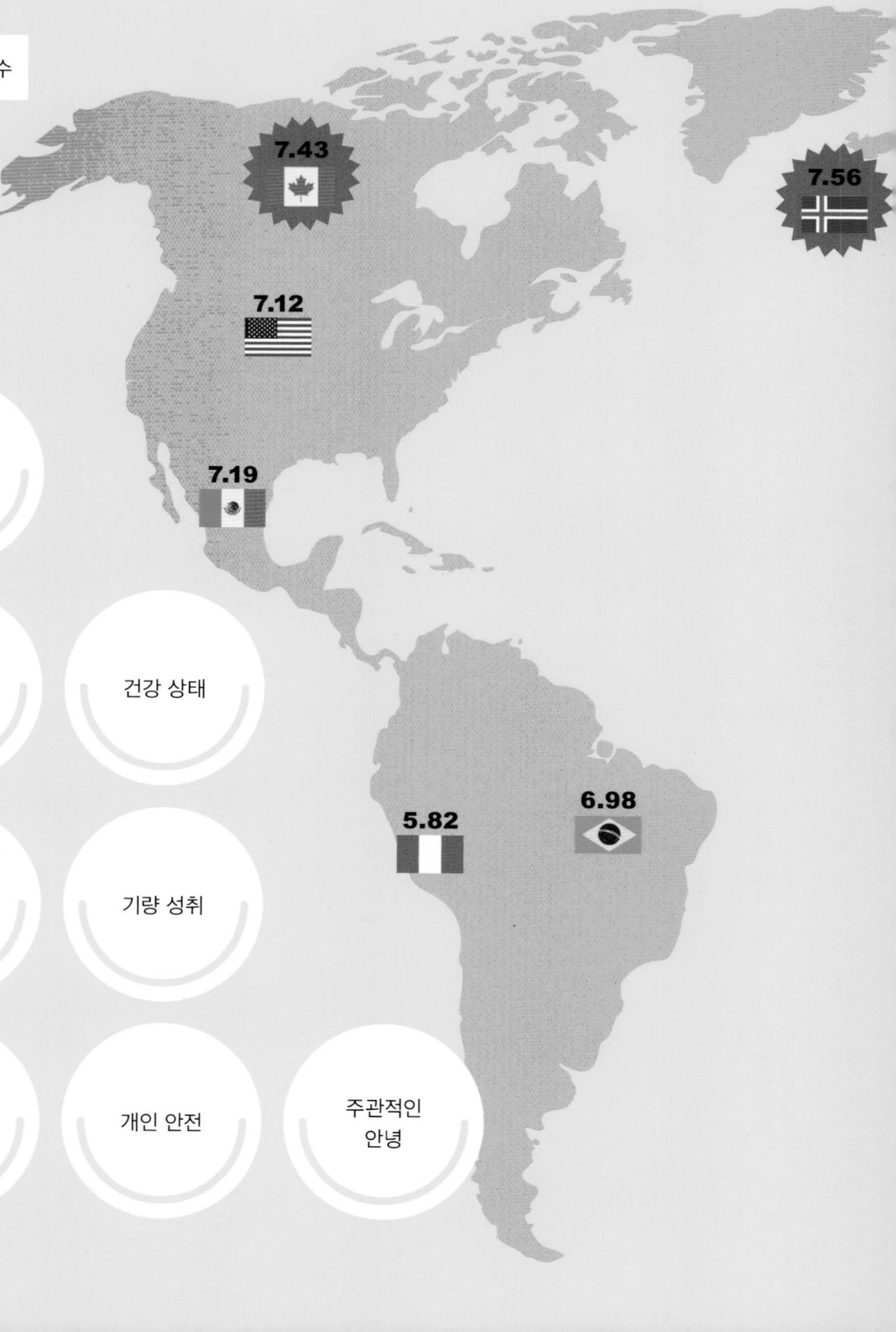
7.43
7.56
7.12
7.19
5.82
6.98

건강과 행복의 요인

- 소득과 부
- 직업, 수입, 취업 전망
- 집, 생활 여건
- 지역 및 광역 환경의 질
- 건강 상태
- 일과 생활의 균형
- 교육 수준 및 만족감
- 기량 성취
- 사회생활, 인맥, 친지와 친구
- 지방 및 정부 단체와의 연계성
- 개인 안전
- 주관적인 안녕

인생에서 가장 행복한 10년

국가별 행복도 조사

호주	11–20	70–79	
프랑스	60–70	21–30	
러시아	21–30	61–70	
미국	60–70	21–30	70–80
영국	50–60	60–70	21–30

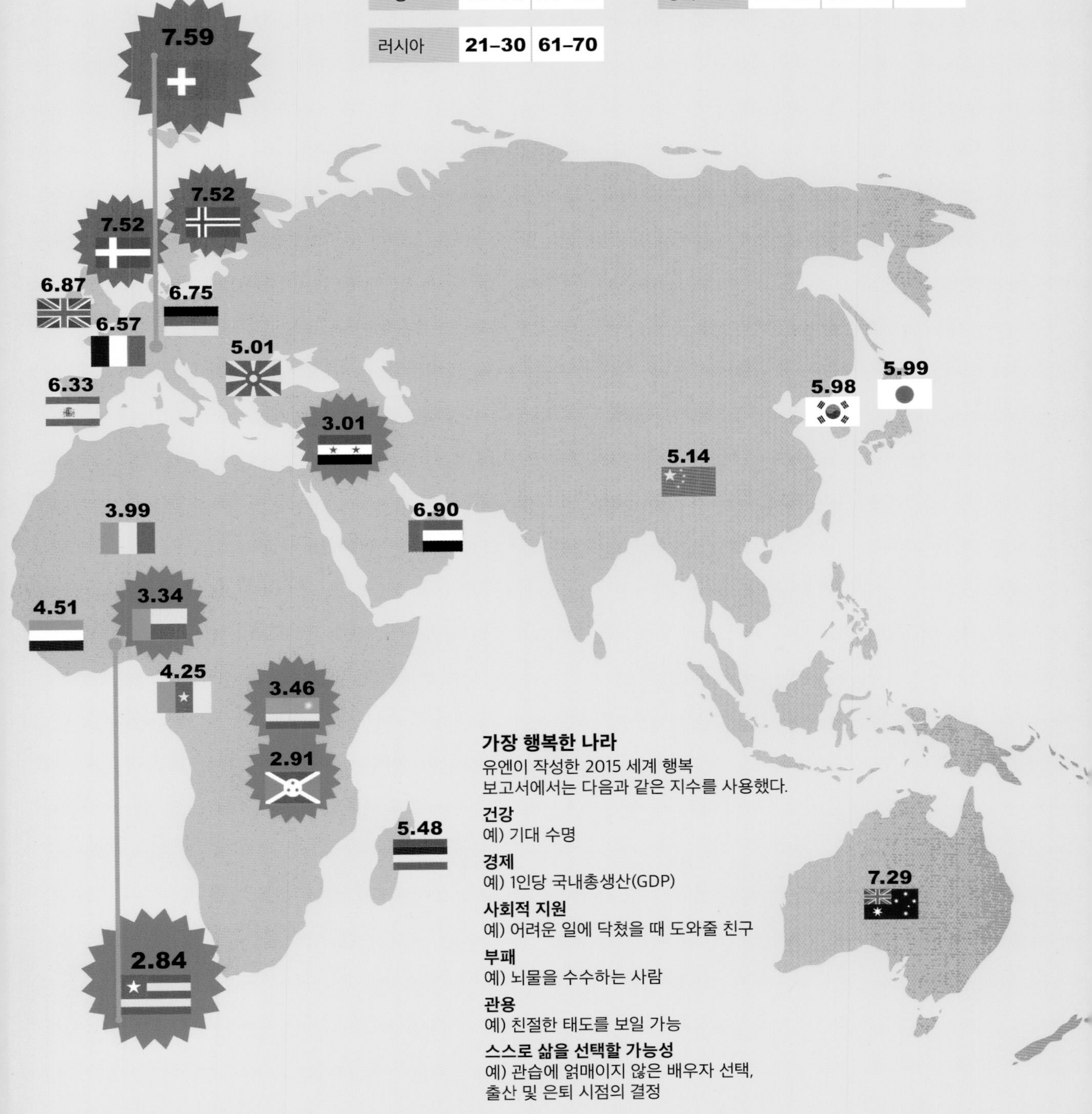

가장 행복한 나라
유엔이 작성한 2015 세계 행복 보고서에서는 다음과 같은 지수를 사용했다.

건강
예) 기대 수명

경제
예) 1인당 국내총생산(GDP)

사회적 지원
예) 어려운 일에 닥쳤을 때 도와줄 친구

부패
예) 뇌물을 수수하는 사람

관용
예) 친절한 태도를 보일 가능

스스로 삶을 선택할 가능성
예) 관습에 얽매이지 않은 배우자 선택, 출산 및 은퇴 시점의 결정

용어설명

DNA(디옥시리보핵산) 신체의 유전 물질로 유전을 지배한다.

MRI(자기 공명 영상) 강한 자기장과 음파를 이용해 체내 연조직과 뼈의 이미지를 생산해 문제를 진단하는 기술.

RNA(리보핵산) 세포 내에서 DNA와 단백질 생산 시스템 사이의 전령 역할을 한다.

가슴샘(흉선, Thymus) 목과 가슴에 발달한 특화된 림프샘으로 질병과 전문적으로 싸우는 백혈구를 생산한다.

가지돌기(수상돌기, Dendrite) 신경 세포의 연장선으로 시냅스에서 다른 세포로부터 전기 자극을 받아 세포로 전달한다.

감수분열(Meiosis) 난자와 정자를 만드는 세포 분열의 한 종류. 분열 결과 세포 속의 염색체 수는 반으로 줄어든다.

갑상샘(Thyroid gland) 목에서 발견되는 분비샘으로 신진대사와 여러 신체 과정의 속도를 조절한다.

겉질(피질, Cortex) 뇌의 '회색 물질' 부분으로 자각과 대부분의 의식적인 사고 과정이 일어나는 장소. 대뇌의 바깥층이다.

고유감각(Proprioception) 신체 부위의 위치, 자세, 동작을 알고 인지하는 것.

교감신경(SANS, Sympathetic autonomic nervous system) 강한 신체 활동을 준비하는 신경으로, 심장 박동이나 호흡률을 증가시키는 투쟁-도피 반응을 통해 신체가 좀 더 효과적으로 상황에 반응하게 한다.

굽힘근육(굴곡근, Flexors) 관절을 구부리는 근육의 집합.

꿈틀 운동(연동운동, Peristalsis) 소화관을 따라 불수의적으로 발생하는 근육의 파동으로 음식물의 이동을 촉진한다.

난포(Follicle) 난소에서 발견되는 세포의 집합. 월경 주기에 영향을 미치는 호르몬을 분비한다. 정상적으로 매 월경 주기마다 난포 하나가 난자 하나를 생산한다.

내분비계(Endocrine system) 세포와 신체 기관의 활성을 조절하는 호르몬을 생산하고 분비하는 샘으로 구성된 시스템. 생장, 신진 대사, 성적 발달 및 기타 여러 체내 과정을 조절한다.

뇌교(Pons) 뇌의 윗부분과 아랫부분을 연결하는 고리. 음식을 삼키는 일이나 배뇨, 수면과 꿈과 같은 기본적인 과정을 조절한다.

뇌들보(뇌량, Corpus callosum) 좌뇌와 우뇌 사이를 연결하는 '다리'.

뇌전도(EEG) 뇌의 전기적 활동 측정.

뇌줄기(뇌간, Brain stem) 뇌와 척수를 연결하는 부위로 호흡과 심장 박동처럼 기본적인 신체 과정의 중추를 포함한다.

뇌척수막(Meninges) 뇌 주위를 감싸는 세 겹의 보호층.

뇌척수액(CSF, Cerebrospinal fluid) 뇌가 떠 있는 액체로 뇌를 물리적으로 보호하고, 노폐물을 제거하며 혈압을 조절하고 일부 영양분을 공급한다.

뇌하수체(Pituitary gland) 뇌의 바로 밑에 위치한 호르몬계의 핵심 분비샘.

뇌활(Fornix) 기억의 감정적 측면에 이바지하는 뇌의 일부.

뉴런(Neurons) 신경 세포, 신경계의 기본이 되는 세포다.

뉴클레오솜(Nucleosome) DNA 포장의 기본 단위. DNA 목걸이를 구성하는 '알' 한 개.

대뇌(Cerebrum) 뇌의 가장 큰 부분으로 두 개의 반구로 이루어졌으며, 사고, 운동, 감각 및 의사소통을 지배한다.

동맥(Artery) 혈액을 심장에서 몸으로 운반하는 혈관.

림프계(Lymphatic system) 체액을 빼내고, 노폐물을 수거하고 신체를 보수하고 방어하는 시스템.

마루엽(두정엽, Parietal lobe) 두뇌를 구성하는 한 엽으로 감각 정보를 조정한다.

말초신경계(Peripheral nervous system) 뇌와 척수를 제외한 몸 전체의 모든 신경을 일컫는 말.

모세혈관(Capillaries) 신체의 가장 작은 혈관.

몸감각겉질(Somatosensory cortex) 뇌의 촉각 중추.

몸통 뼈대(Axial skeleton) 뼈대의 일부로 머리, 얼굴, 척추, 가슴으로 구성된다.

미엘린 수초(Myelin sheath) 신경의 축삭을 감싸는 지방질의 보호막. 신경 자극이 축삭을 따라 이동하는 속도를 높인다.

미토콘드리아(Mitochondria) 세포의 세포질 안에 있는 구조로 에너지를 생산한다.

바닥핵(기저핵, Basal ganglia) 수의 운동 조절에 관여하는 뇌의 구조물.

바이오리듬(Biorhythms) 체내에서 주기적으로 반복되는 기능으로 수면 및 각성 패턴, 체온의 변이 등이 있다.

배아(Embryo) 인체 발달의 첫 단계로 수정 직후부터 약 8주 후 태아가 될 때까지.

베르니케 영역(Wernicke's area) 뇌의 일부로 언어, 특히 말과 글의 이해와 연관되어 있다.

변연계(Limbic system) 느낌, 기분, 감정에 영향을 미치는 체내 시스템.

부교감신경(PANS, Parasympathetic autonomic nervous system) 자율신경계의 일부로 심장 박동과 호흡률을 낮춤으로써 신체의 에너지를 보존하는 기능을 한다.

브로카 영역(Broca's area) 언어, 특히 말과 연관된 뇌의 부분.

사춘기(Puberty) 생식 기관과 신체가 성숙해지는 발달 단계.

성세포(Gamete) 염색체 수가 일반 세포의 절반이다. 남성 성세포는 정자, 여성 성세포는 난자이다.

세동맥(Arteriole) 동맥의 작은 가지로 더 갈라져 모세혈관이 된다.

세정맥(Venule) 모세혈관에서 혈액을 모아서 운반하는 정맥의 작은 가지.

세포 내(Intracellular) 세포의 내부

세포 소기관(Organelles) 핵이나 미토콘드리아처럼 세포 속에 있는 전문적인 기능을 가진 구조.

세포 외(Extracellular) 세포의 바깥.

세포 호흡(Cellular respiration) 세포 안에서 에너지를 발생시키고 이산화탄소를 생산하는 화학 과정.

소뇌(Cerebellum) 뇌의 아래쪽 뒤편에 있는 부분으로 근육 조정과 연관된다.

솔방울샘(Pineal gland) 뇌에 위치한 분비샘으로 수면-각성 패턴을 조절하는 호르몬 멜라토닌을 생산한다.

수정란(접합자, Zygote) 수정된 새로운 개체의 가장 첫 번째 세포.

숨뇌(연수, Medulla oblongata) 머리의 아래쪽에 위치한 뇌 일부로 심장 박동, 호흡률, 혈압, 소화력 등 여러 자율적(불수의적) 과정, 활동, 반사에 관여한다.

시냅스(Synapse) 신경 세포가 서로 만나는 지점의 작은 간격을 말한다.

시상(Thalamus) 뇌 속에 자리 잡은 쌍란 모양의 덩어리로 대뇌 겉질과 의식적 정신으로 가는 '문지기' 역할을 한다.

시상하부(Hypothalamus) 뇌의 일부로 감정의 신체적 표현에 연관되었다.

신경 아교 세포(Glial cells) 특화된 '접착제' 세포로 신경 세포를 지원하고 제자리에 고정시킨다.

신경 전달 물질(Neurotransmitter) 신경 세포에서 분비하는 화학물질로 시냅스를 건너 신경 자극을 전달한다.

신경절 세포(Ganglion cells) 시신경을 통해 망막에서 뇌까지 정보를 전달하는 뉴런.

신진대사(Metabolism) 신체의 모든 세포에서 일어나는 화학 반응, 변화, 과정(상호의존적이며 연결되어 있음)을 기술하는 용어.

심전도(ECG) 심장의 전기 박동 측정.

아미노산(Amino acids) 단백질의 기본 구성단위.

악성(Malignant) 변질된 세포로 통제를 벗어나 제멋대로 생장하며 빠르게 퍼져 사망에 이를 수도 있다.

안뜰 기관(전정계, Vestibular system) 평형과 연관된 속귀의 구조를 일컫는 일반명.

염기쌍(Base pair) 상보적인 두 개의 염기로 서로 짝을 지어 사다리 모양을 한 DNA의 가로대.

염색체(Chromosomes) 신체의 유전자 설명서를 운반하는 긴 DNA 가닥. 사람은 23쌍의 염색체를 가지고 있다.

우모각(Pennation angle) 근육 섬유의 각도, 전달되는 힘의 양이나 근육과 골격의 협력에 영향을 미친다.

유전자(Gene) 유전되는 단일 특성에 대한 유전자 설명서를 운반하는 짧은 DNA 구역. 인간의 DNA는 몸과 모든 신체 부위가 발달하고 스스로 유지, 보수하는 과정을 조절하는 수많은 유전자를 포함한다.

융모(Villi) 세포 위 또는 주위에서 발견되는 실 모양의 털로 부피가 일정한 상태에서 표면적을 늘린다.

이마엽(Frontal lobe) 감정적 기능은 물론 문제 해결 및 단기 기억, 기억 요소와 의식적 자각의 결합 등 중요한 인지 기능을 수행한다.

인공 기관(Prostheses) 인공적으로 또는 합성한 신체 부위.

자가면역(Autoimmunity) 유기체 안에서 건강한 세포와 세포 조직을 해치는 면역 반응.

자율신경계(ANS, Autonomic nervous system) 내부 기능을 자율적으로 조절하는 체내 신경계의 일부로 소화, 심장 박동, 호흡 등이 해당한다. 교감신경과 부교감신경으로 이루어진다.

전이(Metastasize/Metastasis) 암세포가 몸의 한 부위에서 다른 부위로 퍼지는 증상.

정맥(Vein) 혈액을 심장 쪽으로 운반하는 혈관.

중간뇌(Midbrain) 뇌의 일부로 신체의 자율적인 유지 관리에 연관되었다.

체세포분열(Mitosis) 성세포가 아닌 일반 세포가 동일한 두 개의 세포로 분열하는 과정.

체질량 지수(BMI, Body mass index) 체중과 키의 연관성을 통해 건강에 미치는 영향을 보기 위해 고안된 지수. 체중을 키의 제곱으로 나눈다(M÷H2).

체형 지수(ABSI) 체질량지수를 개선한 것으로 허리둘레를 포함하여 신체의 지방 분포를 고려한다. 체형 지수의 계산법은 WC÷(BMI2/3 XH2)으로, BMI의 2/3제곱과 키(미터)의 제곱을 곱한 값으로 허리둘레(미터)를 나눈다.

축삭(Axon) 끈처럼 신경 세포(뉴런)의 일부로 신경 자극을 다음 뉴런의 가지 돌기로 전달한다.

케라틴(Keratin) 머리카락과 손톱, 발톱에 들어 있는 섬유성 단백질의 한 종류.

콜라젠(Collagen) 결합조직에서 나타나는 구조 단백질로 힘과 완충 작용을 한다.

태아(Foetus) 인체 발달 제2단계 상태로 수정 8주 후부터 출산까지를 말한다.

투명대(Zona pellucida) 난자를 둘러싼 두꺼운 막으로 다수의 정자가 뚫고 들어오지 못하게 방지한다.

팔다리뼈대(Appendicular skeleton) 팔과 다리를 구성하는 뼈대의 일부.

편도체(Amygdala) 뇌의 일부로 기억의 처리, 응고화, 감정과 연관되어 있다.

폄근육(신전근, Extensors) 관절을 곧게 펼치거나 확장하는 근육의 집합.

표피계(Integumentary system) 피부, 머리카락, 손톱, 발톱, 땀샘과 연관된 신체 시스템으로 보호, 온도 조절, 노폐물 제거의 기능을 수행한다.

하루 주기(Circadian) 일상의 리듬을 따라 신체에서 문자 그대로 '하루' 24시간 동안 일어나는 활동 주기를 말한다.

해마(Hippocampus) 뇌의 일부로 기억의 응고화와 공간 기억에 관여한다.

허파꽈리(Alveoli) 폐 속에 들어 있는 작은 공기주머니로 기체 교환을 위한 방대한 표면적을 가지고 있다.

헤모글로빈(Haemoglobin) 혈액 세포에 있는 붉은 색 화학물질로 몸 전체에 산소를 운반한다.

호르몬(Hormones) 신체를 조절하는 화학물질로 내분비계에서 생산한다.

황체(Corpus luteum) 배란 후 난소에서 발달하는 세포 덩어리로 호르몬을 분비한다.

효소(Enzymes) 생물학적 촉매제로 특정한 화학 반응을 유도하지만, 자신은 반응이 끝나도 변함이 없다.

후각(Olfaction) 냄새를 맡는 감각. 뇌의 후각 중추는 후각 망울이다.

지은이 **스티브 파커**
런던 동물학회 회원으로 과학 전문 작가이다. 대학에서 동물학을 전공했으며, 런던 자연사박물관에서 일했다.
영국 BBC방송에서 과학, 건강, 의학 등의 주제를 쉽고 재미있게 소개해 많은 사람들에게 사랑을 받았다.
과학과 자연에 대한 책을 120여권 이상 쓰거나 편집했다. 국내 출간된 책으로《발명 콘서트》,
《세계를 변화시킨 12명의 과학자》,《엉뚱하고 우습과 황당하고 짜릿한 과학 이야기》,《인체》등이 있다.

옮긴이 **조은영**
어려운 과학책은 쉽게, 쉬운 과학책은 재미있게 번역하고자 고군분투 중인 전문번역가이다.
서울대학교 생물학과를 졸업하고, 서울대학교 천연물과학대학원과 미국 조지아 대학교 식물학과에서 석사 학위를 받았다.
조지아 대학교 식물학과와 충남대학교 생물과학과 연구원으로 일했으며, 거시생물학에서 미시생물학까지 두루 익힌
자칭 '척척석사'다. 옮긴 책으로《10퍼센트 인간》,《세렝게티 법칙》,《랜들 먼로의 친절한 과학 그림책》,
《차라리 아이에게 흙을 먹여라》,《침입종 인간》,《그리고 당신이 죽는다면》등이 있다.

**인포그래픽으로 만나는
신비로운 인체**

2018년 6월 20일 1판 1쇄 발행
2023년 5월 17일 1판 6쇄 발행

지은이 | 스티브 파커
옮긴이 | 조은영
펴낸이 | 양승윤

펴낸곳 | (주)와이엘씨
서울특별시 강남구 강남대로 354 혜천빌딩 15층
Tel.555-3200 Fax.552-0436
출판등록 1987.12.8. 제1987-000005호

http://www.ylc21.co.kr

값 29,000원

ISBN 978-89-8401-227-1 04470
ISBN 978-89-8401-007-9 (세트)

BODY : A Graphic Guide to Us